3D FLASH MEMORIES

三维存储芯片技术

[圣马] 里诺·米歇洛尼（Rino Micheloni） 著
吴华强 高滨 钱鹤 译

清华大学出版社
北 京

北京市版权局著作权合同登记号　图字：01-2017-0249

Translation from the English language edition：
3D Flash Memories
Edited by Rino Micheloni

图书在版编目(CIP)数据

三维存储芯片技术/(圣马)里诺·米歇洛尼(Rino Micheloni)著；吴华强，高滨，钱鹤译. —北京：清华大学出版社，2020. 1(2024. 11重印)
(新视野电子电气科技丛书)
书名原文：3D Flash Memories
ISBN 978-7-302-53134-0

Ⅰ. ①三…　Ⅱ. ①里…　②吴…　③高…　④钱…　Ⅲ. ①集成芯片－研究　Ⅳ. ①TN43

中国版本图书馆 CIP 数据核字(2019)第 114470 号

责任编辑：王　芳
封面设计：傅瑞学
责任校对：梁　毅
责任印制：刘　菲

出版发行：清华大学出版社
网　　址：https://www.tup.com.cn, https://www.wqxuetang.com
地　　址：北京清华大学学研大厦 A 座　　**邮　　编**：100084
社 总 机：010-83470000　　**邮　　购**：010-62786544
投稿与读者服务：010-62776969，c-service@tup. tsinghua. edu. cn
质量反馈：010-62772015，zhiliang@tup. tsinghua. edu. cn
课件下载：https://www.tup.com.cn，010-83470236
印 装 者：三河市君旺印务有限公司
经　　销：全国新华书店
开　　本：185mm×260mm　　**印　　张**：18. 5　　**字　　数**：446 千字
版　　次：2020 年 2 月第 1 版　　**印　　次**：2024年11月第 6 次印刷
定　　价：118. 00 元

产品编号：073093-01

译者序

相较于2D NAND闪存技术，3D NAND闪存技术在容量、性能和可靠性上都有着明显优势，被认为是进一步推动半导体工业光刻技术的突破口，也是非易失性存储器技术研究的发展方向之一。与2D NAND闪存不同，3D NAND闪存技术使用多层垂直堆叠，以实现更高的密度、更低的功耗、更好的耐用性、更快的读写速度以及更低的每千兆字节成本。近年来，3D NAND闪存技术得到了突飞猛进的发展，许多厂商纷纷投入3D NAND闪存的研发并不断增加堆叠层数，相关研究也呈现出急剧的增长。从理论上来看，3D NAND可以无限堆叠，但是由于技术和材料限制，目前大多数量产的还只是96层，但一些厂商已经率先进入了128层量产。相信随着数字信息需求的日益增长，3D NAND闪存技术的研发投入还会不断增加，为提供高密度存储解决方案起到关键性作用。

Rino Micheloni的这本书在2016年由Springer出版，着眼于3D NAND闪存技术发展的未来，结合3D NAND闪存技术和固态硬盘的市场趋势，全面介绍了3D NAND闪存技术的工作原理、器件架构、工艺与应用等，同时也覆盖了三维阻变存储器等前沿内容，是3D NAND闪存技术领域的一部不可多得的系统研究著作。本人非常有幸参与了本书的编写并将此书翻译成中文，希望本书的出版能够帮助广大中国工程技术人员、学生进一步理解3D NAND闪存技术，为我国新一代非易失性存储研究和发展尽绵薄之力。

本书的翻译工作自2017年开始，参与翻译工作的有王博、高滨、王欣鹤、苏志强、刘璐等，谨此一并致谢。

吴华强

2019年冬于清华园

中译版序言

PREFACE

The book 3D Flash Memories was originally published by Springer in 2016. Since then, NAND Flash memories with 3D architectures have become a reality in the market, fueling the explosive growth of Solid State Drives (SSDs).

While 2D NAND technology was demanding in terms of lithography (i. e. the minimum feature size used for the memory cell - down to 14nm), 3D NAND can be described as "etch intensive", since it requires a very good etching technology to make pillars throughout all the deposited memory layers. Consequently, the turnaround time of wafers in the factory is definitely longer for 3D. Therefore, all Flash manufacturers invested - and they are still investing - a lot of money in new fabs, thus compensating a lower wafer throughput with a higher number of wafers.

In terms of physical architectures, we can't talk about a real convergence yet: basically, each Flash manufacturer has its own solution. This book provides a complete overview of existing 3D architectures, including a detailed description of pros and cons for each of them.

In terms of memory cell technology, Charge Trap and Floating Gate are still fighting, but with the former being adopted by most of the Flash vendors, as it offers a better scalability path, at the cost of more challenging retention performances.

Another interesting aspect of 3D is its remarkable multi-level storage capability. In the old 2D days, MLC (i. e. 2 bits per cell) was the mainstream; indeed, TLC (i. e. 3 bits per cell) turned out to be very challenging, mainly because of the few electrons per level, together with the disturbance caused by the floating gate coupling effect. With 3D the situation is totally different: the circular shape of the memory cells has definitely increased the number of available electrons, and the floating gate coupling has basically become negligible, at least with the existing generations (it may come back at some point though). As such, QLC (i. e. 4 bits per cell) storage is now possible and, in fact, QLC Solid State Drives are already available in the market.

All in all, it is fair to say that we are at the beginning of the 3D era for Flash. As we speak, memories with hundreds of layers seem possible in the future and, as more and more $ are spent in Research & Development, the 500-layer barrier could be broken at some point.

Nowadays, storage has become so important in our life that 3D NAND can be considered as an "enablement technology" for the development of the human kind. It might seem a too bold of a statement, but think about our daily life without smartphones and cloud infrastructures...

In light of the above consideration, I feel very honored that my book 3D Flash Memories has been translated in Chinese, thus being available to such a large population. My goal is to spread the knowledge of 3D NAND as much as possible - this is why wrote the first edition of this book. Being now able to get access to the Chinese community in the local language represents a fantastic opportunity for "spreading the word". With the Chinese translation of 3D Flash Memories, more engineers and technologists will get access to the details of 3D NAND technologies; with people's creativity and hard work, I'm sure we'll see more and more useful applications of non-volatile storage in our lives.

Enjoy the reading!

Rino Micheloni

2019.10

序言
PREFACE

过去10年里，NAND闪存的影响很难低估，尽管闪存已经存在几十年了，但是最近一代NAND闪存影响着日常生活中的很多方面。微型硬盘驱动器到NAND闪存的转换大大加速了数字音乐播放器，当时为客户提供了里程碑式的“口袋里有1000首歌”的能力。现在，我们在同样的口袋里收集电影、视频播客、相册、视频录像和家庭录像，很大程度上是因为NAND闪存技术的进步。谁能想到今天智能手机的一个主要购买点是内存（即NAND闪存）。

除了消费设备中NAND闪存带来的巨大进步，类似的情况也出现在互联网系统中。NAND闪存（和SSD）引入存储体系结构已经完全颠覆了现有的存储业，许多存储巨头开始收购初创企业而不是建立自己的系统，这些系统可以利用基于NAND的SSD优于传统HDD上的特点。硬盘驱动器被全闪存阵列所取代，而终端用户也会发现自己花费了更低的价格。NAND闪存和其他下一代非易失存储器的出现，在未来存储架构中也推动了全新的软件和硬件设计的创新周期，创造了各种存储复兴。

简言之，NAND闪存将继续颠覆我们的世界，并且没有放慢脚步。3DNAND闪存是下一个持续进步以及颠覆的推动者。这本书为任何一个对这个技术感兴趣的人提供理论基础，此技术将影响产业。

Derek D. Dicker
Vice President and Performance
Storage BU Manager，Microsemi Corporation

前言

FOREWORD

1903 年，莱特兄弟第一次使动力飞机进入第三维度。在实现这远古的梦想之后，飞行更快、更安全、更持久的预测更加迫切。实际上，实现类似这种第一次动力飞行的突破是非常重要的。但是更重要的是，实现这种不可预见的成果对于我们来说是让人振奋的。很少有人能预测到在莱特兄弟第一次飞行之后，仅 66 年后人类便在月球表面留下脚印。

半导体产业几乎占据我们生活的所有部分，并且悄悄地用其他方法将精确制造的规模缩小到难以想象的程度。非易失性存储器(NVM)的晶圆通常包含数万亿的单元。虽然具有挑战性，但根据摩尔定律(Moore's Law)，2D 集成电路上的元件密度将每年翻一番，并且两年会发生一次。在 1965 年时，很难预测到互联网、智能手机、自动驾驶的发明，这些可能很大程度基于摩尔定律。

元件数量加倍的速度减缓到了 2.5 年。但是仍然达到摩尔定律的无法预测的转折点。元件密度在 3D 空间可以继续增长。其他技术也在不断增加"额外"的维度，包括压敏触摸屏、视频动作捕捉、自动导航、3D 打印和无人机。

传统的 2D 半导体工艺显然包括第三维度。材料的厚度多种多样。器件由多层材料和形状组成，夹层互连使其很复杂。此外，FinFET 3D 晶体管已经在微处理机应用几年。然而，3D NAND 闪存目前所用的工艺完全不同。2D 工艺制造的器件可在晶圆的 $X-Y$ 平面完全枚举，但是 3D 闪存也在 Z 方向即垂直于晶圆的平面制造器件。正如戈登摩尔(Gordon Moore)在 1965 发表的对半导体制造的未来预测，我们无法预测额外的维度在尺寸缩小中带来的益处。

将 3D 半导体处理仅仅作为一个渐进的步骤是目光短浅的。新增加的 Z 向维度使同样光刻步骤制造的元件数增加。根据制造业经验所得，增加量从几十到数百甚至更多。第三维度中的器件制造为设计、架构和布局中的创造力提供了新的自由度。它为测试、集成、功率密度、散热和系统级芯片创造突破提供了挑战。3D 半导体可在这些实验领域之间相互作用以产生新的经济规模方面成为一个有利的平台。

3D 系统被想象成各种各样的器件，能够代替一台计算机最终成为数据中心的一部分。目前还没有看到这些新的领域，但是这些进展会渐渐清晰，以至于我们可以预想出超越它们的东西。高效的制造 3D 闪存成为在创造那些尚未实现的东西的道路上最关键的一步。人们以前常常说的一屋子的电子设备如今轻易地装进我们的口袋，3D 工艺可能允许我们对当今技术做同样的比喻，或许可以说曾经一口袋的元件如今仅在一个血细胞大小中。

为了加快实施和使用 3D 系统，清晰、实用的信息是必要的。Rino Micheloni 的新书提供了可以帮助我们推动工业前进的有价值的信息，它能扩大那些自信的迈出新的制造业的第一步的人的数量。正如一个从自行车商店学习创造动力飞行的技能实际技巧一样，在3D NAND闪存中学习创造下一个纳电子系统突破的实际技能。这个巨大的产业将会成为一个宝贵的孵化器，未来的工作岗位、雇员和发明家都将受益。

鼓励大学教授在本书中建立信息，使得3D复杂性对于一代代毕业生清晰易懂。3D工艺和设计很可能从“未来主题”部分到工程课题的核心基础。学生们能学习在3D纳米尺度电荷如何高效传输和并且可能有本科生的在关于操控自旋电子从一层到下一层的常规实验练习。

通过在高密度下制造3D闪存中学到的重要经验将为形成纳米尺度垂直结构提供指导，这些结构可作为未来制造技术的支架。这些支架可能提供和指导自组装结构甚至生物生长，这些结构和专有技术可能会使功率效率、医疗保健和系统小型化发生革命性变化。

随着成本和功率效率的实现，具有巨大加工、传感、数据密度的产品可以预期。这些产品可使自动化和优化服务从关键到平凡。精确位置的天气预报变成可能。自动驾驶可以让人们在开车时少花很多时间，提高个人生产力。越来越有能力的个人助理会为你的运动表现、艺术表现，甚至社会互动提供定制辅导。

这种高密度的处理、传感和数据将使早期采用者以新的方式区分他们的产品和服务，创造有利的市场机会。随着3D处理变得越来越普遍，随着3D处理变得越来越普遍，其技术可应用于现有产品以提高其实用性、成本和功耗。贯穿所有电子设备的优化设计可能需要被重新定义。我们可能会看到旧工业瓦解，新工业兴起。

感谢Rino和他的许多作者、贡献者、支持者、编辑和员工为创建一个难以获取的关于3D存储知识所作的贡献。我相信你的工作将成为加速3D晶圆制造进展的催化剂，反过来，这将加速依赖半导体技术的许多领域的进步。

Plano，TX，USA　Charles H. Sobey
2016　Chief Scientist at Channel Science

序论

INTRODUCTION

NAND 闪存:3D 还是 5D?

从 20 世纪 90 年代初的工业开端,闪存一直就是一种颠覆性的技术。近 30 年过去了,这种创新仍在进行中。

创新最初几种在 NOR 闪存,Intel 公司在其中扮演了重要角色。NOR 不要求纠错码,但是写入操作并行性很低,因为其写入操作基于沟道热电子,众所周知这种操作非常耗电。后来,东芝公司推出了一种新型的闪存,称为 NAND,NAND 逻辑门中的单元是由类 MOS 晶体管组成的。在 NOR Flash 架构中,两个存储单元共用一个位线连接;在 NAND 矩阵中,每一个 NAND 串只有一个位线,通常由 64 个或 128 个单元构成,因此 NAND 阵列面积小于 NOR 阵列。同时,由于 NAND 阵列中的接触点数量较少,所以基于工艺节点减小尺寸也更容易实现。事实上,如今工艺特征尺寸已经下降到了 14 ~15nm,在推动工艺技术竞争方面,NAND 已经取代 DRAM。与 NOR 的另一个主要的不同是 NAND 的写入操作采用 F-N 隧穿,由于其功耗可忽略,沟道可以允许同时写入 16、32 或 64KB。当用数码相机拍照时,写入速度是一个重要的性能指标。

因为 NAND 良好的存储密度,它改变了我们的生活。USB 存储器取代软盘及闪存卡(SD、EMMC)来记录我们的图片和电影。

在这两个应用中,存储密度是主要考虑因素。Flash 厂商花了数十亿美元研发工艺尺寸缩小技术,使 NAND 成为消费产品。在 21 世纪的最初几年,引入第 3 个 NAND 维度进一步促进了关于存储密度的竞争;多值存储。事实上,每一个单个物理单元可包含一位或多位信息。SLC 是 1 位/单元的首字母缩写,MLC 是 2 位/单元的首字母缩写,而 TLC 指的是 3 位/单元,QLC 即 4 位/单元也即将成为可能。

但是,对于一个越来越渴望存储密度的市场来说,这些还不够。更确切地说,手机然后是智能手机再到游戏,都严重的受空间限制。这些消费品难以置信的销量迫使市场找到另一个存储维度(第 4 个);多芯片堆叠。换句话说,将几块硅片一层一层地堆叠在一个物理封装中。经过多年的发展,如今的封装技术和设计方法允许批量生产 8 层堆叠。8 层堆叠和 20nm 以下 128GB(MLC)的组合可以实现单个 14mm ×18mm 封装存储 1Tb 的 NAND。这还不够让人满意,大多闪存厂商已经设计 16 层堆叠,可允许单个封装存储 2Tb 的 NAND。

NAND R&D 和 NAND fabs 非常昂贵,供应商一直在寻找新的应用。在过去的 4～5 年中,固态硬盘已经成为 Flash 的杀手级应用;首先在消费空间(主要是由苹果产品驱动),现在也扩展到企业应用(更多细节在第 1 章中)。SSD 推动了新的创新浪潮。2013 年,在硅谷举行的闪存峰会上，Samsung 公司宣布了经过 10 年研究和开发后的第一个基于 3D 的商业 NAND Flash 产品。基本上，多层（高达 48 层）的存储单元生长在同一块硅中。这实际上是 Flash 历史上的第五个存储维度。

3D 是一种全新的技术，不仅是因为它的多层结构，还因为它是一种基于新型 NAND 的存储单元。到目前为止，NAND 一直是基于"浮栅"，通过在完全被氧化物包围的多晶硅中注入电子的方式来存储信息（这就是它被称为浮栅的原因）。相反，大多数 3D 存储器是基于"电荷俘获"单元的。事实上，这不是一种全新类型的单元；一些存储器供应商早已开发了这种技术，因为他们认为即使是平面布局，它都比浮栅更具伸缩性。历史告诉我们，由于电荷俘获单元的可靠性很差，电荷俘获技术并没有成功。现在，有了 3D NAND，电荷俘获有了新的机会。

截至目前，Flash 供应商已经花费了几十年的时间开发浮栅技术，所以浮栅技术也没有消失，Micron 公司仍在致力于研究这种技术。对于最初几代的 3D 产品来说，大部分的努力都需要花费在垂直整合上，这时所有的技术都会有所帮助。

第 2 章介绍了电荷俘获和浮栅技术，包括可靠性和可缩小性这两种性质在两种技术之间的对比。这里有大量不同的材料和垂直架构。本书带领读者进行这个新的 3D 的旅程；新的单元、新的材料、新的垂直架构。基本上，每个供应商都有自己独特的解决方案。第 3 章（3D 堆叠 NAND）、第 4 章（BiCS 和 P-BiCS）、第 5 章（3D 浮栅）、第 6 章（3D VG NAND）和第 7 章（3D 先进架构）提供了 3D 如何实现的广泛概述。可视化 3D 结构对人脑来说是一个挑战。这就是为什么所有这些章节包含许多鸟瞰图和沿着三个方向的横断面。

2015 年，在旧金山举行的 Intel 开发者论坛上，Intel 公司宣布，它将很快开发 SSD，基于其新的 3D XPoint 存储器，与 Micron 公司共同开发。英特尔公司声称 3D XPoint 比现有的 Flash 快得多，也更可靠。Intel 公司没有公开关于这个存储单元的细节，但已透露它是基于交叉点体系的结构。第 8 章概述了 RRAM 交叉点阵列，从存储单元到选通管，从可靠性到 3D 集成的挑战。

当然，3D 可以与已介绍的第一部分中提到的其他存储尺寸相结合，即形成多级存储和芯片堆叠。第 9 章讨论了封装技术中最新的创新。

从早期开始，NAND Flash 就努力利用 ECC 技术来提高可靠性。从 BCH 开始，第 10 章描述了基于低密度奇偶校验码的最新商业解决方案的演化进程。事实上，在能够有效集成在一小块硅上的代码中，低密度奇偶校验码无疑是接近香农（Shannon）极限的一种。

从长远来看，TLC/QLC 与若干 3D 层的组合可能需要更高的校正能力。第 11 章对该领域的一些最新进展进行了深入的综述；包括非对称代数码和非二进制 LDPC 码。

最后，第 12 章集中讨论了从系统的角度看 3D Flash 的含义。在本章中，介绍了将 3D NAND 与其他存储器组合用于下一代混合 SSD。此外，还介绍了负载优化这一技术来提高 SSD 的写入性能。

平面单元的最终尺寸是 14nm 吗？多少代 3D 是可能的？3D 可以降低到 20nm 以下的单元特征尺寸吗？100 层可以集成在同一块硅中吗？QLC 与 3D 是可能的吗？3D 对于企业和数据中心应用来说是足够可靠的吗？这是本书试图回答的一些问题。请欣赏！

Rino Micheloni

目录
CONTENTS

第1章

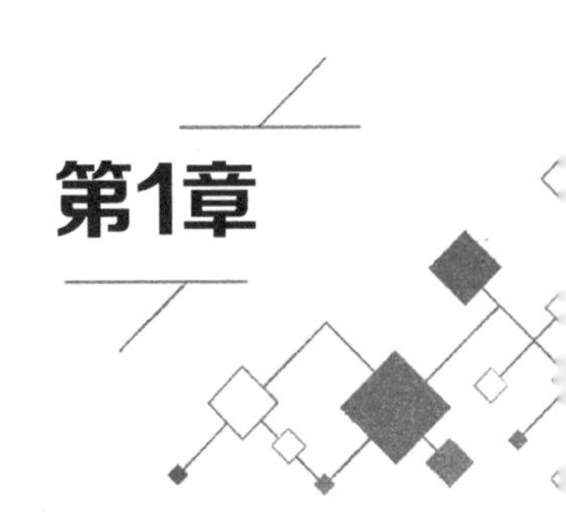

NAND存储器的生态

1.1 存储器行业变迁

可以说近10年是整个存储行业历史上变化最大的10年。本书专注于NAND Flash的研究，将从以下几方面来分析这一演进历程。

(1) 供应商的格局。

(2) NAND存储单元的基础技术。

(3) 应用的变化使固体硬盘(Solid State Drive，SSD)成为推动NAND需求增长的关键。

接下来的内容会详细讨论这些变化。

1.1.1 NAND及存储器供应商的整合

存储器供应商整合背后有很多因素，先来看一下供应商的变化和规律。如图1.1所示，过去6年中，全球存储器95%的供应集中到了5家厂商。看起来，这种整合会在NAND和硬盘驱动器(Hard Disk Drive，HDD)供应商之间继续，HDD供应商迫于市场下降的压力需要与NAND厂商进行合作或进行并购。

那么问题是：是什么因素导致了产业的这些显著变化？

(1) 为了保证存储器的供应，投资建一座新的制造厂所需的入门级花费已将近几十亿美金。为保持竞争力，制造厂商需要不断的更新换代，每更新一代工艺又需要花费同样的价钱更新设备等。因此，能够保证持续资金投入的厂商并不多，且能长期留用存储器领域顶尖的技术专家也非易事。

(2) 存储市场动态的周期性下滑一定程度上导致了一些大型供应商(如Qimonda、Elpida、Numonyx)和一些小供应商的衰落。这是这个行业不可避免的部分，市场需求达到预期前，技术和制造的投入需要3～4年时间。这对正确预测市场需求和供应能力是一个很大挑战，即需要避免错误判断造成的短期产品过剩或短缺的问题。在经济低迷期，没有强大

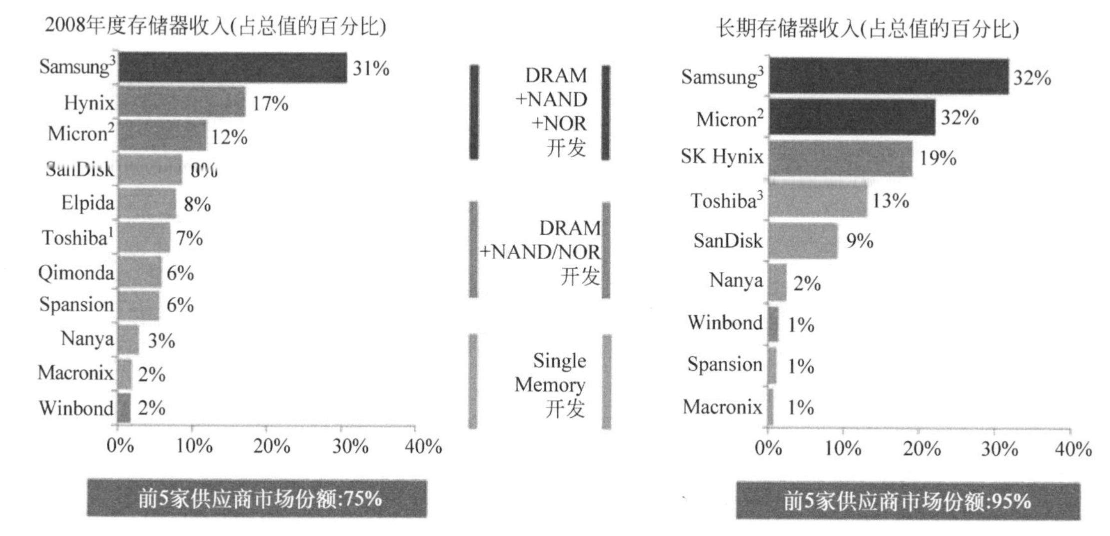

图 1.1 存储器供应商行业的整合。在短短的 6 年时间里,存储器市场集中到 5 家提供超过 95%内存位的供应商[资料来源:Micron 公司 2014 冬季分析会议]

经济实力的供应商或者高利润部门难以维持盈利,最终就会被售卖给其他资金充足的公司。

(3) NAND 控制器及其固件逐渐成为 NAND 供应商间竞争力的关键要素。因此,要保持领先地位,不仅需要 NAND 核心产品满足要求,而且还需要满足 SSD 的 SATA、SAS 和 PCIe 接口控制器技术及手机、平板中 eMMC、类 eMMC 产品的技术需求。另外,可拆卸卡和 USB 使用比较简单的控制器和固件,它们也渐渐出现在 NAND 的市场上。

(4) 大多数业内专家都认为 HDD 将会被 NAND 逐渐取代,因为 NAND 每一代成本都会下降,且可靠性、耐用性和寿命都更有优势。目前就可以看到中等密度 HDD 被 NAND 取代的实例,如 8~64GB 的 MP3。同样,移动手机的演进也是基于 NAND,未来需要基于 NAND 的更高容量存储介质(2016 年为 256GB,未来 10 年每 18 个月容量增加 50%)。这一趋势,导致 HDD 和 SSD 行业的厂商开始积极地通过收购、兼并、合资和技术共享来进行合作。这样的合作关系,原则上将驱使制造和测试 HDD 的供应商有机会成为低成本的 NAND 供应商。因此,可以预测,在不久的将来,HDD 和 NAND 行业间将不断地进行合作兼并。

1.1.2 NAND 技术发展

近 10 年来存储器技术转型有两个方向,一个是采用先进光刻机在 2D 平面的 X、Y 方向继续微缩,另一个是在 3D 空间采用先进的刻蚀工具增加 Z 方向的层数。3D NAND 从 32 层、48 层正逐渐向 64 层及更多层不断迭代。2D 工艺技术成本已越来越高,且每个节点都存在技术上的挑战,进一步降低每位成本与 HDD 相比已没有竞争力,因此各个供应商逐渐向 3D NAND 产品过渡以实现更低的成本。

正在向 3D NAND 过渡的制造厂,由于需要不同的设备,因此首次资本投入相对较多。图 1.2 所示是第一代 3D NAND 的一次性资本输出(Capital Expenditure,CapEx),高达数十亿美元(后续技术更新则像 2D 技术一样只需要更新部分设备)。其次,3D NAND 的收益

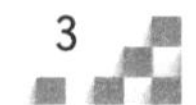

也跟制造商学习曲线相关，新技术初期的探索调整会导致每位成本较高，收益却较低。另外，下游厂商如SSD、eMMC嵌入式产品和其他产品初期转型成本也很高，新技术融合时的挑战、性能折中及失效模式等都会导致整个产品成本变高。尽管第一代3D NAND成本较高，但是第二代及以后的3D NAND，整个成本相较于2D NAND持续降低。三星在2014年就推出了3D NAND产品，相较于其他供应商，三星学习曲线略领先。这个优势在短期内会比较明显，但是持续时间不会很长。

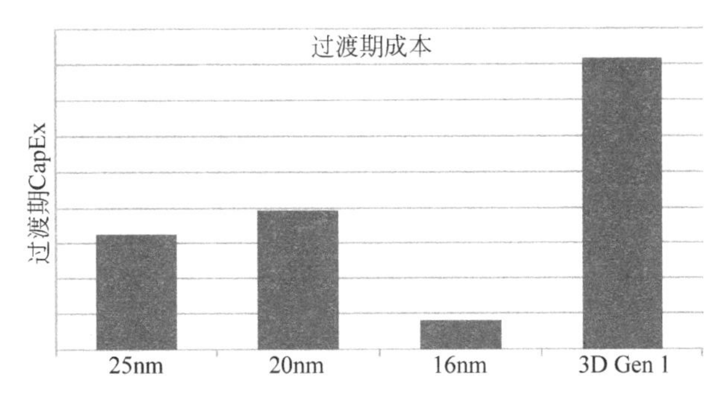

图1.2 第一代3D NAND资本投入与2D NAND比较：3D NAND需要更多复杂的刻蚀机，成本较2D精密光刻机高[资料来源：Micron公司2014冬季分析会议]

1.1.3 NAND应用模式的变化

造成NAND生态系统重大变化的最后一个因素来源于NAND的细分市场。NAND的应用随着它的单元及每个单元容量的增长而变化。NAND市场应用在2015年相较于2011年有很大变化，如图1.3所示。

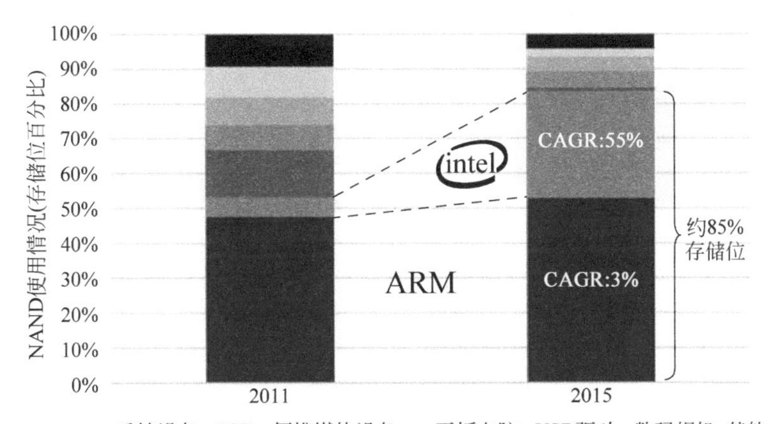

图1.3 随着NAND成本降低，SSD市场占比持续走高，驱使Intel x86生态下的平板、服务器等下游厂商NAND应用逐渐增多，ARM生态下的下游厂商同理

(1) 消费级SSD增长。随着NAND成本降低，笔记本电脑的存储介质逐渐变为SSD。消费级SSD增长对NAND应用的影响远大于NAND本身应用的增长。SSD控制器厂商、制造厂商及客户(基于Intel x86)对于消费级SSD的应用与移动端(基于ARM)大不相同。很多人认为，消费级SSD现已经成为NAND供应过剩情况下的关键市场。

(2) 企业级 SSD 增长。企业级 SSD 较复杂，目前其架构中应用 SAS、SATA 和 PCIe 三种接口。由于其技术和业务的复杂性，有可能成为 NAND 应用的主力，企业级 SSD 被认为是 NAND 发展中极其重要的驱动力。后续章节会详细讨论此部分。

(3) 观察 NAND 产业的比例，存储卡和 USB 等移动存储逐渐减少。这是由于网络的优化及云端存储的增大，这些因素导致存储卡和 USB 的需求大大减小。

这些变化将继续对 NAND 发展战略及路标(容量、关注点及支持组织)产生深远的影响。在产品级，同时具有适用终端产品(如 SSD 和 eMMC)的控制器及固件的厂商将会在角逐中占有优势。影响 NAND 应用模式变化的主因是消费级 SSD 及企业级 SSD，1.2 节将展开详细讨论。

1.2 固体硬盘

1.2.1 企业级 SSD

如图 1.4 所示，企业级 SSD 市场是 NAND 应用市场中最有趣的部分。如 1.1 节所述，传统的 NAND 市场(Flash 卡、USB、移动端)均有下滑或涨幅很小，但是企业级和消费级 SSD 却增长迅速，并且未来几年都会持续大幅增长。造成这种现象的原因有：企业级应用对容量及性能的要求提高，SSD 中每吉字节的成本降低，及客户数据往云端迁移量越来越多；从 NAND 组成角度来看，企业级 SSD 容量要求与 3D NAND 更高的单片容量一致，3D NAND 已达 256Gb，且每一代容量都在增加。这意味着 4TB 和 8TB SSD 不能很快应用于 2.5in 标准。最后，企业级 SSD 市场推动了 3D NAND 性能、功能的优化的需求。例如，相比于堆叠 8 个芯片，3D NAND 具有更低的寄生电容，因此 8 个 2D NAND 芯片堆叠最大吞吐率为 266～333MT/s，而 3D NAND 可达 533MT/s。其他对企业级 SSD 较为重要的性能，如更高的擦写寿命、多平面操作等，3D NAND 都已一一实现。

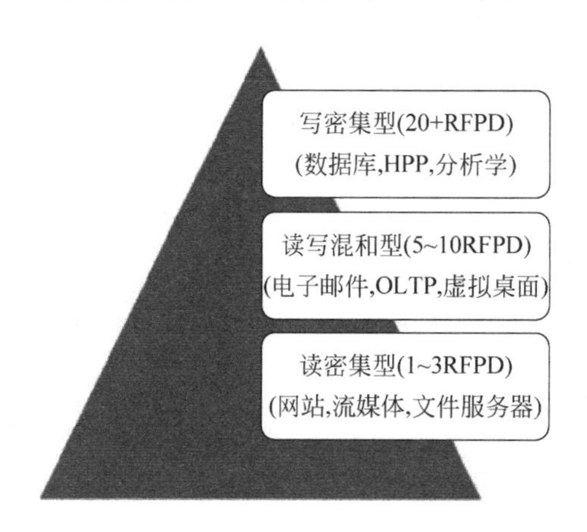

图 1.4　企业级 SSD 通过读写寿命及应用领域来进行分级(RFPD——每天随机读写云和企业级服务器 3 年或 5 年是一个鉴定标准)。传统的分类方法将企业级 SSD 分为了 3 级：读密集型，读写混合型，写密集型

了解存储的层次结构十分重要，它可以更好地以最低的成本满足整体应用需求。图 1.5 所示是一个典型的存储金字塔，DRAM 作为最快的外部存储处于第一梯队。新出现的 NVRAM 和 NVDIMM 作为紧急非易失解决方案成为第二梯队。由于性能和功耗方面的优势，SSD 层处于第三梯队，而 HDD 由于低成本处于最后一层。

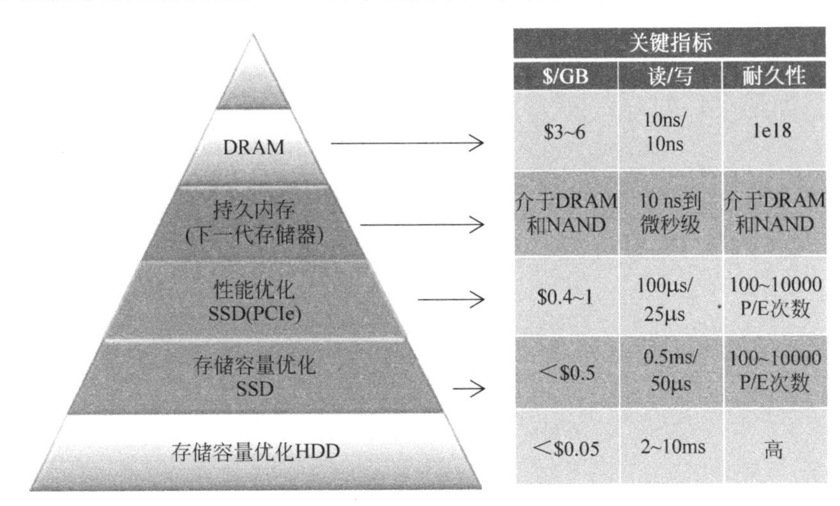

关键指标		
$/GB	读/写	耐久性
$3~6	10ns/10ns	1e18
介于DRAM和NAND	10 ns到微秒级	介于DRAM和NAND
$0.4~1	100μs/25μs	100~10000 P/E次数
<$0.5	0.5ms/50μs	100~10000 P/E次数
<$0.05	2~10ms	高

图 1.5 传统存储器层级在 DRAM 和 HDD 间分了很多级。多层 SSD 也改变了数据中心结构及相应的经济结构

尽管初始购买价格较高，但 SSD 却在企业中快速推广。主要原因是，在数据中心应用：①比 HDD 性能高 100～1000 倍；②由于没有移动部件可靠性更高；③功耗较低，功耗是运营成本中很大的一部分。这些都降低了 SSD 总成本。目前，企业 SSD 使用率达到了不同类型 SSD 之间主动分层级的成熟度（所谓“热”“冷”数据）。成本最优的层级使用 SAS 和 SATA SSD，性能最优采用 PCIe SSD，最后是最低成本的 HDD，用于超大容量存储。

值得注意的是，企业级 SSD 在 SAS、SATA 和 PCIe 三种接口之间细分后的变化。SAS 接口是企业级应用里最成熟的，能够提供持续性的支持，对企业级存储空间有很强的适应性，并且支持 SAN 拓展实施。SAS 硬盘驱动具有企业级功能（如双端口、终端数据保护、拓展性等）。同时它也有一套基于主机和互连技术的生态系统，具有企业级的可靠性，使得 SAS SSD 应用更容易。因此，SAS 接口就一直沿用下来。由于以下原因，PCIe SSD 发展十分迅速。

(1) 提供最高的性能和最低的延迟。

(2) 基于服务器的存储需求增长，云供应商倾向于直接通过 PCIe 连接服务器。

(3) 采用 2.5in 驱动或者 M.2 等来提高制造效率，降低成本。

(4) 企业级应用的增长使得 PCIe 企业级生态系统技术随之也增加。

基于 SATA 的 SSD 成本较低，消费级 SSD 容量高、制造效率高，但是有时会因使用企业级控制器及相关技术以牺牲可靠性。预期这一市场空间会逐渐下降。如图 1.6 所示，基于 PCIe 的性能成熟的低端产品具有与 SATA 相同的成本但却有更高的性能。

随着云存储的出现，基于服务器的存储正在快速增长，淘汰了使用存储区域网络(Storage Area Network，SAN)、网络区域存储(Network Area Storage，NAS)或直接附加外部存储(Direct Attached external Storage，DAS)的传统大型集中存储设备。这种趋势也被

IT 企业采用，服务器附加存储预计在 10 年内占所有存储的 80%以上(来源：维基百科服务器 SAN 研究计划 2015)。随着利用并行架构解决可靠性问题，以及利用云业务模式降低成本，云供应商首先引领了低成本的基于 SATA 接口的 SSD 内部云数据中心，并且率先引领基于 PCIe 接口的 SSD 的增长(具有更快更高容量的优势，根据标准提高制造效率，提高成本)。因此，较大的基于云的供应商不仅推动数据中心架构的演进，还推动了诸如 SSD 的组件级产品的发展。

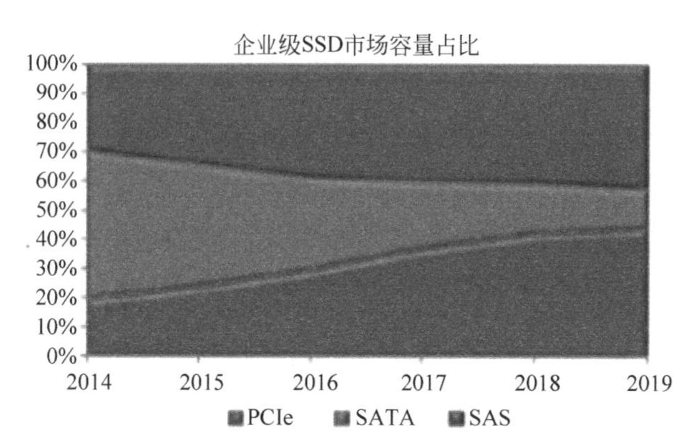

图 1.6 企业级 SSD 不同接口市场容量变化。可以看到 PCIe 在所有接口产品中成长最快。起初是由于基于 PCIe 企业级存储应用增加，产品性能成熟。[来源：IDC，2015-2019 全球 SSD 市场预估，2015 年 5 月]

基于企业级 SSD 发展历程及云存储发展趋势，可以预计标准的 NVMe(Non-Volative Memory express)PCIe SSD 的吸引力日益增加，可从多个供应商获得这些 SSD，从而保证生产系统资源。PCIe SSD 现在广泛部署在最初使用外设总线 PCIe 的服务器中，同时也被用于直接连接存储。SSD 的应用驱动了当前 NVMe 协议的发展，NVMe 协议终点是优化对 NAND 的访问，同时节省存储开销。目前基于 Intel 架构的组件供应商、SSD 供应商、NAND 供应商和测试设备供应商在 NVMe PCIe SSD 技术上得到了强大的支持。基于 PCIe 的 SSD 优势已全部实现，包括：

(1) 相比 SATA 和 SAS，PCIe 具有更好的性能和最低延迟。高端 PCIe SSD 可以提供超过每秒一百万的 I/O 吞吐率，读延迟可在 10μs 量级。

(2) 利用客户群体经济效应，因为 PCIe 在消费级 SSD 十分热门。在考虑众多因素时，客户因素是需要优先考虑的，比如为提高制造效率使用 2.5in 的驱动器和 M.2 的接口。

(3) 存储行业生态系统里，对于 PCIe 支持日益强烈(如基于 PCIe 的交换机)以及对 NVMf(NVMe over fabric)和相关技术的投资增加，需要更大规模的部署。

PCIe SSD 的性能优势与传统的 DAS、SAN 和 NAS 存储相结合，表明了标准化 PCIe NVMe 存储将会成为接下来几年企业级 SSD 接口的趋势。表 1.1 提供了 SSD 不同接口在企业中应用时的真实性能评估结果。

最近关于 Intel 公司和 Micron 公司合作开发的基于新材料的 3D XPoint(3D crosspoint)技术相比于 PCIe NAND SSD 具有很大的优势，它具有更高的性能和更长的擦写寿命，可直接用于替代部分 DRAM。但是，由于公开的消息非常有限，价格、使用模式和长期技术成功率尚不清楚。读者可以在第 8 章阅读有关 3D XPoint 技术的更多内容。

表 1.1 不同接口 SSD 性能比较,PCIe SSD 在性能和延迟十分好

	SATA SSD(6GB/s)	SAS SSD(12GB/s)	PCIe GEN3 (X8)
顺序读(MB/s)	约 500	约 1000	>4000
随机写(4k IOPS)	30～90k	约 100k	200～300k
延迟	好	好	最好
耐久性	相同		

1.2.2 Build-Your-Own 和客制化 SSD

正如本节标题所述,Build-Your-Own(BYO)SSD 是一个由大批消费者自定义而非标准 SSD 的模式。这种模式与企业市场上模式相近,在 SSD 的消费者市场上越来越受欢迎。最初在企业市场中出现时,多数大 PC 制造商(Tier1)使用这种模式来优化 SATA SSD。这使得中国(包括台湾地区)制造商数量显著增长,尤其是那些对于固件、NAND 类型及外形需求非标准化的厂商。

如图 1.7 所示,客户自定义 SSD 的动机主要包括以下几点。

(1) NAND 成本优势:利用原始 NAND 和 SSD 价格套利。过去这种价差更大,即使今天价差缩小到 30%～50%,BYO SSD 成本节省还是十分显著。这种优势可以通过优化进一步增强以适应应用需求。

(2) 操作优势:这是通过简化 SSD 开发,缩短开发周期来与其他平台转换及开发更无缝连接,优化操作者最关心的 SSD 功能。此外,由于 SSD 操作者对 SSD 的应用和架构更加熟悉,因此在支持和改进产品后期开发方面,BYO 给予他们更加灵活的操作方式。

(3) 上市时间(Time To Market, TTM)优势:联合认证可以快速开始,客制 BYO SSD 可减少认证周期,并允许更快的批量生产;终端客户更加清楚产品的工作负荷、失效模式,可以从中进行平衡优化加速开发和测试验证周期。

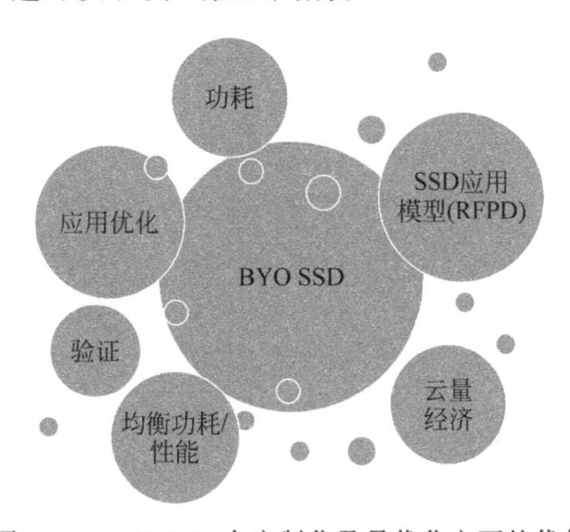

图 1.7 BYO SSD 在定制化及最优化方面的优势

(4) 技术优势:这一点是 BYO 模式最大的优势之一。如图 1.8 所示,参数大小可以自己通过“旋钮”控制。如果考虑功耗/性能,则可以选择配置低成本 NAND,优化 DRAM 容量及主机接口来降低 SSD 成本,从而满足应用需求。对固件进行更精确的控制还可以与较

高级别的主机软件紧密集成。对于最大的云集成应用，SSD 中 Flash 迁移层（Flash Translation Level，FTL）已经集成在主机里面（Host-based FTL），用于更加精确地控制包括数据损耗均衡、垃圾收集时间优化等。

应用	使用功耗	DRAM密度	Flash密度	Flash类型/密度	主机I/F BW
	平台"旋钮"				
冷存储	○	○	●	○	◍
2.5英寸SSD(SAS/PCIe)	○	◍	◍	◍	◍
低/中PCIe SSD	◍	◍	◍	◍	●
企业级PCIe SSD	●	●	●	●	●
缓存适配器	●	●	○	●	●

○ 低　◍ 中　● 高

图 1.8　可以利用相同的控制器进行优化以获得具有不同特性的 SSD。可优化参数包括固件、功率包络、DRAM 密度、Flash 密度和配置（更多的芯片数量原则上允许更高的并行性能）、Flash 类型（SLC、MLC、TLC）以及主机接口

还可以看到从 SSD 迁移到与主机本身（基于主机的 FTL）集成的 Flash 转换层（FTL），以使主机和应用程序对 NAND 进行精细控制（包括数据损耗均衡，垃圾收集的时间等）。可以说 BYO SSD 的方法与过去 10 年中最大的云供应商定制服务器以减少成本方法类似，通过自主构建最小可行选项来降低服务器成本，而不是购买全套功能服务器。

通过使用灵活的控制器架构和固件修改，供应商可以支持从最低成本/性能数据存储，到用于数据库应用程序存储的高性能 SSD 的不同级别需求。让我们在三个最常见的 SSD 指标修改来深入了解 BYO SSD 模式。

1. 耐擦写性

擦写（Program/Erase，P/E）次数是耐擦写（endurance）特性的主要指标，对于不同类型的 NAND，这一指标也各不相同。行业中标准是：

(1) SLC (Single-Level Cell)规格为 1bit/cell，P/E 次数是 10000 或更高；

(2) MLC (Multi-Level Cell)规格为 2bit/cell，P/E 次数是 3000；

(3) TLC (Trinary-Level Cell)规格为 3bit/cell，P/E 次数通常小于 1000。

有关 SLC/MLC/TLC 存储的更多详细信息，请参见第 3 章。

使用这些不同类型的 NAND 是 SSD 的更高 RFPD 实现的基础，如图 1.4 的定义。目前，许多供应商在写入密集型 SSD 中使用相同的控制器和 SLC NAND；企业级 MLC NAND 用于混合读/写工作负载 SSD；而客户级 MLC 甚至 TLC 用于读密集型 SSD。NAND 类型的 SLC、MLC 和 TLC 在定价方面存在相当大的差距，SLC 和 TLC 之间的每位成本大于 5 倍，因此由于成本、性能和耐擦写性使 NAND 的选择成为 SSD 的关键因素之一。

OP(Over-Provisioning)是 SSD 中 Flash 存储以外的部分，它可以通过 Flash 控制器执行各种管理功能。OP 有助于垃圾收集，并可以将擦写操作均衡到不同的 NAND 块以均衡

磨损程度，提高耐擦写性。业内最常见的OP在企业SSD中占28%以上，消费级SSD只占7%，这是因为消费级SSD对性能、耐擦写性要求相对较低。OP数量旨在为用户提供所需的存储容量。例如，在企业级应用中，1024GB的NAND，800GB用于存储用户数据，OP空间占28%，而512GB的客户端SSD空间中，480GB用于存储用户数据，7%用于OP空间。BYO模式中，28%和7%是可自行选择的，可以通过了解工作负载（如产品应用耐用性、顺序读写与随机读写性能、读写次数比等）需求来实现更大或更小的OP配置。

2. 性能/功耗

NAND性能在SLC、MLC和TLC之间差异很大。一旦确定了应用领域，相应的性能级别也可确定。BYO客制化SSD就可以选择性能更低的性价比高的MLC或TLC NAND，配置具有更多的Flash通道的控制器来进行补偿以达到所要求性能级别（有关详细信息，请参阅第10章）。更多的Flash通道需要更强大的控制器，因此增加了功耗，为满足SSD的标准功耗要求必须进行管理（例如9W、12W、25W）。例如，BYO SSD为满足应用性能级耐擦写性需求将进行以下配置：

（1）更便宜的NAND（MLC代替SLC，TLC代替MLC）；

（2）更多数量的通道用于性能优化；

（3）为增加耐擦写度配置强大ECC（Error Correcting Code）；

（4）最低的OP配置。

SSD总功耗来源于NAND本身、控制器及DRAM（广泛应用于高性能企业SSD中）。NAND功耗跟以下几个因素有关：

（1）NAND的速度（例如333MT/s，400MT/s）；

（2）使用了多少个Flash通道（目前有1、4、8、16或32个通道控制器）；

（3）NAND类型及其编程模型；

（4）多少个芯片同时处于激活状态。

当系统或SSD温度超出系统温度规格时，固件能够自动进行调节，但这会导致性能/用户体验不均衡，因此这种方法并不是最优方法。更好的方法是在设计BYO SSD时了解功耗/性能范围和系统级温度限制。根据应用需求进行优化，如NAND类型、速度、同时激活die的数量和NAND控制器。

3. NAND Flash成本

企业级（TB级容量）BYO客制SSD的总成本仍然以NAND成本为主（可以占SSD总成本的80%或更高）。因此，从成本的角度来看，选择合适的NAND类型十分重要（例如，MLC代替SLC，或者TLC代替MLC）。从业务角度来看，有良好的供应商关系，顺畅的供应链和高效的制造对于BYO模式的成功至关重要。有一个观点认为，同时考虑不同供应商的各种NAND类型有助于创造竞争并降低成本，但这涉及额外的开发成本，总量较大的时候，这些可以忽略。

最后一个需要考虑的因素就是如何用最低的成本来完成引进新的技术节点，保持技术领先。在NAND供应商中，迭代时间虽然有先后，但是其中也会因选择专注于技术节点优先或专注于裸片尺寸优先的不同而差别巨大。更新的技术节点与选择浮栅型还是基于电荷俘获型的存储单元有关，良率也有差别，因此需要了解供应商的技术偏好和历史。

如图 1.9 所示，对于 2TB 的企业级 SSD，其控制器配有更多 Flash 通道，有更强的 ECC，且成本相对较低。最初硬件成本(不包括额外的操作和技术集成优势)可节省 25%～40%。

标准SSD	BYO SSD
MLC NAND	TLC NAND
28% OP	15% OP
8 Flash通道控制器	16 Flash通道控制器
标准ECC (40~60 bit/1K)	加强ECC (100 bit/1K,LDPC)

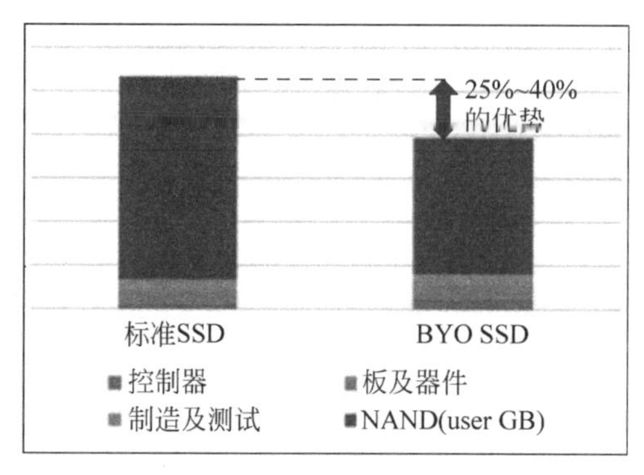

图 1.9 2TB BYO SSD 与标准 SSD 实例对比

1.2.3 SSD 控制器的经济效应

1.2.2 节提到具有灵活架构的重要性，可以使用控制器来创建 BYD SSD 或者读写密集型 SSD 产品。首先，来分析 SSD 控制器和固件堆栈的经济效应。

(1) 最新的 PCI Gen 3 和 SAS 12G 世代的控制器开发成本大幅上升，仅在初始硅基开发时就需花费几千万美元，之后修改几个错误也会增加成本，使得开发风险增加，进度延误。由于 SSD 产品线通常都是针对目标时间段最低成本的 NAND，因此计划延误带来的成本十分昂贵。这种现象反过来又会限制 ECC 强度、DRAM 接口等架构的选择。因此，如果需要修改控制器，会增加 6～9 个月的时间，导致 SSD 可能与最低成本 NAND 节点不匹配，NAND 最低成本节点持续时间仅为 12～15 个月。如果设计能够支持多种 NAND 技术节点和 DRAM 接口的灵活控制器架构，就可以避免这种苛刻的时间窗口。

(2) 高速化设计和特定协议优化(PCIe、SAS 或 NVMe)所需的人员技能组合是有差别，很难雇佣和留住合适的人才。固件的使用，不仅仅用于实现算法和解决漏洞，越来越多的是为业界不同的应用模型提供相应的解决方案。

(3) 固件和配置优化的花费只占开发的一小部分。此外，经常有客户会进行特定的优化希望架构能够保持一致，以便固件能够适应产品迭代更新。事实上，一旦写入固件以匹配客户基础架构中的管理层级，那么在整个产品系列在更新换代时都需要保持一致。

(4) 企业级 SSD 的产品验证成本很高，且周期很长。因此，考虑到产品上市时间，解决方案倾向于采用之前已经开发成熟的方案，例如使用多年的测试脚本。据此，一致的控制器架构和固件也有助于测试、制造流程的再利用，从而降低成本，缩短产品面市周期。

关键的灵活控制器(高级别)设计点包括：Flash 通道数量；DRAM 接口；支持的企业功能；可独立关闭那些无须特殊处理的功能和部件；强大的 ECC，支持多种存储类型；可灵活支持 NAND 协议和特殊指令。除了上述更高级的设计点，还有一些关于 SSD 控制器设计人员在设计中必须理解的细节。

(1) Flash 设备之间的协议通信：来自不同厂商的 NAND 采用 ONFI(Open NAND Flash Interface 或 Toggle 等不同的协议)，有时甚至同一个 NAND 供应商的产品之间也有

不同。例如，寻址需要 5 或 6 个字节，或者在正常命令前需要前缀命令。由于架构的灵活性，可以通过修改固件来适应这些变化。另外，协议可被固件定义，就可以允许 Flash 供应商设计特殊的访问和命令。

(2) Flash 写入和读取规则不同：灵活的控制器和固件优化调整可以适应各种变化。即使没有最新的硅控制器以匹配更新后的 Flash，也可以通过灵活调整进行匹配。有最底层的协议及固件编程、读取控制权限，就可以灵活地配置各种解决方案来适应多种类型 Flash。

(3) 微调算法/产品的差异：从更高级别的算法如垃圾收集和磨损均衡来看，Flash 十分复杂。它从底层，可以根据固件中的算法控制各种基本功能，从高层可以对较高级别的算法进行微调，以满足不同类型的 Flash 和应用的需求。这充分便利了 Flash 供应商对产品定义的差异，他们可以轻松地利用同一套控制器就实现目的。

1.2.4 消费级 SSD

消费级 SSD 具有不同的市场，主要受成本影响，这与使用最低成本 NAND 类型有关。控制器技术虽然不简单，但却可以从多个供应商那里获得更多的成本效益。耐用性和性能要求与企业级 SSD 相比略逊，但消费级 SSD 领域成功和差异化的关键因素总结如下。

(1) 不同成本效益的 NAND，特别是最新一代 TLC，正越来越多地应用于消费级 SSD，将来还有规格为 4bit/cell 的 QLC(Quad-Level Cell)。一旦原始 NAND 合格，供应商就可以快速地基于最新的 NAND 节点来开发新的消费级 SSD。

(2) 控制器和固件是占据重要市场份额供应商成功的关键因素之一。一些消费级 SSD 控制器供应商直接提供控制器和固件的套件，这使得 SSD 供应商可以不用另花精力在固件开发上。

(3) 功能和硬件形式的灵活性是不制造 NAND 的小型供应商成功占有市场的主要原因。行业中的许多第二层供应商提供了很多灵活的产品方案，而顶层供应商通常不愿意拆解他们的产品方案。

目前消费级 SSD 是由 NAND 供应商主控，他们掌握 NAND 制造成本，因此更低成本的 3D NAND 成为 NAND 供应商进一步降低成本的希望。

1.3 NAND 技术演进：3D NAND

随着 Flash 的不断演进及 SSD 的发展，3D NAND 技术随之而生，接下来的章节会详细讨论 3D NAND。关于 NAND 技术演进的讨论可通过两个重要标准来理解：需要降低每位成本来继续增加总存储中的 NAND 占比(相对 HDD 比例会降低)；2D NAND 在耐擦写性和性能上遇到技术节点发展瓶颈，因此才要探索新的 3D NAND。图 1.10 显示了 CMOS 技术的演进图，在 30nm 之后，由于技术节点的复杂性，缩放比例明显已经减缓，并且设备组每更新一代都十分昂贵。对于 NAND，在 2D NAND 中，得出的结论是，定义状态(“1”或“0”)的电子数量已变成个位数，尤其是 8 个状态的 TLC。这影响了耐用性、性能并对每一代 ECC 提出了更高的要求。

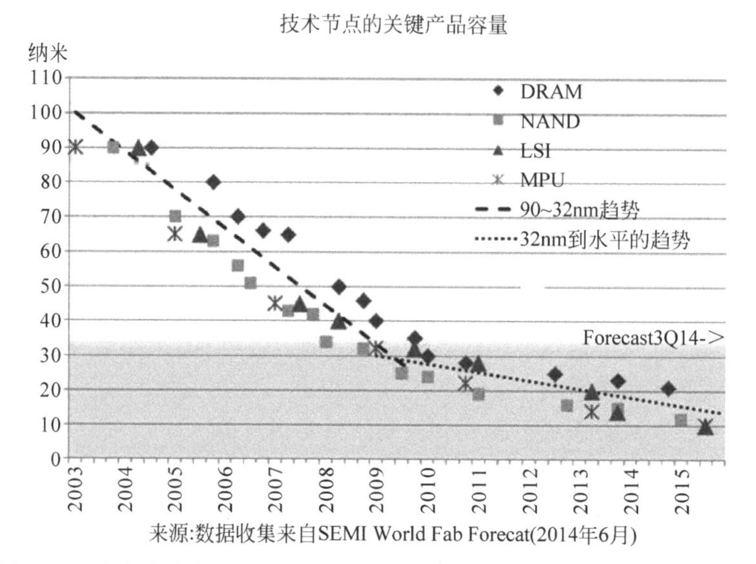

图 1.10　摩尔定律演进在 30nm(2008 年)开始放缓。业界专家认为 3D 缩进将会是下个 10 年 NAND 存储器的新机会

另外一个合理的疑问是关于供应商：为什么供应商不放慢扩展步伐而注重盈利能力？其原因在于，NAND 在整个存储体量里面只占一小部分，目前每年出货量主要还是 HDD，如图 1.11 所示。随着越来越多有关 NAND 成本解决方案的出现，有关 HDD 被取代的文章也越来越多。有数据显示，NAND 和 HDD 在过去几年中的每位成本差逐渐缩小，造成这一趋势的原因有如下几方面。

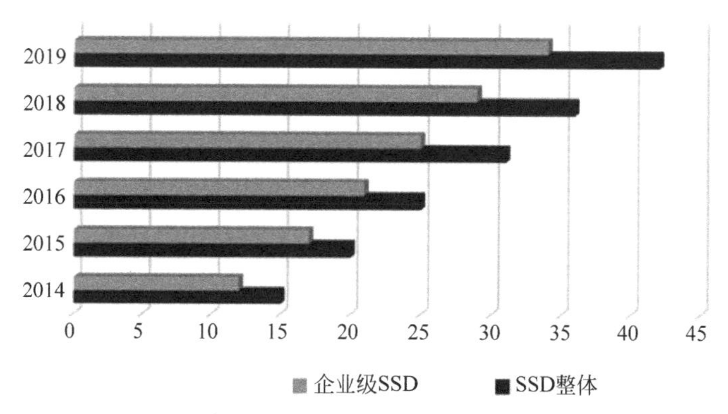

图 1.11　整体和企业 SSD 与 HDD 的估算。图表显示了 NAND 增长的重要空间 [资料来源：Mark Webb，MK Ventures，2015]

1. 客户和消费者应用

基于 NAND 解决方案的各类实用的/典型的产品产量已达到一定的量，与现有 HDD 解决方案成本相比具有更大的优势。

(1) MP3 播放器是最早的例子。从 2007—2008 年开始，MP3 在短时间内几乎完全替换为 NAND，典型的 30～60GB 容量产品可以通过 NAND 来实现成本最优化，兼具可靠性、耐用性、尺寸和重量等优势。

（2）数码产品，如相机等消费级应用都会用到 Flash 卡。基于 NAND 解决方案拥有高性能，易更换容量、大小、重量等特点，渐渐被应用到一些专业的高端相机中。

（3）PC（笔记电脑或台式电脑），PC 市场是最大的消费级市场，以传统的 HDD 为主。SSD 在笔记本电脑中的应用在过去几年有所增长，通常用 TLC NAND，售价在 100 美元以下。据目前预估所示，超过 20%的笔记本电脑已经使用 SSD，2018—2019 年 NAND 成本接近 0.1 美元/GB，未来将会有一半的笔记本电脑使用 SSD（因为笔记本电脑中 512GB SSD 通常已足够，很多信息都会备份在网络或云端）。有异议认为，在对比 HDD 和 SSD 成本时，非 NAND BOM 的成本应该增加到 SSD 的成本上。但我们需要同时考虑，SSD 在功耗、性能和可靠性的优势，它们也在推动 PC 大量采用 SSD 解决方案。

2. 移动电话

移动电话是使用 NAND 的最大的一部分。NAND 成本效益可以在典型的 8～128GB 容量产品中体现。尺寸、重量、电池寿命也是驱使供应商使用基于 NAND 的 eMMC 和嵌入式产品的原因。一些新兴市场也会使用基于 NAND 的 Flash 卡来增加存储容量。

3. 企业和云数据中心

这部分是 NAND 用量增长最快的部分。图 1.5 所示的层级表明，SSD 在企业中应用在性能层，现已慢慢拓展到容量层。随着大容量存储的发展，硬件将持续向更高容量发展。随着向 3D NAND 每一代引入更高集成度的单元，可预测未来对于 NAND 的技术要求会分两个方向，一个是较低性能，但较高容量的应用（对比典型的 NAND SPEC，低性能的 NAND 也比 HDD 快 1000 倍），一个是较低容量但较高性能的应用。1.3.1 节会详细讨论。

虽然作者不相信 HDD 将被完全取代，但基于 NAND 的解决方案在功耗、性能和可靠性方面的技术优势将对很多 HDD 应用产生影响，迫使 HDD 供应商向更高容量发展。

1.3.1　3D NAND 技术

前面已详细描述 2D NAND 节点的演进过程，2D NAND 已无法满足迅速扩张的市场所带来降低成本的需求。3D 演进是从 32-48-64 层（或更高），它可以像以前 2D NAND 技术缩进速度一样继续缩紧几代。3D NAND 技术出现的另一个原因是 2D NAND 最新节点的一些技术指标已远不如 3D NAND，如耐擦写性、性能等。

1. 3D NAND 成本和价格定位

在 3D NAND 中，Gb/mm^2 容量十分高，但相对技术难度较高。在 3D NAND 中，主要扩展 NAND 垂直方向单元，因此供应商在制造时选择前几代的技术节点来规避风险。如此做的原因从技术指标（和价格）角度来看，供应商是想将 3D NAND 中的 TLC 定位为与 2D NAND 中的 MLC 定位一致。可以以 2D MLC 的价格来卖 3D TLC 十分幸运，因为新的 3D 技术刚出现时产量及销量并不被看好。不同供应商采用的技术不同会导致制造效率有差异，如采用浮栅技术 32 层 NAND 成本（ONFI）与采用 48 层电荷俘获技术（Toggle）的产品成本各不相同。供应商选择 3D NAND 技术时主要考虑以下几方面。

（1）与最新 2D NAND 产品的成本结构进行比较。如果供应商提供的 3D NAND 芯片的尺寸和成本结构高于最新 2D 节点产品中的竞争对手，将很难推其 3D 产品。

(2) 3D NAND产品的良率曲线追赶最新2D产品成熟的良率曲线需要多久？据多年行业经验，产品量产需要良率达到80%～85%。这意味着一些供应商将不得不等第二代3D产品来实现3D产品的成本效益，如图1.12所示。

(3) 3D TLC NAND能够达到最新2D MLC节点的技术规格。3D TLC NAND PE周期大概是5000～10000，2D NAND的周期大概是2000～3000，这一指标对于企业级应用向高容量转变十分重要。

(4) 32层(ONFI厂商)和48层(Toggle)产品之间的晶圆成本。预计制造成本将随着层数的增加而相对变少。

(5) 一些行业专家预计，浮栅技术与电荷俘获技术在不同的3D NAND产品之间会有制造良率方面的差异。

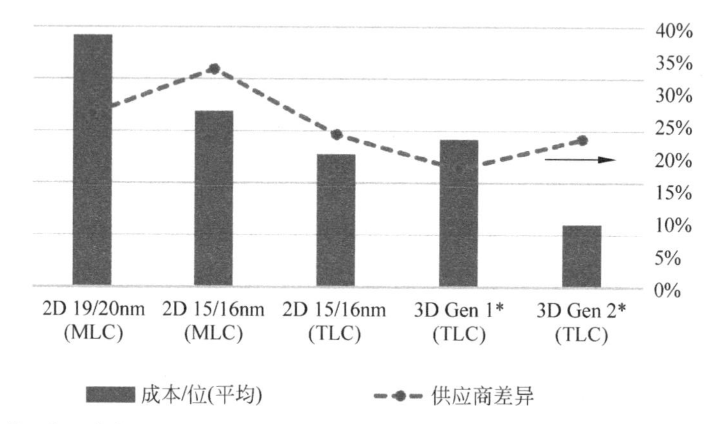

图1.12 2D NAND随着技术演进每位成本不断下降。3D NAND只在第一代每位成本较高，之后就同2D NAND。3D NAND后进者与先进者之间每位成本相差15%～30%

2. 技术规格

2D NAND中，由于技术演进每迭代一次，每个存储单元尺寸相应变小且存储在单元中电子数量也相对变少，因此其性能和耐擦写性自然也会变低。过去10000次P/E的MLC NAND现在只有3000次P/E。现在大多数2D TLC产品只有几百次P/E。因此，每一代对应关键指标是：

(1) 可靠性(P/E次数)降低；

(2) 位错误率(Bit Error Rate，BER)增加；

(3) ECC要求提高(在第10章会更深入讨论)。

如前所述，按晶圆每位成本等效理论，NAND供应商必须使3D TLC的性能与最新的2D MLC相似(例如3000次P/E，高于400MT/s的速度)。这些目标可以通过采用新设备提高良率来实现，但对于全新的3D NAND技术这是一个很大的挑战。因此，可预期的是，不同供应商之间的产量差异会持续多年。

3. 四级单元(QLC,4bits/cell)

如果3D TLC可以取代2D MLC,那么问题是用什么替代2D TLC。2D TLC经过最初的市场质疑后已成功地进入"数百个P/E次数"的市场,特别是在移动端和消费级SSD产品。NAND供应商在业界多次宣布要开发QLC 3D NAND产品。随着3D NAND TLC和QLC的出现,不难想象,3D NAND单片芯片密度要比当今的128Gb单片芯片密度高出4~8倍。另外,由于最近几代2D NAND性能要求十分严格,因此SSD控制器需要内置强大的ECC。现在最先进的控制器支持40~100b/1000b(BCH)和内置LDPC ECC。这些具有强大ECC功能的控制器将会继续应用在3D NAND技术,用于预判及纠正3D NAND中遇到的未知故障,保证3D NAND的功耗/性能,同时保证成本结构在HDD中的竞争力。

1.3.2 3D NAND产品以TLC为主导

3D NAND产量爬升的净效应是TLC产品,目前它只占整个产业中较小部分,但是预计未来几年将成为供应商主导产品。如图1.13所示,TLC产品被认为将会在2017年超过行业总产量的50%,未来将会持续增长。预期2017年之前,所有供应商都将大量生产具有成本效益的3D NAND TLC产品。其中成果最显著的是Samsung,已经批量生产了很多代3D NAND。

3D NAND的演变也产生了一些问题。

(1) 许多低端市场不需要256Gb(32GB)或大于它最小容量需求的应用(如嵌入式应用、低端手机、成本敏感的移动NAND产品)。

(2) 还有一类应用(如DRAM备份、缓存),它的性能提高是通过并行使用多个低容量芯片单元,而非几个超大容量的芯片。

这些因素将迫使NAND供应商在很长一段时间内继续提供低密度的2D NAND产品,除非可以降低低容量3D NAND产品的成本。

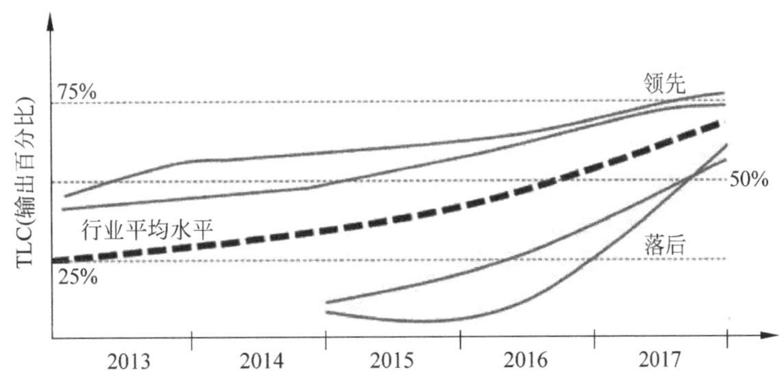

图1.13 行业TLC的平均产量会因3D的引入而变高。Sandisk公司和Samsung公司处于行业领先地位,Toshiba公司处于行业平均水平;Micron公司和Hynix公司预期会在未来加大TLC产品输出

1.3.3 浮栅技术VS电荷俘获技术

如图1.14所示,NAND组成单元中一个有趣的技术争论是存储器单元使用浮栅

(Floating Gate,FG)技术还是电荷俘获(Charge Trap,CT)技术。大多数 NAND 供应商都选择了 CT 技术,但 Intel 和 Micron 合作开发 3D NAND 却选择了基于浮栅的技术。一些行业制成技术专家认为浮栅技术是已经成熟的技术,它每一代的故障模式已被业内熟知,且在解决相关故障时十分有经验。因此,他们很自然地认为浮栅技术在初期具有制造和良率的优势。另外一些专家认为,电荷俘获技术从根本上讲对于每一代 3D NAND 缩进能力更强。目前还不能清晰地得出结论,哪个技术有更长久的技术潜力,但 10 年后我们就会知道答案。

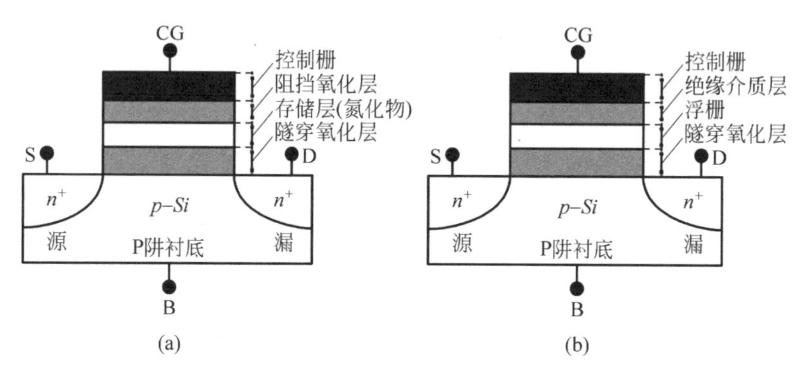

图 1.14 不同供应商使用的两种不同的存储单元类型。(a)Samsung、Toshiba、Sandisk 和 Hynix 使用电荷俘获型;(b)Intel 和 Micron 使用浮栅型

1.3.4 封装创新:TSV NAND

虽然本章大部分内容都在讨论 NAND 演变为 3D NAND 的创新,这里还需要指出 3D NAND 在其他领域的创新:封装技术。这个领域有如下几种技术。

1. 接口芯片

它可以区分每一代 NAND 的需求并为系统高层提供更简单的统一接口,如 eMMC 产品,Toshiba 的 SmarNAND,Micron 的 ClearNAND 或其他用于高端移动领域的接口产品。供应商在一些技术会议上提出的一些技术指标同样也需要 NAND 原厂在开发时参考,且应更加注意信号完整性及产品性能。这些芯片在最后封装时采用标准的 BGA(Ball Grid Array)和 MCP(Multiple Chip Package)封装,除了原 NAND 芯片外还需外挂一个逻辑芯片用于:降低 I/O 功耗及电容;执行 ECC 功能;处理更高级功能,如垃圾收集及其他 NAND 管理事宜,为主处理器提供更简单、更高级的接口。

2. TSV 封装

TSV(Through-Silicon Via)封装用于更高密度的应用。传统的多芯片封装技术是将每个芯片连接在基板边缘,使得整个接线长度达几毫米。TSV 技术就像是高楼里面的钢架,如图 1.15 所示:这种技术将连接长度减少约 10 倍。接线长度短的优势有以下几个。

(1) 性能——寄生电容变小,可支持更高传输速度,提高信号完整性(Signal Integrity,SI)。例如,产品需要支持 16 颗芯片叠峰,达到 533MT/s 传输速度,布线长度大于 3in。传统封装很难实现这些指标。

(2) 低功耗——IO 电压可以从 1.8V 降低到 1.2V,NAND 内核电压可以从 3.3V 降到

1.8V。Toshiba 和 PMC-Sierra 在 2015 年 Flash 峰会上演示了 TSV NAND 产品，其中 NAND 功率减少了 50%以上。TSV NAND 封装的缺点是会增加额外的芯片面积和成本。然而，在更高的芯片堆叠封装中(4、8 或 16 个芯片)，功耗、信号完整性和性能方面的优势将会使其更有吸引力。

由于许多 SSD 厂商使用 1、2、4、8 或 16 层芯片堆叠封装来制造不同容量的 SSD 产品。为了应用 TSV 技术，需要从控制器角度来保证标准封装和 TSV 封装产品之间在接口方面的一致性。这样 SSD 就可以选择使用接口芯片/TSV 技术或普通的原始 NAND 封装。

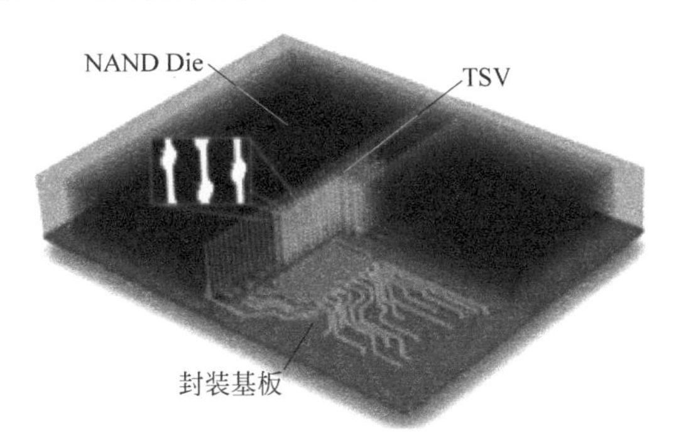

图 1.15 基于 TSV 封装的芯片。在 2015 年 8 月的 Flash 存储器峰会上，该技术由 PMC-Sierra 介绍展示

1.4 新存储器技术

纵观存储器领域所面临的挑战，相比于 NAND 最大的就是 DRAM 有限的缩进进程(DRAM 和 NAND 继续主导存储器市场，行业超过 90%的营收来自它们)。大多数人认为，3D NAND 近期面临的所有问题最终将被 Flash 控制器一一解决。行业专家普遍认为，我们正在进入 NAND 明显向 3D 方向发展的 10 年。而 DRAM 的发展方向并不明确。图 1.16 对了比当前和未来 NAND、DRAM 之间将会出现的差异。

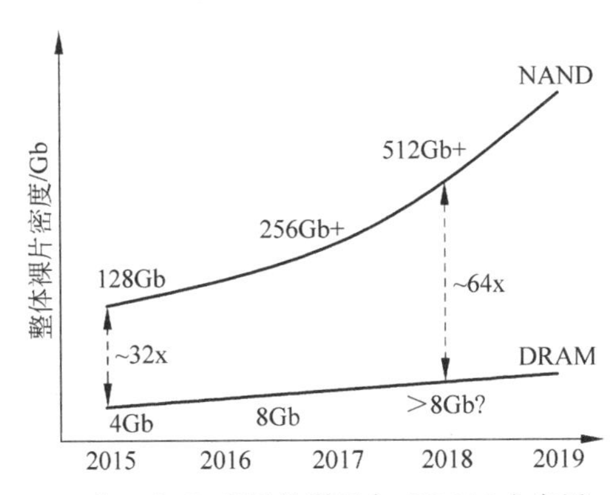

图 1.16 主流的 DRAM 和 NAND 容量差别很大，DRAM 也应用一些 TSV 技术，但主要是针对高端的利基产品

在更高速和高性能的 DRAM 技术中，3D 比较难做。DRAM 厂商正在考虑放宽规格，采用当前 CMOS 技术以获得更高的密度，尽早引入 DDR5 技术。这似乎已成为了整个行业

的方向。

在板上使用 DRAM DIMM 的系统中，还有其他方法，如减少负载的 DIMM（LR-DIMM），其结构上类似于第 1.3.4 节中描述的接口芯片。这里的接口缓冲芯片提供了一端与主机连接的高速接口，另一端与 DRAM 连接的接口。如此确实可以提高带宽和性能，但是却使延迟更长，占用多余的 LR 缓存。DIMM 只是 DRAM 应用中的一小部分，还有像 SSD 等其他大量的应用，因此急需 DRAM 内部芯片缩放演进。

从新的存储技术看，从图 1.17 中观察到目前存储行业投入较大力量挖掘的两个方向：①DRAM 的替代品，满足非易失性且每位成本比 DRAM 低；②性能比 NAND 更高（读/写/擦除性能，且具有字节寻址功能）的存储级内存（Storage Class Memory，SCM），其有 32Gb 或更高容量，性能介于 DRAM 和 NAND 间。目前，主流的新型存储器包括以下 3 种。

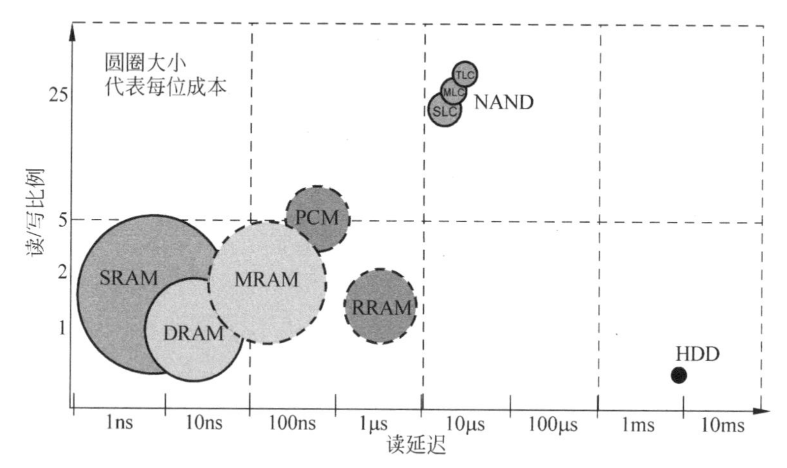

图 1.17 通过读/写时间比和延迟来对下一代新存储做分类。MARAM 接近于 DRAM，PCM 既可以替代 DRAM，也可以用于 SCM

1. 磁阻随机存取存储器（Magnetoresistive Random Access Mepnory，MRAM）

这是十分有前途的技术之一，它的读/写速度接近 DRAM，未来可替代 DRAM。但目前 MRAM 产品存储密度比 DRAM 低很多（小于 1Gb），只可用作 ASIC 中的嵌入式 DRAM。这个领域下一个里程碑包括：

（1）用接近 DRAM 技术节点的技术来提高集成度；

（2）有一级存储供应商参与，通过大量应用需求来降低成本。

2. 相变存储器（Phase Change RAM，PCRAM）

PCRAM 产品可用来替代 DRAM，可作为高性能 SSD 产品中的 SCM。预计 PCRAM 技术未来几年会有更广的产品，成本结构也介于 DRAM 和 3D NAND 间。未来 PCRAM 需要关注的以下几方面：

（1）供应商如何对这项技术进行定价和定位；

（2）10 年后，有多少大型一级供应商会出售这些解决方案；

（3）一些领先的企业服务器厂商及存储架构厂商将集成多少 PCRAM 技术到他们系统。

3. 阻变存储器(Resistive RAM,ReRAM)

整个行业里,包括创业公司和大型供应商都在投入大量精力研究阻变存储器,但是目前高密度 ReRAM(大于 1Gb)正处于芯片测试阶段,批量生产还需要再等几年。使用这种技术的原因是随着电子数量越来越少,区分 1 和 0 越来越具挑战性;由于业界对于每位成本的压力,电阻效应需要保证长期可缩进。因此,不仅仅需要关注样品测试进度,还需要关注 1TnR 的进展,它可以快速有效地将成本效益缩放到 Gb 级,与主流 DRAM 和 NAND 相比拟。

当然,还有许多相关或者完全不同的技术都在尝试解决问题并与上述主流技术竞争这些机会。笔者认为,还没有一个技术可以解决所有问题,都需要结合新的材料技术、先进封装、系统和结构创新来解决这些问题,相信得到问题答案还需要很长时间。

1.5 未来 5 年我们期待什么

行业技术变化太快,因此目前的分析结果也只能现阶段参考。随着 NAND 产业在未来几年将转型为 3D NAND,会面临以下的问题。

(1) 存储厂商的格局。问题:未来几年是否会因为存储或硬盘领域领导者的不断收购而使存储行业进一步整合?

(2) 3D NAND 领导者。问:哪些供应商将在 3D NAND 产品中率先提升产量,其他 NAND 厂商将如何回应?

(3) 2017 年 3D NAND 将占大块比例。问题:到 2017 年或 2018 年,NAND 是否已经转型为 3D NAND(3D NAND 占 50%及以上)?3D 晶圆何时才能达到 50%?

(4) 存储单元技术。问题:第二代或第三代 3D NAND 产品将会采用 CT 技术还是 FG 技术?

(5) NAND 单元的经济性。问题:什么时候将 QLC(4bit/cell)引入市场,与 2D TLC 相比,技术规格将如何?

(6) 企业级 SSD。问题:谁将成为 PCIe SSD(客户和企业)的领导者?BYO SSD 模式是否会因大型云运营商而普及?

(7) 3D 交叉存储。问题:Intel 公司和 Micron 公司的 3DXPoint 技术将在几年内被广泛接受应用?Intel 公司会不会在其服务器架构中大量应用此技术?

(8) 新型存储。问:哪一种新存储器会在下一代成功持续的时间更久?是在主流市场成功,还是在利基应用上成功?MRAM 能够实现 Gb 级产品的成本效益吗?

第2章

3D NAND Flash的可靠性

2.1 引言

在 NAND Flash 的工艺发展过程中，可靠性是最大的问题，需要在整个使用寿命内都保证存储器操作的正确性。特别是在连续的擦写操作和很长时间之后，也必须保证存储信息不改变。

消费市场要求存储器件容量的增长，同时不增加该区域的面积：为了满足这样的要求，我们强制性地缩小了单元面积来提高了存储密度。现在，对于 TB 级非易失性存储单元的集成来说，从平面到 3D 架构的转变是最可行的解决方案。CT 结构 NAND 存储器由于具有比 FG 结构 NAND 存储器更好的扩展性，从而被认为是最有前景的 3D 集成技术。尽管电荷俘获存储器展示了巨大理论上的潜力，但是一些可靠性问题影响了该技术的发展。而且，从 2D 到 3D 的转变改变了先前已知的可靠性问题，同时又产生了新的问题。近来，为了解决这些问题，已经提出了一种有发展前景的新型 3D 垂直浮栅型 NAND 单元阵列。

在这一章中，将会介绍主要影响 3D NAND 存储器可靠性的机制，同时比较了 3D 浮栅存储器件和 3D 电荷俘获存储器件的可靠性和理论性能差异。首先对影响 NAND 存储器基本可靠性问题的物理与结构方面机理进行分析，概述了影响 2D NAND 可靠性的具体物理机理。然后，对于已报道的在不同 3D 电荷俘获器件中通过实验观察到的一些主要问题进行了综述。最后，为了能够理解相关的可靠性含义，简要介绍了 3D 浮栅型 Flash 存储器，最后对 3D 浮栅存储器件和 3D 电荷俘获存储器件的可靠性和预期性能进行了比较。

2.2 NAND Flash 可靠性

一个 NAND Flash 模块在它的使用寿命内会经历大量的擦写(P/E)。每次 P/E 都会在隧穿氧化层中产生一个非常大的电场。为了保证存储器的可靠性，要求隧穿氧化层在高压下保持稳定性能，完成正确操作。目前，已经在优化隧穿氧化层结构(包括厚度、材料、生

长、缺陷及界面等)和优化存储算法上付出了很大的努力。

本节将分析与隧穿氧化层相关的影响数据保持特性和耐擦写特性的基本物理机理。耐擦写特性是一个存储模块在发生故障前可以经受的最大擦写次数。保持特性是存储器在没有外部电源供应的情况下存储信息的能力。隧穿层,通常为一层很薄的氧化层,是带来存储可靠性问题的最主要因素,例如不稳定的存储节点和过度写入问题,都会导致读取错误。

2.2.1 耐擦写特性

在 NAND Flash 单元中,擦写操作依赖薄氧化层进行电荷输运,电荷通过 F-N(Fowler-Nordheim)隧穿进出存储层,浮栅器件中存储层为多晶硅材料[1],而在电荷俘获器件中是界面俘获层材料[2,3]。电子隧穿效应是缓慢且连续的,由于陷阱产生和界面损伤会使氧化层中产生缺陷,这可能会造成电荷俘获或释放到隧穿氧化层中,或者产生异常电荷流入存储层。

随着擦写循环次数的增加,上面提到的效应会严重地影响到写操作。例如,电子俘获影响了隧穿效率,在相同的电压和时间条件下,注入到存储层中的电荷会随着擦写循环次数的增加而减少。

为了抵消耐擦写特性带来的影响,所有的算法都在每一个擦写脉冲后加入一个验证操作。这个脉冲会持续到预期的电荷存储到存储层为止。随着擦写循环次数的增加,预估写入的时间会减少,反之擦除的时间会增加。

如果没有这些擦写验证算法(见第 3 章),就不可能控制从存储层进出的实际电荷量,那么 MLC 结构将不能实现[4]。

尽管耐擦写特性受到复杂的算法(但缓慢而耗电)的调控,但陷阱的产生、电荷的俘获/释放以及界面损伤,仍旧会使隧穿氧化层退化。这使得在较长的时间里保持存储信息成为了一个严重的问题。迄今为止,这仍旧是评价非易失性存储器的基本要求。

2.2.2 数据保持特性

正如上一节所提到的,这种长时间保持存储信息不改变的能力,也就是保持被俘获在存储层的电荷的能力,是非易失性存储器必备的特性。然而,即使不考虑其他影响,一个电子接着一个电子的电荷损失也会产生读取错误。在 SLC 结构中,如果阈值电压(V_{th})转变到 0V 以下,或者在 MLC 结构中将初始阈值电压处在一个较低电平上,一个写入的单元可以被读取为一个擦除的单元[5]。

擦写循环次数的增加会使保持特性下降,图 2.1 中显示了 MLC 结构写入单元的阈值电压分布是如何随着时间而改变的。存储层电荷的损失使得阈值电压降低:阈值电压分布的整体偏移与氧化层退化以及存储层隧穿层之间界面陷阱的产生有关。这些陷阱可能会导致存储层到硅衬底的电荷损失。事实上,一个在氧化层中位置合适的空陷阱,可以诱发陷阱辅助隧穿(Trap Assisted Tunneling,TAT)机制,相对于没有受陷阱影响的三角形势垒,诱发陷阱辅助隧穿具有非常高的隧穿概率。此外,一个在写入操作时被俘获到氧化层中的电子可能会在单元读取时甚至没有操作时被释放。这种空陷阱会增强 TAT 现象(假设一个带正电荷的陷阱),同时也会增强存储层与隧穿氧化层界面的电场,从而提高了电子隧穿的概率。很明显,这些机制与氧化层的退化密切相关。因此,随着擦写脉冲次数的增加,数据保持时间会缩短。在 MLC 结构中,单元会采用更高的阈值电压进行数据写入,面临更严重的数据保持问题。

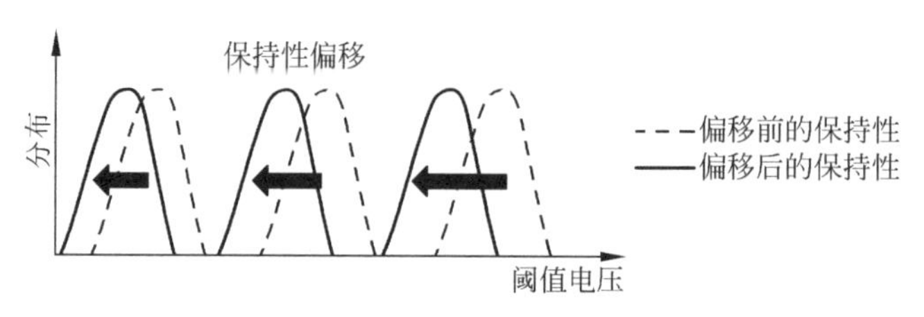

图 2.1 保持特性引起的阈值电压偏移

2.2.3 不稳定的存储位和过度写入

F-N 隧穿用于 NAND Flash 的数据写入和擦除已经有几十年的历史了,其可靠性已经得到了充分的证明。

如图 2.2 所示,异常的 F-N 隧穿电流可能发生在任意时间上,这将导致写入操作后的阈值电压发生显著的改变[6]。这种现象被称为不稳定的存储位。

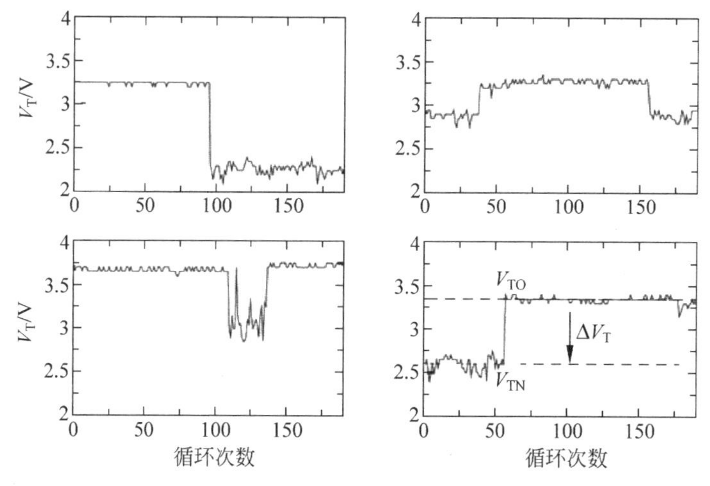

图 2.2 Flash 单元中不稳定行为,器件的阈值电压 V_T 与循环次数之间的关系[6]

在 NAND 阵列中,这种现象的出现是有害的,会导致不可预知的单元阈值电压增加,造成过度写入问题。如图 2.3 所示,阈值电压相对较大的导通器件会被错误地读取为关态,这同时可以引起 NAND 存储串的电学隔离。这种现象会产生读取错误,而通过 ECC 纠正读取错误也会降低数据读取效率。

不稳定的行为与电子隧穿机制密切相关,它们可能会影响阵列内的所有器件[6]。

异常的隧穿效应与隧穿氧化层的正电荷的产生或复合有关,隧穿氧化层的正电荷强烈地影响 F-N 隧穿的发生。经过一级近似处理的不稳定的行为可以用两级随机电报噪声(Random Telegraph Noise,RTN)影响阈值电压的情况来描述,在此近似中,正常和异常的阈值电压分别由 2 个或者 3 个隧穿氧化层中正电荷的出现引起[7,8]。

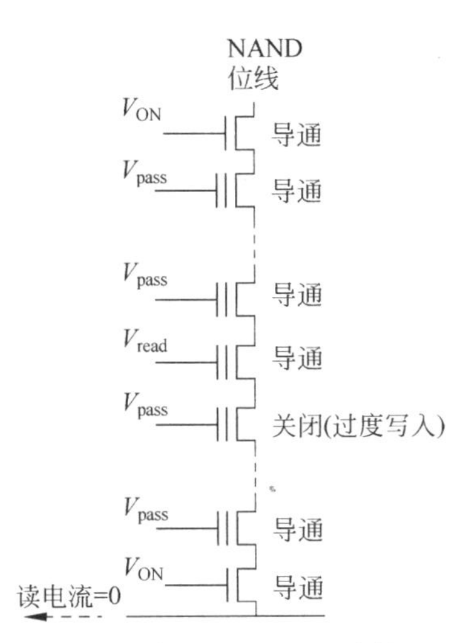

图 2.3 在 NAND Flash 串中一个过度写入单元的影响；正常情况下，所有其他单元都是由 V_{pass} 驱动的，表现为导通，与开启的晶体管一样。当存储器串内存在一个过度写入的单元($V_{th}>V_{pass}$)时，存储器串会由于这个器件的存在而无法导通，可能产生一个读取错误[6]

2.3 与架构相关的可靠性问题

存储器阵列的操作方案会影响存储器的整体可靠性[1]。最常见的影响是串扰，这可以理解为施加在一个单元的操作(读或写)对另一个单元存储电荷量的影响。

在 NAND 架构中，读取串扰是最常见的串扰类型。这种串扰一般发生在多次读取同一单元而不进行任何擦除操作的情况下。在读取过程中，所有属于同一存储器串的单元，不管处于什么状态，均被打开。控制栅极施加较高的 V_{pass}，将会导致单元存储电荷量的增加，特别是多次重复读取操作的时候。这些单元的阈值电压发生正向偏移，这可能导致该单元的读取错误。图 2.4 展示了典型的读取串扰情况。作为一个例子，下面将考虑一个由 64 个单元组成的存储器串，现象可以扩展到更长的存储器串结构中。

擦写循环次数的增加(直到存储器使用寿命结束的时候)会使器件产生损伤，从而带来更严重的读取串扰问题。读取串扰不会造成永久性的氧化层损伤：可以通过简单的擦除操作消除其影响。

在 MLC 结构的写入操作中，低阈值电压的单元比高阈值电压的单元更容易发生状态改变，如图 2.5 所示。越低的阈值电压意味着在隧穿氧化层上具有越高的电压差($V_{pass}-V_T$)，这意味着更大的隧穿电流。在擦除状态的单元(ER)的阈值电压向右移动较大，P1 和 P2 的偏移要小得多，因为随着阈值电压的增加，读取串扰的影响变小了。而 P3 单元则正相反，阈值电压分布在向左偏移，这主要是受电荷损失(保持特性)的影响，它比读取串扰影响更大。

在写操作过程中出现了另外两种重要的串扰类型：导通串扰和写入串扰，分别如图 2.6(a)和(b)所示。前者类似于读取串扰，并影响属于同一存储器串的单元，使其阈值电压升高。相对于读取串扰，导通串扰的特点是，对于没有写入的单元会施加较高的导通电压(这样就

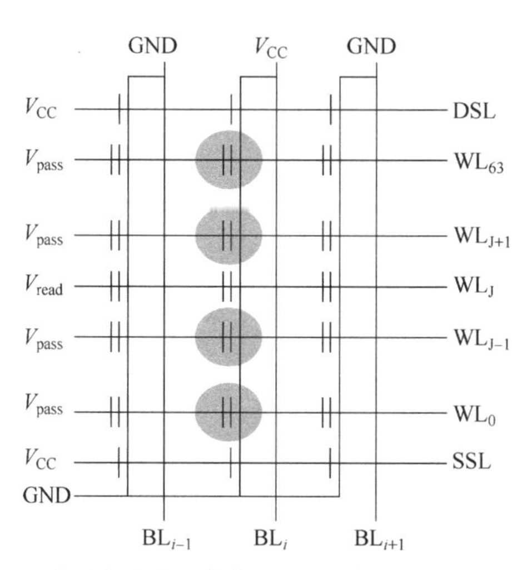

图 2.4 NAND Flash 阵列中的读取串扰问题，受读取串扰影响的单元被标记为灰色

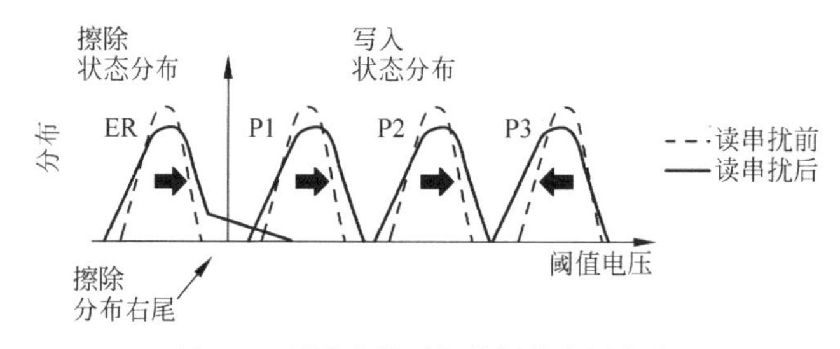

图 2.5 读取串扰引起的阈值电压偏移

增强了降落在隧穿氧化层电场和非计划电荷输运的概率)。另一方面，导通串扰可以在有限的时间内重复(存储器串的单元数减 1)。事实上，当一个存储器串(区块)被完全写入时，在任何其他新的写入操作之前，必须执行一个擦除操作。

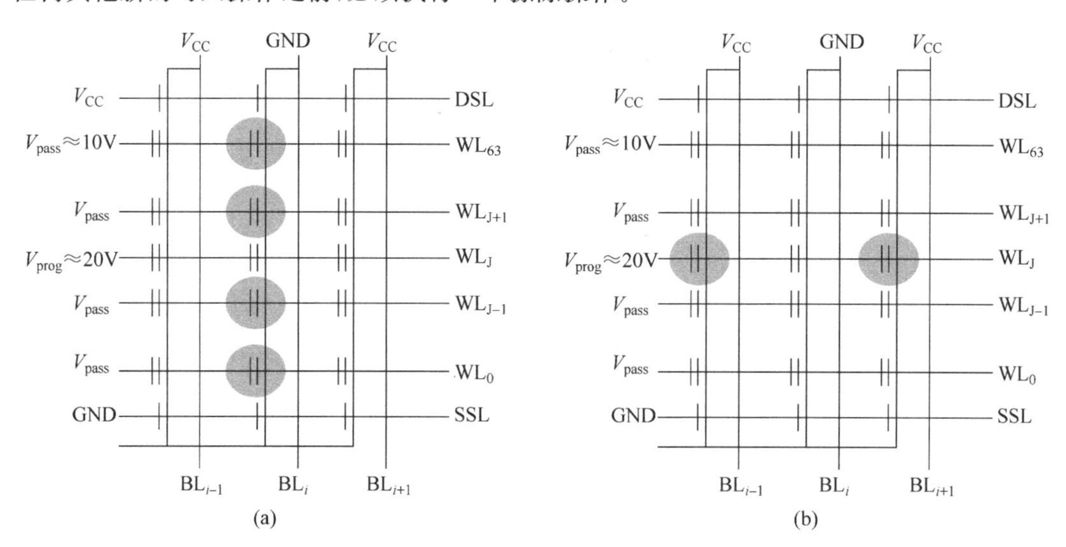

图 2.6 (a)导通串扰和(b)写入串扰在 NAND Flash 阵列中的表现。受干扰的单元被标记为灰色

而写入串扰则恰恰相反，影响那些没有被写入且属于同一个字线（Word Line，WL）的单元。这种效应同样没有累积效应。

边缘字线串扰会影响到第一个和最后一个字线的单元，会将单元连接至存储器串选通器[9]。这种串扰是由于属于 WL_0 和 WL_{63} 单元的阈值电压与其他单元的平均阈值电压之间不同导致的。这种差异可以归因于以下 4 种效应。

（1）与其他单元不同的电位取决于被选中写入的特殊字线。

（2）由于这些单元位于一个单元和一个晶体管之间，所以具有不同的单元几何结构（不同于 WL_1～WL_{62} 的单元），因此，在它们沟道（Channel，CH）下面有不同的电场和改进的写入方式。

（3）不同的单元光刻，特别是当考虑到极限尺寸的技术节点时。

（4）DSL/SSL 晶体管的漏极会出现一个较大的栅极感应漏极泄漏（Gate Induced Drain Leakage，GIDL）电流[10]，这是由于漏极电势受沟道影响而增大：这样的电场可以有效地触发电子空穴对的产生，接着是电子向 WL_0 和 WL_{63} 单元的沟道加速运动。这些电子可以注入到这些单元的浮栅中，激发不希望出现的阈值电压增加。

为了克服这一问题，最常见的解决方案是在 WL_0 之前和 WL_{63} 之后引入两个或多个虚拟字线，屏蔽边缘字线串扰。通过这一办法，对于边缘单元和其他单元来说，它们终止节点的电势和单元的几何形状差异都是最小的。

2.4 2D 电荷俘获器件：基础知识

电荷俘获 NAND 存储器本质上由一个浮栅被替换成绝缘电荷俘获层的金属氧化物半导体器件构成。与浮栅单元结构相比，发生变化的地方是存储层，通常由氮化硅制成，如图 2.7 所示，通过隧穿氧化层和阻挡氧化层进行绝缘。隧穿氧化层在控制器件阈值电压上起到基础作用，从物理的角度看是存储的信息。阻挡氧化层的作用是阻止电子通过控制栅。转移到存储层的电子会导致一个阈值电压的变化。在静态工作条件下，由于两层氧化层，存储的电荷假定不会泄漏，从而实现非易失的特性。氧化物可用不同的材料，这取决于后端（Back-End-Of-Line，BEOL）工艺。最常见的材料：二氧化硅（SiO_2）作为阻挡氧化层，二氧化硅或者由能带工程堆叠的氧-氮-氧（SiO_2-Si_3N_4-SiO_2）层作为隧穿氧化层。本节以一种 2D 平面硅-氧-氮-氧-硅（SONOS）单元作为示例[3]。

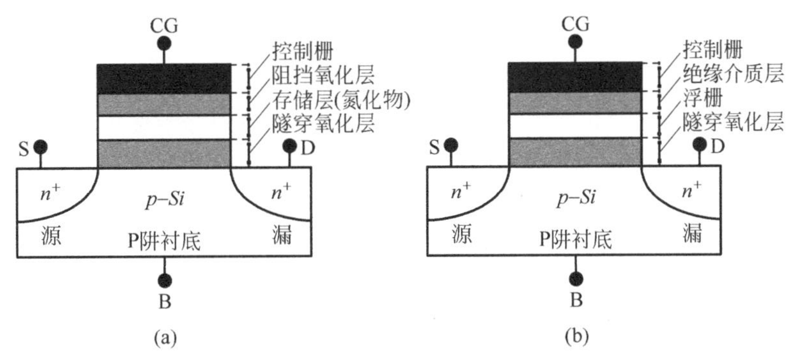

图 2.7 （a）电荷俘获器件的例子；（b）浮栅器件的例子

在隧穿氧化层中的强电场使得电子穿越薄的绝缘层进入到存储层。电子注入存储层的物理机制依赖于电场和氧化物的势垒厚度。在大电场和厚的氧化物势垒的情况下，电子注入主要是通过 F-N 隧穿；在小电场和薄氧化物势垒的情况下，电子输运主要是通过直接隧穿(Direct Tunneling，DT)：在这种情况下，有一个更大的读取窗口，但是保持特性会变差[3]。当漏极和源极保持浮动时，在电荷俘获单元中电子隧穿需要考虑 MOS 的沟道和衬底，在控制栅(Control Gate，CG)与衬底之间需要适当的偏置电压，如图 2.8 所示。擦除操作包括电子从存储层中释放，或者空穴由衬底注入到存储层。同时，这样的操作会导致控制栅通过 F-N 隧穿向存储层的电子注入，这就是众所周知的过度擦除问题的原因[11]。电荷分离实验的结果表明[12]，电子释放和空穴注入机制均对擦除之前电荷俘获器件的写入做出了贡献：电子释放是瞬态过程的第一部分，当俘获的电子被释放后，空穴注入就占据了主要地位。

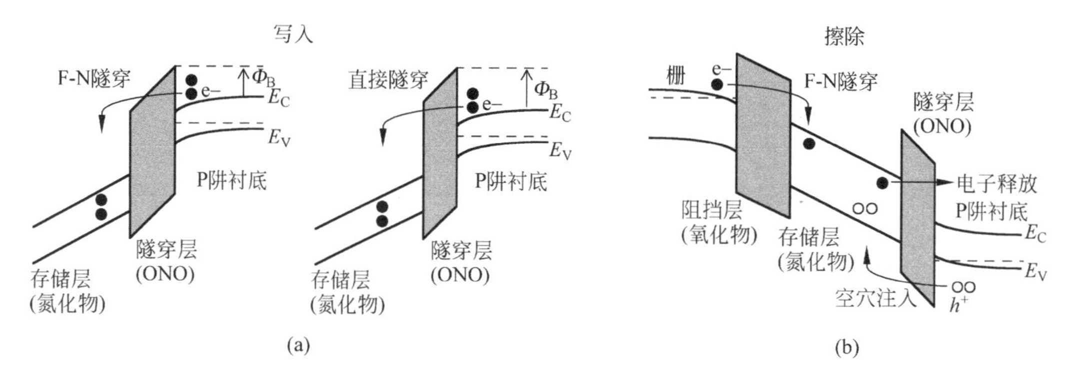

图 2.8 能带图表示的 2D SONOS 电荷俘获器件在(a)写入和(b)擦除时的隧穿机制，两种不同的条件在写入时会触发 F-N 隧穿或直接隧穿[3]

2.5 2D 电荷俘获器件：可靠性问题

尽管存在着巨大的潜力，但是一些可靠性问题还是会影响电荷俘获存储器的性能，尤其是耐擦写特性和保持特性。

2.5.1 耐擦写特性退化

如图 2.9 所示的能带图描述了阻挡氧化层和隧穿氧化层的退化机制。如图 2.9(a)所示，在写入操作中，通过 F-N 隧穿和直接隧穿进行电子注入，这对隧穿层产生了损伤，而阳极热空穴注入(Anode Hot Hole Injection，AHHI)导致了阻挡层的退化。此外，穿过阻挡层和隧穿层的电子和空穴累积在存储层的边界处，也是氧化层退化的一种途径。如图 2.9(b)所示，在擦除操作中，从衬底发射的热空穴在氧化层与氮化层之间形成了界面陷阱，对存储层和隧穿层均造成了大量的损伤，穿过隧穿层的电子也造成了同样的影响[11]。在氧化层和氮化层界面处产生大量界面陷阱是导致耐擦写特性退化的主要原因：在已写入的单元中，擦写循环次数会导致浅能级陷阱中的电子可以很容易地通过氧化层中的缺陷逃逸，由此产生的电荷损失可能导致读取错误。

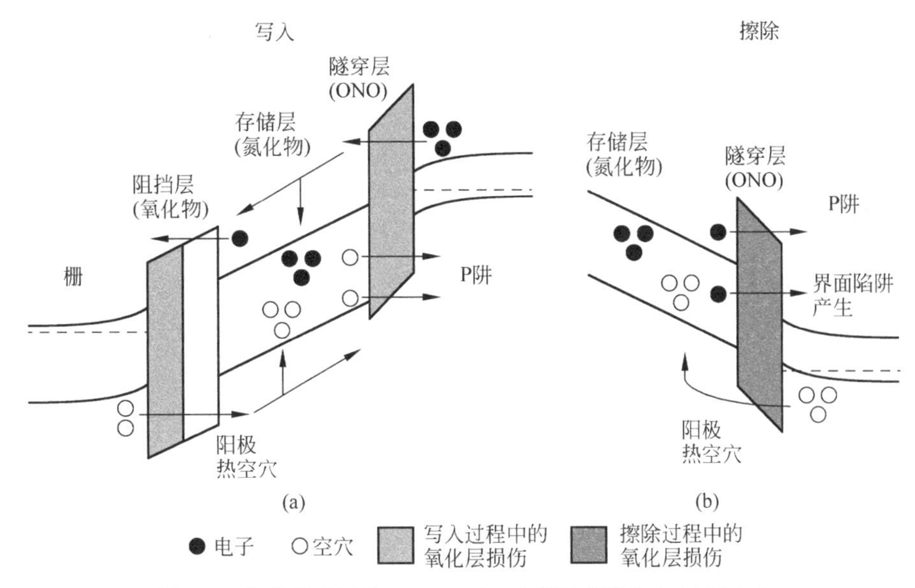

图 2.9 能带图表示的 2D SONOS 电荷俘获器件在(a)写入和(b)擦除时的电荷输运以及俘获/释放机制[3]

2.5.2 数据保持特性

数据的保持特性是电荷俘获单元的主要问题之一,特别是在高温的时候。对电荷俘获单元的电荷丢失机制进行深入研究[13],确定了两种主要的泄漏途径:第一种与被俘获载流子的热激发有关;第二种是通过薄隧穿氧化层的直接隧穿。

电荷损失的过程如图 2.10 所示。每个在氮化硅中被俘获的电子,必须考虑两种泄漏机制。第一种是直接由陷阱到能带(Trap-to-Band,TB)的隧穿,由存储层的陷阱到衬底或者是栅极的导带。第二种是由陷阱到存储层导带的热激发。考虑到热激发时,电荷损失是由以下两个步骤造成的:①发射过程;②电子向衬底和栅极逃逸的过程。如果存储层导带发

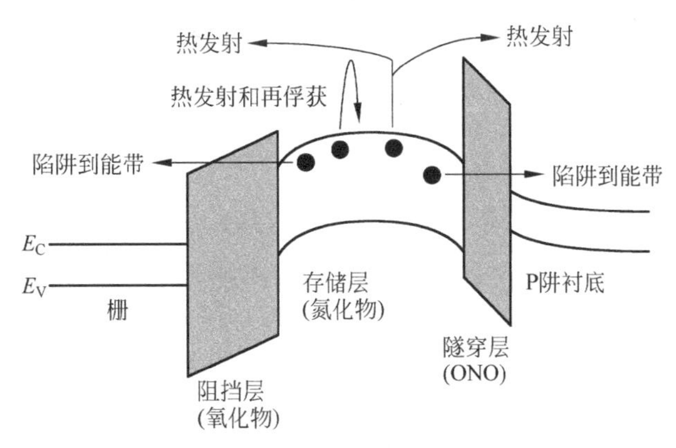

图 2.10 已写入的平面 SONOS 电荷俘获单元的释放机制:通过隧穿层的陷阱到能带的隧穿,通过阻挡层的陷阱到能带的隧穿,氧化物势垒上的热发射,热发射和随后的再俘获[13]

射的电子穿过氧化层势垒的隧穿速度可以与发射和俘获速率相比拟，则电子可以被重新俘获。此时，考虑一个简化的模型，当电子离开氧氮氧层的时候，它们的能量至少要高于隧穿氧化层和阻挡氧化层两者之间较低的那个势垒。因此，当这种能量的热载流子在同样的陷阱中被重新俘获时，可以忽略受激的热载流子到衬底的隧穿与控制栅的能级低于氧化层的导带的影响。

同时，在少部分单元上观察到快速的初始电荷损失[14]，如图 2.11 所示。开启电压的瞬变现象是由于高 k 层的介电弛豫效应、电荷的俘获与释放，或者是阻挡层的电荷移动[14]。这种机制主要是与俘获在浅能级陷阱中的电子相关，这些电子的稳定性低于深能级陷阱中的电子，导致了如此快速的电子释放。在写入后的一秒内，它们可以很容易地通过氧化层缺陷逃逸。

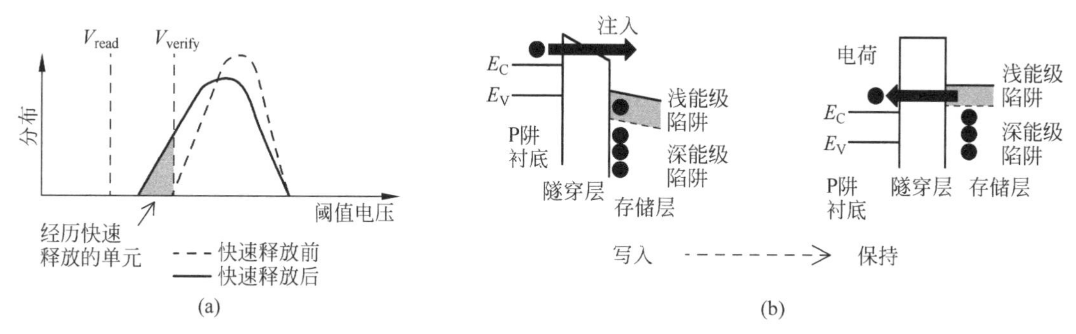

图 2.11 (a) 由快速释放引起的阈值电压偏移；(b) 快速释放效应的能带示意图[14]

同样的效果也会在擦除后观察到：因为写入/擦除后的阈值电压不会立即稳定到最终值，在验证错误节点时会导致错误的估计。当然，这一效应依赖擦写与读取操作之间的时间间隔。等待阈值电压稳定到最终值将会显著增加总的擦写时间，当然这是不能接受的。擦除后阈值电压瞬态偏移是由于空穴在电荷俘获层的再分布造成的[15]。

2.5.3 检测时的阈值电压变化

在保持过程中检测单元的阈值电压被认为是电荷俘获单元的主要可靠性问题之一[16]。这一阈值电压下降的现象可以理解为温度激发的电荷通过阻挡层输运出去的过程。当阈值电压检测时间降低到微秒时，电荷损失可以最小化。此外，在俘获层/阻挡氧化层界面处添加一个薄的二氧化硅层，对电荷损失有明显的抑制作用。实验数据显示，对于相同的已写入的器件，当阈值电压检测操作频繁重复时，电荷损失速率显著增加。此外，当累积检测时间相同时，也会观察到类似的电荷损耗(同样数量的检测测量值，如图 2.12 中虚线所示)。这些结果表明，电荷损失会强烈地受到阈值电压检测操作的影响，同时这也会影响保持时间。通过从几微秒到几秒钟的不同时间点的变化来评估电荷损失对阈值电压检测时间的依赖。降低阈值电压的检测时间，可以减少初始电荷损失，大大降低电荷损失速率。

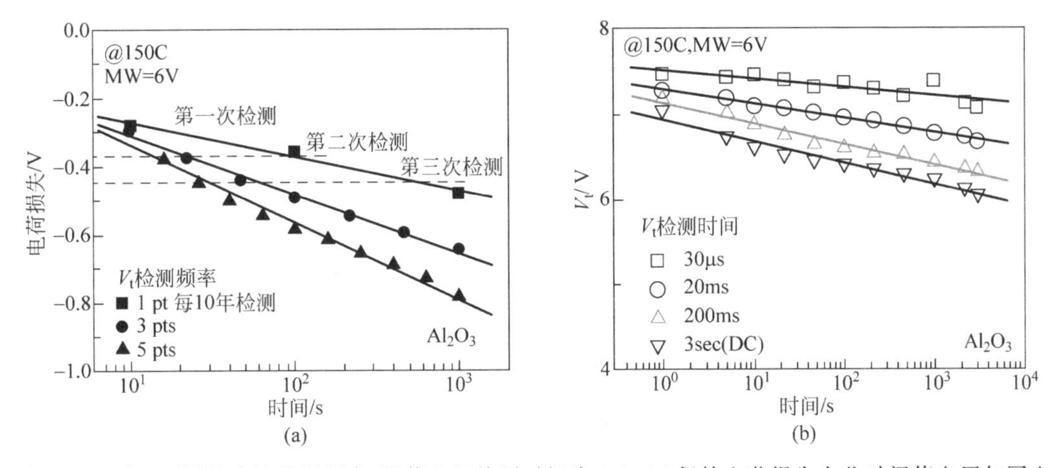

图 2.12　对于不同的直流检测频率(阈值电压检测时间为 3s),(a)保持电荷损失由此时阈值电压与写入时阈值电压的偏移量来计量(读取窗口 MW=6V);(b)写入后阈值电压保持时间(保持电荷损失)对各种不同的检测时间的依赖[16]

2.6　从 2D 到 3D 的电荷俘获 NAND

目前,3D 架构是用于 TB 级非易失性存储单元阵列集成的最可行的解决方案[17-19]。两种不同的方法均可以制备出 3D NAND 器件,如图 2.13 所示,第一种也是最简单的方法是在一个薄的多晶硅衬底上采用类似 2D 平面阵列的方法制备单元,同时堆叠更多层[20]。第二种也是最有趣的方法,我们称之为垂直沟道法,通过一个圆柱形的沟道来制备电荷俘获单元[17]。这两种结构都有一个物理上的单元大小限制(以特征工艺的尺寸表示),尽管沟道宽度大于平面器件,但是由于多个层的叠加,仅占用了一个较小的等效面积[21,22]。第一种解决方案在擦写速度和保持特性等方面与传统平面电荷俘获单元相比没有任何优势。而与平面器件相比,第二种方案可以改进单元写入性能,这得益于电荷俘获器件的形状,此形状也被称为环形栅(Gate All Around,GAA)结构[23,24]。然而,由于圆柱形沟道和多层叠加,3D NAND 存储器将面临新的可靠性问题。为了了解这些新的可靠性问题,本节简要介绍 3D NAND 单元的基本概念,有关每一种 3D 架构的更多细节请参考第 4、5、6、7 章。在以下部

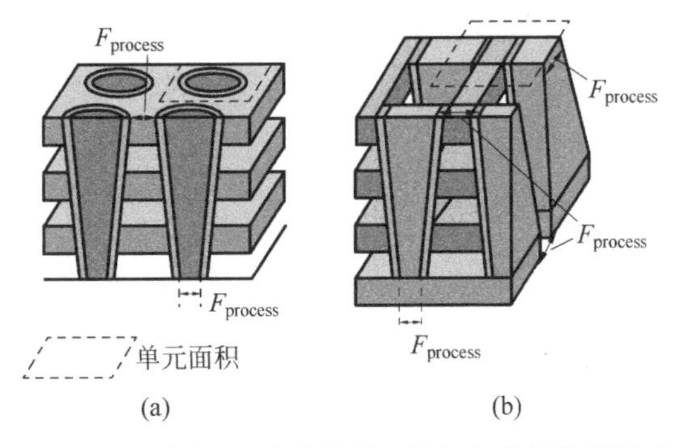

图 2.13　3D NAND(a)垂直和(b)水平通道架构与相应的特征尺寸大小 $F_{process}$[21]

分中，通过对不同的 3D NAND 阵列实验中观察到的主要问题进行回顾，讨论了影响 3D 器件可靠性的一些问题[20,21]。

3D 垂直沟道 NAND 沿着单一字线的剖面图如图 2.14 所示。需强调的是，存储器串选择线（String-Select-Line，SSL）组相当于一个 2D 平面 Flash 阵列。3D 垂直 Flash 在氧氮氧（Oxide-Nitride-Oxide，ONO）结构堆叠中有氮化层，它作为一个电荷俘获层沿着薄多晶硅的垂直沟道生长。请注意，这个 3D 垂直 NAND 存储器中的每个电荷俘获单元都被金属栅包围[24]。

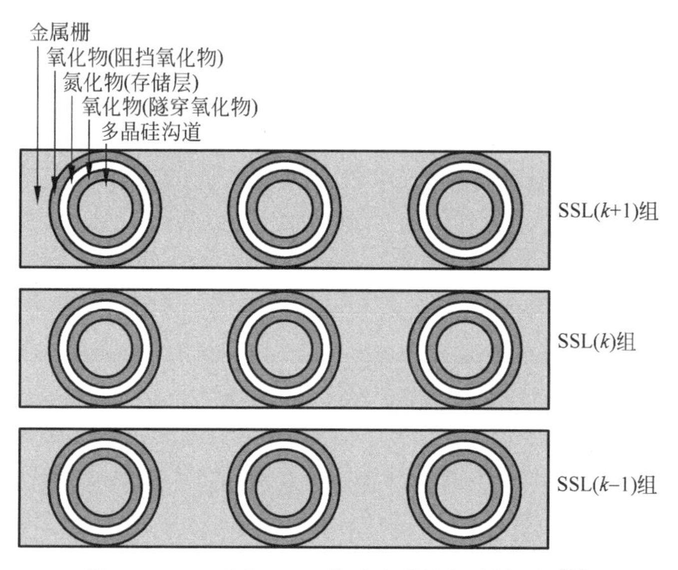

图 2.14 3D 垂直 Flash 单元阵列的水平剖面图[24]

环形栅电荷俘获单元被认为是 3D 集成最有希望的解决方案之一[25]。这是由于曲率效应缓解了过度擦除问题：阻挡氧化层中的电场比隧穿氧化层中的电场低，这增加了从氮化层陷阱释放到衬底中的电子。由于拐角的减少和写入擦除读取中的边缘效应，在存储层中环形栅电荷俘获单元会使电荷分布得更均匀，增量步进脉冲写入（Incremental Step Pulse Programming，ISPP）的曲线比平面单元的更陡峭[26]。

图 2.15(a)显示了环形栅电荷俘获单元（实线）与平面电荷俘获单元（虚线）之间的比较，使用同样厚度的中性氮化物作为栅极电介质，在栅极电压为 12V 时进行写入操作。能带的轮廓清晰地显示出环形栅器件阻止电子从衬底进入氮化层的势垒厚度减少。与平面器件相比较，环形栅电荷俘获器件介质中的电场不是恒定的，在衬底/隧穿氧化层界面处取得最大值。这个最大值大致是平面器件隧穿氧化层中电场的 3 倍，这是对写入操作的有效改进[27]。除此之外，环形栅电荷俘获器件阻挡氧化层中的电场比平面器件的更小，这样就导致了在写入过程中，从氮化层到栅极的电子泄漏减少，如图 2.15(b)所示。

比较环形栅电荷俘获单元和平面单元在栅极电压为－12V 时的擦除情况，如图 2.16 所示。对于正栅压，电场在衬底/隧穿氧化层界面处取得最大值，它比平面器件中的电场要大，如图 2.16(b)所示。这种行为增加了擦除过程中从衬底到氮化层的空穴隧穿电流。另外，栅极与阻挡氧化层界面处的低电场阻止了电子的注入，从而消除了过度擦除的问题[27]。

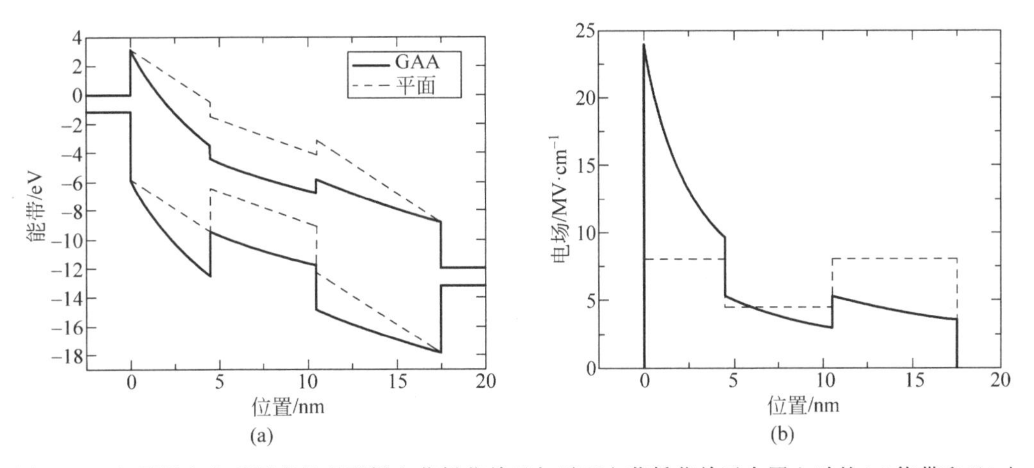

图 2.15 相同栅电介质厚度的环形栅电荷俘获单元与平面电荷俘获单元在写入时的(a)能带和(b)电场对比图,此时 VG=12V 同时采用中性氮化物[27]

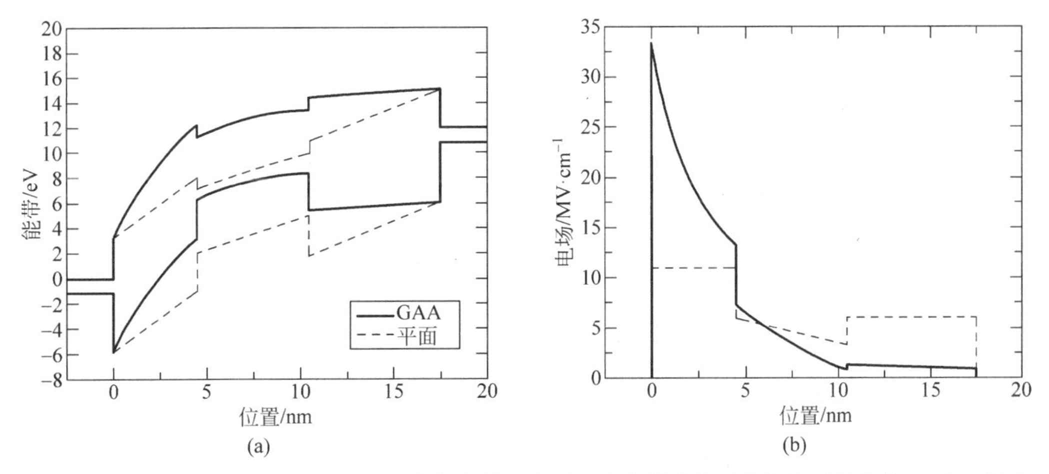

图 2.16 相同栅电介质厚度的环形栅电荷俘获单元与平面电荷俘获单元在擦除时的能带(a)和电场(b)对比图,此时 VG=-12V 同时采用中性氮化物[27]

2.7 3D 电荷俘获器件:可靠性问题

尽管器件从 2D 到 3D 的转换利用了存储单元环形堆叠的优势,但是影响平面器件的所有可靠性问题(即耐擦写特性、保持特性和读取串扰)仍然存在。除此之外,由于垂直电荷损失(通过顶部/底部氧化层)和横向电荷迁移(通过器件间隔),对可靠性又提出了新的挑战。在 3D 电荷俘获阵列中出现这些问题的原因是电场的不均匀分布,这些分布存在于等效于 2D 电荷俘获器件中阻挡氧化层的底部氧化层(Bottom Oxide,BTO)以及等效于 2D 电荷俘获器件中隧穿氧化层的顶部氧化层(Top Oxide,TPO)之间,见图 2.17。

因此,3D 存储器中的电荷损失比在平面器件上观察到的还要糟糕,这被认为是高密度和高可靠性 3D 集成的最关键的可靠性问题[28]。物理机制与存储器件的垂直结构有关,本节将会介绍垂直电荷损失和横向电荷迁移这样的现象。

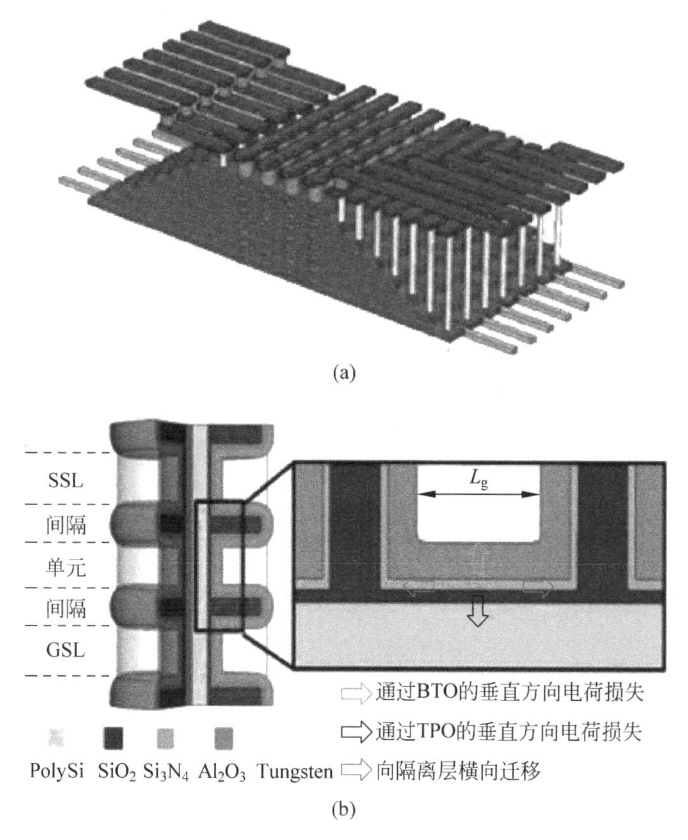

图 2.17 (a) 3D 电荷俘获存储器的俯视图；(b) 拥有一个单元和两个选通晶体管的 3D 电荷俘获 NAND 的简图及电荷损失途径的简图[28]

2.7.1 顶部和底部氧化层的垂直电荷损失

3D 垂直阵列存在平面器件中没有的约束，那就是在层与层之间不能轻易地隔离电荷俘获层。这一现象的产生，使得每个单元的有源区到同一存储器串上的其他单元，出现了额外的电荷泄漏途径，如图 2.18 所示。除了顶部和底部氧化层的垂直电荷损失(沿 Y 轴)，横向电荷迁移(沿 X 轴)会造成额外的 3D 垂直阵列中单元电荷损失，在对技术的可靠性进行评估时，这也是应该仔细考虑的[29]。

导致电荷分布变化所涉及的物理机制，与一定时间内电荷沿 X 轴和 Y 轴进行再分布有关，如图 2.19 所示。基于漂移扩散输运特性，图 2.19 描述了电荷俘获层导带的电荷输运方式。自由载流子与俘获载流子之间的相互作用是由间接复合(Schockley-Read-Only，SRH)理论计算的载流子捕获现象所决定的，载流子发射则归因于热激发和 F-N 隧穿。除此之外，还应该考虑能带到陷阱的隧穿和陷阱到能带的发射，作为额外的电荷俘获和损失机制。

图 2.20 显示了仿真得到的剩余电荷百分比(Remaining Charge Percentage，RCP)，定义为在垂直电荷损失瞬变之后，保留在存储层中的初始电荷的百分比[28]。电荷损失的特性很大程度上取决于温度，这归因于从陷阱到导带的发射效应在高温下增强。

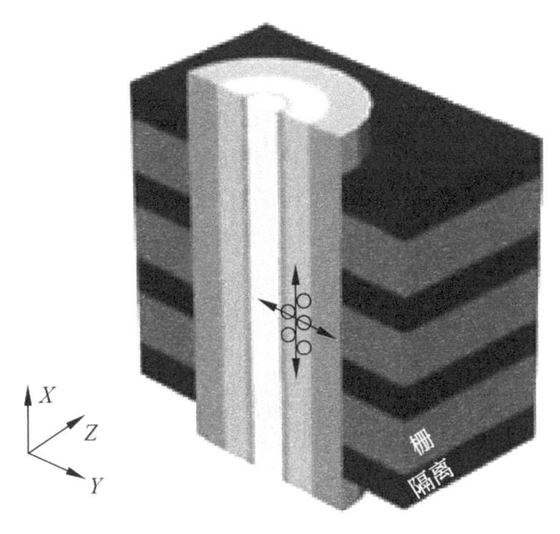

图 2.18 3D 电荷俘获 NAND 结构与沿 X 轴和 Y 轴的电荷损失[29]

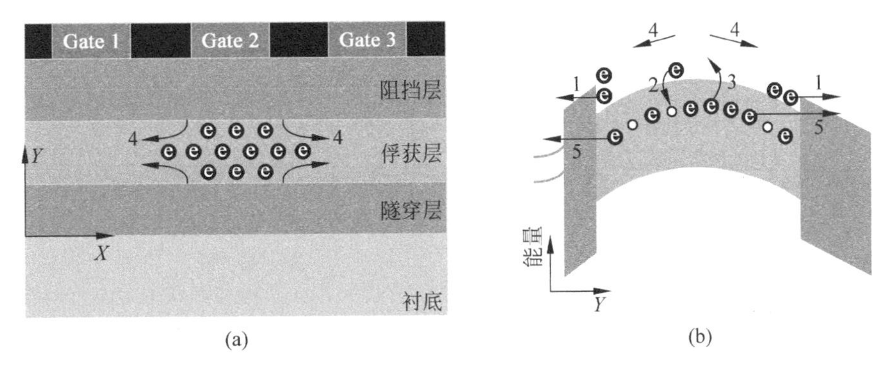

图 2.19 沿(a)X 轴和(b)Y 轴的主要物理机制：1-DT/FN 隧穿，2 和 3-载流子俘获和发射，4-漂移和扩散输运，5-TB 隧穿[27]

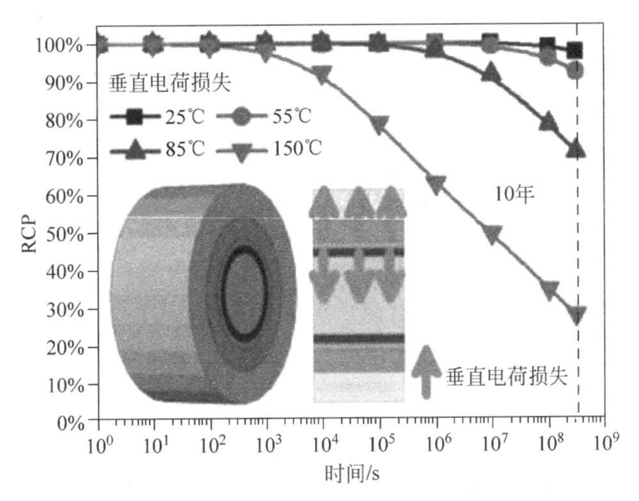

图 2.20 仿真垂直损失瞬变。插图显示了器件结构原理图与电荷损失途径横截面示意图[28]

为了区分电荷通过底部氧化层损失以及顶部氧化层损失的作用，图 2.21(a)给出了不同栅压下的剩余电荷百分比；此外，对具有相同结构参数的平面器件在不同栅压下的剩余电荷百分比也作为参考。如图 2.21(b)能带图所示，通过底部氧化层的电荷损失发生在反偏情况下，通过顶部氧化层的电荷损失发生在正偏情况下。与平面器件相比，圆柱形器件中通过顶部氧化层的电荷损失更高，而在底部氧化层的电荷损失更低，这可以用图 2.21(b)的能带图来解释。由于底部氧化层和顶部氧化层的电场分布不均匀，圆柱形器件的导带不再是直的，而是在底部氧化层中凸起，在顶部氧化层中凹陷。因此，通过底部氧化层的电荷损失会稍微降低[28]。

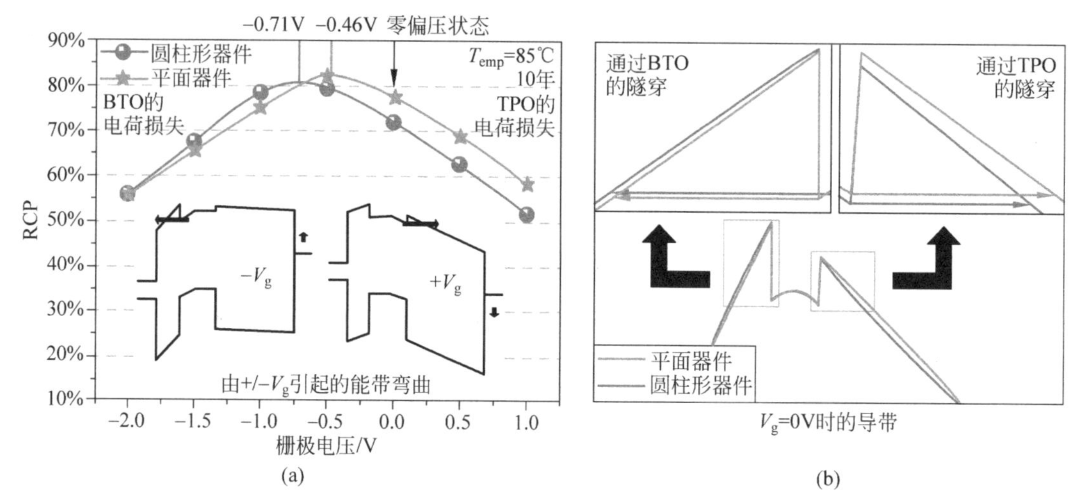

图 2.21 (a)圆柱型器件和平面器件的剩余电荷百分比，插图显示了正偏和反偏情况下的能带图；(b)在 V_g=0V 时的圆柱型器件和平面器件的能带图[28]

2.7.2 间隔处的横向迁移

由于在存储器单元之间难以隔离电荷俘获层，电荷向间隔处(即每一层之间的区域)的横向迁移(沿着 X 轴，如图 2.18 所示)成为另一个导致电荷损失的关键途径。不同形状的电荷俘获层表现出不同的横向迁移现象。为了分析这种形状依赖性，研究了 BiCS(Bit Cost Scalable)型结构和 TCAT(Terabit Cell Array Transistor)型结构[28]；关于这两种阵列的更多细节可以在第 4 章中找到。为了关注横向迁移现象，假设这些单元有相同的阈值电压(6V)。横向迁移是受温度影响的，如图 2.22 所示。横向迁移引起的相当大的阈值电压损失表明，氮化层的载流子显著地横向迁移。图 2.23(a)显示了在 TCAT 和 BiCS 器件中被俘获的载流子的分布与工作时间的关系：随着时间的推移，可以清晰地观察到被俘获电荷的横向迁移。TCAT 器件具有更好的保持特性。横向迁移的形状依赖性可以用图 2.23(b)中显示的横向电荷剖面变化来解释：TCAT 器件的拐角抑制了被俘获电荷的迁移，在器件级模拟中可以看到，TCAT 不仅在沿着沟道的方向具有更高的电荷密度，而且在电荷俘获层拐角处有电荷尖峰。

基于以上讨论，比较了 TCAT 垂直损失和横向迁移的影响，总结如图 2.24(a)所示。可以看出横向迁移是显著的电荷损失机制。不同沟道长度的电荷损失行为如图 2.24(b)所

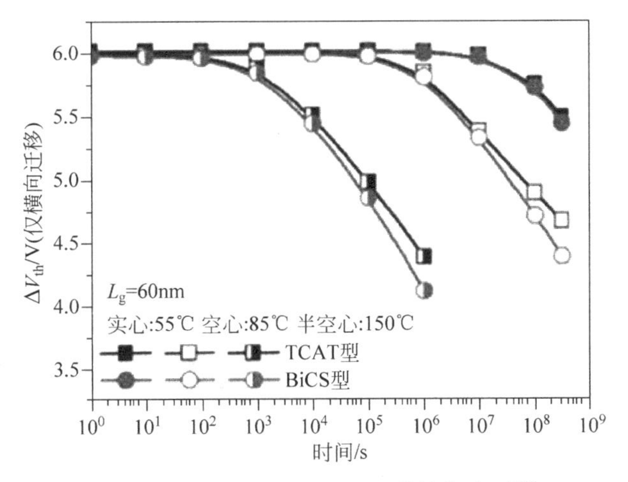

图 2.22 BiCS 型和 TCAT 型器件的对比[28]

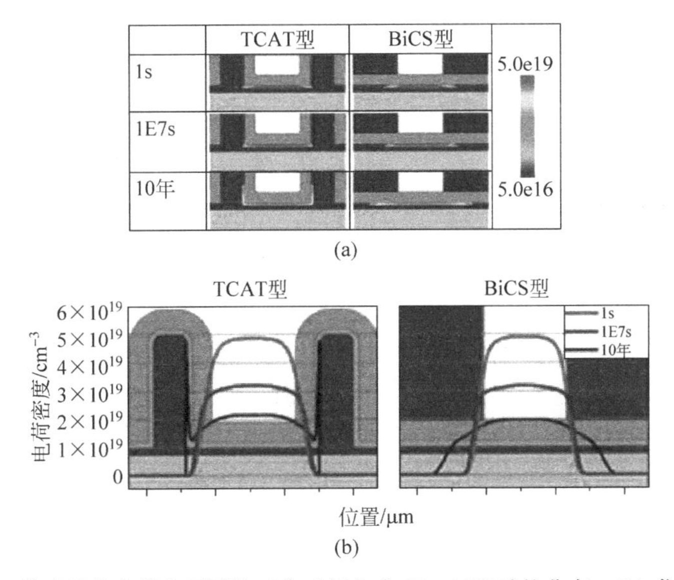

图 2.23 (a) 仿真俘获电荷在不同的工作时间和在 $T=85$℃时的分布；(b) 仿真横向电荷剖面变化(沿电荷俘获层沟道中间的分界线)[28]

示。随着沟道长度的降低，横向迁移占据更大的电荷损失比例，这表明在高密度和高可靠性的 3D 环形栅电荷俘获存储器设计中，横向迁移应该是一个比垂直损失更重要的问题。

2.7.3 阈值电压瞬态偏移

之前在 2D 单元中(2.5.2 节)描述的擦除后阈值电压的瞬态偏移，也可以在 3D 器件上观察到。在环形栅电荷俘获单元中，由于硅纳米线的直径较小，其对隧穿氧化层的电场起到了集中效应，擦除效率较高，如图 2.25(a)所示。然而，该环形栅电荷俘获器件也显示了擦除后的瞬态偏移：阈值电压转变的量与读取窗口(定义为 SLC 架构“写入”和“擦除”状态之间的电压差，或者是 MLC 架构的两个相邻层级之间的电压差)的大小有关，同时环形栅电

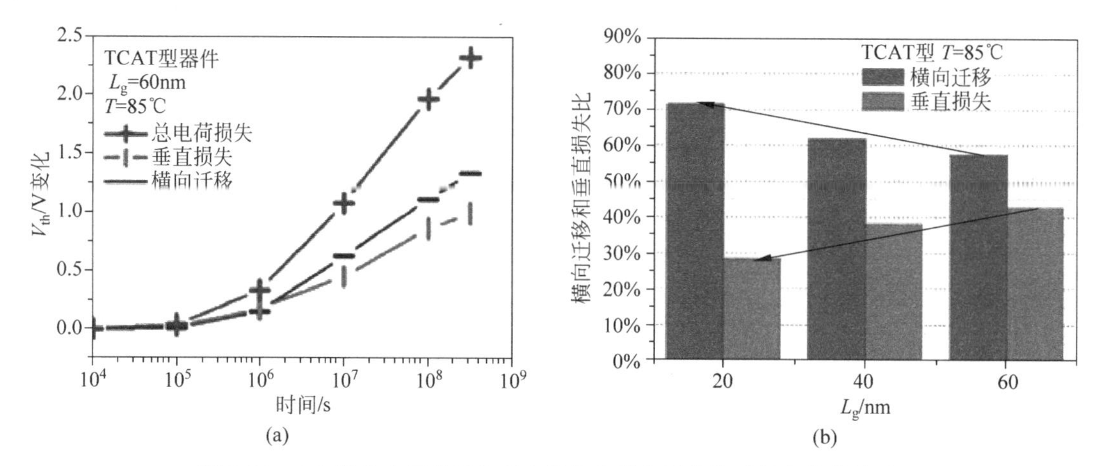

图 2.24 (a) 阈值电压偏移与垂直损失和横向迁移随时间变化的关系；(b) TCAT 型器件垂直沟道长度的关系[28]

荷俘获器件的阈值电压偏移与平面电荷俘获器件相关联，如图 2.25(b)所示，这意味着二者具有相同的机制。值得注意的是，通过扩展环形栅电荷俘获器件中的沟道长度(L_G)和硅纳米线直径(W_{NW})可以减少瞬时的阈值电压偏移，这可能是由于电荷聚集和横向电荷迁移造成的补偿效应。如图 2.26 所示，当纳米线的直径小于 6nm 时，漏极电流的大小随时间的推移而增加。因此，具有小直径纳米线的 3D 环形栅电荷俘获器件在快速擦除操作中具有优势[15]。

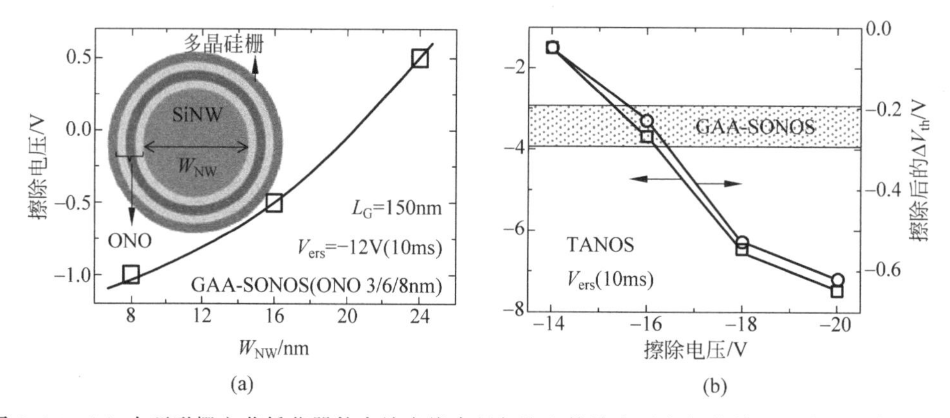

图 2.25 (a) 在环形栅电荷俘获器件中纳米线直径与饱和擦除电压之间的关系。由于电场集中效应对隧穿氧化层的影响，较小的纳米线直径显示出更好的擦除效率；(b) 擦除操作后阈值电压窗口与阈值电压偏移的关系。环形栅电荷俘获器件中阈值电压的偏移与平面电荷俘获器件的密切相关，这暗示了瞬态阈值电压偏移具有相同的机制[15]

2.7.4 写入和通道串扰

所有类型的 3D NAND 都受到两个方面的干扰。除了传统的写入和通道串扰这些影响 2D 架构的串扰，见图 2.6。在 3D 空间中，还需要考虑与垂直结构相关的串扰。

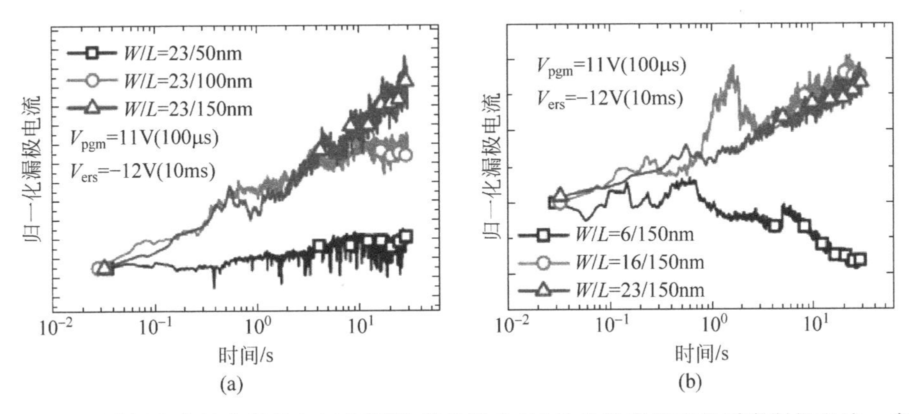

图 2.26 环形栅电荷俘获器件在(a)不同沟道长度和(b)纳米线直径下的瞬态漏极电流。当沟道长度和纳米线直径扩大时，瞬态阈值电压偏移减小。环形栅电荷俘获器件中漏极电流的波动可能是由于单电子效应或随机电报噪声[15]

2.7.5 垂直通道设计的局限性

由于 3D NAND 的缩放和设计与平面 NAND 完全不同，对存储器的可靠性有着不同的影响，这就需要一种新方法。3D NAND 的一个问题是每个存储层的单元密度降低。作为一个例子，图 2.27 显示了 BiCS 型 3D NAND 的简化剖面图。BiCS 通道必须填充氧氮氧薄膜(20nm)和硅沟道。由于读取窗口和可靠性的限制，不可能大规模地缩放氧氮氧薄膜，BiCS 通道直径的伸缩性不大。因此，应该增加堆叠层(N_{layer})的数量，以弥补这一缺陷。此外，如图 2.27 所示，由于 BiCS 通道的有限的锥角 θ，增加了一个额外的限制：堆叠顶部的存储单元总是大于底部的存储单元。换句话说，一旦堆叠的底部达到某个特定工艺的最小单元大小，然后这个区域就不能再缩小了。另一方面，由于在 3D NAND 中控制栅制备不需要最小线宽和间距光刻模式，控制栅长度 L_g 和间隔 L_{space} 可以独立选择。这种设计上的灵活性可以用于 3D NAND。为存储器操作所做的写入和串扰特性评估，将在下一节中展示[30]。

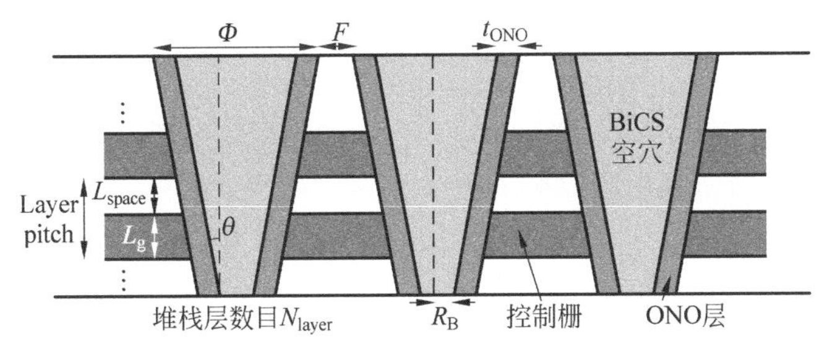

图 2.27 3D NAND 的横截面视图[30]

1. 写入过程中由存储电子引起的阈值电压偏移

在氮化层中有一个特定的电子密度，3D 和 2D 单元可以就产生的写入单元的偏移进行比较，如图 2.28 所示[30]。L_g 和 L_{space} 的尺寸不应该太小，也不要太大。在 $L_g=10$nm 和 $L_{space}=50$nm 处观察到最小的偏移。当 L_{space} 较大时，间距区域决定了单元阈值电压的大小。因此，由于较大的 L_{space} 使得存储电子对阈值电压的影响相对减小，相应的读取窗口也随之减小。因为目标单元中沟道中心区域的电位主要由存储电子所控制，大的 L_g 表现出高阈值电压偏移。

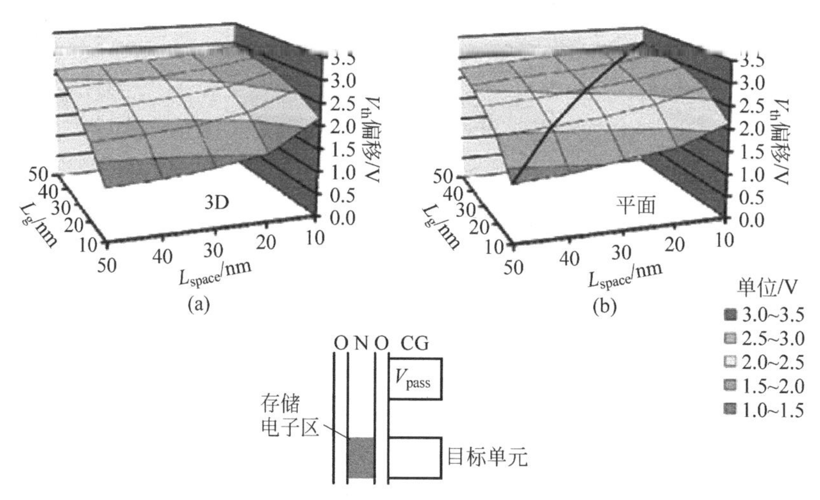

图 2.28 (a) 3D NAND；(b) 平面 NAND 当电子存储在写入单元(对应读取窗口)时(电子浓度：$1\times10^{19}cm^{-3}$)，阈值电压偏移与 L_g 和 L_{space} 的函数关系[30]

2. 由邻近单元引起的阈值电压(V_{th})偏移

对邻近单元内存储电子产生的 V_{th} 偏移进行了研究，如图 2.29 所示[30]。当 L_g 和 L_{space} 减少到 20～30nm 时，由于相邻单元的影响，3D 和平面 NAND 的 V_{th} 偏移都急剧增加。当 L_{space} 较小时，存储电子与目标单元的沟道会产生耦合。当 L_g 较小时，这一问题很严重，因为存储电子可能会影响目标单元的整个沟道区域。此外，当 L_g 和 L_{space} 较小时，3D NAND 的 V_{th} 偏移比平面 NAND 要大。平面 NAND 内的衬底沟道耦合，减少了沟道和存储电子之间耦合而导致的 V_{th} 偏移。

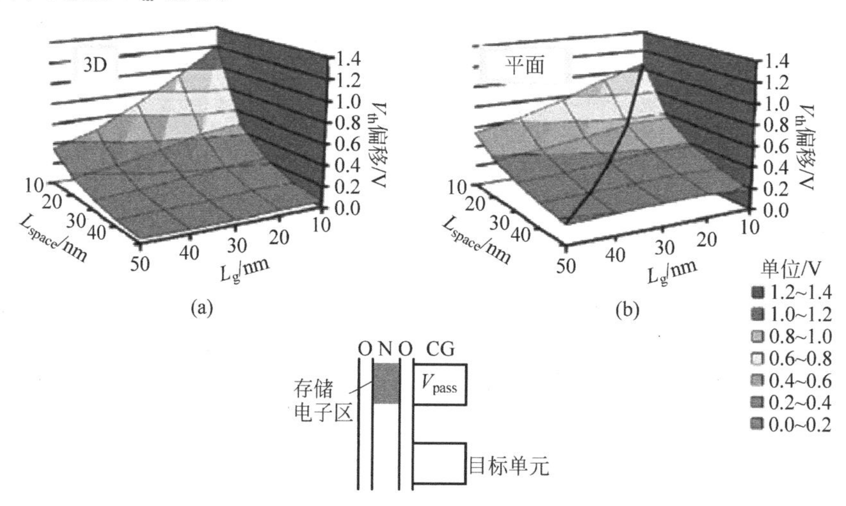

图 2.29 (a) 3D NAND；(b) 平面 NAND 当电子存储在邻近单元时(电子浓度：$1\times10^{19}cm^{-3}$)，V_{th} 偏移与 L_g 和 L_{space} 的函数关系[30]

3. 写入过程中隧穿氧化层中的电场

在进行写入操作的过程中，对隧穿氧化层的电场进行的分析如下[30]，在沟道(NAND存储器串)方向上绘制了隧穿氧化层的电场。图2.30中显示电场在横向运动中扩散(边缘电场存在)。如果L_g较小，隧穿氧化层电场就不能集中在写入单元的控制栅处。因此，当L_g较小时，写入单元隧穿氧化层的电场(E_{ox_pgm})会减小。当L_{space}很小时，电场就会耦合到邻近的单元中；但是，如果L_g较大，只会在单元的边缘产生耦合现象。由于邻近单元(低E_{ox_ngb})的影响，控制栅中心处的电场会降低。

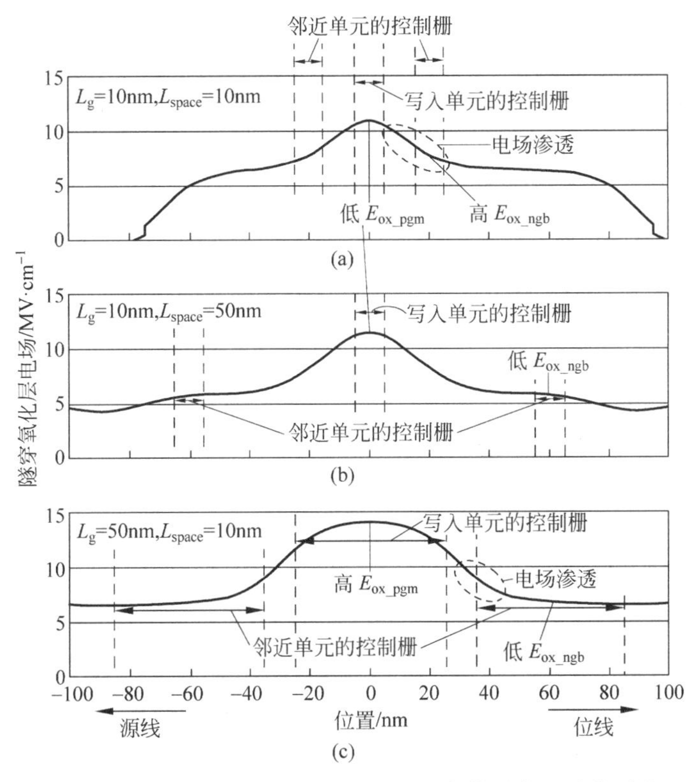

图2.30 隧穿氧化层沿着沟道方向的电场，3D NAND存储器串尺寸分别为：L_g=10nm和L_{space}=10nm(a)，L_g=10nm和L_{space}=50nm(b)，L_g=50nm和L_{space}=10nm(c)[30]

4. L_g和L_{spac}e的设计窗口

图2.31显示了L_g和L_{space}在3D NAND和平面NAND中的设计窗口[30]。不允许区域的标准(图2.31的阴影部分)假定如下：阈值电压滚降小于−3V，亚阈值斜率(S.S.)大于300mV/dec，在写入单元中，阈值电压偏移小于2V，在邻近单元中，阈值电压偏移大于0.6V，$E_{ox\_ngb}/E_{ox\_pgm}>0.6$，$L_g=L_{space}=20$nm(层间距40nm)，这些均为可实现的3D NAND电学特性。相同的L_g和L_{space}更适合应对这种在写入单元中较大阈值电压偏移与邻近单元中较小阈值电压偏移的折中。为了进一步改进，BiCS通道的直径应该减小。表2.1总结了3D NAND和2D NAND的对比。与平面NAND相比，3D NAND实现了非常好的开启电流(I_{on})、亚阈值斜率和写入电压(V_{pgm})。只有在L_g和L_{space}较小的区域才会观察到邻近单元中存储电子所产生的轻微的滚降和阈值电压偏移退化。

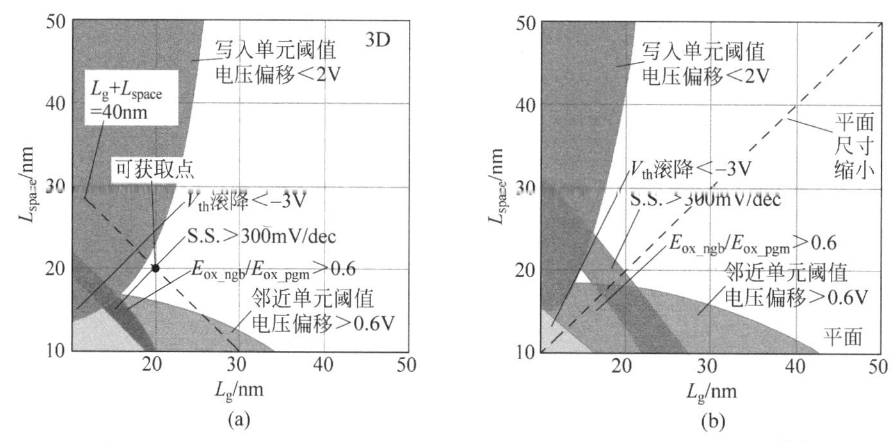

图 2.31 (a)3D NAND 和(b)平面 NAND 中 L_g 和 L_{space} 的设计窗口[30]

表 2.1 3D NAND 单元总结

	I_{on}	V_{th} 滚降	S. S.	V_{th} 偏移（写入单元）	V_{th} 偏移（邻近单元）	隧穿氧化层电场（E_{ox_ngb}/E_{ox_pgm}）	V_{pgm}
平面 NAND	差	一般	差	一般	一般	一般	20V
3D NAND	很好	较小时很差 L_g,L_{space}	很好	一般	L_g 和 L_{space} 较大时很好，L_g 和 L_{space} 较小时很差	一般	17V
最佳尺寸缩小参数	L_{space}	—	—	L_{space}	L_g	—	L_{space}

2.8 3D 电荷俘获器件与最先进的 2D 浮栅器件的对比

本节针对性能和可靠性两个方面，对比了图 2.32 所示的特定 3D 电荷俘获 NAND：堆叠存储器阵列晶体管(Stacked Memory Array Transistor，SMArT)[31]与最先进的 2D 浮栅 NAND。文献[1]中提供了关于 2D 浮栅器件可靠性问题的详细描述。

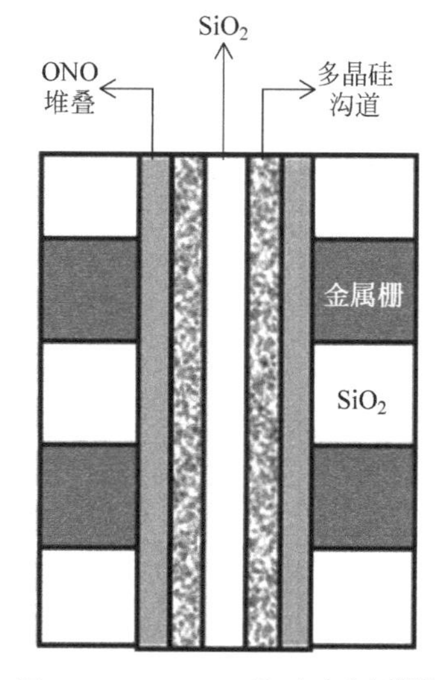

图 2.32 SMArT 单元示意图[31]

与 20nm 工艺的浮栅器件相比，MLC 3D 电荷俘获单元阈值电压的分布宽度减少了大约 30%，如图 2.33(a)所示。图 2.33(b)比较了在擦写循环中单元阈值电压的分布扩展，SMArT 单元阈值电压在 5000 次擦写时也没有显示扩展，然而浮栅单元阈值电压在 3000 次时就开始扩展。

另一方面，3D 电荷俘获器件在保持特性方面表现较差，如图 2.34 所示，将高温下擦写循环导致的阈值电压偏移进行比较。在 3D 电荷俘获单元中，阈值电压偏移是如此之大，以致于分布不再是离散的[31]。

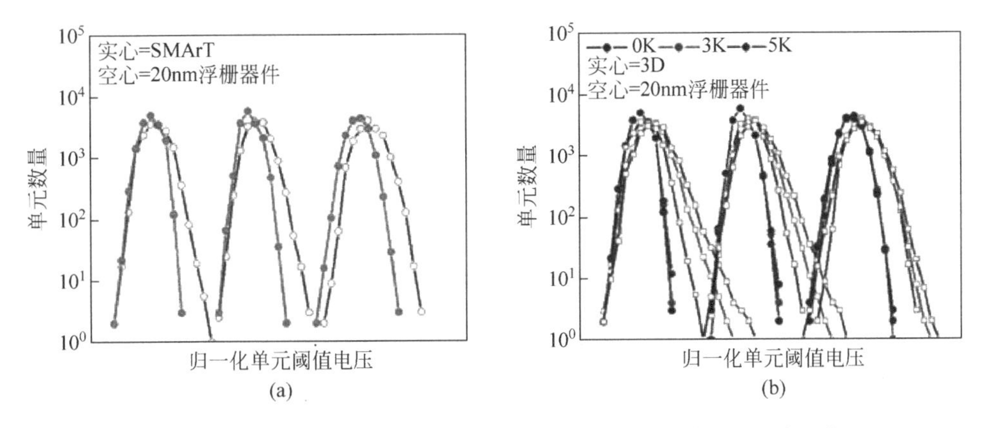

图 2.33 (a) 20nm 工艺的浮栅器件与 SMArT 单元阈值电压分布比较；
(b) 擦写循环过程中对阈值电压放大比较[31]

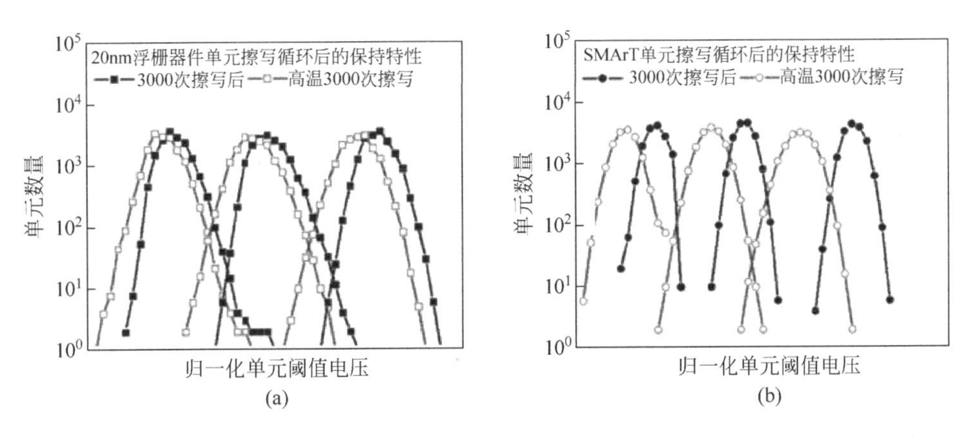

图 2.34 20nm 工艺的浮栅器件(a)与 SMArT 单元(b)在高温下擦写循环后单元阈值电压分布的比较

2.9 3D 浮栅 NAND

最近，为了克服 3D 电荷俘获 NAND 单元阵列的保持特性和整体可靠性问题提出了 3D 垂直浮栅类型 NAND 单元阵列[32-36]。这一节概述所提出的 3D 浮栅单元及其主要可靠性问题。图 2.35 显示了已提出的 3D 垂直浮栅类型 NAND 单元结构的俯视图：延伸侧壁控制栅(Extended Sidewall Control Gate，ESCG)[32]、双控制栅环形浮栅(Dual Control-Gate with Surrounding Floating-gate，DC-SF)[33,34]及分离侧壁控制栅(Separated-Sidewall Control Gate，S-SCG)单元[35]。

当将其集成到阵列中时，由于相邻单元在同一存储器串中的直接耦合效应，ESCG 和 DC-SF 单元会受到干扰和串扰问题影响。S-SCG 单元克服了这个问题，大幅减少了干扰和串扰效应。在 S-SCG 结构中，源/漏(Source/Drain，S/D)区域可以通过反电柱面来实现，可以实现高控制栅耦合电容。S-SCG 结构可以得到高度可靠的 MLC 操作，高速擦写操作和良好读取电流容限。有关这些架构的更多细节可以在第5章中找到。

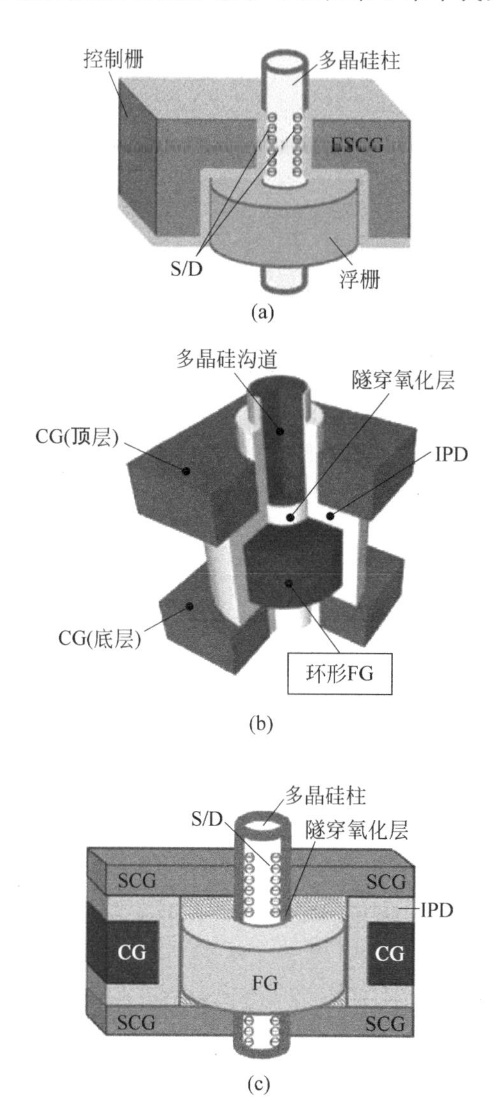

图2.35 3D垂直浮栅类型NAND单元方案的俯视图：(a)ESCG，(b)DC-SF和(c)S-SCG[35]

2.9.1 DC-SF串扰和保持特性结果

在图2.36(a)中，以一种具有DC-SF单元的3D浮栅NAND阵列为例，研究了写入单元与相邻单元之间的串扰[33]。当写入单元的阈值电压增加了3.6V时，相邻单元阈值电压偏移(12mV)可以忽略，控制栅在存储器串中起到了掩蔽层的作用。在两个不同的温度(90℃和150℃)下，DC-SF单元的数据保持特性如图2.36(b)所示，表明电荷损失随着温度的增加而增加。在高温条件下，当保持时间为126h，由于电荷损失，写入和擦除的阈值电压偏移分别为0.9V和0.2V。

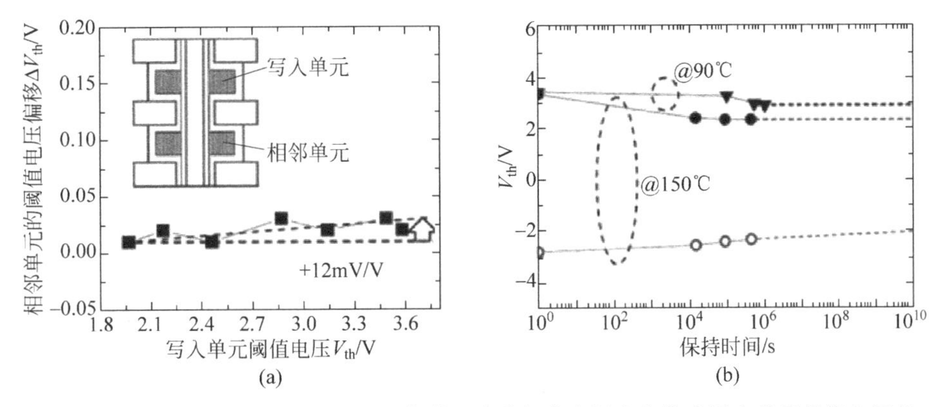

图 2.36 (a) 浮栅-浮栅串扰特性(在相邻单元中的阈值电压变化作为写入单元阈值电压的一个函数),浮栅-浮栅耦合值非常小仅为 12mV,可以忽略;(b) DC-SF NAND Flash 单元的数据保持特性[33]

2.9.2 S-SCG 串扰结果

在具有 S-SCG 单元的 3D 浮栅 NAND 阵列中,存在两种临界串扰耦合途径:一种是间接耦合途径,另一种是直接耦合途径。图 2.37 显示了作为 S-SCG 单元初始阈值电压函数的串扰效应。S-SCG 结构可以充分抑制间接串扰效应,然而,从邻近的浮栅到沟道的直接耦合仍然是 S-SCG 单元一个非常严重的问题。ESCG 和 DC-SF 单元通过这种直接耦合效应也会产生显著的串扰问题,这直接影响到 S-SCG 单元以下的寄生晶体管。为了抑制这种直接耦合效应,S-SCG 单元利用 SCG 电压来控制寄生晶体管[35]。

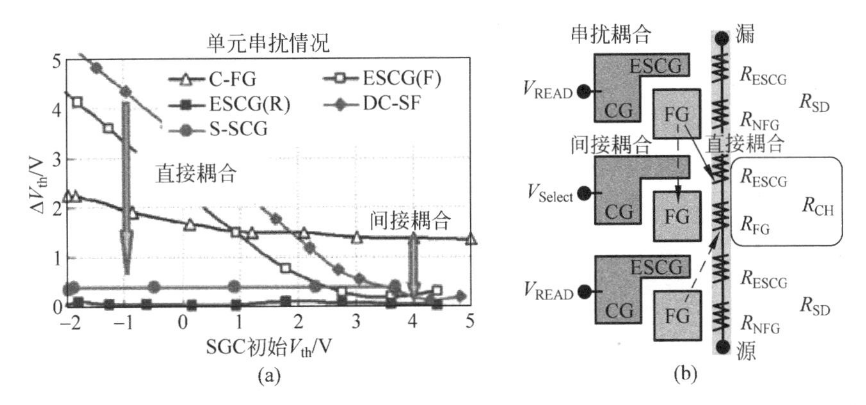

图 2.37 (a)3D 垂直浮栅 NAND 单元的串扰效应与(b)传统的 ESCG 单元阵列串扰耦合途径的横截面图[35]

2.9.3 S-SCG 性能和可靠性优势

S-SCG 单元性能良好,能有效地降低串扰效应和干扰问题,在高可靠性的 MLC 操作中具有良好潜力。此外,S-SCG 单元所需操作电压比传统的 3D 电荷俘获单元更低:这意味着,由于较高的耦合系数,单元操作更加高效。通过预沉积 SCG 层,比传统的浮栅单元减少了垂直单元的高度。图 2.38 显示了在 20nm 工艺下,3D 垂直 NAND 单元方案的有效单元尺寸。虽然提出的 S-SCG 单元的尺寸比电荷俘获型 NAND 单元要大 60%左右,但是执行 MLC 操作时会获得较低的单位数据位成本。通过提出的 S-SCG 单元执行 TLC 操作,可以获得不到一半的单位数据位成本。最后,表 2.2 展示了与传统 3D 单元相比,MLC 的可行性和堆叠单元的数量[35]。

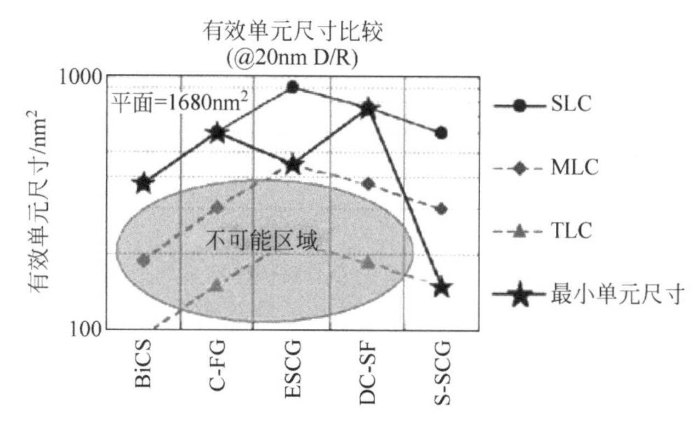

图 2.38 在 20nm 工艺下 S-SCG 单元与其他 3D 垂直 NAND 单元有效单元尺寸比较[35]

表 2.2 3D NAND 总结对照

D/R=20nm 工艺(=32)		CT 型	FG 型			
		BiCS	C-FG	ESCG	DC-SF	S-SCG
单元性能	CG C/R	—	不好	好	很好	很好
	可靠性	NG	好	好	好	好
	干扰	G	好	不好	不好	很好
	串扰	G	不好	好	不好	很好
MLC 实现(bit/cell)		不易(1bit)	不易(1bit)	不易(1bit)	不易(1bit)	容易(1bit)
最小 IPD/nm		—	—	12	12	7
最小栅电极/nm		—	—	6	6	6
单元高度/nm		40	40	60	50	40
堆叠单元/ea		16	16	11	13	16

2.10 3D 电荷俘获器件和 3D 浮栅器件比较

本节在性能和可靠性方面比较 3D 电荷俘获器件和 3D 浮栅器件。对于结构的比较,传统的 3D 电荷俘获结构和 3D 浮栅单元的垂直示意图如图 2.39 所示。与平面电荷俘获器件不同的是,在传统的 3D 电荷俘获器件中,同一存储器串中的电荷俘获氮化层沿着沟道连续地连接着从上到下的控制栅,它就像电荷传播途径一样,这是 3D 电荷俘获单元不可避免的问题。因此,这会导致数据保持特性的退化和单元状态的分布不佳。相反,在 3D 浮栅单元中,浮栅完全被隧穿氧化层和绝缘介质层(Inter Poly Dielectric,IPD)隔离。这种方法可以获得非常可靠的结构,在与泄漏途径相关时也能保持电荷[34]。

为了比较单元尺寸,我们考虑了 DC-SF 型 3D 浮栅器件和 BiCS/TCAT 型 3D 电荷俘获器件。有效单元尺寸作为堆叠单元数量的函数估计并绘制在图 2.40 中。即使 DC-SF 单元

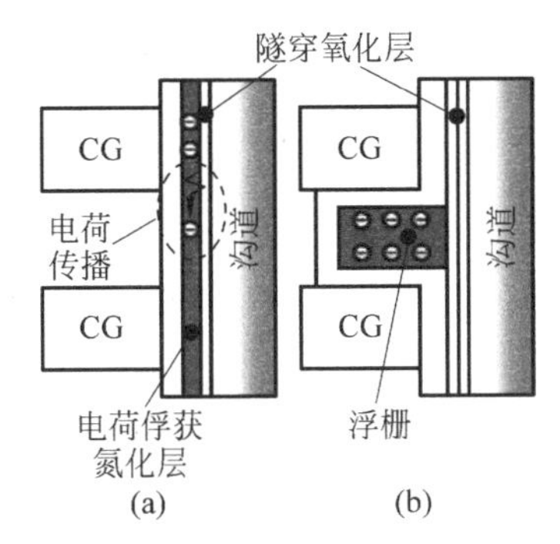

图 2.39 3D NAND Flash 单元结构比较(a)电荷俘获单元(BiCS)(b)3D 浮栅单元[34]

的物理尺寸被认为比传统的 BICS/TCAT 器件大 54%，但是由于较低的浮栅-浮栅串扰，DC-SF 可以制备 3bit/cell、64 层堆叠的 1Tb 阵列或 3bit/cell、128 层堆叠的 2Tb 阵列。

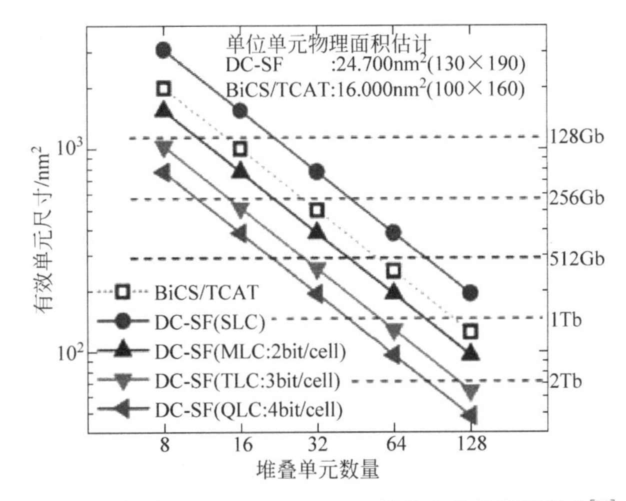

图 2.40 各种 DC-SF NAND Flash 结构有效的单元尺寸[34]

此外，与传统的 3D 电荷俘获器件相比，3D 浮栅器件保证了可靠的保持特性和较低的操作电压。其结果是，与 3D 电荷俘获器件相比，3D 浮栅结构可以极大地提高 3D NAND Flash 的器件性能。以下是与 3D 电荷俘获器件相比较，3D 浮栅器件优点和缺点的总结。

3D 浮栅器件的优点：

(1) 较低的电荷迁移导致较少的读取错误，因此只需较少的 ECC 干预，特别是在多层体系结构中；

(2) 因为在存储层中有更多稳定的电荷，具有更好的数据保持特性；

(3) 多晶硅沟道和 P 阱之间直接连通，允许批量擦除(无 GIDL)。

3D 浮栅器件的缺点：

(1) 较大的单元尺寸；

(2) 由于浮栅的存在，需要更大的 3D 台柱，因此降低了可扩展性；

(3) 浮栅耦合效应：即使 S-SCG 结构能够充分地抑制间接串扰效应，直接耦合仍然是一个非常严重的问题，极大地降低了写入速度。

虽然 3D 浮栅器件与 3D 电荷俘获器件相比，显示出了与之相关的可靠性优势，但是更好的可扩展性仍然使3D电荷俘获器件成为多层阵列集成的最具吸引力的解决方案。此外，必须指出的是，改进型的写入算法和错误修正技术可以减轻先前描述的可靠性问题。

参考文献

[1] Micheloni R, et al. Inside NAND Flash Memories[M]. Berlin: Springer. 2010.

[2] Lee C, et al. Multi-level NAND Flash memory with 63nm-node TANOS (Si-Oxide-SiN-Al O -TaN) cell structure[C]. VLSI Symposium Technical Digest, 2006, 2(3): 21-22.

[3] Van Den Bosch G. Physics and reliability of 2D and 3D SONOS devices[C]. IEEE International Memory Workshop (IMW), 2014:18-21.

[4] Grossi A, et al. Bit error rate analysis in charge trapping memories for SSD applications[C]. IEEE International Reliability Physics Symposium (IRPS), 2014:MY. 7. 1-MY. 7. 5.

[5] Cai Y, et al. Threshold voltage distribution in MLC NAND Flash memory: characterization, analysis and modeling[C]. Design, Automation Test in Europe Conference Exhibition (DATE), 2013: 1285-1290.

[6] Chimenton A, et al. A statistical model of erratic behaviors in NAND Flash memory arrays[J]. IEEE Trans. Electron Devices, 2011, 58: 3707-3711.

[7] Ong T, et al. Erratic erase in ETOX TM Flash memory array[C]. Proceedings of VLSI Symposium Technical, 1993: 83-84.

[8] Dunn C, et al. Flash EPROM disturb mechanisms[C]. Proceedings of IEEE International Reliability Physics Symposium (IRPS), 1994:299-308.

[9] Zambelli C, et al. Analysis of edge wordline disturb in multimegabit charge trapping Flash NAND arrays[C]. IEEE International Reliability Physics Symposium (IRPS), 2011:MY. 4. 1-MY. 4. 5.

[10] Lee J, Lee C, et al A new programming disturbance phenomenon in NAND Flash memory by source/drain hot electrons generated by GIDL current[C]. Proceedings of the NVSM Workshop, 2006:31-33.

[11] Arreghini A, et al. Experimental extraction of the charge centroid and of the charge type in the P/E operations of the SONOS memory cells[C]. International Electron Devices Meeting Technical Digest, 2006: 499-502.

[12] Vandelli L, et al. Role of holes and electrons during erase of TANOS memories: evidences for dipole formation and its impact on reliability[C]. IEEE International Reliability Physics Symposium (IRPS), 2010:731-737.

[13] Arreghini A, et al. Characterization and modeling of long term retention in SONOS non volatile memories, in Solid State Device Research Conference[C]. 37th European ESSDERC, 2007: 406-409.

[14] Chen C P, et al. Study of fast initial charge loss and its impact on the programmed states VT distribution of charge-trapping NAND Flash[C]. IEEE International Electron Devices Meeting (IEDM) , 2010: 5. 6. 1-5. 6. 4.

[15] Park J K, et al Origin of transient V_{th} shift after erase and its impact on 2D/3D structure charge trap Flash memory cell operations[C]. IEEE International Electron Devices Meeting (IEDM), 2012: 2. 4. 1-2. 4. 4.

[16] Park H, et al. Charge loss in TANOS devices caused by V_t sensing measurements during retention [C]. IEEE International Memory Workshop (IMW), 2010: 1-2.

[17] Tanaka H, et al. Bit cost scalable technology with punch and plug process for ultra high density Flash memory[C]. IEEE Symposium on VLSI Technology, 2007:14-15.

[18] Jang J, et al. Vertical cell array using TCAT (terabit cell array transistor) technology for ultra high density NAND Flash memory[C]. IEEE Symposium on VLSI Technology, 2009:192-193.

[19] Whang S J, et al. Novel 3-dimensional dual control-gate with surrounding floating-gate (DC-SF) NAND Flash cell for 1 Tb file storage application[C]. IEEE International Electron Devices Meeting (IEDM), 2010:29.7.1-29.7.4.

[20] Kim W, et al. Multi-layered vertical gate NAND flash overcoming stacking limit for terabit density storage[C]. IEEE Symposium on VLSI Technology, 2009:188-189.

[21] Goda A, et al. Scaling directions for 2D and 3D NAND cells, in IEEE International Electron Devices Meeting (IEDM), 2012:2.1.1-2.1.4.

[22] Lue H T, et al. 3D vertical gate NAND device and architecture[C]. IEEE International Memory Workshop (IMW), 2014.

[23] Fukuzumi Y, et al. Optimal integration and characteristics of vertical array devices for ultra-high density, bit-cost scalable Flash memory[C]. International Electron Devices Meeting (IEDM) Technical Digest, 2007:449-452.

[24] Kim Y, et al. Coding scheme for 3D vertical Flash memory[C]. IEEE International Conference on Communications (ICC), 2014, 264-270.

[25] Nowak E, et al. In-depth analysis of 3D silicon nanowire SONOS memory characteristics by TCAD simulations[C]. IEEE International Memory Workshop, 2010, 390 (2):1-4.

[26] Lue H T, et al. Understanding STI edge fringing field effect on the scaling of charge-trapping (CT) NAND Flash and modeling of incremental step pulse programming (ISPP) [C]. International Electron Devices Meeting (IEDM) Technical Digest, 2009:839-842.

[27] Amoroso S M, et al. Semi-analytical model for the transient operation of gate-all-around charge-trap memories[J]. IEEE Transactions on Electron Devices, 2011, 58 (9):3116-3123.

[28] Li X, et al. Investigation of charge loss mechanisms in 3D TANOS cylindrical junction-less charge trapping memory [C]. IEEE International Conference on Solid-State and Integrated Circuit Technology (ICSICT), 2014:1-3.

[29] Lun Z, et al. Investigation of retention behavior for 3D charge trapping NAND Flash memory by 2D self-consistent simulation[C]. International Conference on Simulation of Semiconductor Processes and Devices (SISPAD), 2014:141-144.

[30] Yanagihara Y, et al. Control gate length, spacing and stacked layer number design for 3D-stackable NAND Flash memory[C]. IEEE International Memory Workshop (IMW), 2012:1-4.

[31] Choi E S, et al. Device considerations for high density and highly reliable 3D NAND flash cell in near future[C]. IEEE International Electron Devices Meeting (IEDM), 2012:9.4.1-9.4.4.

[32] Seo M K, et al. The 3-dimensional vertical FG NAND flash memory cell arrays with the novel electrical S/D technique using the extended sidewall control gate (ESCG)[C]. IEEE International Memory Workshop (IMW), 2010:146-149.

[33] Aritome S, et al. Advanced DC-SF cell technology for 3-D NAND Flash[J]. IEEE Transactions on Electron Devices, 2013, 60 (4):1327-1333.

[34] Whang S J, et al. Novel 3-dimensional dual control-gate with surrounding floating-gate (DC-SF) NAND Flash cell for 1Tb file storage application[C]. IEEE International Electron Devices Meeting (IEDM), 2010:29.7.1-29.7.4.

[35] Seo M K, et al. A novel 3-D vertical FG NAND Flash memory cell arrays using the separated sidewall control gate (S-SCG) for highly reliable MLC operation[C]. IEEE International Memory

Workshop (IMW), 2011:1-4.
[36] Parat K, et al. A floating gate based 3D NAND technology with CMOS under array[C]. IEEE International Electron Devices Meeting (IEDM), 2015.
[37] Prince B. 3D vertical NAND Flash revolutionary or evolutionary[C]. IEEE International Memory Workshop, Tutorial, 2015.

第3章

3D堆叠NAND Flash

3.1 引言

在平面 Flash 中,最流行的是基于浮栅技术的存储单元,图 3.1 显示了其横截面图。图 3.2 中概述了横截面和相关的浮栅模型。根本上来说,一个 MOS 晶体管是由两个重叠的栅极组成的：第一个浮栅完全被氧化层包围,而第二个则形成了控制栅终端。这个孤立的栅构成了一个极好的电子"陷阱",可以使电荷长时间保持。用于从绝缘的栅极中注入和移动电子的操作分别被称为写入和擦除。这些操作改变了存储单元也就是 MOS 晶体管的阈值电压 V_{th}。通过对单元的终端施加固定电压,就有可能区分两种存储状态：当栅极电压高于阈值电压时,这个单元是开态("1"),反之则是关态("0")。

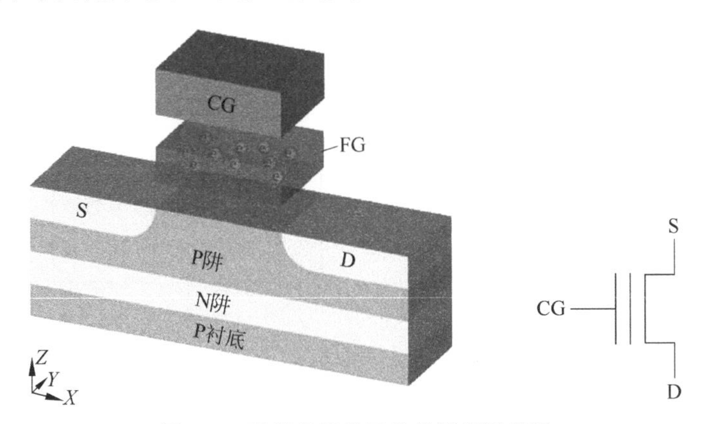

图 3.1 浮栅存储单元及其原理图模型

为了使硅片的占用面积最小化,存储单元排列在一起形成一个矩阵。根据单元在矩阵内的排列方式,可以区分为 NAND 和 NOR Flash。在存储系统中,NAND 存储器是最普遍的；NOR 结构在文献[1]中有详细的描述。

在 NAND 存储器串中,存储单元是串联的,以 32、64、128 或 150 为一组,如图 3.3 所

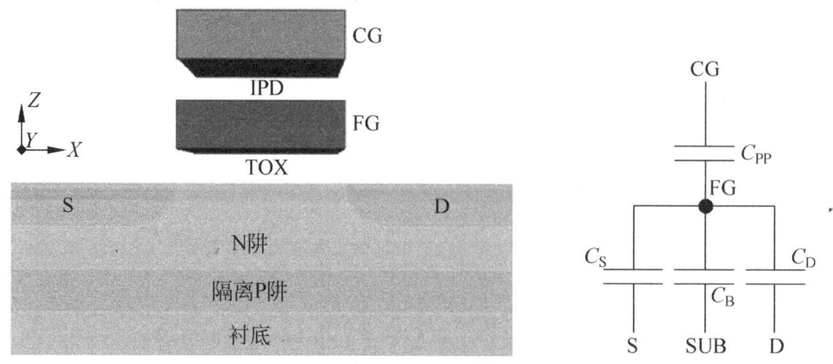

图 3.2　浮栅存储单元及其相应的电容模型

示。两个选通晶体管放置在存储器串的边缘，确保通过 M_{SL} 连接到电源线(Source Line, SL)，通过 M_{DL} 连接到位线(Bit Line, BL)。每个 NAND 存储器串与另一个存储器串共用位线。控制栅通过字线(Word Line, WL)连接。

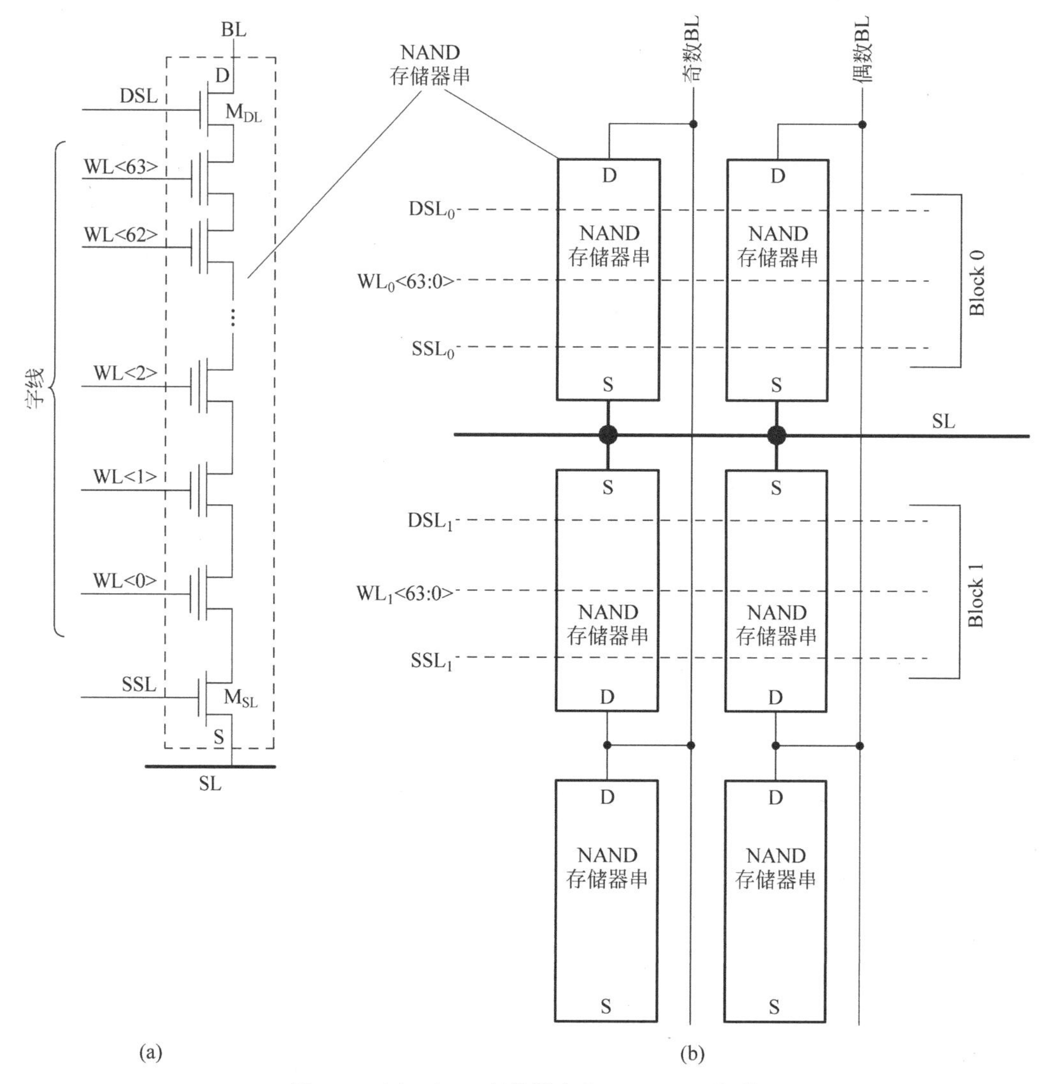

图 3.3　(a)NAND 存储器串和(b)NAND 阵列

逻辑页由属于同一字线的单元组成。每个字线的页数与存储单元的存储能力有关。根据存储节点的数量，Flash 被分为不同的种类：SLC 存储器每个单元存储 1 位，MLC 存储器每个单元存储 2 位，TLC 存储器每个单元存储 3 位，QLC 存储器每个单元存储 4 位(图 3.4)。

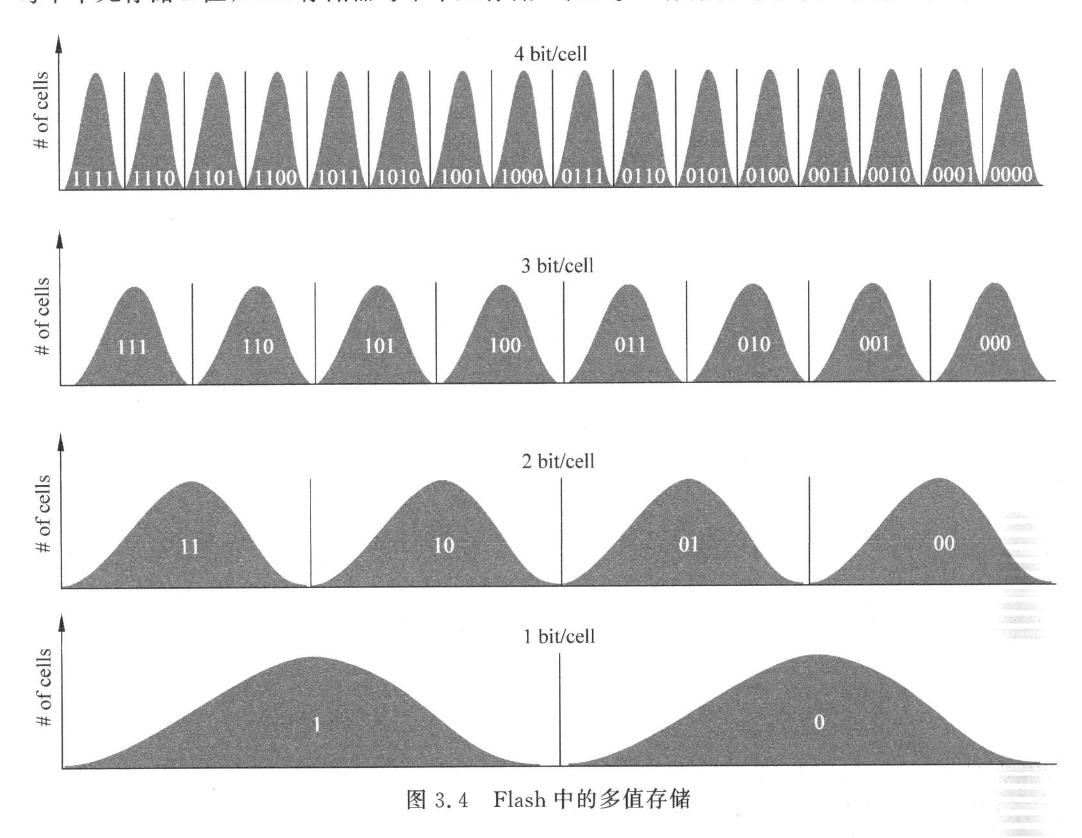

图 3.4 Flash 中的多值存储

共用同一组字线的所有 NAND 存储器串会一起擦除，因此形成了一个所谓的 Flash 块。图 3.3 显示了两个块：通过使用一个总线表示，一个块是由 WL_0<63:0>组成，而另一个块包括 WL_1<63:0>。

在硅片上，NAND Flash 器件主要是一个存储阵列，为了执行读取、写入及擦除操作，还需要额外的电路。图 3.5 绘制了一个 NAND 器件的框图。存储阵列可以划分为两个或多个区域(或平面)。在水平方向上突出显示一个字线，同时在垂直方向上显示一个位线。行译码器位于平面之间：这个电路的任务是正确地选中所有属于所选 NAND 存储器串的字线。所有的位线都连接到页缓冲区或灵敏放大器(Sense Amplifier)。灵敏放大器的目的是将存储器单元当前电流转化为数字值。在外围区域有电荷泵和电压调节器、逻辑电路和冗余结构。I/O 接口用于与外部通信。

NAND 存储器包含在页和块中组织的信息，如图 3.6 所示。正如前面提到的，块是最小的可擦单元，它包含多个逻辑页。页是读取和写入的最小可寻址单元。每个页都由主存储区和备用区组成。备用区用于存储错误校正代码和固件(Firm Ware，FW)元数据。NAND 逻辑地址是围绕行地址和列地址概念构建的。行地址标识所处理的页，而列地址标识页内的单个字节。

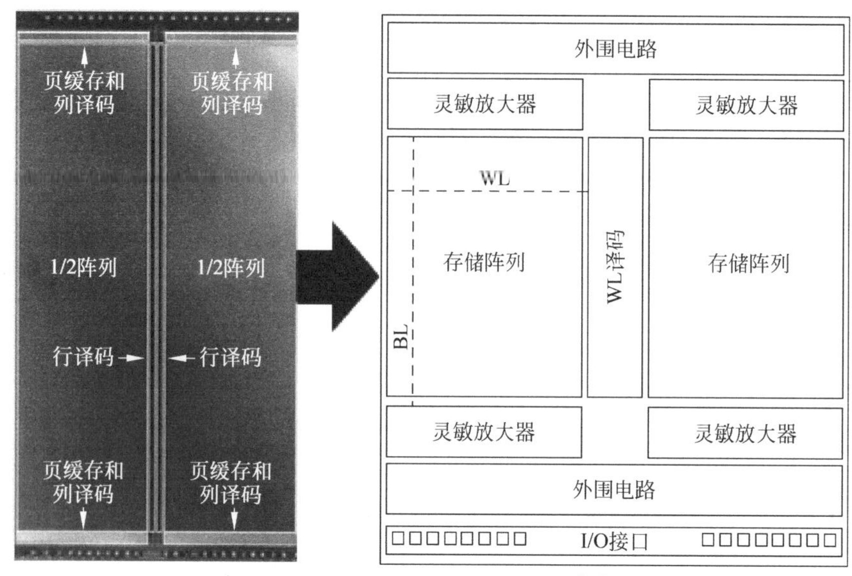

图 3.5　NAND Flash 存储块框图[16]

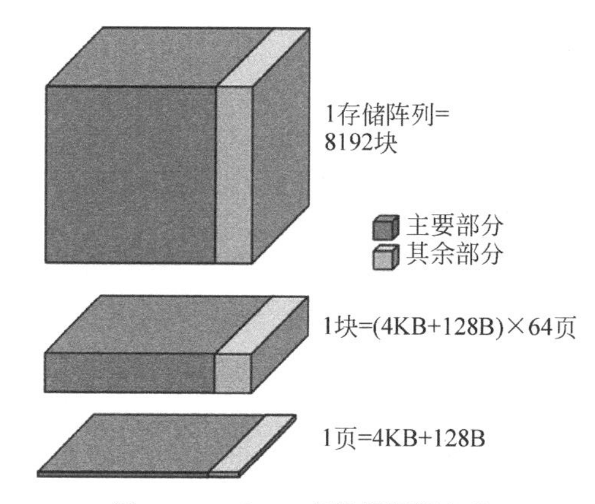

图 3.6　NAND 存储器逻辑组织

3.2　浮栅单元

一个 48nm 工艺的浮栅 NAND 单元的示意图如图 3.7 所示[3]；浮栅和控制栅通常是由多晶硅制造的。对于所有的操作，控制栅电极容性耦合到浮栅电极。浮栅和控制栅之间的电介质被称为绝缘介质，它通常是由氧化硅/氮化硅/氧化硅(ONO)三层构成的。浮栅单元可改变的阈值电压 V_{th} 代表了信息节点，取决于浮栅和控制栅之间的耦合强度以及在浮栅中存储的电荷量。

图 3.7(a)是在字线方向上的一个浮栅 NAND 阵列的横截面图。控制栅被包围在浮栅中用以改善控制栅和浮栅之间的电容耦合；如第 2 章所述，这种耦合降低了浮栅单元的操作电压，并确保了操作的可靠性。两个相邻的 NAND 存储器串的有源区(Active Area，AA)由浅槽隔离(Shallow Trench Insulation，STI)所分隔。存储单元晶体管栅氧化层被称

为隧穿氧化层(Tunnel Oxide,TOX),因为电荷(用来存储一位信息)通过量子隧穿机制输运过这层二氧化硅电介质。由于电荷在写入和擦除操作过程中仅能通过隧穿氧化层输运,这对于单元的可靠性来说是一个非常关键的问题。通过阻挡氧化层(即在浮栅和控制栅之间的氧化层)输运的每一个电荷都需要完全避免,以防止严重的可靠性问题。

图3.7(b)显示了一个位线方向的NAND存储器串的横截面图。浮栅单元是由垂直字线刻蚀方法制备的。为了形成存储单元晶体管并减少存储器串电阻,在浮栅单元之间的刻蚀间隔中,注入了n+浅结。为了提高电荷保持率,通过热氧化过程将浮栅的侧壁钝化。

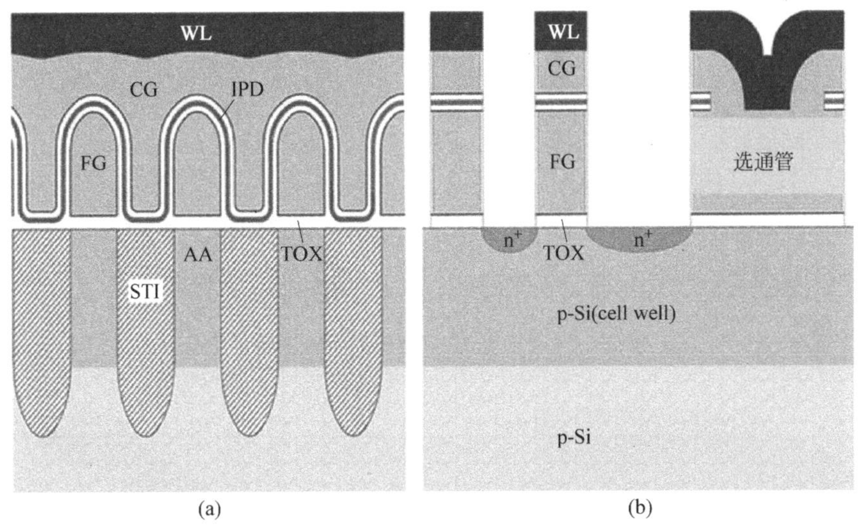

图3.7 浮栅NAND阵列的横截面图(a)字线和(b)位线

形成的高质量侧壁热氧化物(SideWall Oxide,SWOX)产生了一个有效的隧道势垒,防止浮栅中产生电荷损失,如图3.8所示。在此时,浮栅单元之间的空间中充满了二氧化硅(字线埋层电介质),通常与隧穿氧化层相比,它的电子有效质量较低。选通晶体管(M_{DL}和M_{SL})与浮栅单元一起制备,因此它们使用隧穿氧化层作为栅极电介质。选通晶体管的栅极长度通常在150~200nm范围内。要制备真正的晶体管,需要将字线层与浮栅层连接起来。这种接触是在多晶硅控制栅沉积之前,通过在选通晶体管中间除去ONO IPD来完成的。

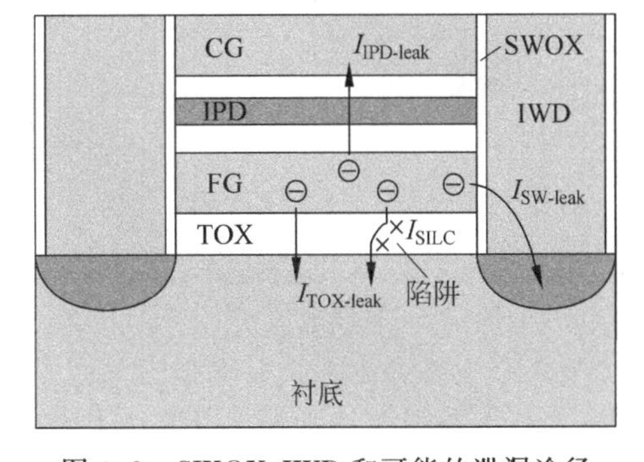

图3.8 SWOX、IWD和可能的泄漏途径

浮栅NAND技术的整个制造过程通常是基于30~40个光刻掩模的步骤,其中包括2个多晶硅层和3个金属层。为了获得更高的存储密度,典型的3个掩模在特殊工艺节点处设计使用更小的尺寸:有源区/STI、字线和位线。还有其他的一些工艺步骤,有严格的光刻要求,如位线连接、电源线连接以及在存储器串选通晶体管中浮栅和控制栅的连接。

在转到3D架构之前,应该先看看图3.9中所描绘的平面阵列的俯视图。事实上,在3D架构下,俯视图成了一个重要的工具。在图3.10中,NAND存储器串连接在一起形成一个存储阵列。为了节省空间,两个NAND存储器串可以共用SL或BL连接,如图3.10所示。

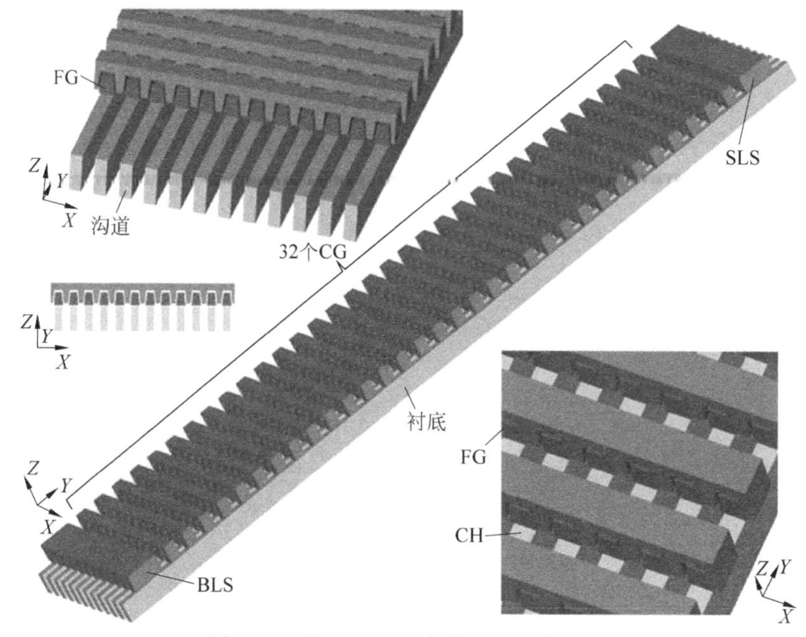

图 3.9 平面 NAND 存储器串的俯视图

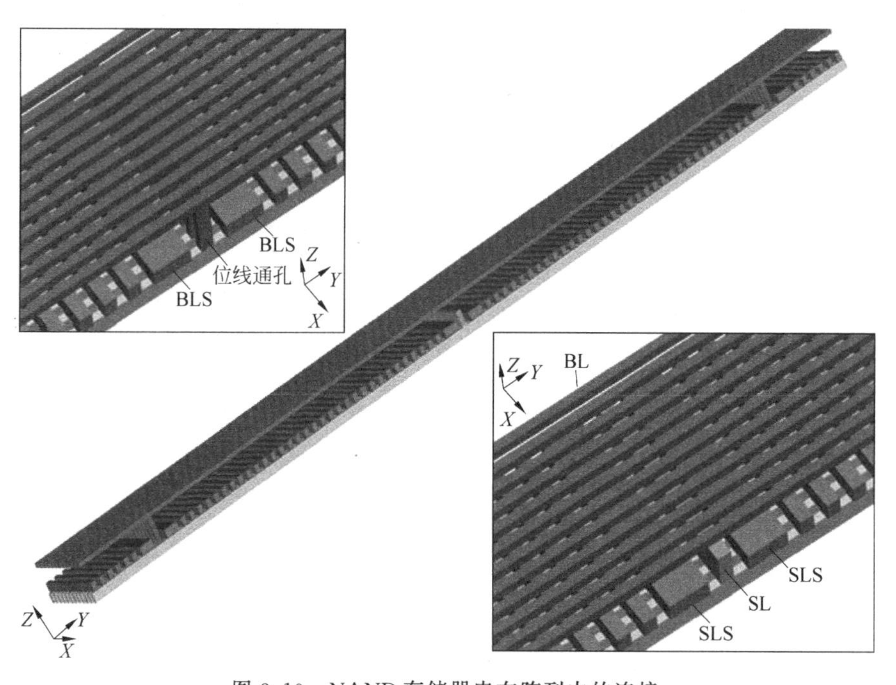

图 3.10 NAND 存储器串在阵列中的连接

3.3 NAND 基本操作

这一节简短概括说明在 NAND 存储器中如何执行读取、写入和擦除操作；所有这些操作都是由内部微控制器管理的。

3.3.1 读取

读取操作的目的是处理阵列中的特定存储单元，并测量其中存储的信息。参考图 3.11，当读取 NAND 存储器单元时，其栅极由 V_{READ}（0V）驱动，而其他单元的偏压则是 $V_{PASS,R}$（通常是 4～5V），这样它们就可以独立于阈值电压，作为导通晶体管存在。事实上，擦除的 Flash 单元的阈值电压小于 0V；反之亦然，写入的单元有正的阈值电压，但是小于 4V。在实际操作中，通过使选定单元栅极的电压为 0V，所有的单元将只有在擦除寻址的单元时才会导通。

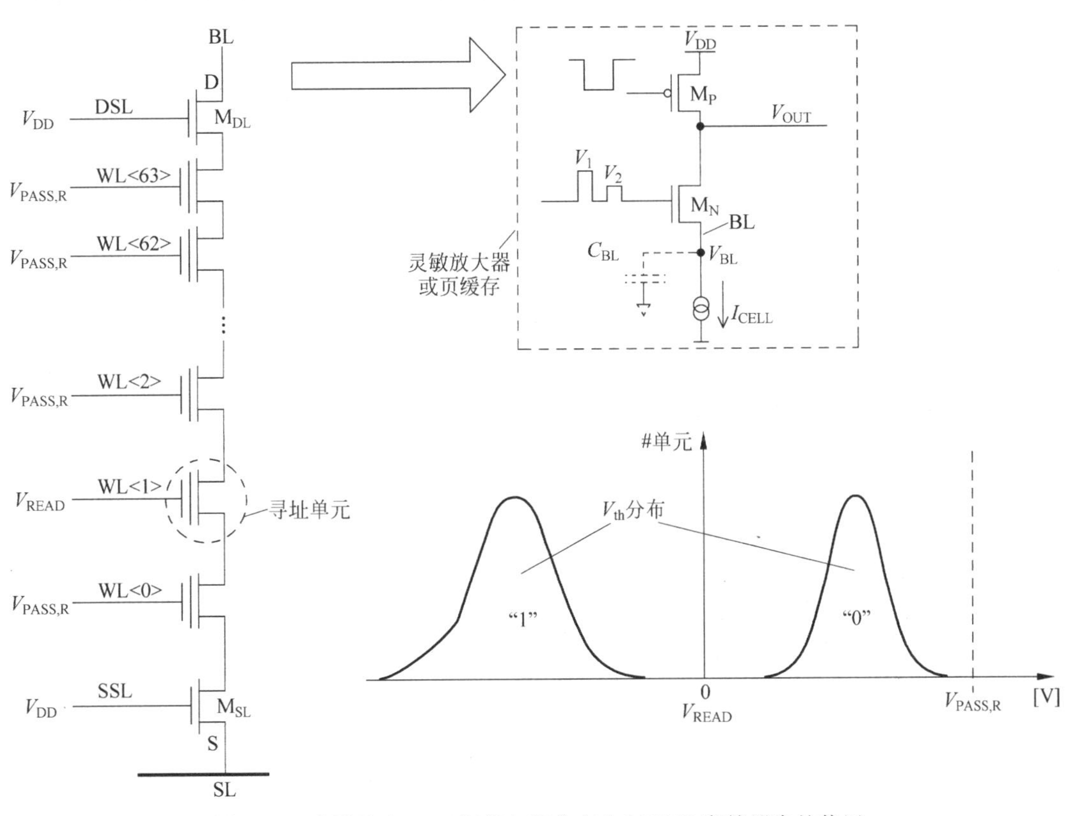

图 3.11 在读取和 SLC 阈值电压分布中 NAND 存储器串的偏压

这里有不同的读取技术，从使用位线寄生电容开始，最后以将电流整合在一个小电容器上的方法结束。以上提到的技术可以用于 SLC/MLC/TLC/QLC 型 NAND 存储器。当有超过两个阈值电压分布时，多个基本读取操作在不同的栅极电压下进行。历史上，第一种读取技术使用了位线的寄生电容来整合单元的电流[5-7]。

这种电容器以固定值（通常为 1～1.2V）预先充电。只有当单元擦除并产生反向电流时，电容器才会放电。有几种电路用来检测位线寄生电容状态：在所有的解决方案中几乎都存在图 3.11 中所描绘的结构。用 C_{BL} 表示位线寄生电容，此时 NAND 存储器串相当于一个电流发生器。在位线充电的过程中，PMOS 晶体管 M_P 的栅极保持接地，而 NMOS 晶体管 M_N 的栅极保持在一个固定值 V_1 上。V_1 的典型值是 2V。在电荷瞬态的结尾，位线处电压 V_{BL} 等于

$$V_{BL} = V_1 - V_{thN} \tag{3.1}$$

V_{thN} 表示晶体管 M_N 的阈值电压值。在此时，晶体管 M_N 和 M_P 被关断。C_{BL} 可以自由放

电。经过一段时间 T_{VAL} 后，M_N 栅极的偏压变为 V_2，小于 V_1，通常是1.6～1.4V。当 T_{VAL} 时间足够长时，可以将位线电压降到

$$V_{BL} < V_2 - V_{thN}$$

M_N 开启，节点OUT的电压(V_{OUT})等于位线中的一个。最后，用简单的锁存器将模拟电压 V_{OUT} 转换成数字格式。

3.3.2 写入

阈值电压通过增量步进脉冲写入算法进行修改(图3.12)：步进电压(其振幅和延时是预先设定的)施加到单元的栅极上。然后，如图3.13所示[8]，执行一个验证操作，以检查单元的阈值电压是否超过了预设的电压值(V_{VFY})。如果验证操作成功，那么单元已经达到了所需的状态，之后不再接受写入脉冲。否则，ISPP的下一个循环将施加到单元上；这一次，写入电压受 ΔV_{pp}(或ΔISPP)影响增加。

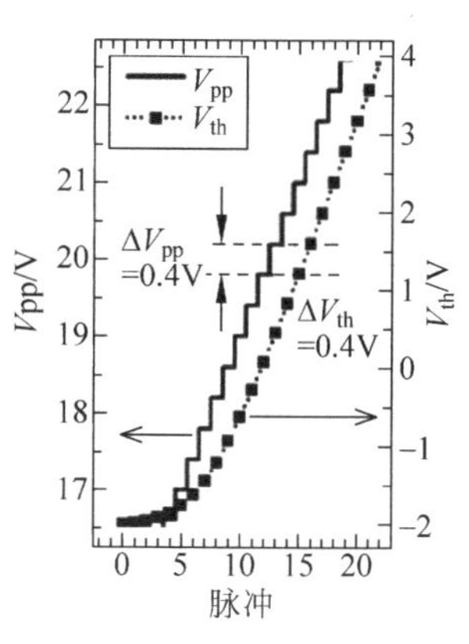

图3.12 增量步进脉冲写入

在写入脉冲中，一个高电压施加到选定的字线上，但是写入操作必须是位选的。换句话说，需要一种在字线中选定/撤销每个单独存储单元的能力。因此，所有写入操作必须限制在

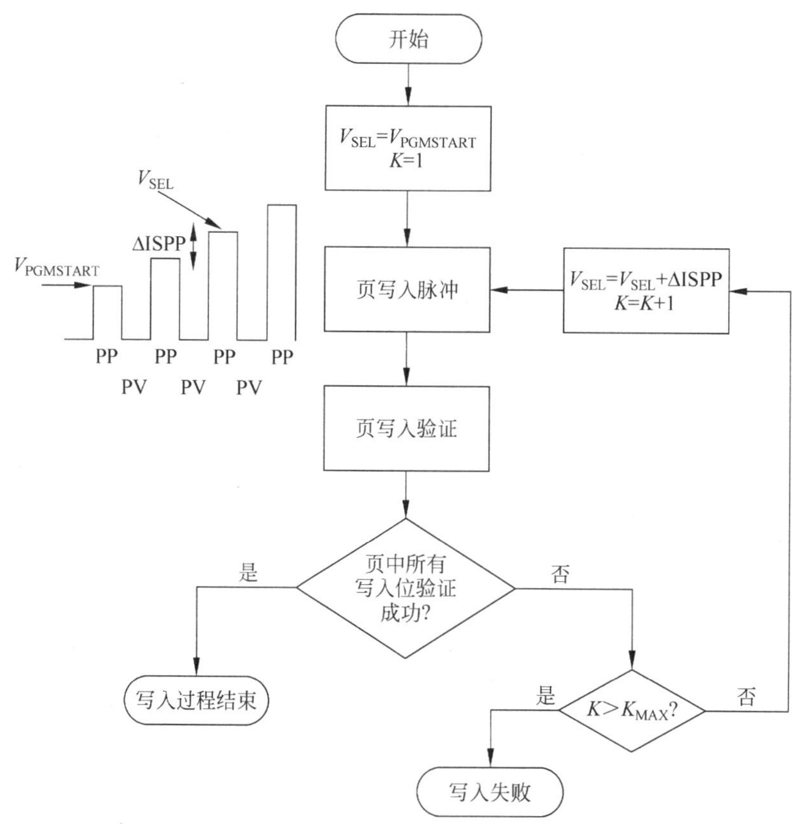

图3.13 基于增量步进脉冲写入算法的程序流图

存储单元中，需要一个高的沟道电位来降低穿隧穿电介质的压降，防止电子通过沟道隧穿进入到浮栅，如图 3.14(a)所示。对禁止写入的 NAND 存储器中的位线，施加 8V 电压，完成第一个 NAND 器件沟道的充电。这种方法存在一些缺点[5]，尤其是相邻位线之间氧化层的功耗和高应力问题。

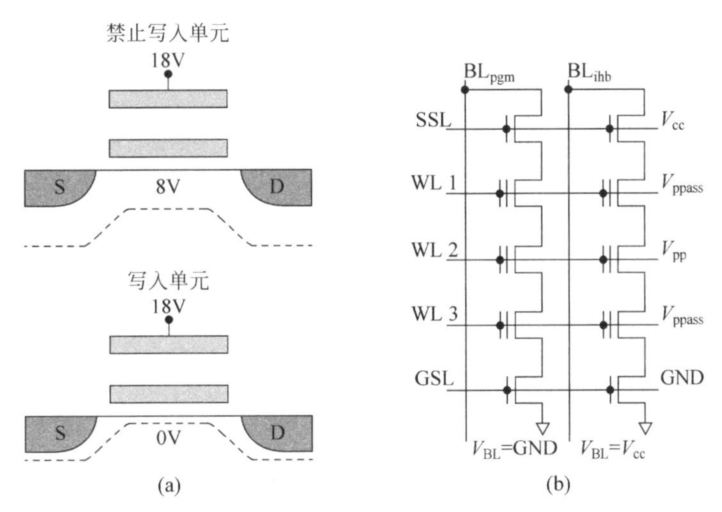

图 3.14 自增强写入限制方案，(a)单元选择写入和写入限制的条件；(b)自增强写入限制方案的偏压条件

自增强写入限制方案具有更低的功耗。通过电源对连接到禁止写入单元的存储器串选择线和位线进行充电，此时选通晶体管是一种二极管接法，如图 3.14(b)所示。当字线电位上升时(选通字线相对于 V_{pp}，未选通字线相对于 V_{ppass})，通过控制栅、浮栅、沟道和衬底等寄生串联电容，提高了沟道电位。当沟道的电压超过 $V_{cc}-V_{th}$ 时，SSL 晶体管是反向偏置的，而 NAND 存储器串的沟道变成了一个浮动节点。

因为存储单元是在一个矩阵中构建的，字线上的所有单元，即使它们不准备写入，也都有相同的电压，就是说它们被“串扰”了。写入操作与串扰的两种重要类型有关：通道串扰和写入串扰，它们对可靠性的影响在第 2 章中有过描述。

3.3.3 擦除

NAND 阵列位于一个三阱结构中，如图 3.15(a)所示。通常，每个平面都有自己的三阱。电源终端由所有块共用：这样一来，这个矩阵就更小了，用于对 P 阱进行偏置的电路数量也大大减少了。

NAND 存储器通过高电压偏置 P 阱，同时将需要擦除的块中的字线接地来实现批量擦除，如图 3.15(c)所示。

对于写入操作来说，擦除利用的是一种被称为 F-N 隧穿的物理机制(第 2 章)。因为 P 阱对所有的块都是共用的，可以通过将非擦除块的字线悬空来避免擦除未选择的块。当 P 阱充电时，由于控制栅和 P 阱之间的容性耦合，悬空字线的电势就会增加。当然，字线和 P 阱之间的电压差应该足够低，从而避免 F-N 隧穿。

图 3.15(b)描绘了擦除算法的不同阶段。NAND 结构在擦除时间方面相当有优势。因此，Flash 供应商试图在有限的几个擦除步骤内擦除块内容。结果就是，在擦除阶段，一个

非常高的电场施加到矩阵中。事实上，擦除时的电荷分布已经偏移到负的阈值电压上。为了使浮栅耦合最小化(第2章)，引入了一个擦除后写入(Program After Erase，PAE)阶段，目的是使电荷分布接近0V的极限(当然，留有适当的读取余地)。

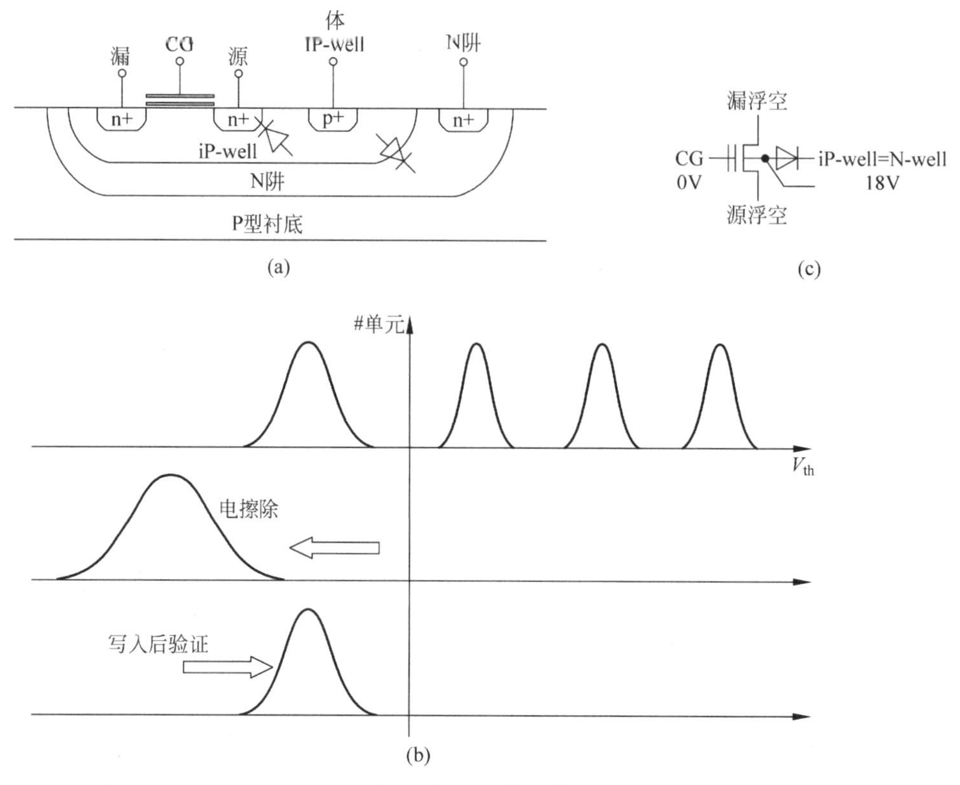

图 3.15 (a) NAND矩阵中的三阱；(b) 擦除算法；(c) 选中块擦除时的偏压

每个擦除脉冲后面都有一个擦除验证(Erase Verify，EV)操作。在这一阶段，所有的字线保持接地。目的是用来验证是否存在阈值电压大于0V的存储单元。如果擦除验证不成功，这意味着有一些列仍未擦除。如果达到擦除脉冲的最大数量，那么擦除操作就失败了。否则，施加于P阱的电压就会增加ΔV_E，而且可以施加下一个擦除脉冲。

表3.1和表3.2总结了擦除电压。

表 3.1 在电子擦除脉冲期间施加在选定块的电压

	T_0	T_1	T_2	T_3	T_4
BL_{even}	浮空	浮空	浮空	浮空	浮空
BL_{odd}	浮空	浮空	浮空	浮空	浮空
DSL	浮空	浮空	浮空	浮空	浮空
WLs	0V	0V	0V	0V	0V
SSL	浮空	浮空	浮空	浮空	浮空
SL	浮空	浮空	浮空	浮空	浮空
iP-well	0V	V_{ERASE}	V_{ERASE}	0V	0V

表 3.2 在电子擦除脉冲期间施加在选定块的电压

	T_0	T_1	T_2	T_3	T_4
BL_{even}	浮空	浮空	浮空	浮空	浮空
BL_{odd}	浮空	浮空	浮空	浮空	浮空
DSL	浮空	浮空	浮空	浮空	浮空
WLs	浮空	浮空	浮空	浮空	浮空
SSL	浮空	浮空	浮空	浮空	浮空
SL	浮空	浮空	浮空	浮空	浮空
iP-well	0V	V_{ERASE}	V_{ERASE}	0V	0V

3.4 3D 堆叠结构

消费市场对容量更大、更廉价的 NAND Flash 的需求引发了持续不断的缩小单元尺寸的研究。多年来,人们已经找遍了解决平面 Flash 可扩展性问题的方法。例如控制相邻单元间静电串扰的改进写入算法[9],而且二次曝光技术也克服了光刻技术的限制。

不幸的是,其他物理现象阻止了平面存储单元尺寸的进一步减小。现在,浮栅内存储电子的数量是非常低的:在工艺技术节点低于 20nm 的情况下,只有数十个电子对两个阈值电压的分布水平进行区分。正如文献中所报道的,沟道掺杂[10]和随机电报噪声[11]可以诱发大量的初始阈值电压分布,而写入之后电子注入的统计数据[12]会引起更多的变化,因此对单元耐擦写特性和保持特性都有影响。NAND 存储器串尺寸的缩小增大了字线之间的电场,在擦写过程中,导致了更多的失败概率。

3D 阵列是克服平面器件界限的一个很有希望的机会。在过去的 10 年里,所有的顶级 Flash 供应商都花费了数亿美元来研发一种具有以下特性的浮栅技术:可大规模制造,廉价的工艺技术,可靠的单元与多层单元兼容,高存储密度,以及符合当前的 NAND 器件规格。

如第 2 章所述,从 2D 到 3D 存储器的一个基本过程变化就是从传统的浮栅单元到电荷俘获单元的转变[9]。现在,几乎所有的平面 NAND 技术都采用多晶硅浮栅作为存储单元。相反,大多数 3D 架构都采用了电荷俘获技术,由于单元薄层的堆叠,这只需一个简单的制造工艺。这条规则也有例外:在第 5 章中介绍了基于浮栅的 3D NAND 架构。

本章重点放在最直观的 3D 架构上,器件的堆叠层通过使用水平沟道和水平栅极的阵列来构建的。如图 3.16 和图 3.17 所示,这个阵列是一个简单的平面存储器堆叠。对于不同层的 NAND 存储器串,漏极连接线和位线是共用的,而其他所有终端(源极、源极选通器、字线和漏极选通器)都可以一层一层地单独译码。这个 3D 阵列是传统平面阵列的自然发展,是在 3D 器件探索早期发展起来的。当然,这里面有很多关于成本的考虑,因为可以很容易地从平面存储器中得到工艺技术和电学性能参数。

从工艺技术的角度来看,最大的问题是用来生长额外的硅层:尽量限制其生长,以避免底层的退化,并保证单元间行为的一致性。水平沟道/栅极结构最大的优点是它的灵活性:每一层都是单独制备的,可以消除许多其他方法中存在的问题(例如:沟道和结掺杂)。单元在增强型或耗尽型下工作的模式,可以由工艺技术很容易地改变,但是典型的增强型模式才是首选,因为它允许复用为平面存储器开发的技术。从电学角度来看,与传统存储器相

比，3D NAND 最大的不同是浮栅的基材。事实上，图 3.16 显示了这种结构不允许直接接触衬底，这个约束会影响器件的操作，尤其是擦除的操作。

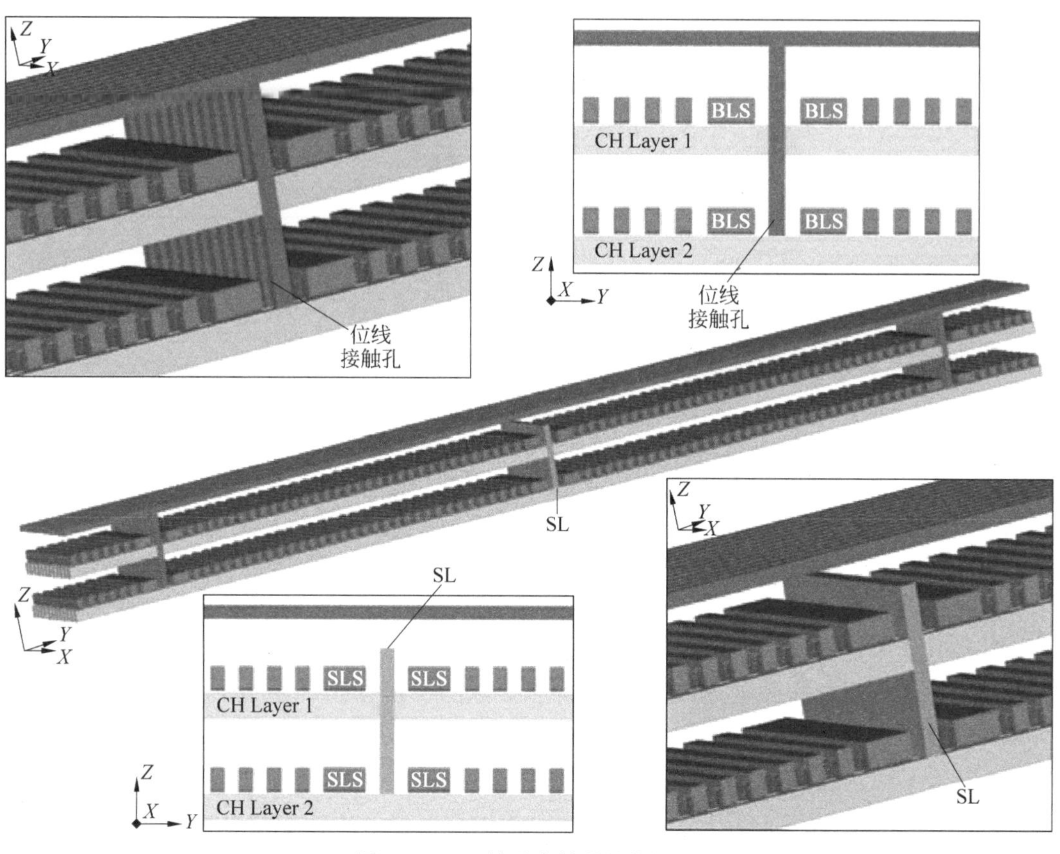

图 3.16　3D 堆叠存储器的俯视图

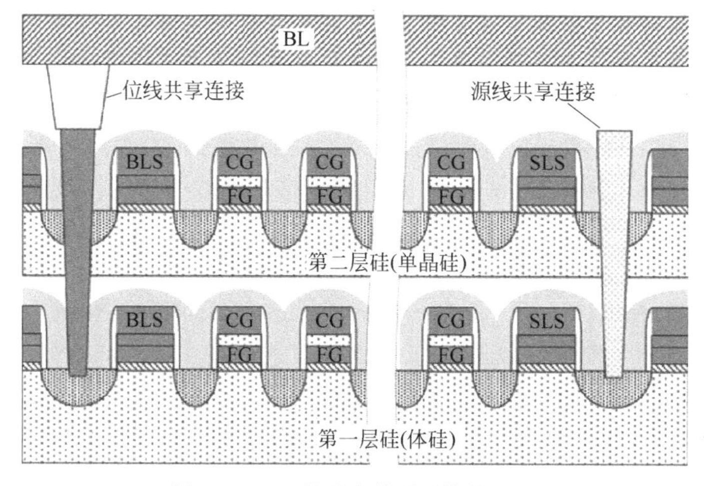

图 3.17　3D 堆叠存储器的横截面图

从经济的角度来看，这种方法并不是很有效，因为它通过增加层数来实现一个平面阵列，这提高了成本。事实上，制备一层这样的 3D 堆叠 NAND Flash 需要至少 3 个关键工艺模块(位线/字线/连接线)。与传统的平面存储器相比,唯一的改进是电路和金属互连,因为它们是共用的。为了限制晶圆的成本,垂直层的数量必须尽可能少,为了弥补这种缺陷,使用更小的单元是最基本的。许多使用这个阵列构建的文献已经发表[13,14]。灵活性和复用为平面电荷俘获单元开发的技术是解释这一领域活动显著的可能原因。

图 3.18 显示了两层 NAND 矩阵的示意图[15]:第一层包括矩阵(MAT1)和外围电路;第二层只有矩阵 MAT2。主要的外围电路有:灵敏放大器、SL、P 阱电压发生器和两个

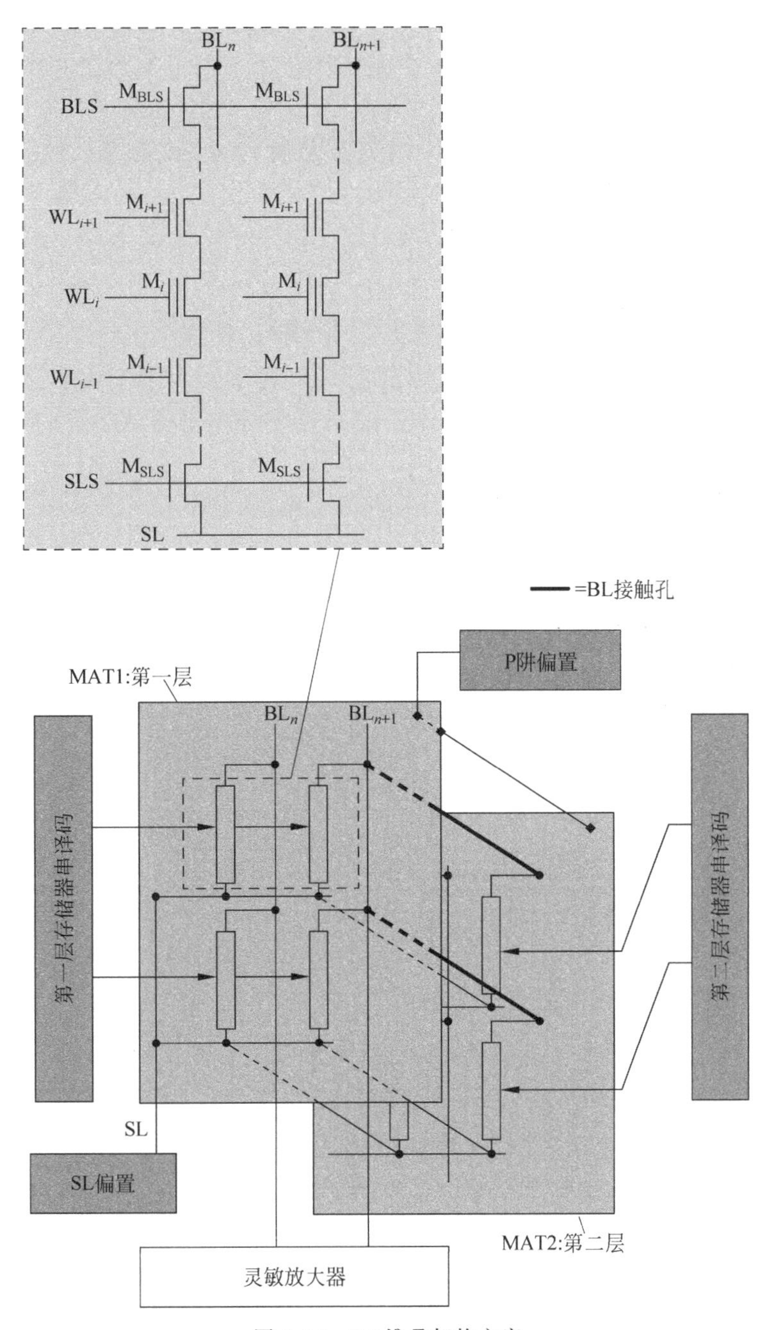

图 3.18　3D 堆叠架构方案

NAND 存储器串译码器(每层各一个)。位线只在 MAT1 上,它们通过如图 3.18 所示的接触孔连接到 MAT2 上。在 MAT2 中不存在金属位线;对于电源线和 P 阱网络来说也是如此。传感器电路可以同时访问 MAT1 和 MAT2,而且由于位线是共用的,所以它的电容性负载可以与传统的平面器件相媲美。

因此,单元在功耗和时序上没有任何劣势。只是增加了通孔的寄生负载(小于 5%的位线电容)。由于存在两个独立的存储器串(行)译码器,字线寄生负载与平面器件在同一范围内。此外,由于每次只访问一层,没有额外的写入和读取串扰。只有 P 阱寄生负载的倍增是一个劣势,但它可以忽略不计,因为在整个擦除时间内,P 阱电容的充电时间并不占主导地位。

在此时,如何正确地处理堆栈中的每一层而不影响其他层是很重要的,这是下一节的主题。

3.5 3D 堆叠层的偏压

表 3.3 总结了 NAND 存储器串的偏置条件。在读取和写入操作期间,所需的偏置电压仅施加在选定层 MAT1 的存储器串上。MAT2 的存储器串有浮动字线,而位线选通(Bit Line Selector,BLS)和源线选通(Source Line Selector,SLS)的偏置电压为 0V。在擦除期间,由于共用 P 阱,未选定的 MAT2 层的字线将被保留,就像在 MAT1 中未选定的块一样。这样,就可以避免擦除 MAT2 中的块。

表 3.3 MAT1 和 MAT2 层 NAND 存储器串的偏置条件

BL_n		读取	写入	擦除
		V_{PRE}(0.5～1V)	0/V_{DD}	浮空
选择第一层	BLS1	V_{PASS}	V_{DD}	浮空
	选择 WL1	V_{READ}	V_{PROG}	0V
	未选择 WL1	V_{PASS}	$V_{PASSPGM}$	0V
	SLS1	V_{PASS}	0V	浮空
未选择的第二层	BLS2	0V	0V	浮空
	WL2	浮空	浮空	浮客
	SLS2	0V	0V	浮空
SL		0V	V_{DD}	浮空
P 阱		0V	0V	18～20V

MAT1 和 MAT2 是独立制备的;因此,存储单元的阈值电压分布可能会有所不同。图 3.19 显示了在单个写入脉冲 ΔISPP1 之后发生的情况,形成了两个不同的分布:DMAT1 和 DMAT2。在这种情况下,传统的 ISPP 会降低写入的速度。事实上,ISPP 算法的起始电压 $V_{STARTPGM}$ 是由最快单元决定的,它位于阈值电压分布的最右边。因此,由于 WTOT 的扩大,需要更多的写入脉冲。

增加 ISPP 步骤的数量意味着降低写入的速度。建议的解决方案[15]是为每个 MAT 层

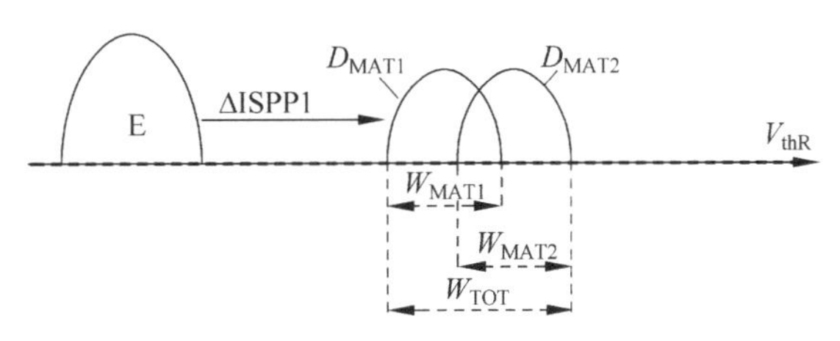

图 3.19　在一个 ISPP 步骤之后，MAT1 和 MAT2 分布

提供一个专用的写入模式。根据所处理的 MAT 层，正确选择写入参数如 $V_{PGMSTART}$、ΔISPP 和 ISPP 步骤的最大数量，如图 3.20 所示。

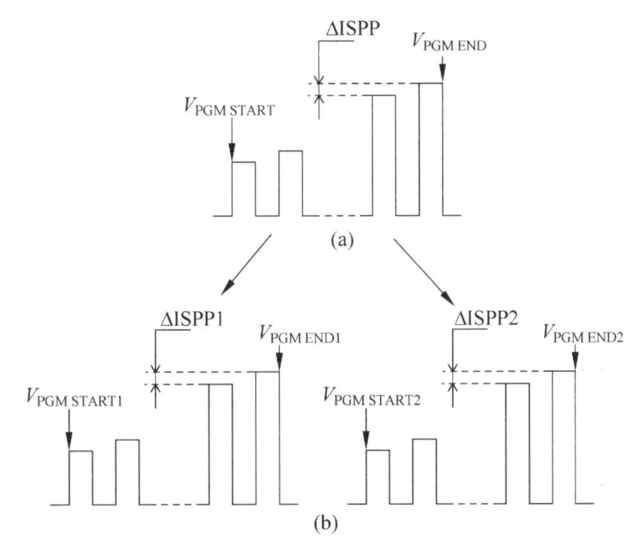

图 3.20　(a)常规和(b)逐层补偿 ISPP 算法

一个专用的控制方案也可以用于擦除：这是由于 P 阱在相同的擦除电压下，不同层的字线的电压会有轻微的不同。值得强调的是，由于这两个行译码器，可以随机地删除两个块，每个 MAT 层各一个。

接下来的 4 章将详细介绍以下各项的 3D 架构细节：3D 电荷俘获器件、3D 浮栅器件、3D 先进架构和 3D 垂直通道。每一章都提供了许多俯视图和横截面图，有助于读者理解这些 Flash 新技术的 3D 含义。

参考文献

[1]　Campardo G, Micheloni R, Novosel D. VLSI-Design of Non-Volatile Memories[M]. Berlin: Springer, 2005.

[2]　Lee S, et al., A 128Gb 2b/cell NAND flash memory in 14nm technology with $t_{prog} = 640\mu s$ and 800MB/s I/O Rate[C]. 2016 IEEE International Solid-State Circuits Conference (ISSCC), Digest of Technical Papers, San Francisco, USA, Feb 2016: 138-139.

[3]　Chan N, Beug F, Knoefler R, et al. Metal control gate for sub-30nm floating gate NAND memory [C]. Proceedings of 9th NVMTS, Nov 2008: 82-85.

[4] Micheloni R，Crippa L，Marelli A. Inside NAND Flash Memories，Chap. 6 [M]. Berlin：Springer，2010.

[5] Suh K D，et al. A 3. 3V 32Mb NAND flash memory with incremental step pulse programming scheme[J]. IEEE Journal of Solid-State Circuit，1995，30(11)：1149-1156.

[6] Iwata Y，et al. A 35ns cycle time 3. 3V only 32Mb NAND flash EEPROM[J]. IEEE Journal of Solid-State Circuits，1995，30 (11)：1157-1164.

[7] Kim J K，et al. A 120mm 64Mb NAND Flash memory achieving 180ns/Byte effective program speed [J]. IEEE Journal of Solid-State Circuits，1997，32(5)，670-680.

[8] Micheloni R，Crippa L，Marelli A. Inside NAND Flash Memories，Chap. 12 [M]. Berlin：Springer，2010.

[9] Micheloni R，Crippa L，Marelli A. Inside NAND Flash Memories[M]. Berlin：Springer，2010.

[10] Mizuno T，et al. Experimental study of threshold voltage fluctuation due to statistical variation of channel dopant number in MOSFET's[J]. IEEE Transaction Electron Devices，1994，41 (11)：2216-2221.

[11] Kurata H，et al.，The impact of random telegraph signals on the scaling of multilevel Flash memories[C]. Symposium on VLSI Technology，2006.

[12] Compagnoni C M，et al. Ultimate accuracy for the NAND Flash program algorithm due to the electron injection statistics[J]. IEEE Transaction Electron Devices，2008，55(10)：2695-2702.

[13] Jung S M，et al. Three dimensionally stacked NAND Flash memory technology using stacking single crystal Si layers on ILD and TANOS structure for beyond 30nm node[C]. IEDM Technical Digest，2006.

[14] Lai E K，et al. A multi-layer stackable thin-film transistor (TFT) NAND-type Flash memory[C]. IEDM Technical Digest，2006.

[15] Park K T，et al. A fully performance compatible 45nm 4-Gigabit three dimensional double-stacked multi-level NAND Flash memory with shared bit-line structure[J]. IEEE Journal of Solid-State Circuits，2009，44(1)：208-216.

[16] Micheloni R，et al. A 4Gb 2b/cell NAND Flash memory with embedded 5b BCH ECC for 36MB/s system read throughput[C]. 2006 IEEE International Solid-State Circuits Conference (ISSCC)，Digest of Technical Papers，2006：497-506.

第4章

3D电荷俘获型NAND Flash

4.1 简介

3D NAND Flash 分类方法可能有很多种,但基于拓扑结构的分类方式可能是最有效的分类方式,因为不同的拓扑结构会对制造成本、电学特性和工艺集成等带来直接影响。基于拓扑的分类方式有以下几种:

- 水平沟道(Horizontal Channel,HC)、水平栅极(Horizontal Gale,HG)(第 3 章);
- 垂直沟道(Vertical Channel,VC)、水平栅极;
- 水平沟道、垂直栅极道(Vertical Gate,VG)(主要在第 7 章)。

水平沟道、水平栅极的阵列结构已经在之前的章节中讨论过了。水平栅极、垂直沟道的阵列结构实际是将平面 NAND Flash 的存储器串旋转 90°,如图 4.1(b)所示。为了优化电学特性,水平栅极、垂直沟道 NAND 阵列的器件采用环形栅结构,如图 4.1(c)及 4.1(d)所示[1]。这种特殊结构带来的曲率效应,使隧穿氧化层中的电场增强,而阻挡氧化层内的电场减弱[2,3],这种效应有利于降低功耗,提高器件可靠性。

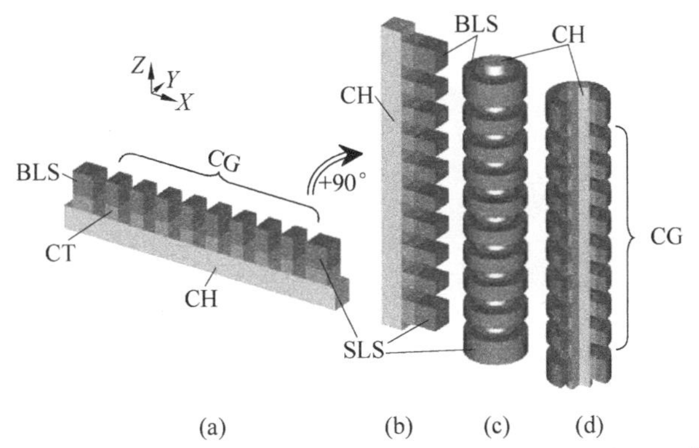

图 4.1 垂直沟道、水平栅极 NAND Flash 结构图:(a) 平面 NAND Flash;(b) 旋转 90°的平面 NAND Flash;(c) 柱形垂直沟道 NAND Flash;(d) 柱形垂直沟道 NAND Flash 结构剖面图

为简单起见，本书将“垂直沟道、水平栅极结构”简写为“垂直沟道结构”。

本章将首先介绍两种垂直沟道结构：BiCS(Bit Cost Scalable)和 P-BiCS(Pipe-Shaped BiCS)。BiCS 是由 Toshiba 公司在 2007 年提出的[4,5]，为了提高 BiCS 的电荷保持能力、优化源线选通管(Source Line Selector，SLS)特性以及降低电源线电阻，2009 年 Toshiba 公司又提出了 P-BiCS 结构[6-8]。这两种结构都是基于电荷俘获型存储器(第 2 章)。BiCS 的发明被认为是 3D NAND Flash 发展历史中的里程碑式事件。

接下来的 4.2 节、4.3 节将详细介绍 BiCS 和 P-BiCS 结构，本章的后面部分将介绍 V-NAND 结构的发展历程，这也是第一个实现量产的 3D NAND Flash 结构。

4.2 BiCS 结构

图 4.2 展示了 BiCS 结构的鸟瞰图，图 4.3 和图 4.4 展示了 BiCS 结构的等效电路图。

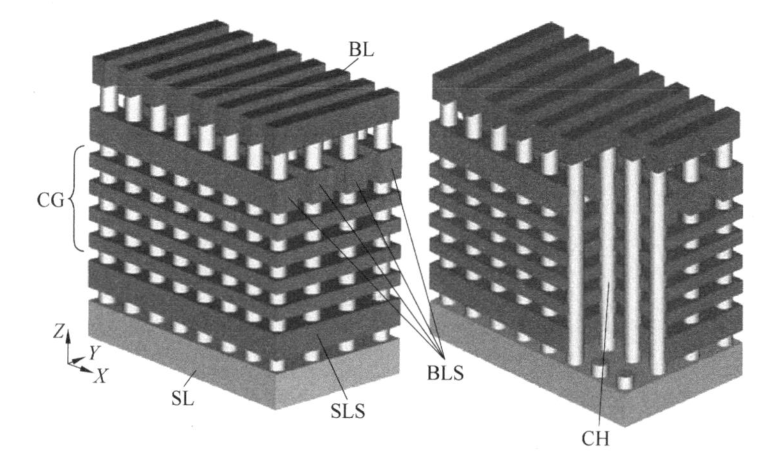

图 4.2 BiCS 结构

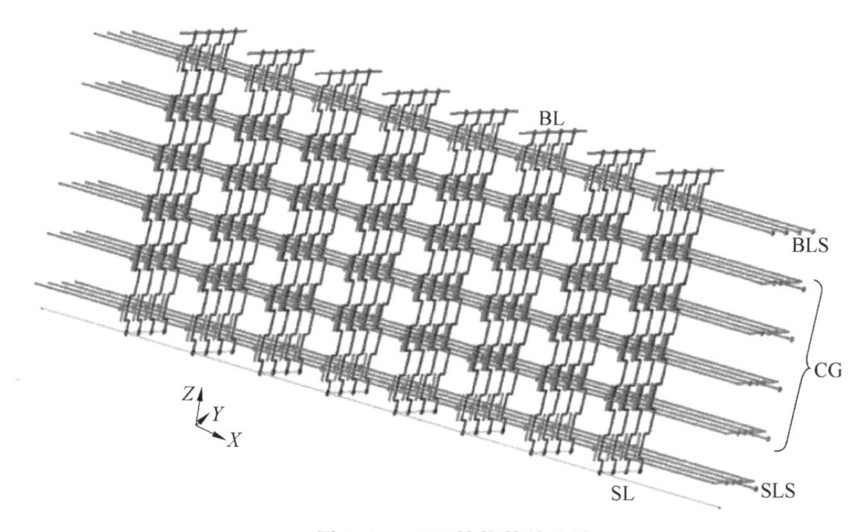

图 4.3 BiCS 结构等效电路

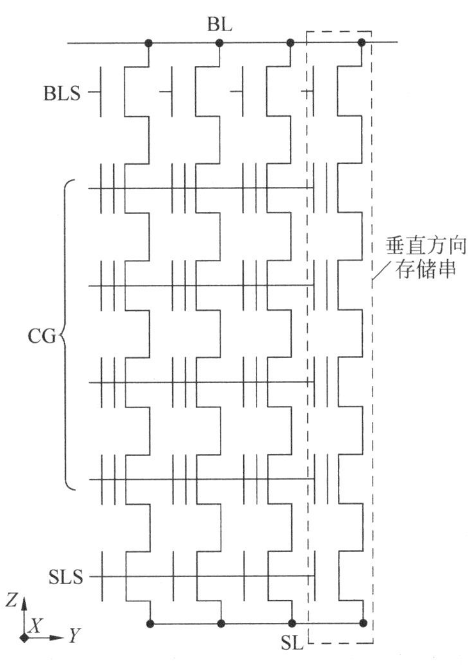

图 4.4 Y-Z 方向的 BiCS 等效电路图

首先，控制栅极与绝缘材料层在衬底上交替堆叠，最底层为 SLS 的栅极。随后整个叠层结构被打上圆形通孔，通孔内淀积栅介质材料及多晶硅沟道材料，形成了一串垂直的 NAND 方式连接的 Flash 器件。在存储器串顶端为 BLS 及 BL[9]。

为了避免在沟道中形成 pn 结的复杂工艺，沟道多晶硅材料通常设计为非掺杂或均匀的 n 型轻掺杂，所以阵列中的存储器件都是耗尽型器件。每一个控制栅层与垂直沟道的交叉点都定义了一个 Flash 器件，存储器串通过 BLS 连接到 BL。存储器串的底部连接着由重掺杂衬底形成的源端。图 4.5 单独展示了 SLC 结构的一个 NAND 页，每一个位线在一页中对应一个 Flash 器件。

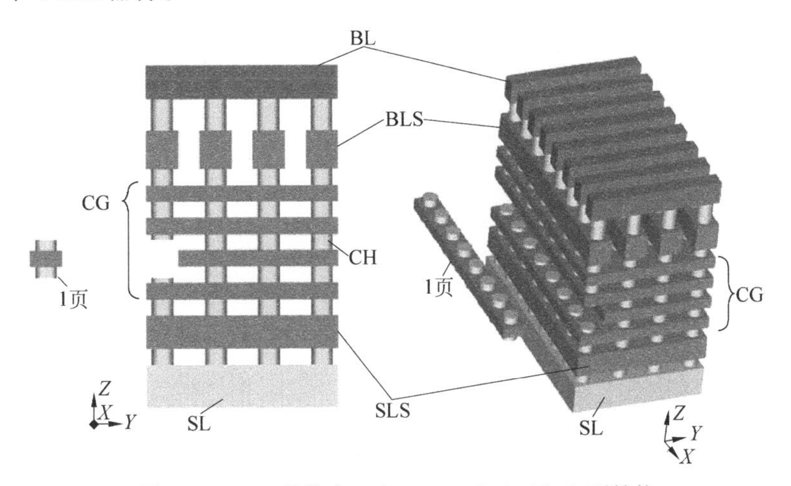

图 4.5 BiCS 结构中一个 SLC NAND Flash 页结构

增加控制栅极层数可以提高存储密度[10,11]，但因为存储器串是通过一步光刻及一步刻蚀形成的，增加控制栅极层数并不会增加光刻工艺步骤，这样就不会明显增加制造工艺成本。

在第 2 章中已经讨论论过，BiCS 结构的 Flash 器件用电荷俘获材料替代浮栅材料，图 4.6 从不同角度展示了 BiCS 器件，重点关注隧穿氧化层、阻挡氧化层、多晶硅沟道及沟道填充夹心。

3D NAND Flash 的一个重要特点是 Flash 器件的沟道为多晶硅材料，实际上，刻蚀孔的深宽比非常高，如果没有非选择性的淀积工艺很难实现很高的良率。

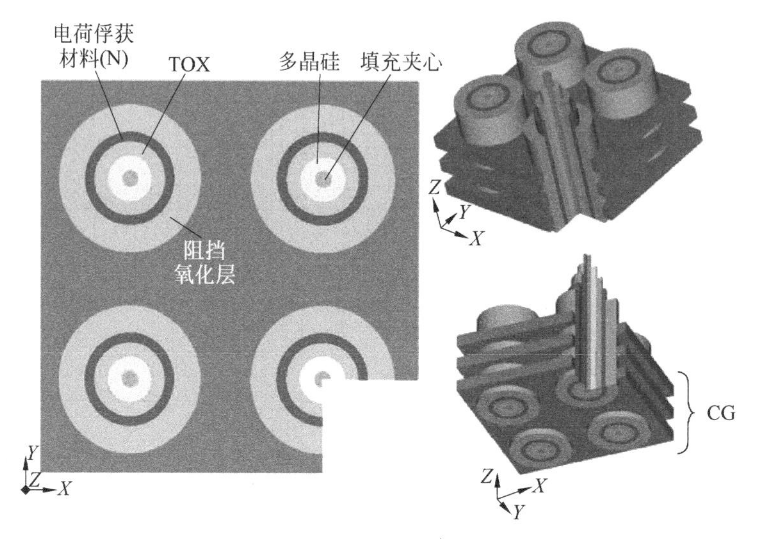

图 4.6 BiCS 阵列中的 Flash 器件结构

很不幸的是，目前很难控制晶界处的缺陷密度，而这将引起垂直器件亚阈值斜率的巨大波动，为了尽量抑制缺陷密度的涨落，多晶硅沟道的厚度需要远小于耗尽层宽度。为了降低缺陷密度，可以减少多晶硅沟道的体积，于是提出了空心粉结构的沟道[5]，如图 4.7 所示。此结构的芯将被填充上了介质材料，使得 3D 工艺集成更加容易。

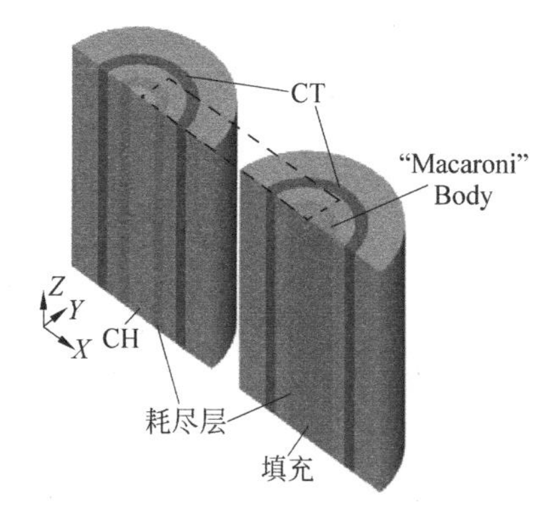

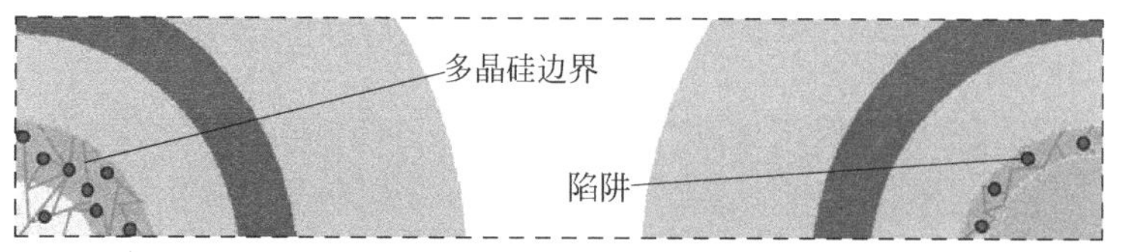

图 4.7 无空心粉结构(左)和有空心粉结构(右)的垂直晶体管

图4.8、图4.9用不同角度的剖面图展示了BiCS的结构细节[6,9]。图4.6中可以清楚地看到单器件的多层结构。需要注意的是,电荷俘获层需要停留在BLS下面,使得BLS为一个只有氧化层栅介质层的标准晶体管,也就是说,隧穿氧化层和电荷俘获层都被多晶硅代替。SLS也是同样的结构,如图4.9所示。

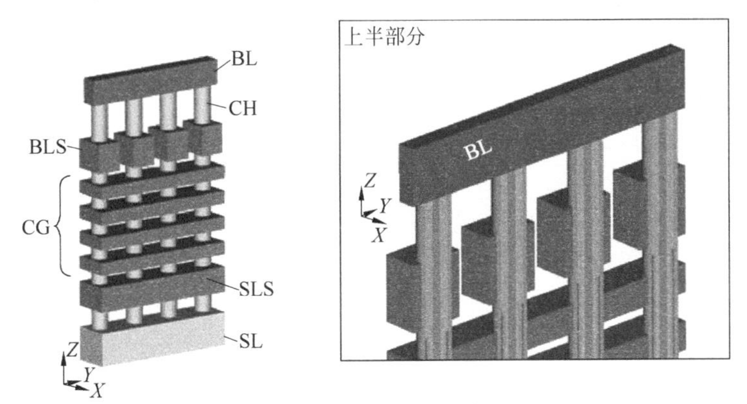

图4.8 BiCS垂直剖面图(上半部分)

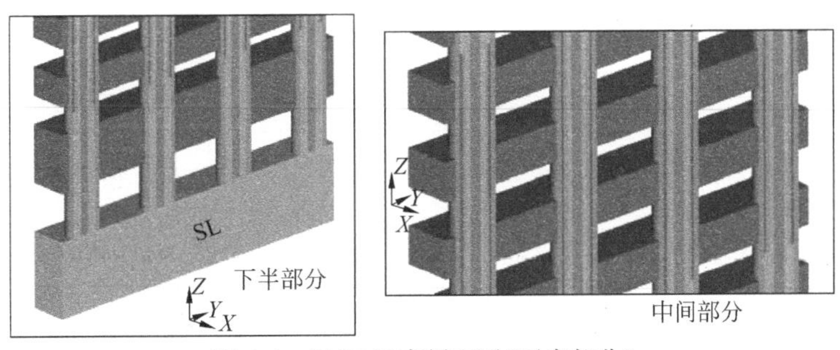

图4.9 BiCS垂直剖面图(下半部分)

图4.10和图4.11展示了BiCS阵列的简单制造流程。首先,交错淀积叠层结构,叠层包括SLS栅极、控制栅极以及BLS栅极。然后对叠层结构进行条形刻蚀及沟道孔刻蚀。

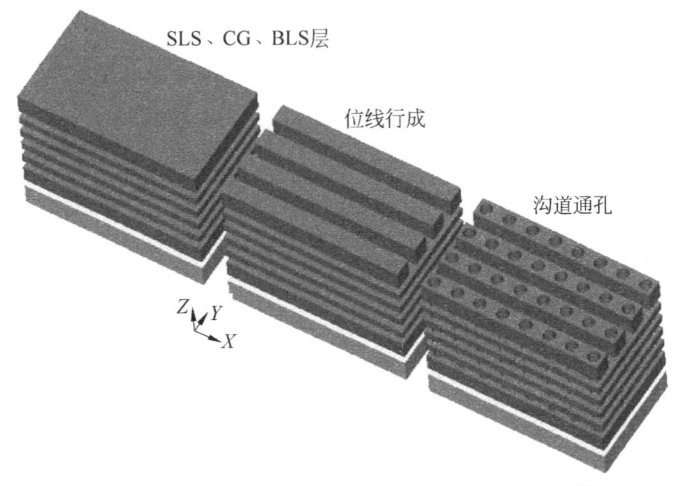

图4.10 简单的BiCS制造工艺:CG、BLS和通道

图 4.11 介绍了后续几步：多晶硅填充沟道孔(圆柱结构)，后道工艺中形成位线。综上所述，BiCS 的基本框架由多层控制栅极及穿过控制栅极的圆柱形多晶硅沟道组成，存储器件位于控制栅极与多晶硅沟道的交叉处。

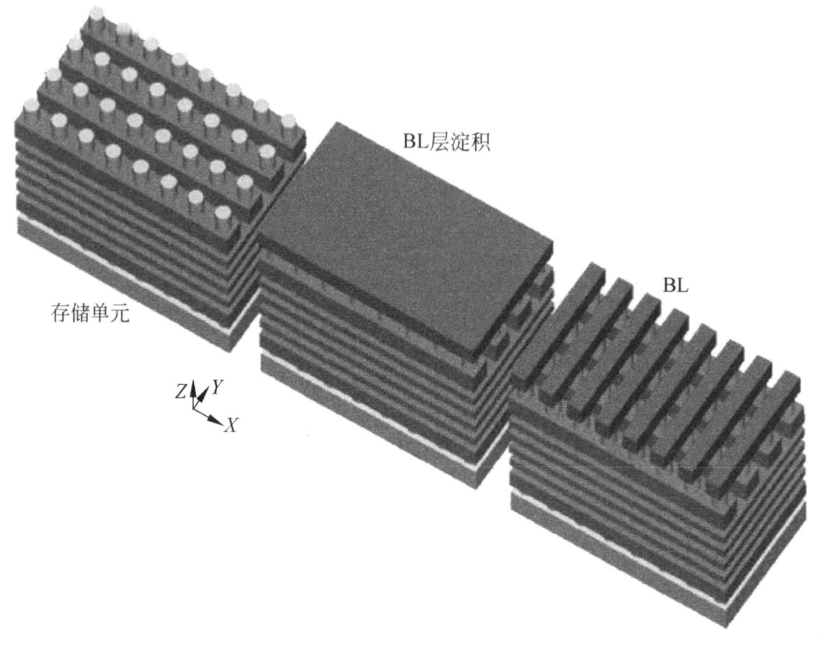

图 4.11　简单的 BiCS 制造工艺：存储单元、BL 层淀积和 BL 层

本书后面章节，为了简化起见，存储器件结构都是只画沟道层，省略栅介质层。

如图 4.12 所示，控制栅层的两侧边缘被制造成台阶状[4,5,12,13]，所有的栅极层(CG、SLS、SL)都是在同一侧形成引线引出(图中的右侧)，因为另一侧(图中左侧)将用来完成 BLS 的引出。图中橙色长方体代表金属引线，图 4.13 和图 4.14 分别是从上方和下方的鸟瞰图。

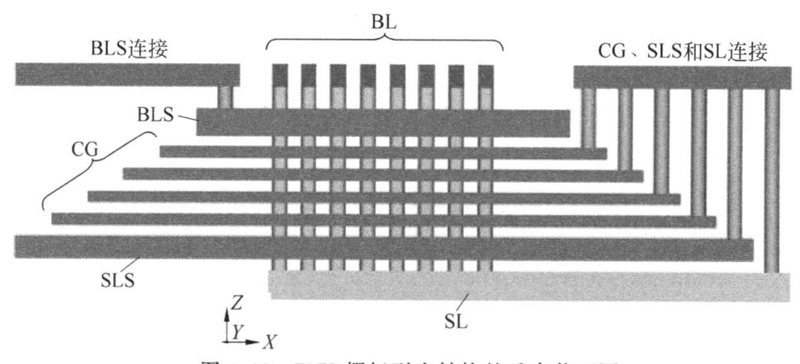

图 4.12　BiCS 栅极引出结构的垂直截面图

在图 4.5 中，每一个控制栅极层上有很多 Flash 页，这样操作串扰的影响将被放大，尤其是编程串扰。为了降低串扰影响，整个栅极叠层结构都被刻蚀成条形，这样也形成了 Flash 的结构。图 4.15 展示了 3 个相邻的垂直截面图，图 4.16 是相应的鸟瞰图。

随着 3D NAND Flash 的发展，BiCS 结构被优化成一种新的 Flash 结构，叫做 P-BiCS，将在后面章节介绍。

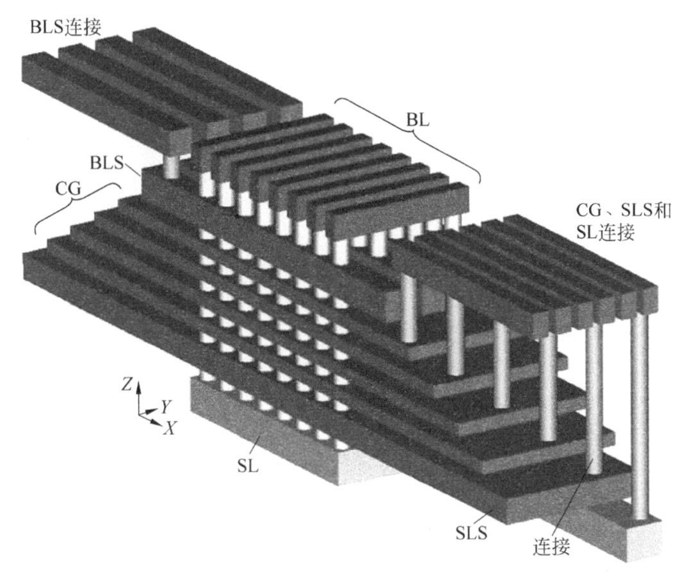

图 4.13 BiCS栅极引出结构的顶部鸟瞰图

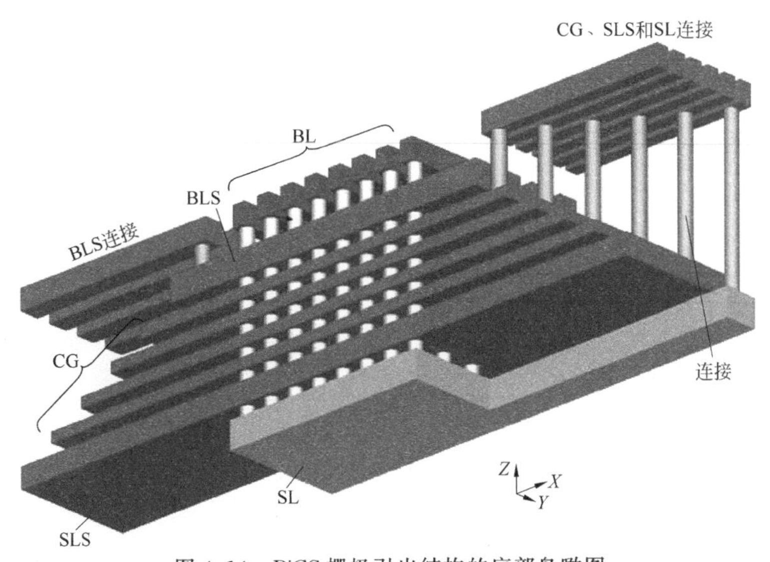

图 4.14 BiCS栅极引出结构的底部鸟瞰图

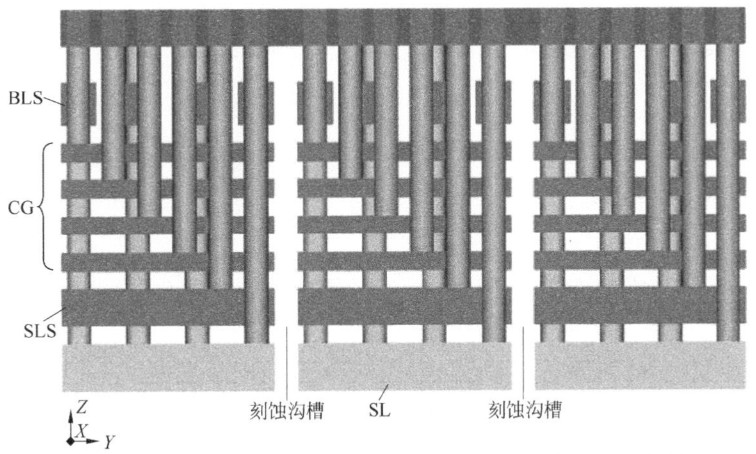

图 4.15 相邻3个块的剖面图,注意图中之间的条形刻蚀结构

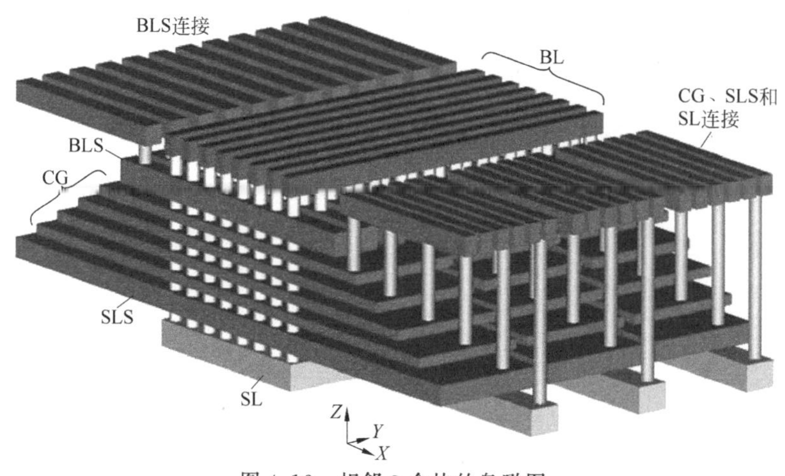

图 4.16 相邻 3 个块的鸟瞰图

4.3 P-BiCS 结构

为了解决 BiCS 可靠性差，SLS(下选通管)关断特性差，SL 电阻高等问题，提出了 P-BiCS 结构[6,7]。如图 4.17 所示，通过采用 U 形的垂直沟道结构，P-BiCS 解决了上述了所有问题。具体来说，相对于 BiCS，P-BiCS 具有下面 3 个优点：

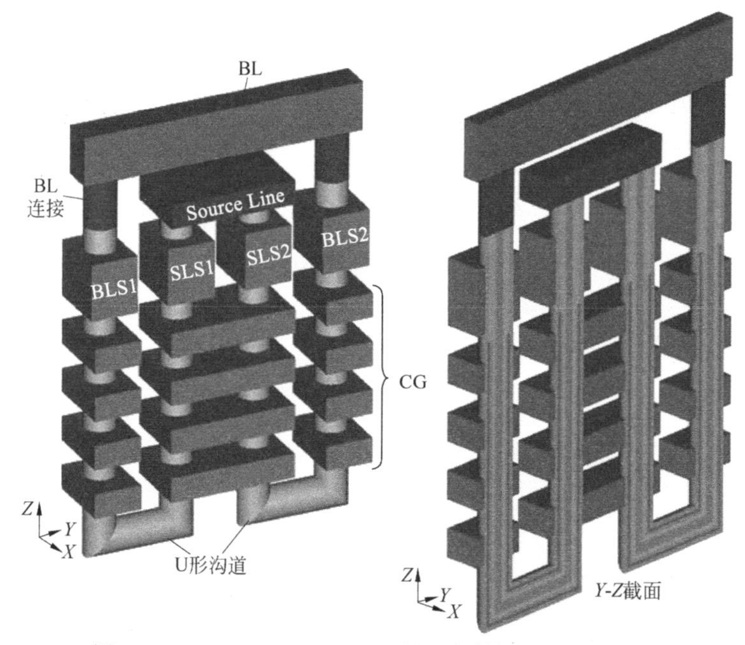

图 4.17 P-BiCS NAND Flash 的基本结构及垂直剖面图

(1) 因为隧穿氧化层的制造工艺更加容易，形成的隧穿氧化层质量更好，P-BiCS 具有更好的数据保持特性和更大的阈值电压窗口值；

(2) 由于 SL 位于阵列顶层，引线更容易，SL 的引线电阻更低；

(3) SLS 与 BLS 在阵列的同一层，它的关断特性可以精确控制，这样也提高了整个存储阵列的特性。

P-BiCS 阵列结构如图 4.17 所示[7]，两个 NAND 存储器串通过底部管道结构连接，形成了 U 形存储器串(图中蓝绿色标注)：一端连接位线，另一端连接 SL。NAND 存储器串是对称的，所以相邻两个 U 形存储器串可以共用一个 SL。

图 4.17 的块结构可以沿着 *X* 轴方向复制多次形成如图 4.18、图 4.19 和图 4.20 中的存储器阵列。

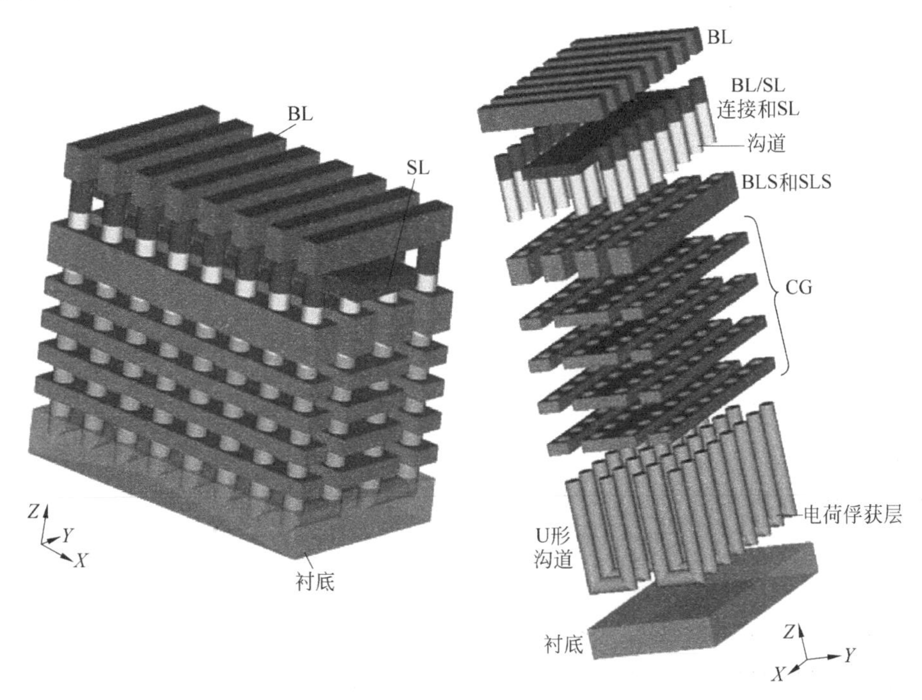

图 4.18 P-BiCS 结构鸟瞰图

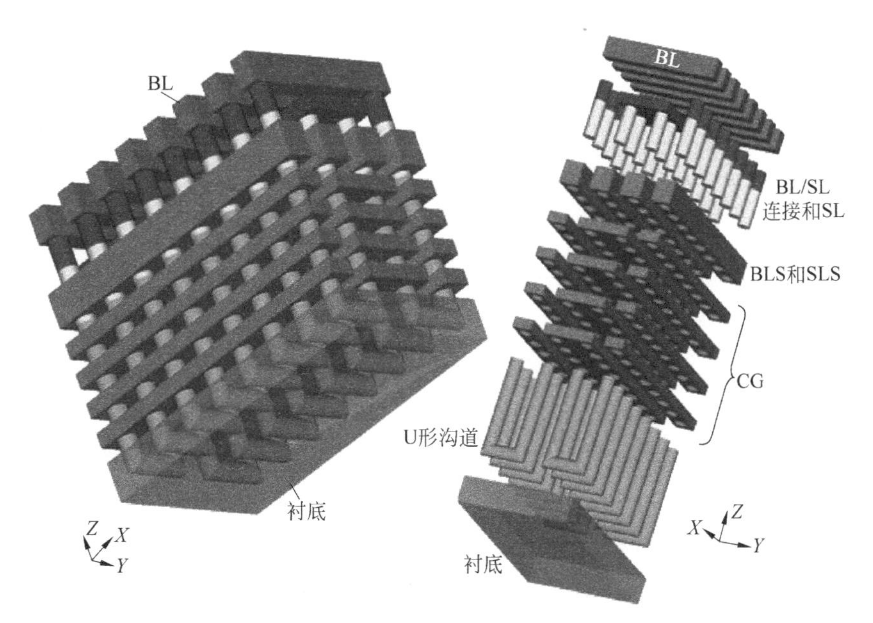

图 4.19 P-BiCS 结构底部鸟瞰图

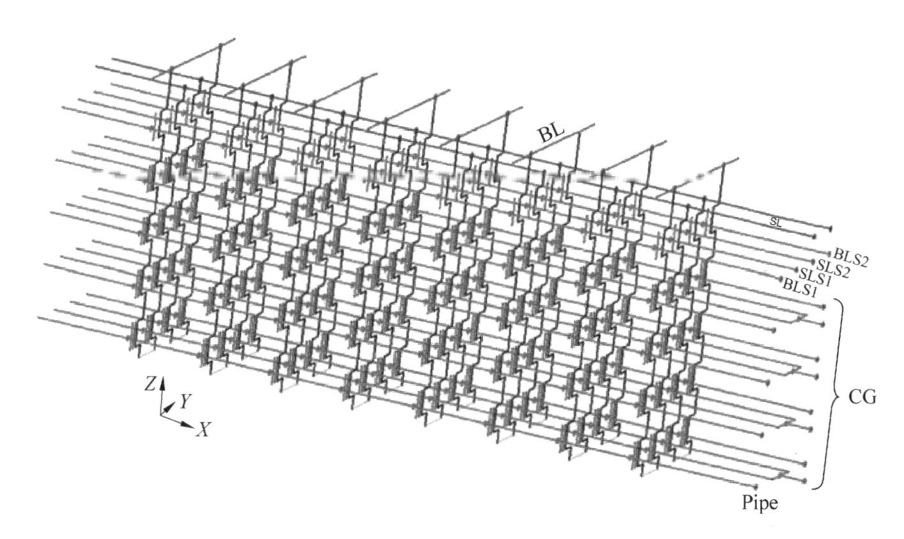

图 4.20　P-BiCS 结构电路原理图

图 4.21 是 P-BiCS 的等效电路图[8]。

为了简化结构图，图 4.18 后面的结构示意图都将删去了阻挡氧化层和隧穿氧化层，只留下电荷俘获层和沟道结构。

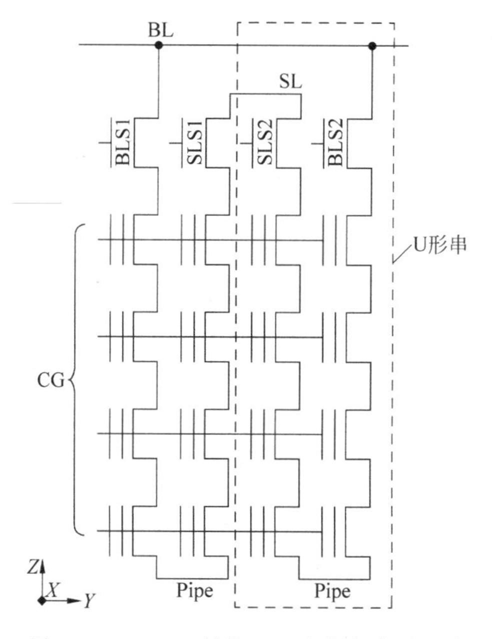

图 4.21　P-BiCS 结构 Y-Z 方向电路原理图

现在，沿 X 轴及 Y 轴复制图 4.17 的基本块结构形成更大的阵列，如图 4.22 和图 4.23 所示。

为了让图 4.22 更容易理解，删去了一些后段工艺结构，如图 4.24 所示。从右向左看，读者可以看到删去位线，及同时删去位线和 SL 后阵列的结构。

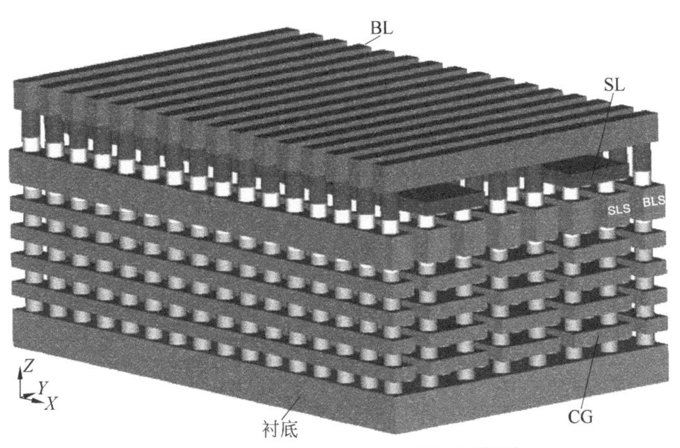

图 4.22　P-BiCS NAND Flash 阵列

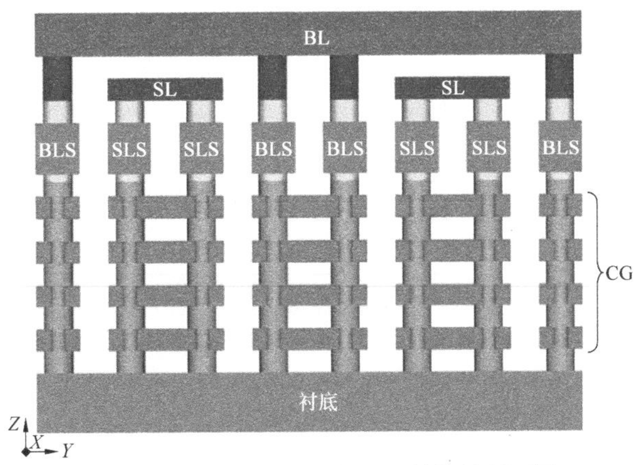

图 4.23　沿 Y-Z 方向图 4.22 结构的剖面图

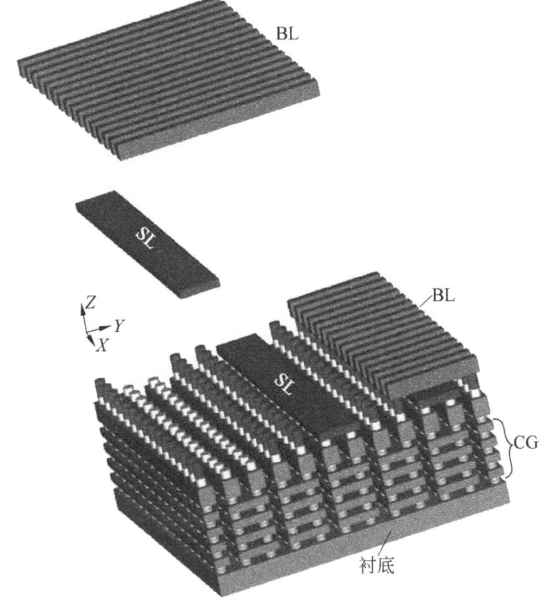

图 4.24　部分删除了 SL 和位线的 P-BiCS 阵列结构图

上面已经提到，沿 X 及 Y 方向相邻的 NAND 存储器串都会共用 SL。这种对称结构可以最大程度的降低源端的引出电阻。

接下来的工艺将制造引线来连 CG、BL、BLS、SL 和 SLS[8]。在上一节中讨论过，在 BiCS 结构中，为了节省面积，几排相邻的 NAND 存储器串共用控制栅极。在 P-BiCS 结构中，这种共用结构无法实现，因为在一个 NAND 存储器串中，两个不同的控制栅极在同一个栅极层上。因为这种结构，阵列引出采用分叉策略：图 4.25 和图 4.26 是带有所有引出线的 P-BiCS 结构鸟瞰图，图 4.27 是 X-Z 方向剖面图。图中结构每个存储器串上有 8 个 Flash 器件。

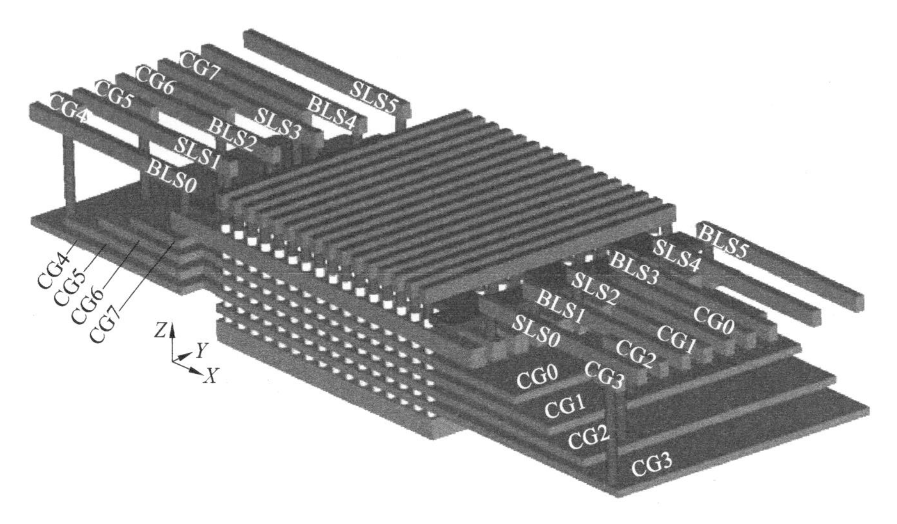

图 4.25　P-BiCS 引线结构鸟瞰图

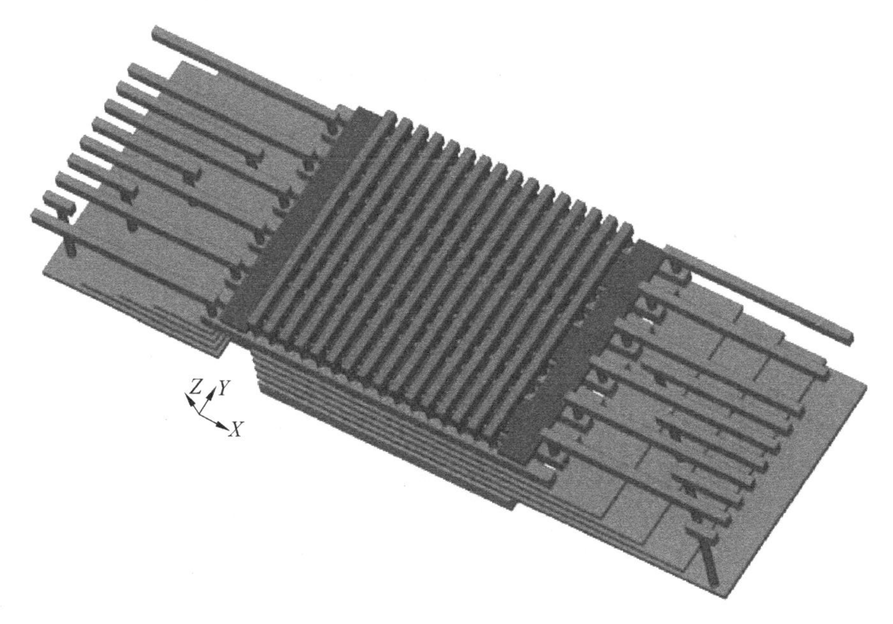

图 4.26　图 4.25 的俯视图

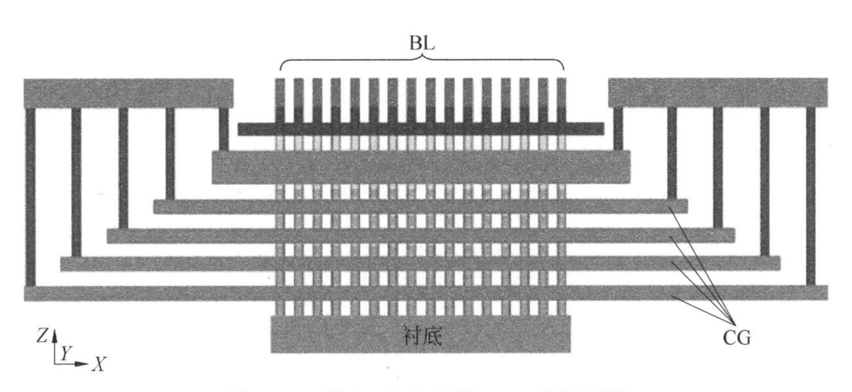

图 4.27 沿 X-Z 方向图 4.25 的剖面图

为了更好地说明图 4.25 的结构，图 4.28 和图 4.29 展示了 P-BiCS 阵列从右侧不同角度的放大图。

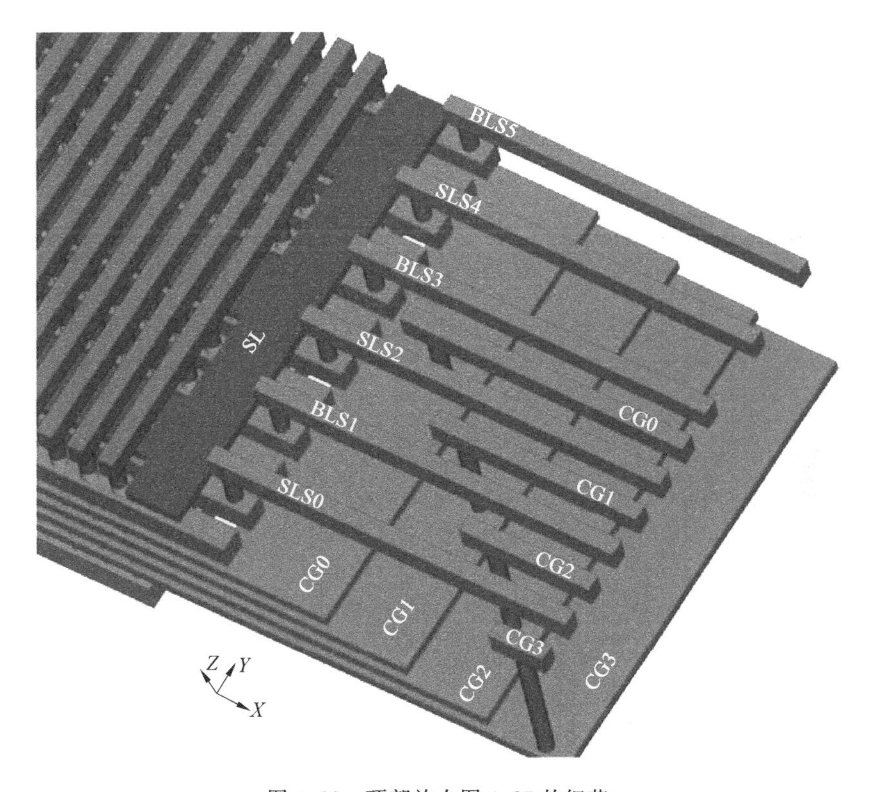

图 4.28 顶部放大图 4.25 的细节

现在，详细介绍叉状的控制栅极结构[8]。参考图 4.30 和图 4.31，每个叉指控制着两个相邻的 NAND 页。实际上，一个 8 器件的 P-BiCS NAND 存储器串是由两个 4 层存储器串组成。每一个控制栅极层都被交错地分成了两部分(参考图 4.25 中的 CG0～CG7)。当然，也可以把这个结构扩充到更大规模的存储器串，比如，用 16/24 层的控制栅极形成 32/48 个器件的存储器串。

在图 4.30 底部可以看到一些 U 形沟道连接相邻 NAND 存储器串。

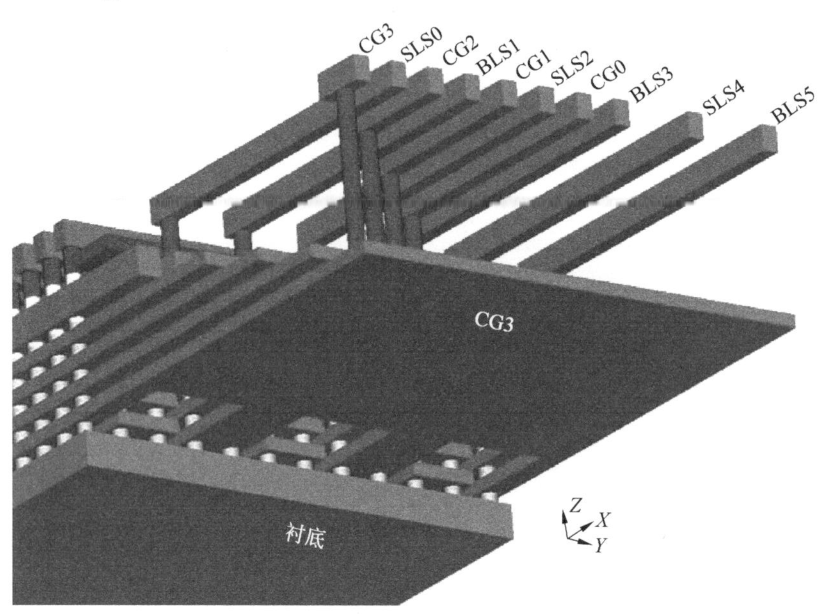

图 4.29　底部放大图 4.25 的细节

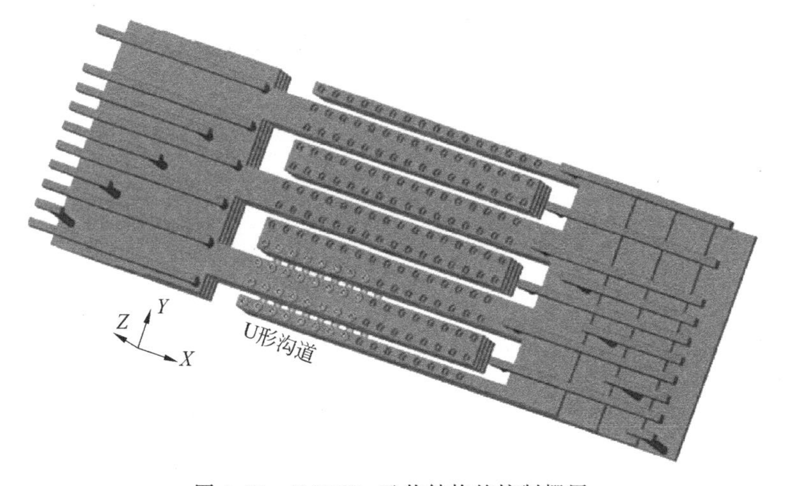

图 4.30　P-BiCS：叉状结构的控制栅层

图 4.31　图 4.30 的顶视图

P-BiCS 相对 BiCS 的一个主要区别是 SL 在存储器阵列的上层[6]。为了提高抗噪声能力,降低 SL 的电阻很重要。基于这个问题,在图 4.25 中的 SL 上层又引入了另一层 SL 连接引线,如图 4.32,增加的引线层叫做“顶层 SL”。*X-Z* 方向剖面图和鸟瞰图分别如图 4.33、图 4.34 和图 4.35 所示。

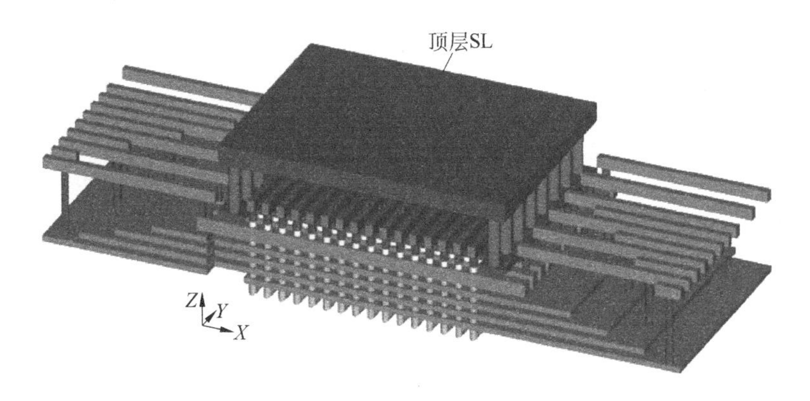

图 4.32 带有顶层 SL 引线的 P-BiCS 结构鸟瞰图

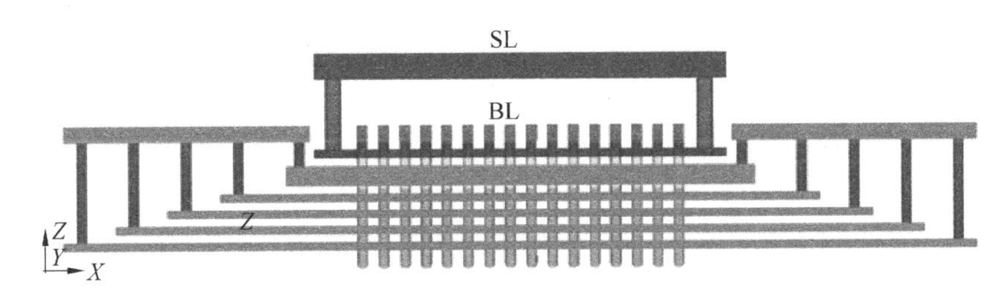

图 4.33 *X-Z* 方向图 4.32 的剖面图

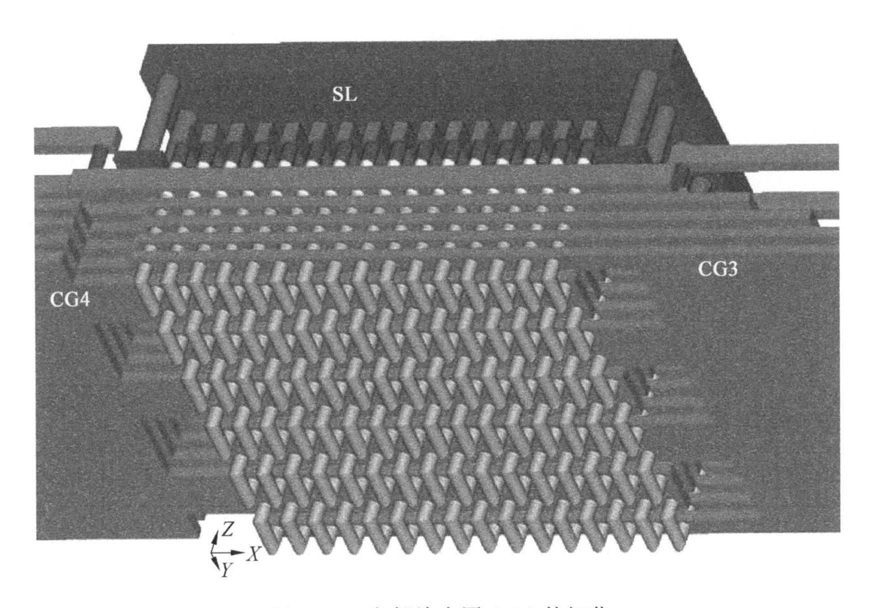

图 4.34 底部放大图 4.32 的细节

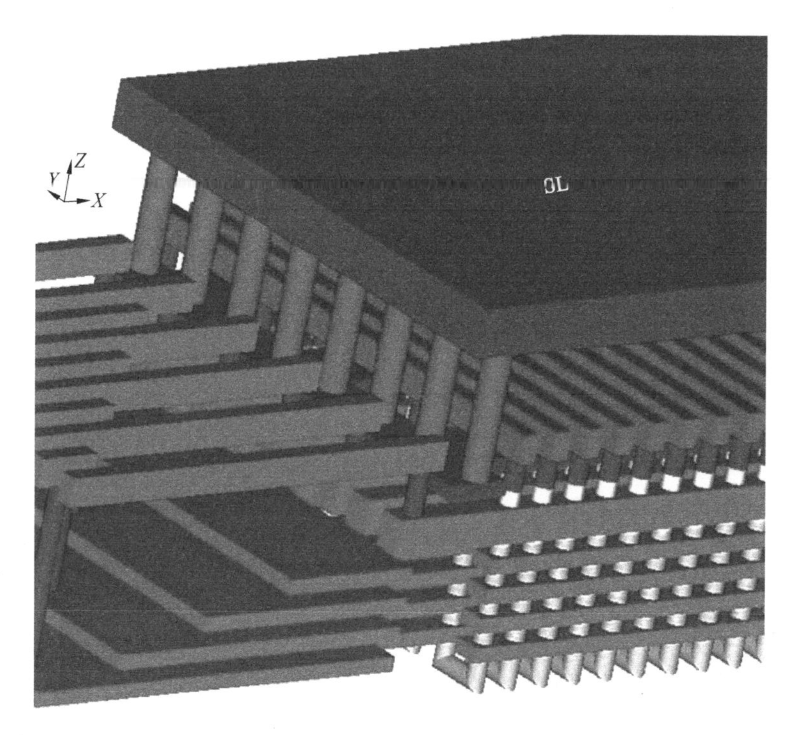

图 4.35　图 4.32 左侧结构放大细节

在 BiCS 结构中，将控制栅层刻蚀成较小的条形可以有效降低写入串扰和读取串扰带来的影响，如图 4.36 和图 4.37 所示。

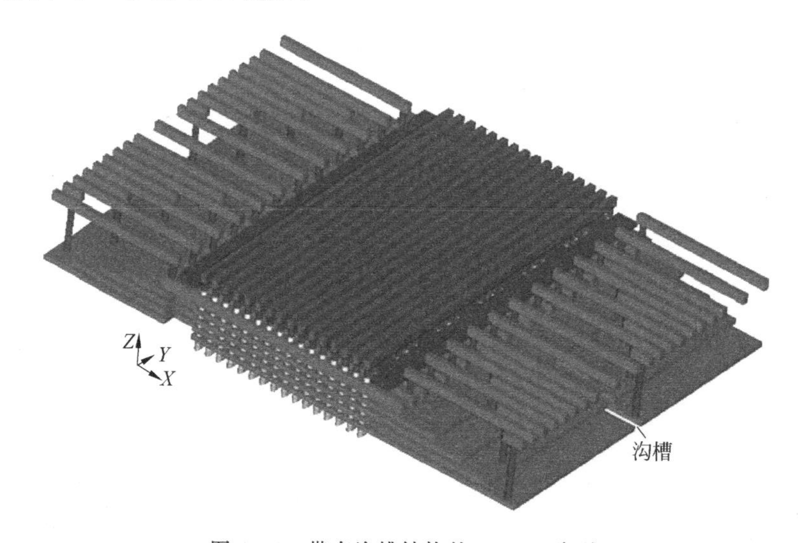

图 4.36　带有沟槽结构的 P-BiCS 阵列

图 4.38 是图 4.36 的俯视图，它很清晰地展示了沟槽是如何将控制栅层切割成条形，相应的 Y-Z 方向剖面图如图 4.39 所示。

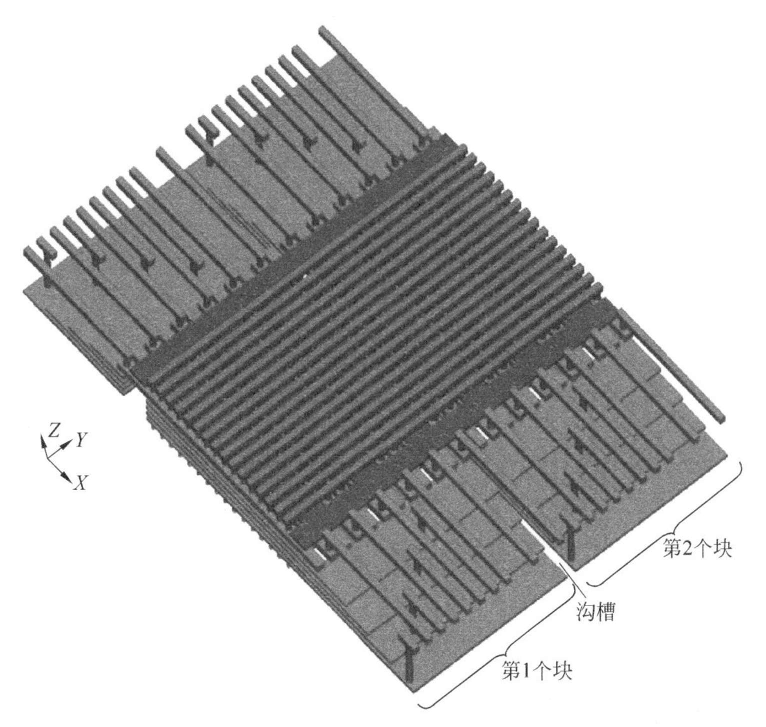

图 4.37 P-BiCS 阵列的条形结构

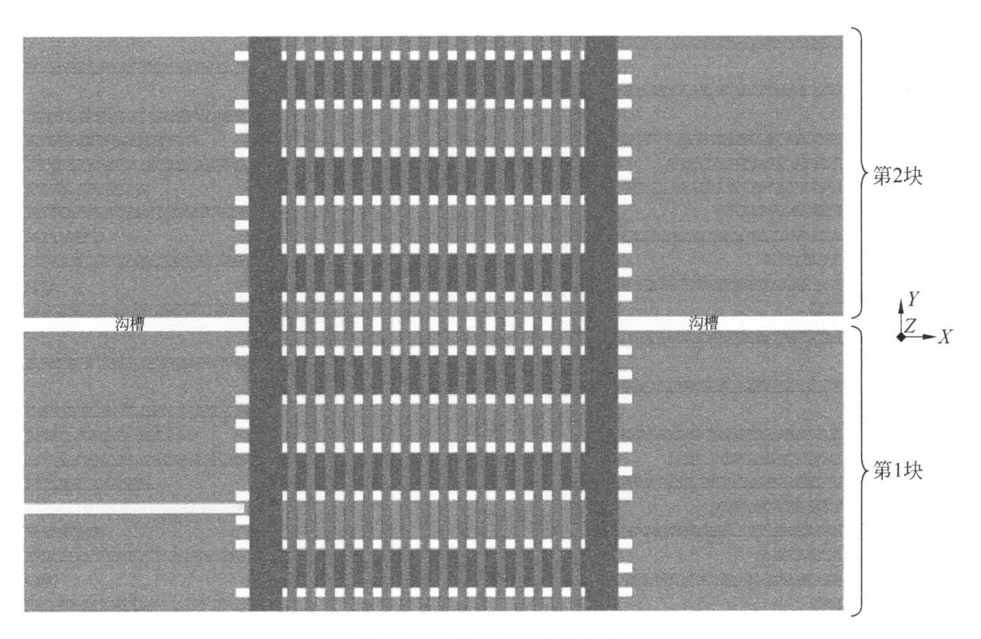

图 4.38 图 4.37 的俯视图

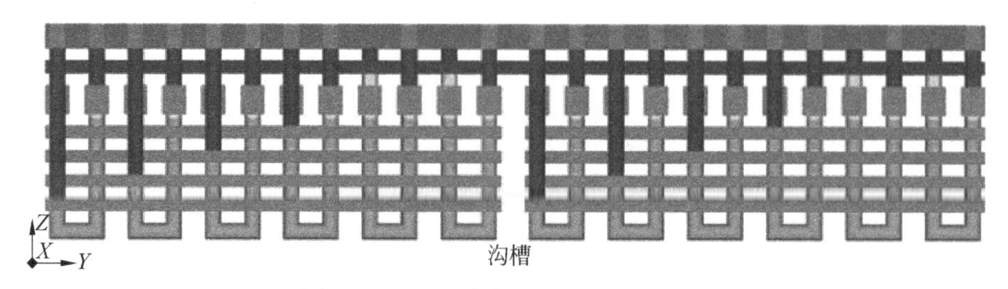

图 4.39　Y-Z 方向图 4.37 的剖面图

4.4　VRAT 结构和 Z-VRAT 结构

Toshiba 公司最早提出了 BiCS 结构和 P-BiCS 结构，而 Samsung 公司提出第一个实现量产的垂直沟道 3D NAND 结构：V-NAND 结构，在两者之间，3D NAND Flash 的发展还经历了其他的一些结构。4.4～4.6 节将介绍这些 3D NAND Flash 发展中的过渡结构，4.7 节将重点介绍 V-NAND 结构。

2008 年提出了 VRAT(Vertical Recess Array Transistor)[14]结构，它的等效电路图、垂直剖面图以及鸟瞰图如图 4.40 所示。它的电荷存储材料是夹在隧穿氧化层和阻挡氧化层之间的氮化硅材料。VRAT 的 3D 集成工艺叫做 PIPE(Planarized Integration on the same PlanE)，这个名字跟 P-BiCS 中的管道(pipe)没有关系。与最初尝试制造 3D NAND 的几种方案相比，提出一套简单且新颖的器件制造及互连实现方法是这个方案的关键；换句话说，实现阵列中的器件与外围电路的互连是 3D 集成的最主要问题。

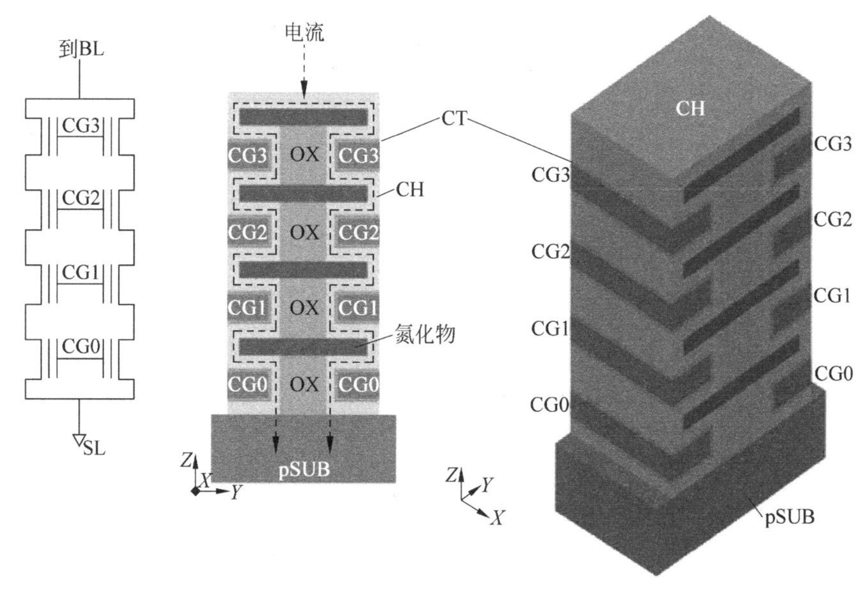

图 4.40　VRAT NAND 存储器串

下面介绍一下 VRAT 结构的主要制造工艺步骤。在淀积多层氮化硅和氧化硅层后，通过湿法刻蚀形成器件区域。器件栅介质层(氧化层和电荷存储材料层)形成后，淀积形成字线电极。接下来，利用刻蚀工艺去掉侧壁的电极材料，使得不同层的字线分开，如图 4.40 所示。最后，垂直沟道被刻蚀分开(图 4.41)，再形成位线和 SL 引线连接阵列与外围电路(图 4.42)。需要注意的是，字线的引出不是基于台阶状结构，这也是这个方案的一个优点，它不需要额外的形成台阶的光刻工艺，所以至少理论上制造成本更低。

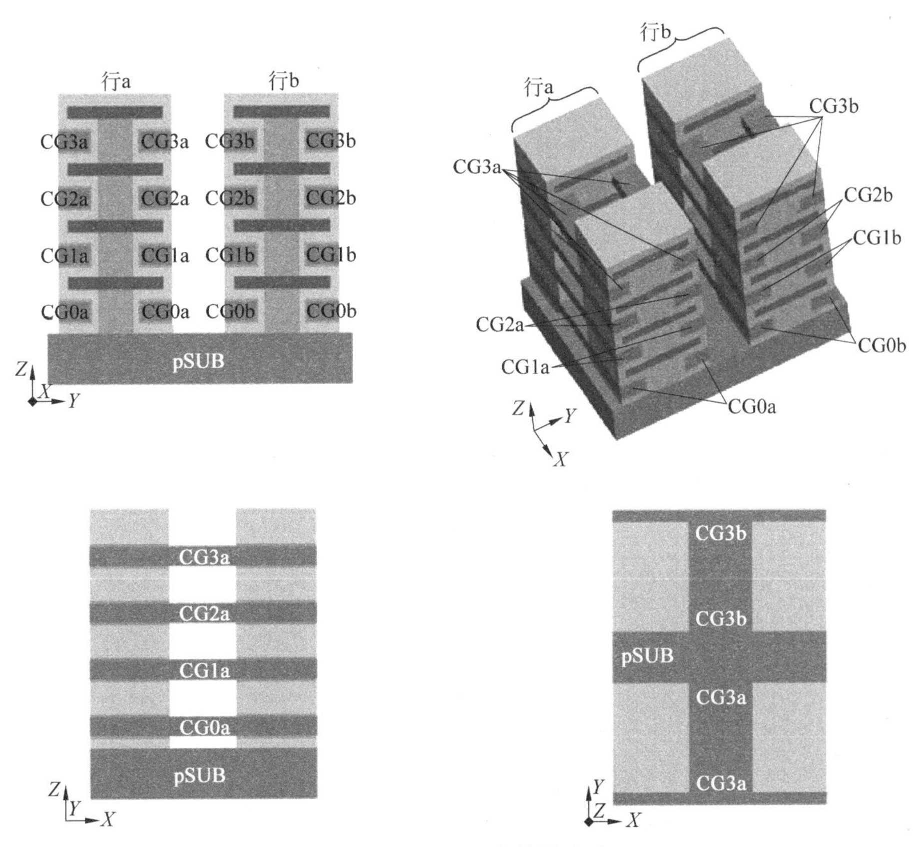

图 4.41 VRAT 存储器阵列

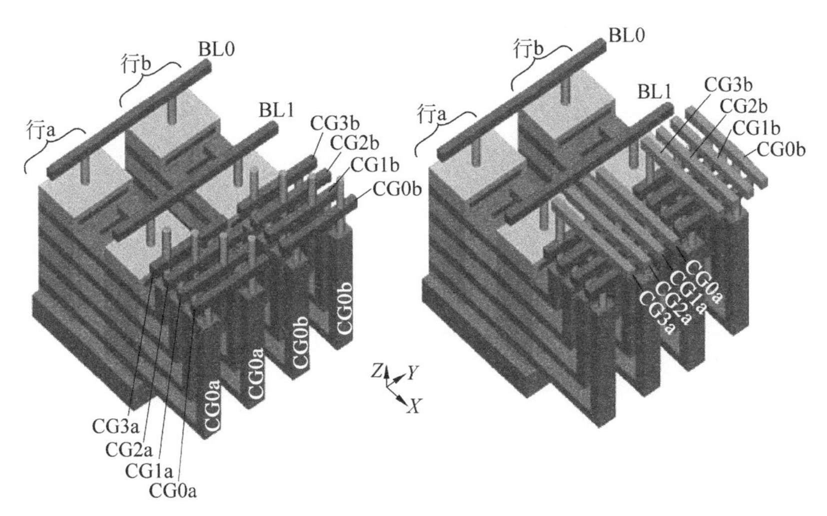

图 4.42 VRAT 阵列的位线和字线连接方式

VRAT 是一种对称结构，电流会流过这种对称结构的两个相邻的通路。Z-VRAT (Zigzag VRAT)是为了实现更高的存储密度而发展的 VRAT 的改进结构[14]，它将 VRAT 结构的一个垂直沟道结构分成两个独立的存储器串，如图 4.43 和图 4.44 所示。PIPE 集成工艺被完整地保留下来，当然存储器串的分割需要一些额外的工艺步骤。

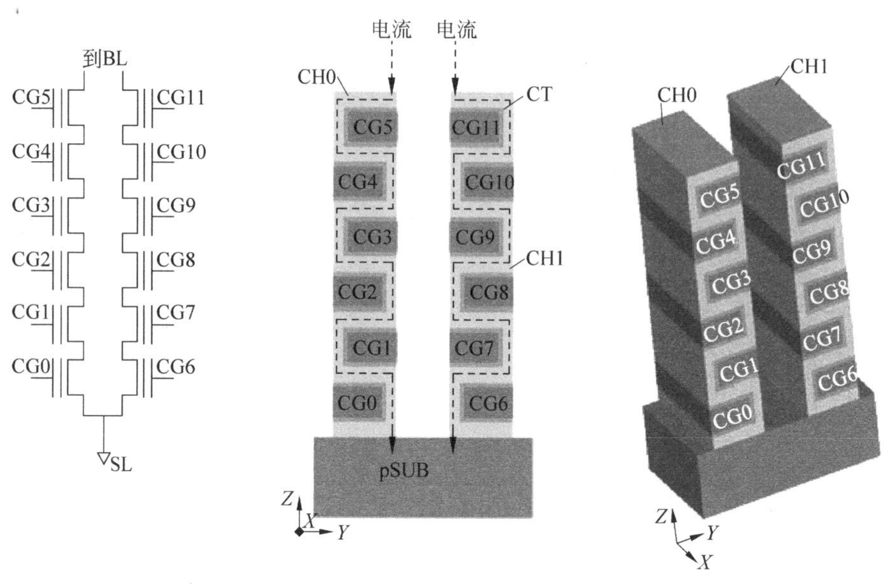

图 4.43 Z-VRAT NAND 存储器串

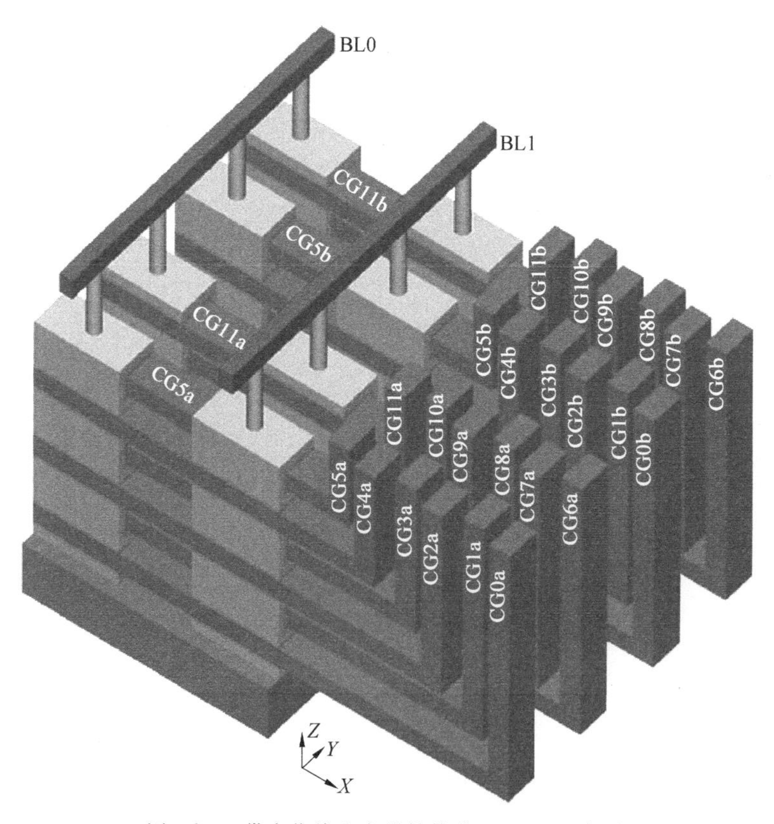

图 4.44 带有位线和字线结构的 Z-VRAT 阵列

通过对 VRAT 结构的改进，产生了一种新的结构：VSAT(Vertical Stacked Array Transistor)，下一节将详细介绍这种结构。

4.5 VSAT 结构和 A-VSAT 结构

VRAT 制造工艺的两个基本特点：先形成沟道，后形成栅极[15]。这种方法的难点在于刻蚀栅极牺牲层，再填充形成栅极，完成这种结构需要复杂的制造工艺。VSAT 改变了制造顺序：先形成栅极，后形成沟道。VSAT 的基本阵列结构如图 4.45 所示。VSAT 制造工艺如下：多晶硅和氮化硅层交错淀积，多晶硅作为栅极材料，氮化硅作为隔离材料。将叠层结构光刻刻蚀后，定义出有源区。化学机械抛光(Chemical Mechanical Polishing，CMP)工艺后，所有的栅电极暴露在同一个平面上，对栅电极表面进行处理变得很容易。随后，在有源区淀积隧穿氧化层、电荷俘获层、阻挡氧化层及作为沟道的多晶硅材料，最后利用刻蚀工艺将垂直沟道分割开。

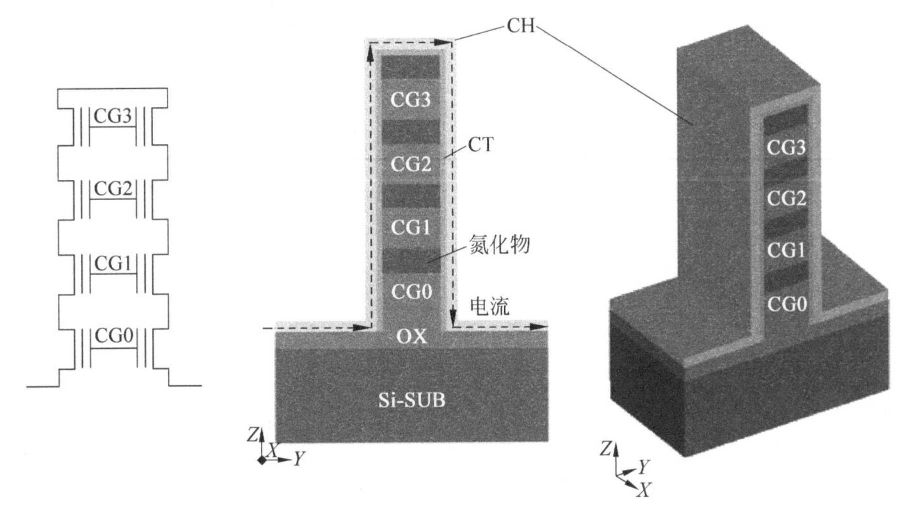

图 4.45 VSAT 阵列基本结构

多个如图 4.45 所示的结构连起来形成一个 NAND 存储器串，如图 4.46 和图 4.47 所示。

垂直沟道 3D NAND 结构的 SLS 通常在存储器阵列的底部，前面章节已经讨论过，由于 SLS 的栅氧化层、栅长、掺杂浓度跟上层的存储器件不同，这可能会带来一些可靠性问题。从图 4.46 中可以看出，在 VSAT 结构中，SLS 不在垂直沟道结构中，而是位于外围电路内，就像平面 NAND Flash 结构一样，这样就简化了整个制造工艺。PIPE 工艺所有基于互连的优点都保留下来，如图 4.48 所示。

对比 VRAT 和 VSAT 结构，可以发现它们都是镜像结构，沟道都分为对称的两部分。不同之处在于，在 VRAT 中对称的两部分沟道是并行的，而在 VSAT 中是串行的。换句话说，VSAT 中电流流过了每个器件两次，这样存储密度就受到影响。为了解决这个问题，旺宏公司在 2015 年提出了一个改进工艺，将字线切割开。这种改进结构叫做 A-VSAT (Asymmetrical VSAT)，阵列基本结构和存储器串结构如图 4.49 和图 4.50 所示。

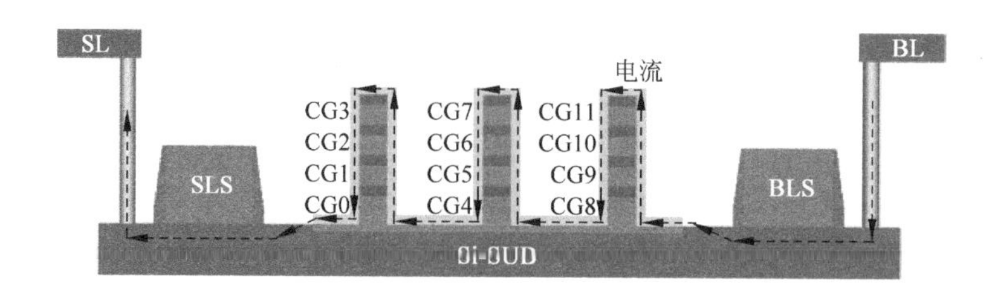

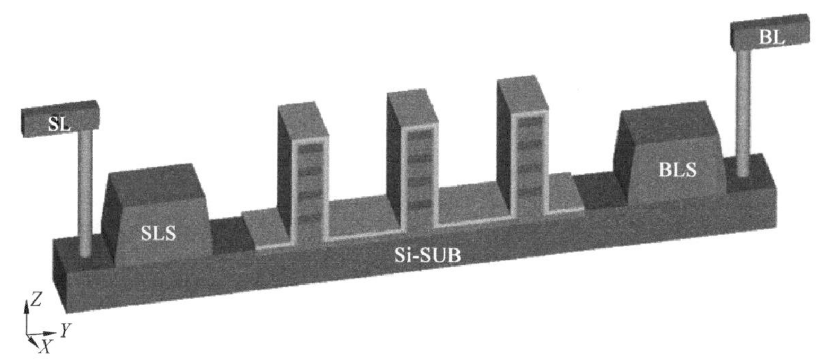

图 4.46　VSAT NAND 存储器串

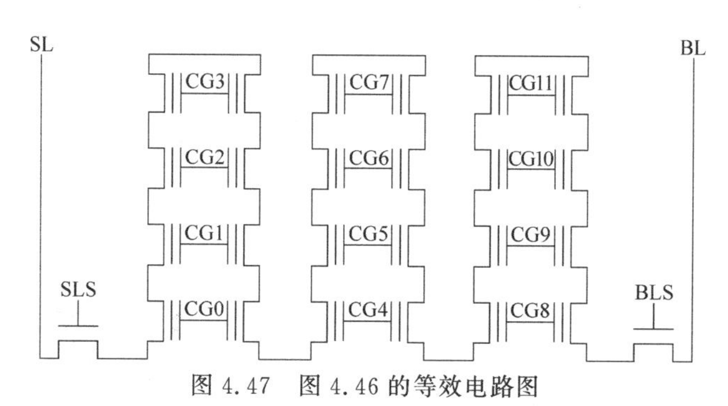

图 4.47　图 4.46 的等效电路图

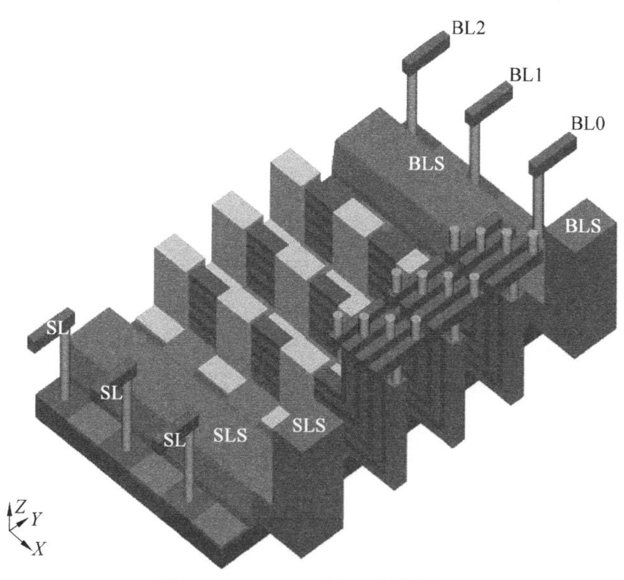

图 4.48　VSAT 的互连结构图

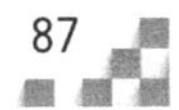

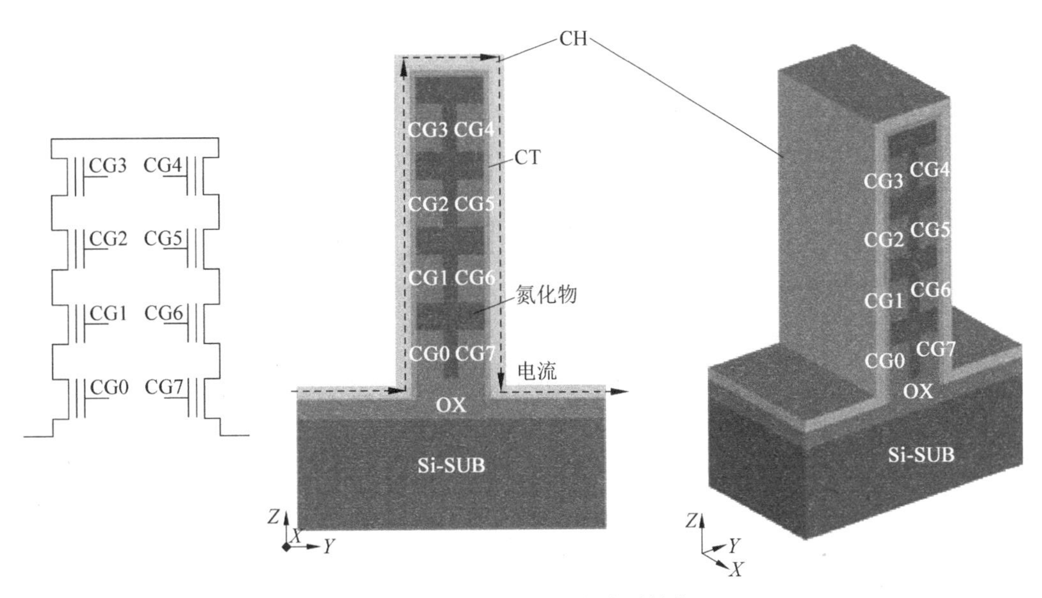

图 4.49 A-VSAT 基本阵列结构

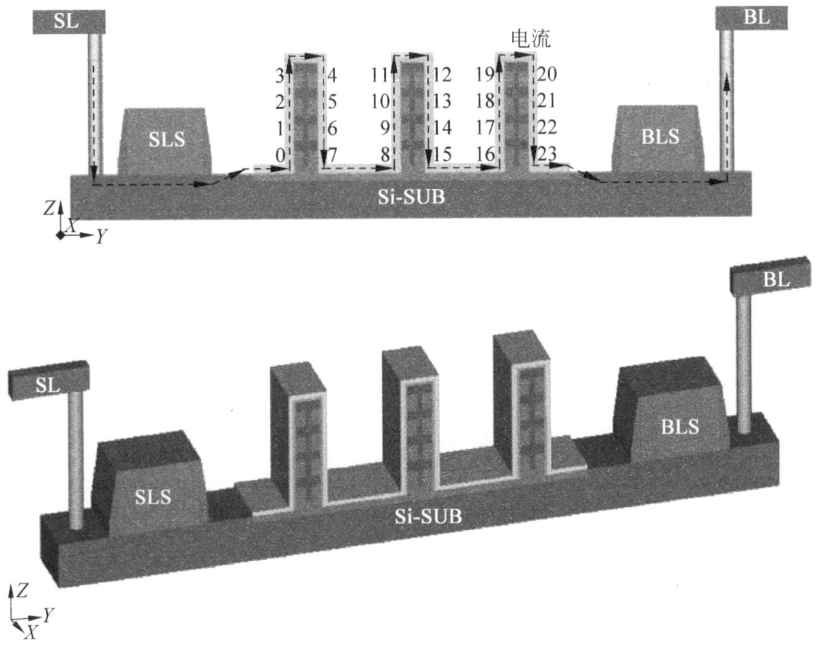

图 4.50 A-VSAT 存储器串结构

4.6 TCAT 结构

TCAT(Terabit Cell Array Transistor)结构在 2009 年被提出[17]。图 4.51 展示了 TCAT 结构的鸟瞰图，等效电路图如图 4.52 和图 4.53 所示。除了 SL 引线，TCAT 等效电

路与 BiCS(图 4.4)相同。所有的 SL(n+掺杂)都在阵列外短接在一起形成共用 SL,两层金属引线分别用于引出位线和 CG+SLS。TCAT 结构的俯视图和侧视图有助于对整个结构的理解(图 4.54、图 4.55 和图 4.56)。

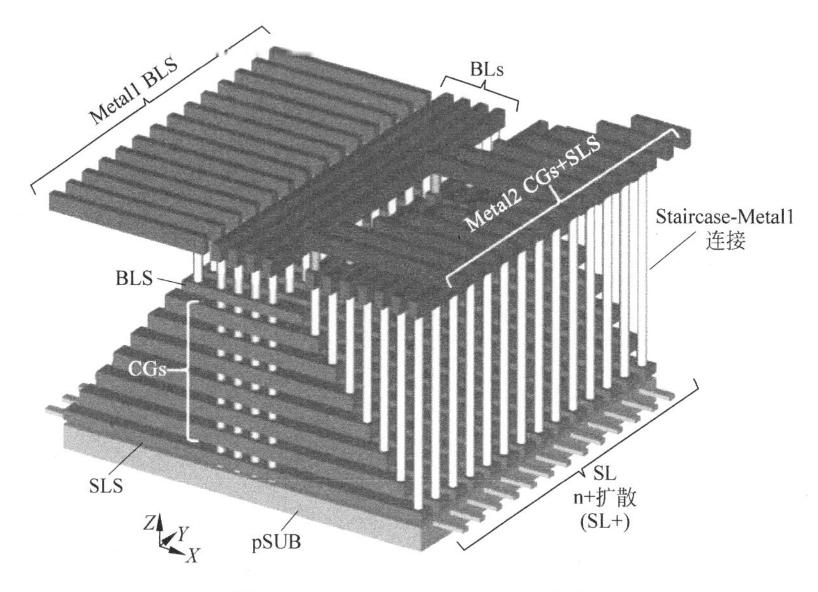

图 4.51 TCAT NAND Flash 阵列

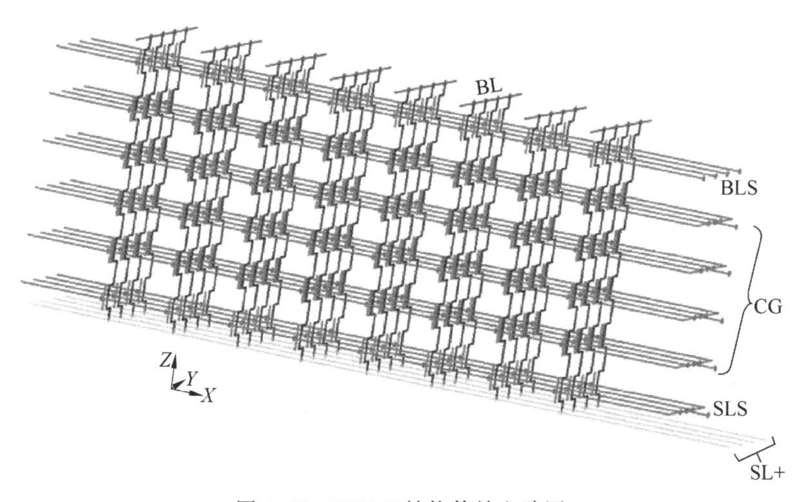

图 4.52 TCAT 结构等效电路图

图 4.57 中有 6 个控制栅层和 2 个 NAND 块。每个块每层有 7 个字线,7 个字线在第一层金属(Metal1)被短接在一起。为了更清楚地展示第一层金属下面有多少接触孔,需要移除第一层金属,如图 4.58 所示。第二层金属(Metal2)用来字线译码,第一层金属用来译码 NAND 存储器串。需要注意的一点,与 BiCS 结构不同,在 TCAT 结构中,沟槽刻蚀是在位线层进行,如图 4.57 所示。事实上,字线在形成阵列是已经被刻蚀开了(图 4.59)。

在了解了 TCAT 结构的细节后,现在重点关注它与 BiCS 结构的差异点。首先 TCAT 结构采用栅替换工艺[17],也就是说,栅极是在栅介质层形成后淀积形成的,而 BiCS 结构是

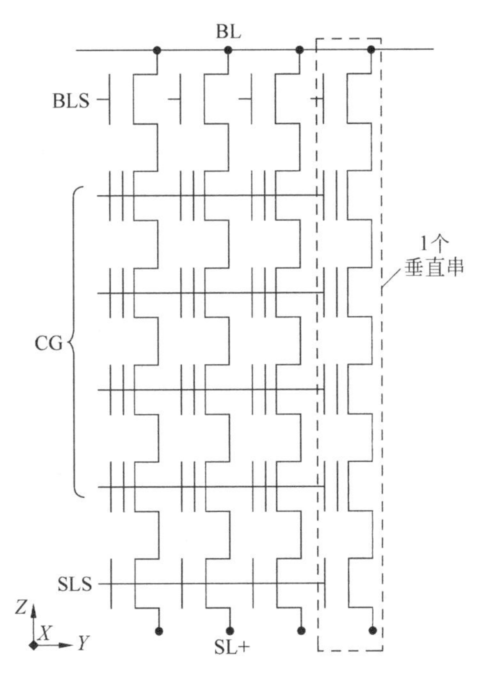

图 4.53 Y-Z 方向 TCAT 结构的等效电路图

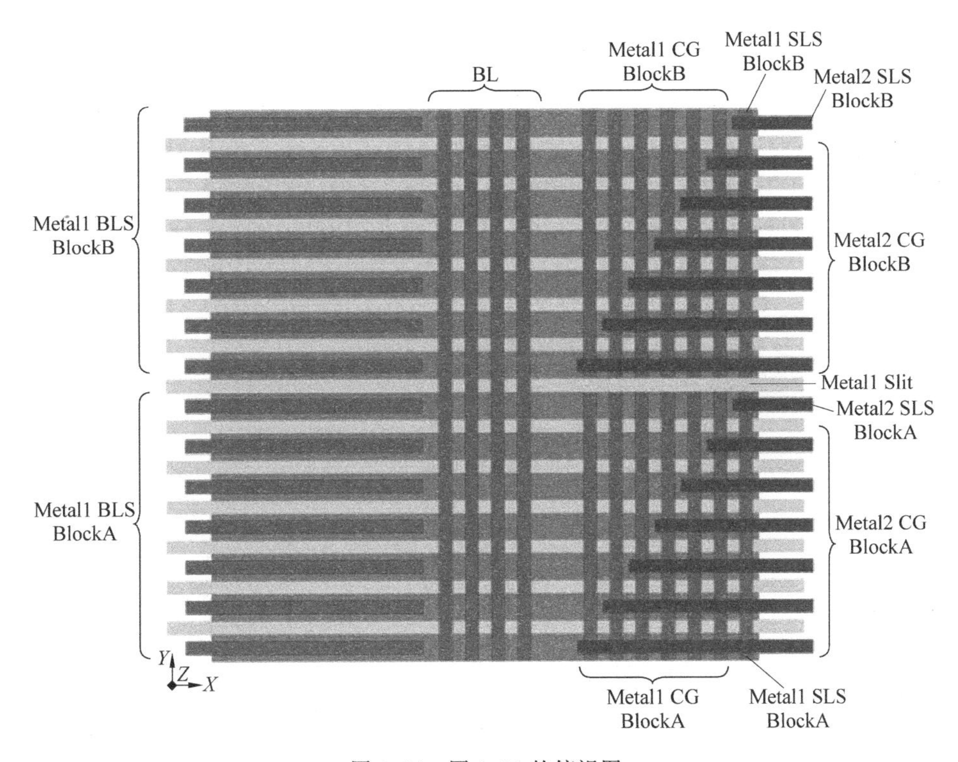

图 4.54 图 4.51 的俯视图

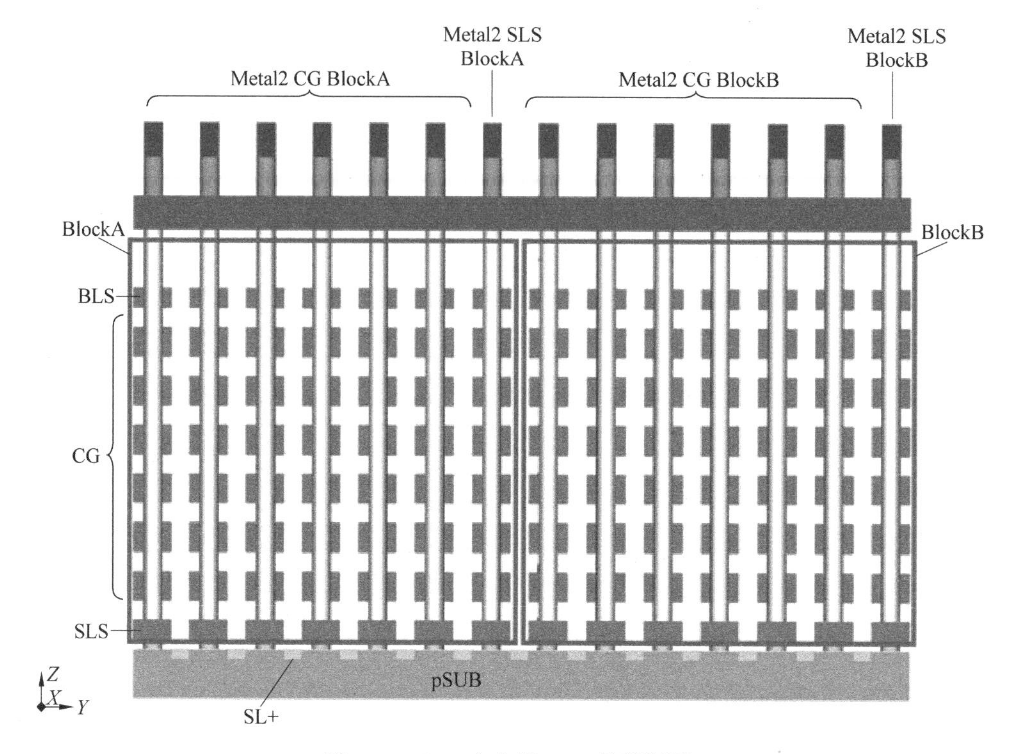

图 4.55 *Y-Z* 方向图 4.51 的侧视图

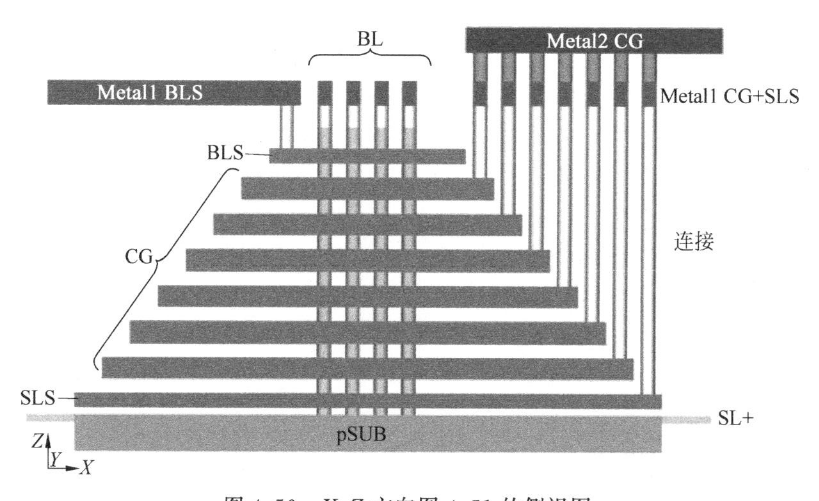

图 4.56 *X-Z* 方向图 4.51 的侧视图

先形成栅极结构。栅替换技术即：首先氧化层和作为牺牲材料的氮化硅层被交替淀积，然后整个叠层结构在两排存储器柱之间刻蚀开，然后氮化硅牺牲层被刻蚀掉。接下来先后淀积栅介质层和钨金属栅极。最后，将多余的钨刻蚀掉以将不同的栅极层隔离开。通过这样的方法，金属栅极的 SONOS 器件就形成了。这种器件结构可以实现更快的擦除速度，更强的电荷保持能力，更大的阈值电压窗口值。当然，金属栅极的另一个优点是降低了字线的引线电阻，提高了操作速度。

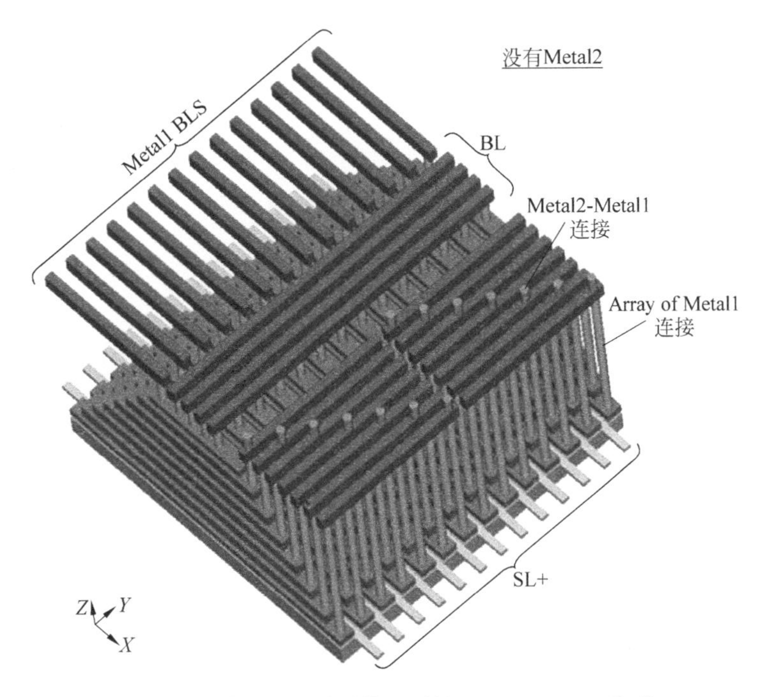

图 4.57 第二层金属引线以下的 TCAT NAND 阵列

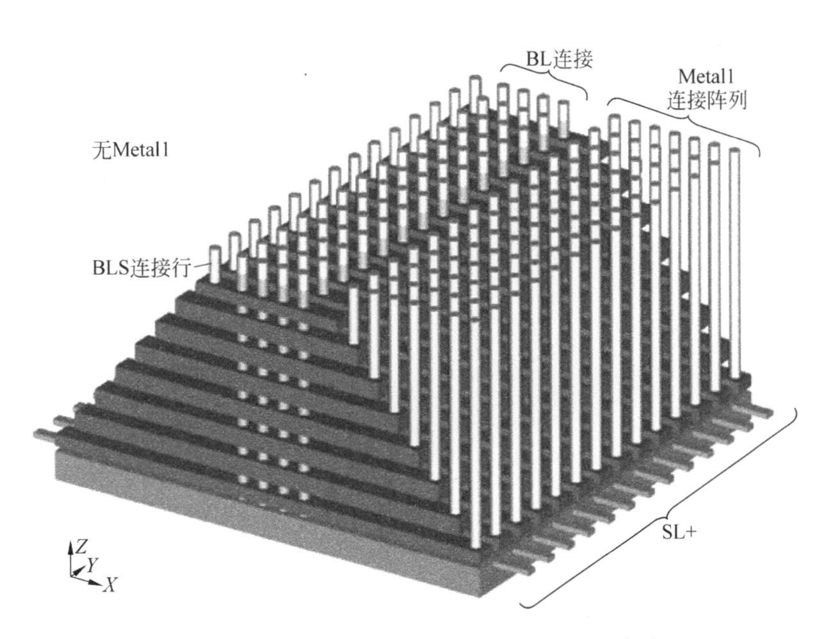

图 4.58 删去了金属引线的 TCAT NAND 阵列

TCAT 的另一个好处是可以实现块擦除操作。如图 4.60 所示，垂直柱形存储器在 p 型衬底上形成，而不是 n+注入的衬底。在每个 NAND 存储器串附近都有一块 n+注入区域用来驱动电流。在擦除过程中，空穴由衬底直接提供，而不是利用 GIDL 效应在 SLS 附近产生，而这是 BiCS 面临的一个主要问题。

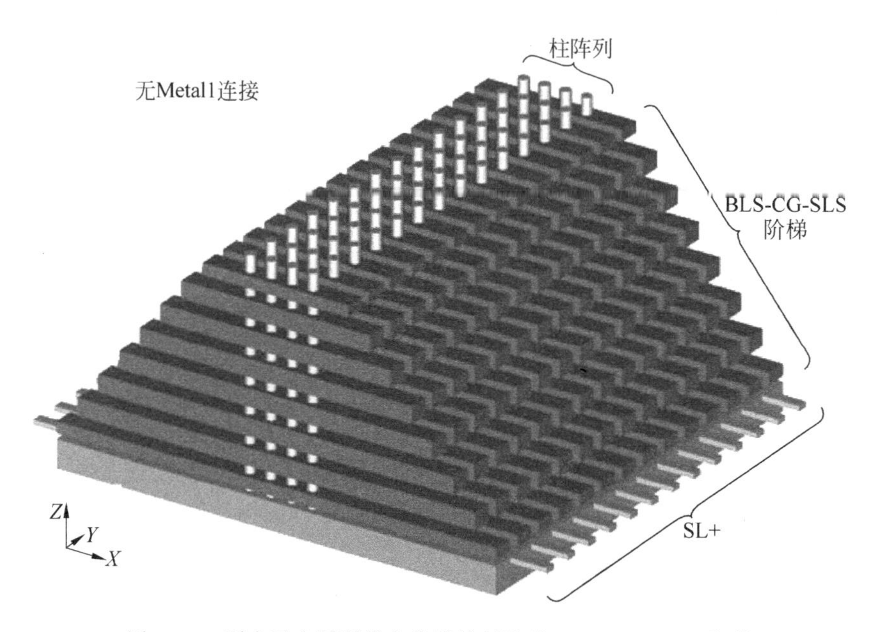

图 4.59 删去了金属引线和位线接触孔的 TCAT NAND 阵列

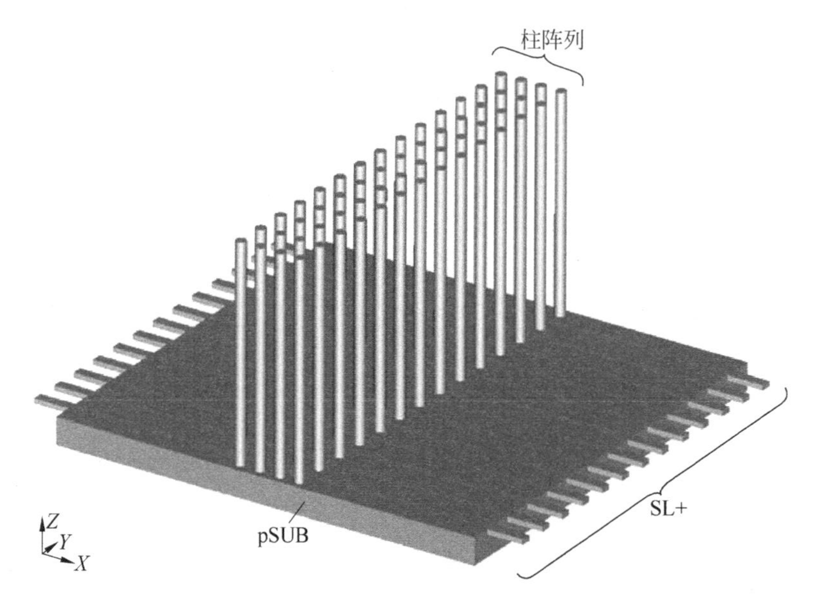

图 4.60 TCAT 柱形存储器串结构

最后讨论两种结构中 NAND Flash 器件结构的差异：图 4.61 直接比较了 BiCS 和 TCAT 的器件结构。由于 TCAT 采用后栅工艺，电荷存储层为蛇形结构，这种形状降低了电荷扩散效应。在传统的 BiCS 存储器中，氮化硅电荷存储层沿着沟道层连续直线形生长，使得电荷很容易在层内扩散。在第 2 章中已经讨论过，这会导致器件电荷保持特性恶化。在 TCAT 结构中，由于电荷存储层为蛇形，两个器件之间没有直线的通道，俘获的电荷很难从一个器件漂移到另一个器件。

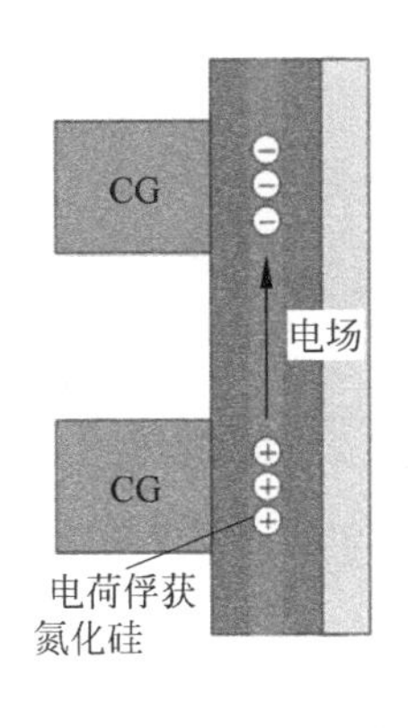

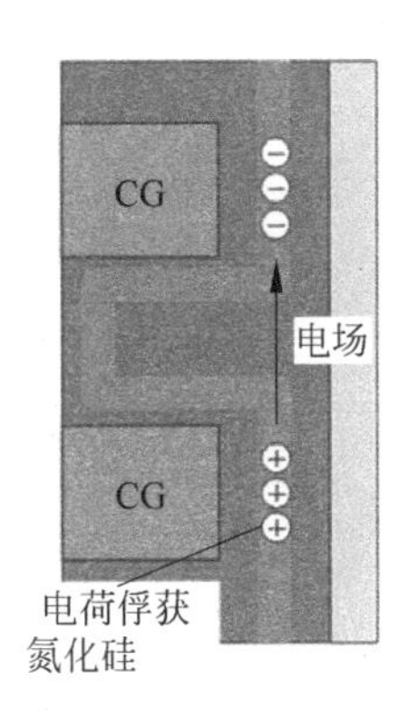

图 4.61 BiCS 和 TCAT Flash 器件对比

4.7 V-NAND 结构

基于 TCAT 结构，2013 年在 Flash Memory Summit 上发布的 V-NAND[19]成为第一个实现量产的 3D NAND Flash 结构。图 4.62 是三星公司对 2014 年量产的第一代 V-NAND 产品的官方介绍信息[20-22]。第一代 V-NAND 产品是一款 128Gb 的 MLC NAND Flash，基于后栅工艺 SONOS 存储器件，垂直方向共 24 层存储器件。图 4.63 和图 4.64 展示了它的等效电路图，与图 4.4 和图 4.53 的区别在于增加的伪字线层(dummy CG)。

在垂直沟道 3D NAND Flash 结构中，器件的沟道是浮空的，在写入过程中，由于有很强的横向电场，电容耦合导致的高沟道电压可以在存储器串的边缘产生热载流子。于是当写入到 BL0 后(热载流子会使沟道电压降低)，沟道很难通过电容耦合被拉升到预想的电压值。这种现象属于写入串扰的一种，TCAT 在选通管和存储器件之间增加了伪字线来避免这种现象带来的影响[23,24]。

为了节省面积，V-NAND 结构采用了一种称为交错形存储器串的特殊版图设计。在不改变相邻存储器串距离的情况下，奇数和偶数排的存储器串交错排列，参考图 4.65(a)中的俯视图，注意每个存储器沟道都满足光刻的最小尺寸要求。

第二代 V-NAND 中位线的版图发生改变，如图 4.65(b)所示，这种结构被称为“交错位线接触孔结构”。这里，一个沟道特征尺寸内设计放置了 2 个位线[25]。这样，位线数量提高了一倍(NAND 页规模从 8KB 提高到 16KB)，但底层 SL 的接触孔数量减半，而存储器串的数量保持不变。图 4.66 展示了两代结构同一视角剖面图的区别(不是在同一刻度尺下)。

读者可以在第 6 章找到上面提到的版图技术的详细信息，第 6 章将详细分析最新垂直沟道 3D NAND Flash 阵列结构。

128Gb TLC 的第二代 V-NAND 是在 2015 年发布的[16,25]，与第一代产品相比，存储器件没有大的改动，最重要的是将存储器件层数从 24 层提高到了 32 层。

另一个明显的改进是第二代产品采用单次写入技术。相比于 MLC(2bit/cell)的 4 个阈值电压状态，TLC(3bit/cell)要求器件能够在基本相同的阈值电压窗口值下存储 8 个阈值

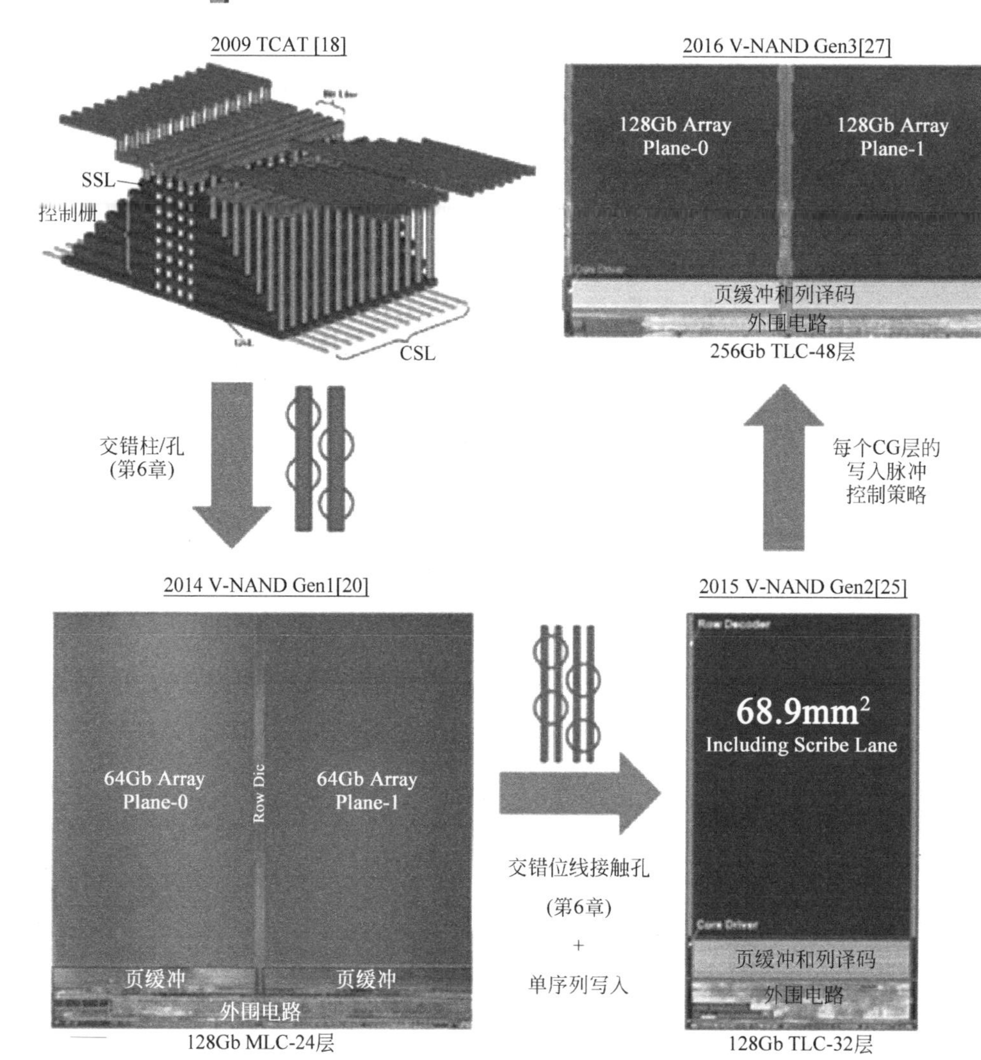

图 4.62　从 TCAT 到 V-NAND 的发展历程(图片不是等比例尺)[17,20,25,27]

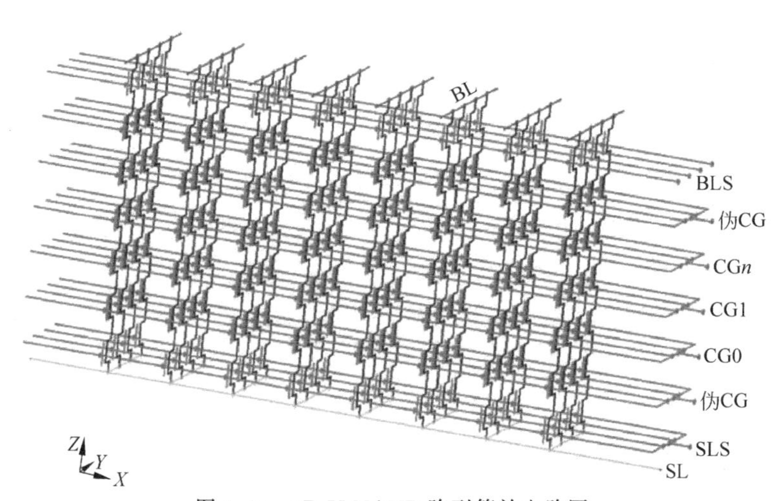

图 4.63　3D V-NAND 阵列等效电路图

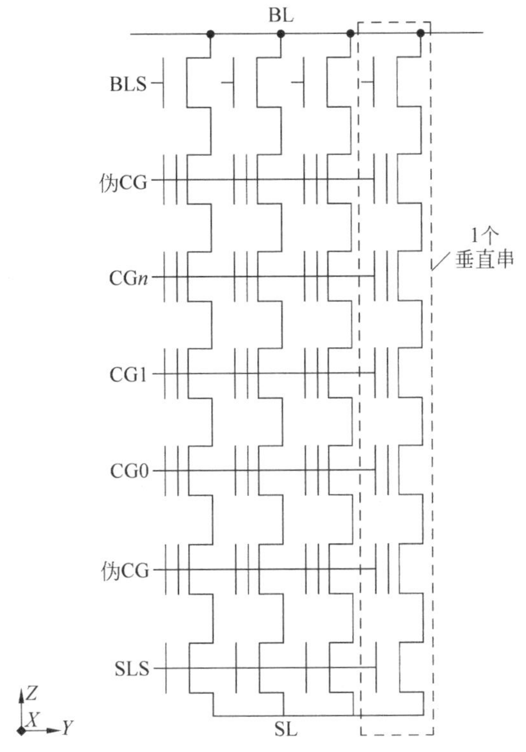

图 4.64 Y-Z 方向 V-NAND 的等效电路图

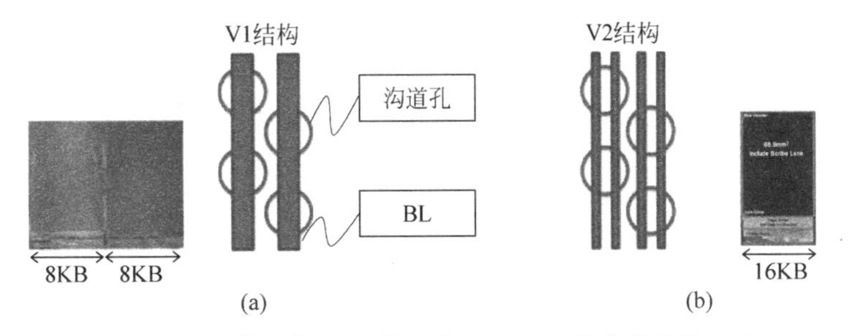

图 4.65 (a)第一代和(b)第二代 V-NAND 的位线结构对比

电压状态。在平面 NAND Flash 中,TLC 写入过程需要 3 个栅极脉冲周期才能完成,在每个脉冲周期后,阈值电压分布变得越来越窄。而在第二代 V-NAND 产品中,通过发挥电荷俘获型 Flash 器件的优势(器件间串扰小、阈值电压分布窄等),更窄的器件阈值电压分布得以轻松实现。这个性能优势促使第二代 V-NAND 产品写入策略上的进步:写入开始就向上请求 TLC 三个页的数据,然后将一个 TLC 器件三个页的数据一步写入,使得产品写入速度和功耗性能都大大提高。

第三代 V-NAND 是在 2016 年的 IEEE International Solid State Circuits Conference (ISSCC)上发布的[27]。它依然采用 TLC 器件,但将存储器件层数提高到 48 层,实现了 256Gb 的单颗容量。当提高存储层数时,由于对沟道深宽比的要求,刻蚀工艺成为一个严重的挑战,于是尽量降低每一层控制栅极的厚度成为必须考虑的方案。整个叠层厚度降低可以降低制造工艺难度,但对器件的电学性能却有害:字线厚度降低导致字线电阻增大,绝

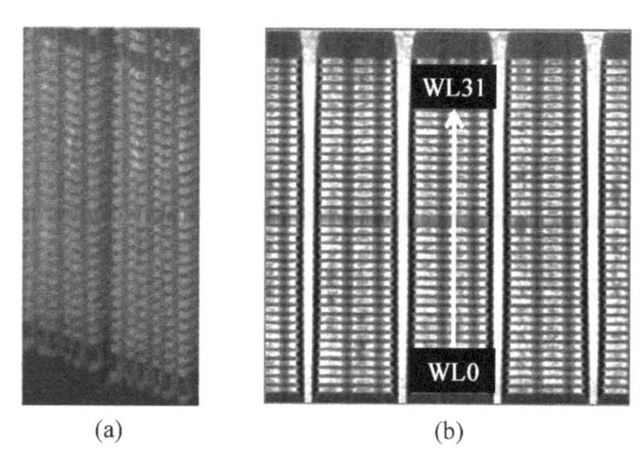

(a) (b)

图 4.66 (a)第一代和(b)第二代 V-NAND 产品剖面图(不是相同比例尺)

缘层厚度降低导致字线之间的耦合电容增大,于是,阵列的写入和读取速度受到影响。不仅如此,由于电阻增大,沟道孔尺寸的涨落的影响变得更加严重。沟道孔可以看做字线上电流流动的隔离区,沟道孔尺寸的涨落引起的字线电阻的涨落,这个问题需要结合沟道的实际形状(第 2 章)来讨论,如图 4.67 所示。由于上述原因,字线的瞬态电压受字线垂直位置的影响。如果采用传统的写入方法,每个字线采用相同的写入脉冲,电阻较大的字线的器件误码率会更大。于是需要采用新的写入策略:每个字线的写入脉冲宽度需要根据字线的电阻变化。

随着存储层数的提高,预期这种字线电阻的不均一性带来的影响将对电路设计者和工艺工程师越来越重要。

现在,读者应该已经了解了所有 3D NAND Flash 中存储器堆叠的结构难点。

尽管 BiCS 和 V-NAND 这种基于电荷俘获型 Flash 的阵列使 3D NAND Flash 取得突破,它们并不是实现 3D NAND Flash 的唯一方法,浮栅型 Flash 在 3D NAND Flash 技术中仍然可行。3D NAND Flash 还有很多可行方案!第 5 章将介绍基于浮栅型 Flash 的 3D NAND Flash 结构。

参考文献

[1] Samsung V-NAND technology White Paper[OL]. http://www.samsung.com/us/business/oem-solutions/pdfs/V-NAND_technology_WP.pdf, 2014.

[2] L Nishi Y. Advances in Non-volatile Memory and Storage Technology[M]. Swanston: Woodhead Publishing, 2014.

[3] Campardo G, et al. Memory Mass Storage[M]. Berlin: Springer, 2011.

[4] Tanaka H, et al. Bit cost scalable technology with punch and plug process for ultra-high density flash memory[C]. IEEE VLSI Symposium Technical Digest, 2007: 14-15.

[5] Fukuzumi Y, et al. Optimal integration and characteristics of vertical array devices for ultra-high density, bit-cost scalable flash memory[C]. IEEE International Electron Devices Meeting (IEDM) Technical Digest, 2007: 449-452.

[6] Ishiduki M, et al. Optimal device structure for pipe-shaped BiCS flash memory for ultra-high density storage device with excellent performance and reliability[C]. IEEE International Electron Devices Meeting (IEDM) Technical Digest, 2009: 625-628.

[7] Maeda T, et al. Multi-stacked 1G cell/layer pipe-shaped BiCS Flash memory[C]. IEEE Symposium

on VLSI Circuits，2009，110：22-23.

[8] Katsumata R，et al. Pipe-shaped BiCS Flash memory with 16 stacked layers and multi-level-cell operation for ultra-high density storage devices[C]. IEEE Symposium on VLSI Technology，2009：136-137.

[9] Aochi H. BiCS Flash as a future 3D non-volatile memory technology for ultra-high density storage devices[C]. Proceedings of International Memory Workshop，2009：1-2.

[10] Yanagihara Y，et al. Control gate length，spacing and stacked layers number design for 3D-Stackable NAND Flash memory[C]. IEEE International Memory Workshop，2012：84-87.

[11] Takeuchi K. Scaling challenges of NAND Flash memory and hybrid memory system with storage class memory and NAND Flash memory[C]. IEEE Custom Integrated Circuits Conference (CICC)，2013：1-6.

[12] Nitayama A，et al.，Bit Cost Scalable (BiCS) flash technology for future ultra-high density storage devices[C]. International Symposium on VLSI Technology Systems and Applications (VLSI TSA)，Apr. 2010：130-131.

[13] Komori Y，et al. Disturbless flash memory due to high boost efficiency on BiCS structure and optimal memory film stack for ultra-high density storage device[C]. IEEE International Electron Devices Meeting (IEDM) Technical Digest，2008：1-854.

[14] Kim J，et al. Novel 3-D structure for ultra-high density Flash memory with VRAT (Vertical-Recess-Array-Transistor) and PIPE (Planarized Integration on the same PlanE) [C]. IEEE Symposium on VLSI Technology，2008.

[15] Kim J，et al. Novel vertical-stacked-array-transistor (VSAT) for ultra-high-density and cost-effective NAND Flash memory devices and SSD (solid state drive)[C]. IEEE Symposium on VLSI Technology，2009.

[16] Hsiao Y H. Ultra-high bit density 3D NAND Flash-featuring-assisted gate operation[J]. IEEE Electron Device Letters，2015，36 (10)：1015-1017.

[17] J. Jang et al. Vertical cell array using TCAT (terabit cell array transistor) technology for ultra-high density NAND Flash memory[C]. IEEE Symposium on VLSI Technology，2009.

第5章

浮栅型3D NAND Flash

5.1 简介

目前，量产的平面 NAND Flash 都是基于浮栅型 Flash 器件，这种器件结构已经发展了几十年。所以人们一直在尝试开发基于浮栅型器件的 3D NAND Flash，这样就能利用浮栅型器件这么多年积累的经验。图 5.1 展示了本章中将介绍的垂直沟道浮栅型 3D NAND Flash 结构，另外 5.7 节将介绍另外一种水平沟道的浮栅型 3D NAND Flash 结构。

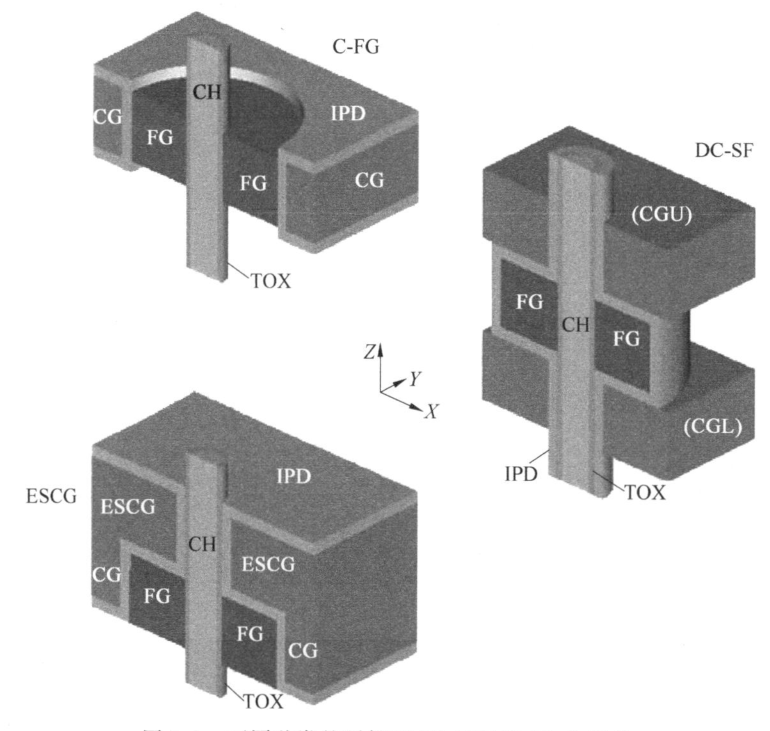

图 5.1　不同种类的浮栅型 3D NAND Flash 结构

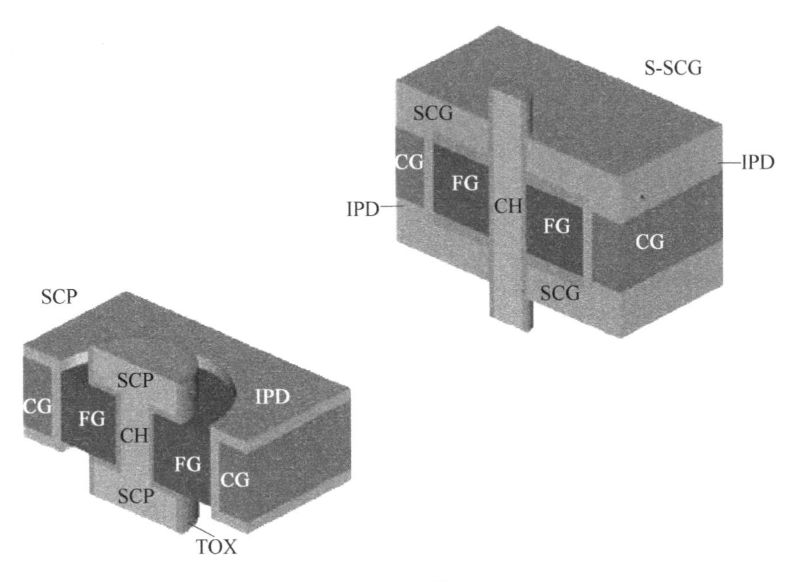

图 5.1 （续）

5.2 传统浮栅型 Flash

第一种浮栅型垂直 Flash 结构是在 2001 年被提出的[1]，阵列是利用这种被称为传统浮栅型(3D Conventional FG)或者 S-SGT(Stacked-Surrounding Gate Transistor)的器件[1-3]搭建而成的。器件基本结构如图 5.2 所示，浮栅(FG)和控制栅(CG)环绕沟道，隧穿氧化层(Tunnel Oxide,TOX)和绝缘介质层包围浮栅材料形成完整的浮栅。图 5.3 展示了器件的俯视图和侧视图，X-Y 和 X-Z 方向剖面图如图 5.4 所示。

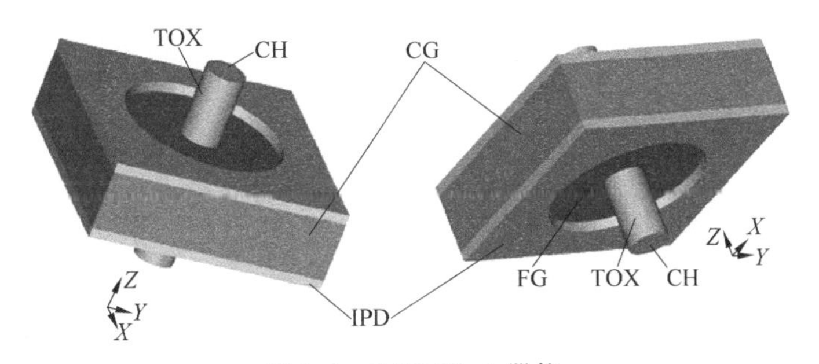

图 5.2 C-FG Flash 器件

如图 5.5 所示，可以沿纵向堆叠简单的器件形成 NAND 存储器串，为简化示意图，图中画了 6 个器件的存储器串，实际中的存储器串可以有更多的器件。图 5.6 展示了图 5.5 不同角度的剖面图。垂直 NAND 结构的顶部可以看到 BLS，通过位线接触孔将存储器串与 BL 连接；底部是连接 SL 的 SLS。由于它们仅起到开关作用，所以是没有浮栅的标准晶体管。图 5.7 展示了选通管的剖面图，其栅介质层使氧化硅材料、IPD 和其他氧化层同样可以实现这个功能。

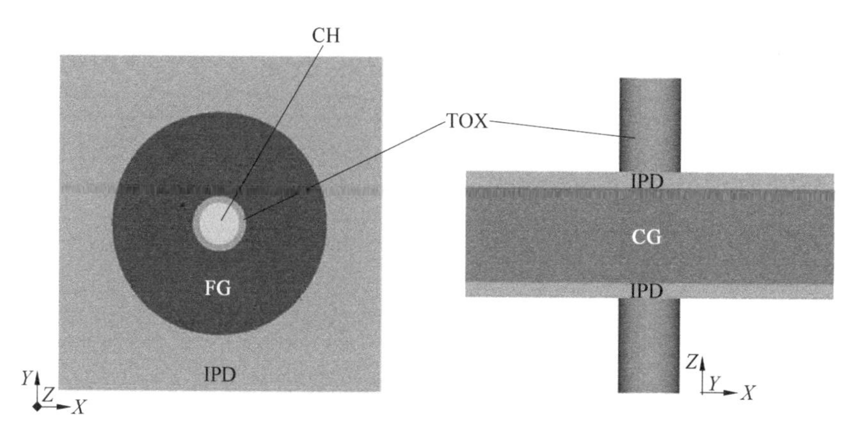

图 5.3 传统浮栅型 3D Flash 器件俯视图和侧视图

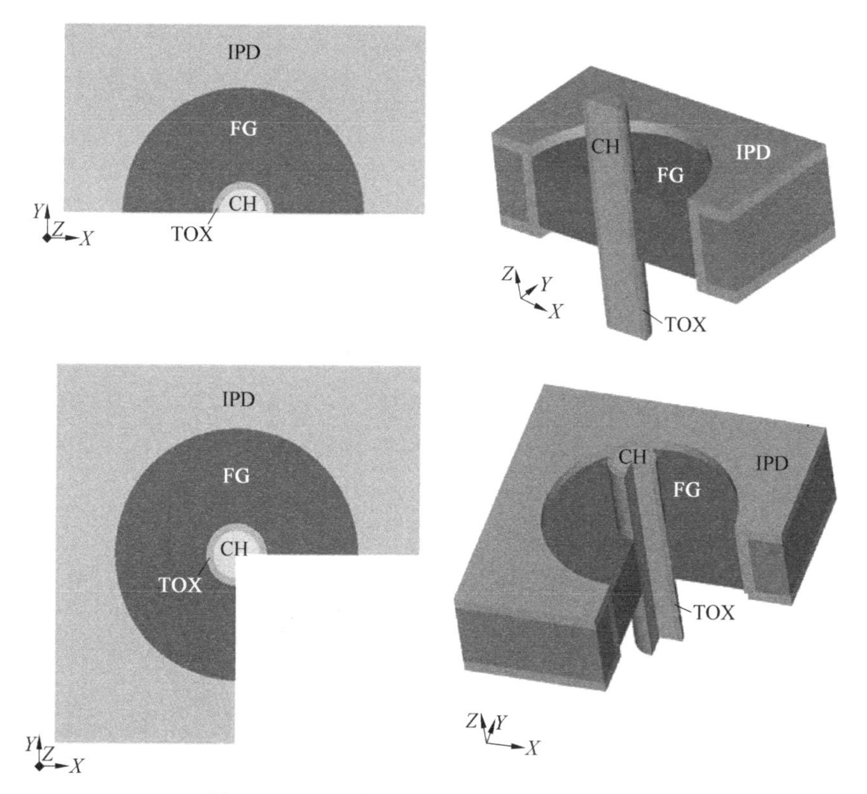

图 5.4 C-FG 阵列 X-Y 和 X-Z 方向剖面图

以一个简单的存储器串为基础(图 5.5)可以形成完整的存储器阵列(图 5.8)。

所有属于同一页的器件栅极被短接在一起形成一个字线，BLS 和 SLS 也采用同样的结构。位线和字线在存储阵列平面上相互垂直排布，在图 5.8 所示例子中，每一页上有 8 个器件(对应 8 条位线)，共有 48 条字线。为了更好地介绍阵列结构的细节，图 5.9 展示了此结构的分层图。

字线被沿着 Y 方向切割开，这是在制造过程中为完成相应步骤而形成的结构，SLS 的字线是同样的结构。图 5.10～图 5.12 增加了存储阵列的外围电路，需要注意的是在 Z 方

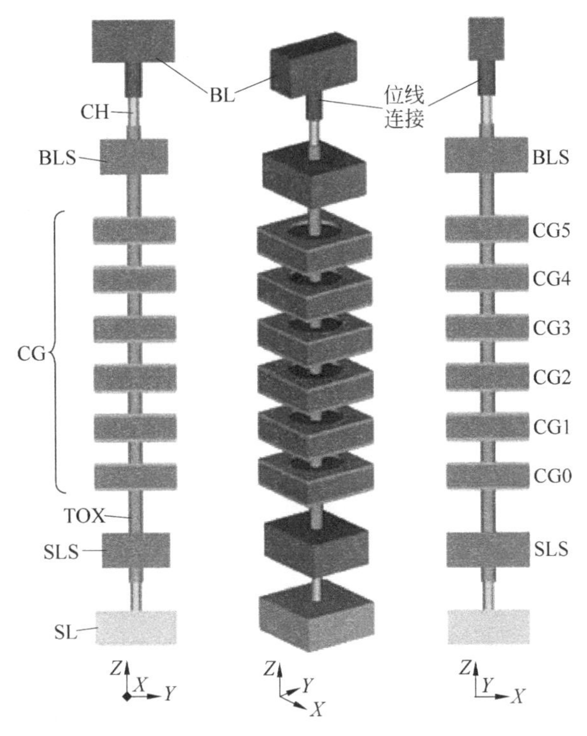

图 5.5 C-FG NAND 存储器串

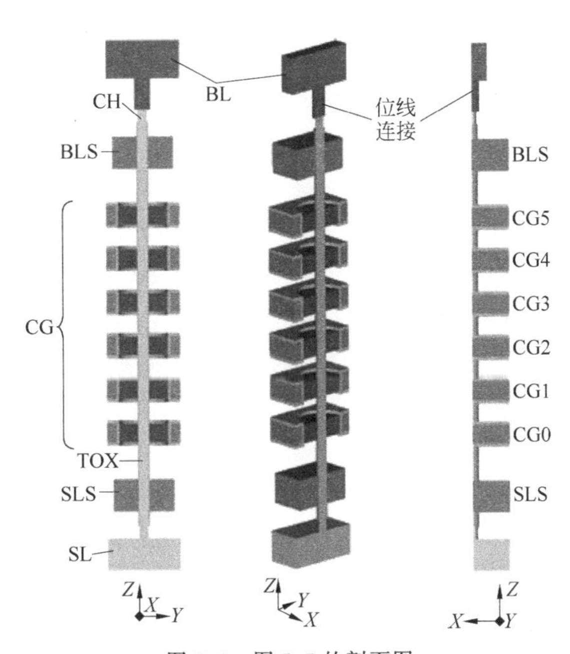

图 5.6 图 5.5 的剖面图

向同一层的字线被短接在一起,也就是说 48 条字线组成了一个 NAND 存储器的块。当然,位线不能短接在一起,因为需要它们来区分在同一个控制栅极层上的 8 个器件中的一个。因为 SLS 只有在块被擦除的时候才被选中,在同一个块中的 SLS 都是短接在一起的。

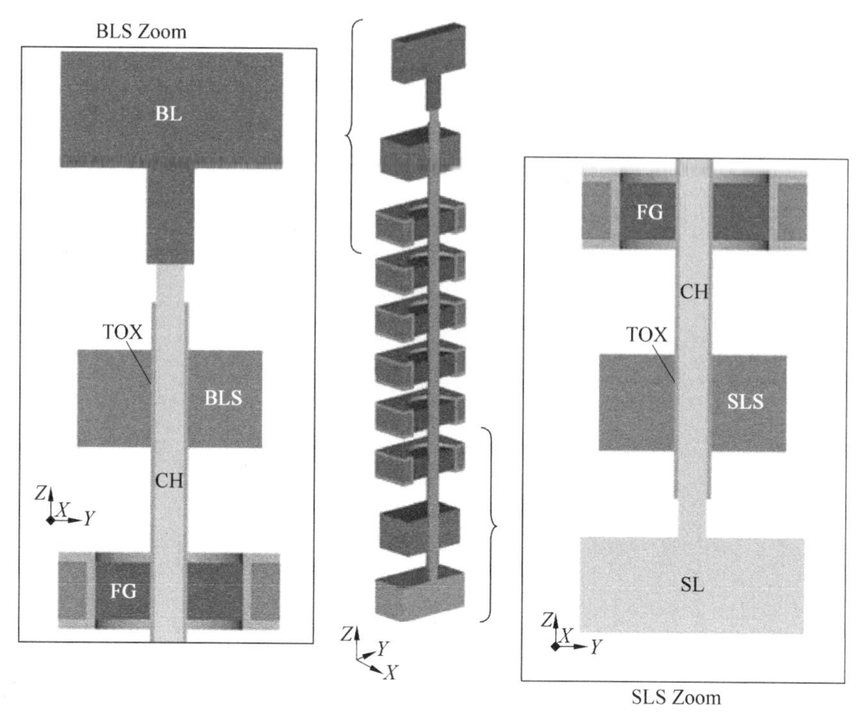

图 5.7　BLS 和 SLS 的剖面图

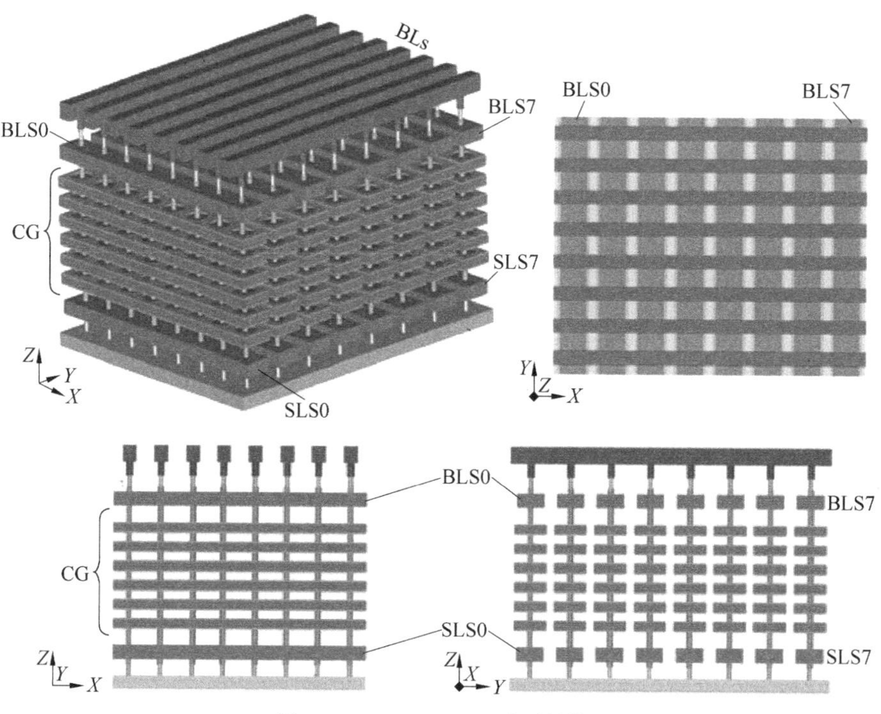

图 5.8　C-FG NAND 阵列结构

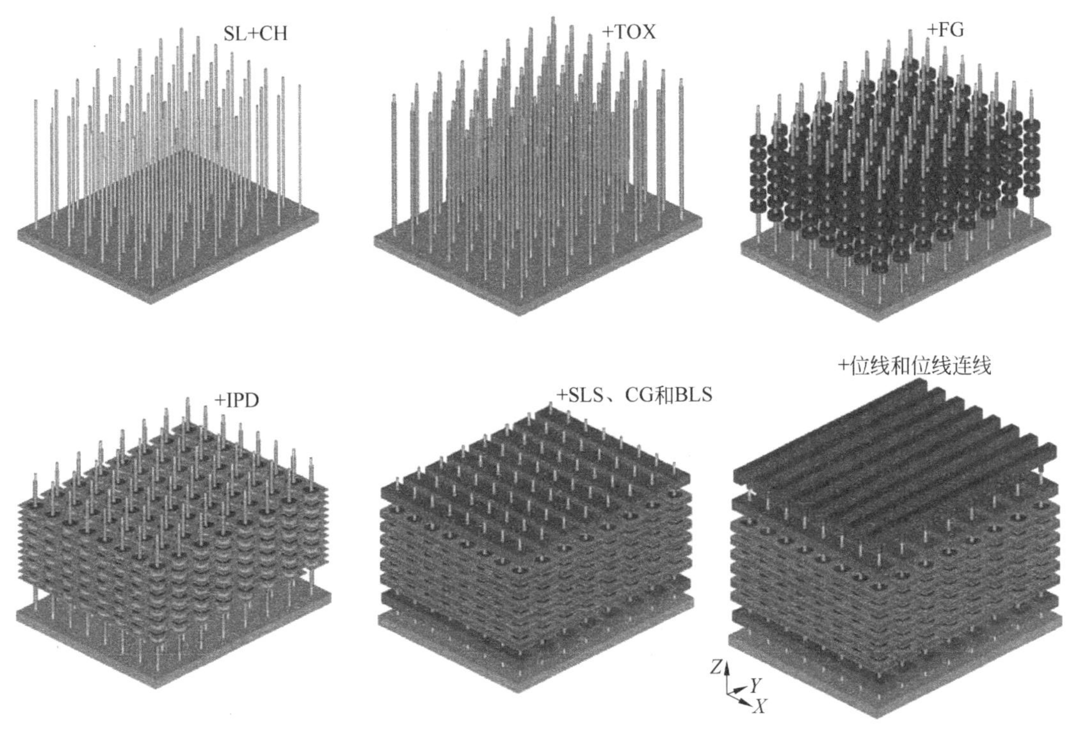

图 5.9 C-FG 存储器阵列各层结构示意图

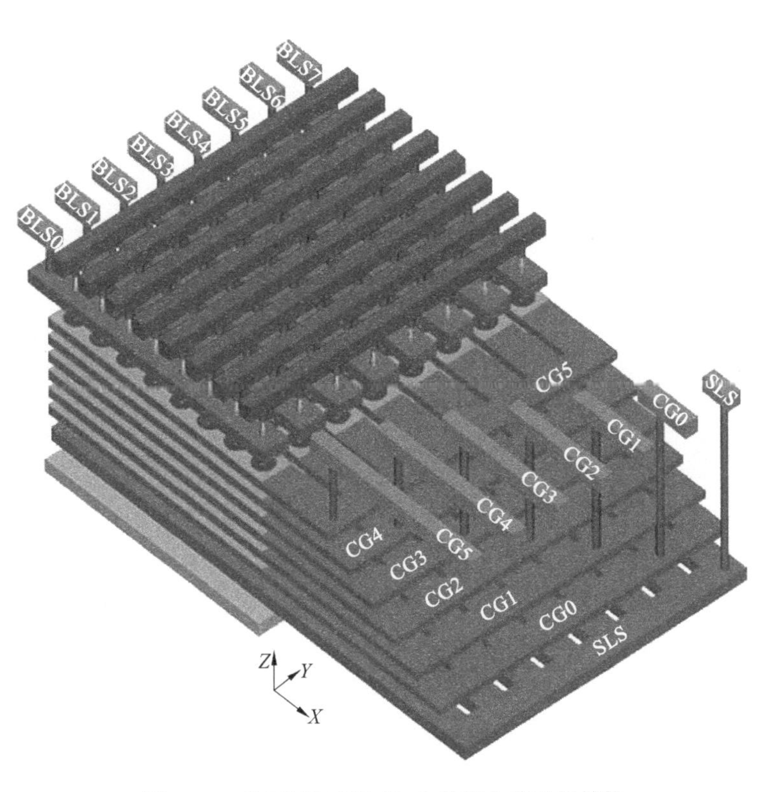

图 5.10 C-FG NAND Flash 外围电路引线结构

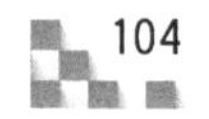

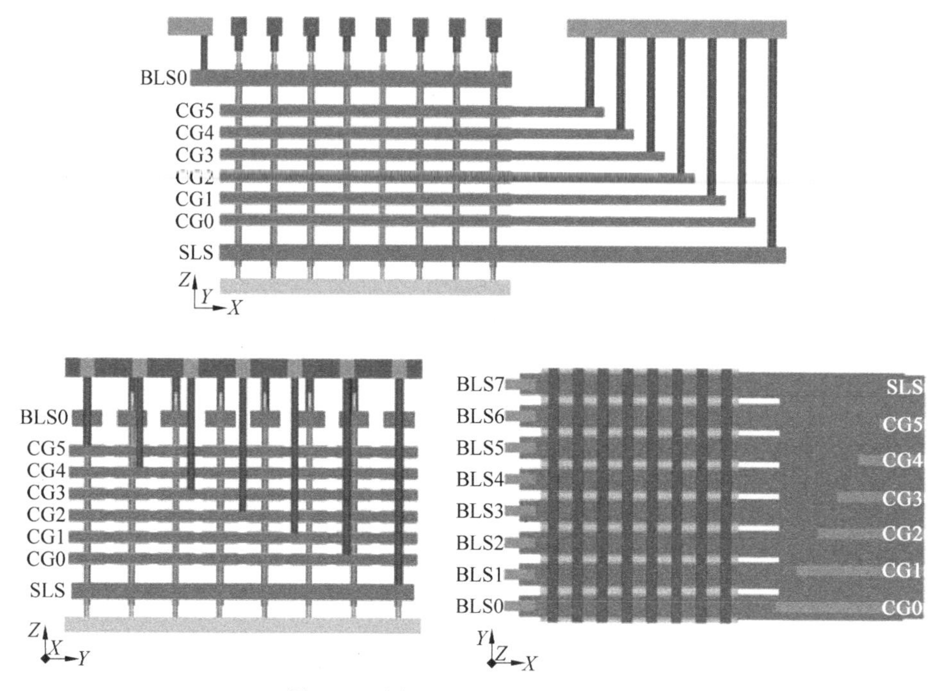

图 5.11 图 5.10 的顶视图和侧视图

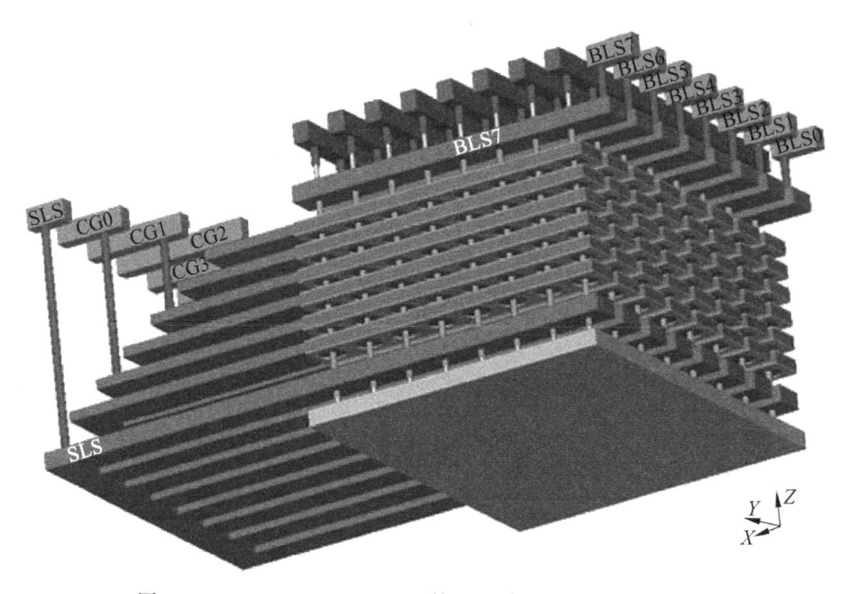

图 5.12 C-FG NAND Flash 外围电路引线结构底部视图

将引线短接在一起的好处是可以降低译码复杂度,从而降低功耗和芯片面积。

在最新的工艺中,CG 和 SLS 层可以不被刻蚀开,如图 5.13 和图 5.14 所示。

为了降低示意图的复杂度,突出阵列结构的关键细节,本节的示意图没有画出 IPD 和隧穿氧化层,删除了这些结构后的存储阵列如图 5.15 所示。

从优化存储阵列功能角度考虑,减小 SL 引线电阻很重要,因为对于每个器件 SL 都起

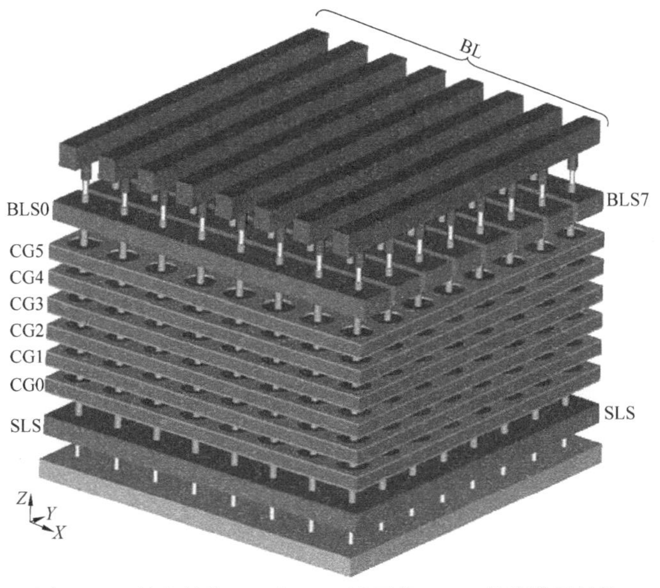

图 5.13　具有整块 CG 和 SLS 平面的 C-FG 存储阵列结构

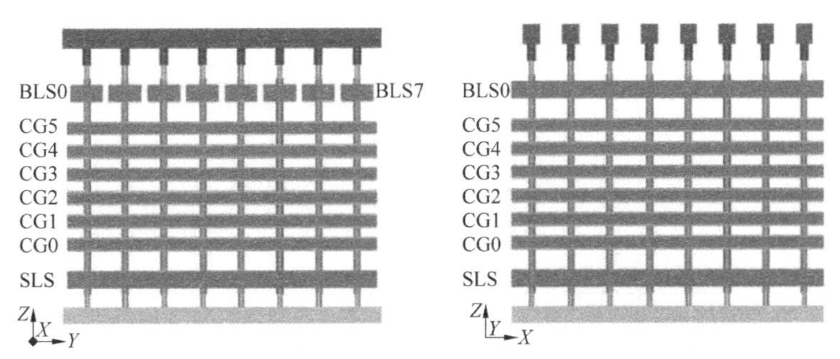

图 5.14　图 5.13 的垂直剖面图

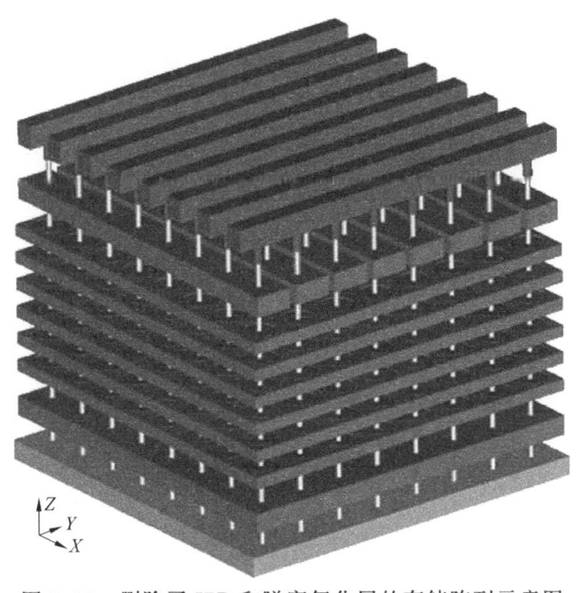

图 5.15　删除了 IPD 和隧穿氧化层的存储阵列示意图

到局部接地的作用。正因为这个原因，底层的 SL 只有一个只有几个接触孔的结构是不合理的，这样在并行接通上万个器件时，SL 会引入过大的噪声。所以，SL 需要增加接触孔数量，如图 5.16 所示。注意，这种设计影响到了位线结构，位线布线增加了一层。

这里可以增加一层金属引线来降低 SL 的引线电阻，如图 5.17 和图 5.18 中的顶层 SL。当然，这仅仅是一种布线方式，根据不同的金属引线层数和串联电阻要求，可以有很多设计方案。

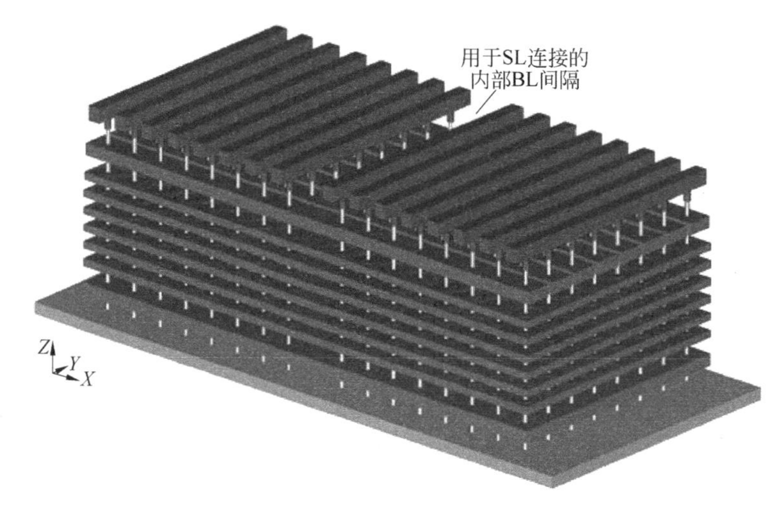

图 5.16 优化后的阵列结构为更多的 SL 接触孔留下空间

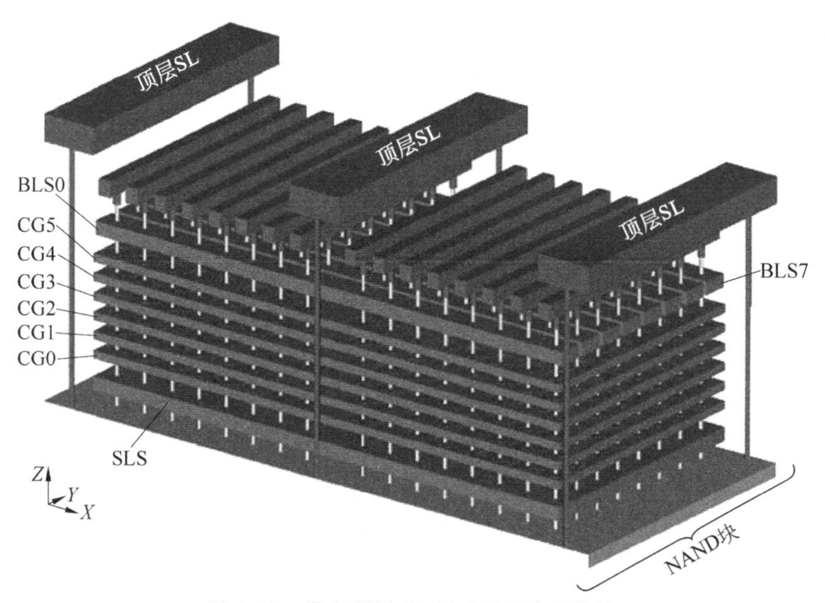

图 5.17 带有顶层 SL 的 C-FG 阵列结构

为了降低写入和读取过程中的串扰，也为了降低并行负载，NAND 块通常会被刻蚀成条形，如图 5.19、图 5.20 和图 5.21 所示。需要刻蚀的有 CG 和 SLS，不包括位线和顶层 SL，因为位线和顶层 SL 是被整个存储器阵列公用的。这种结构在第 4 章介绍的 BiCS 结构中也可以看到。

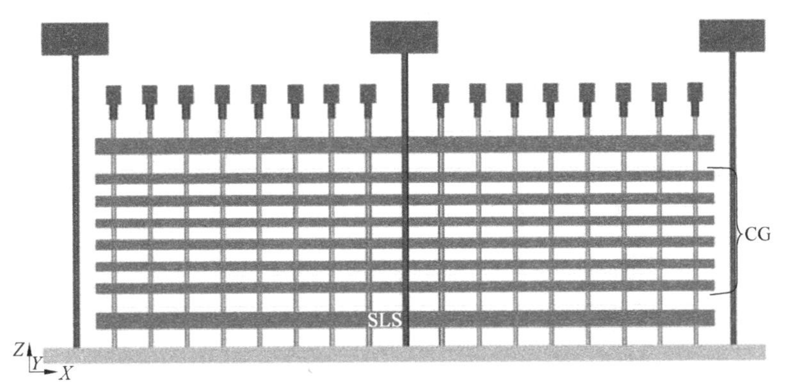

图 5.18 图 5.17 在 X-Z 方向的剖面图

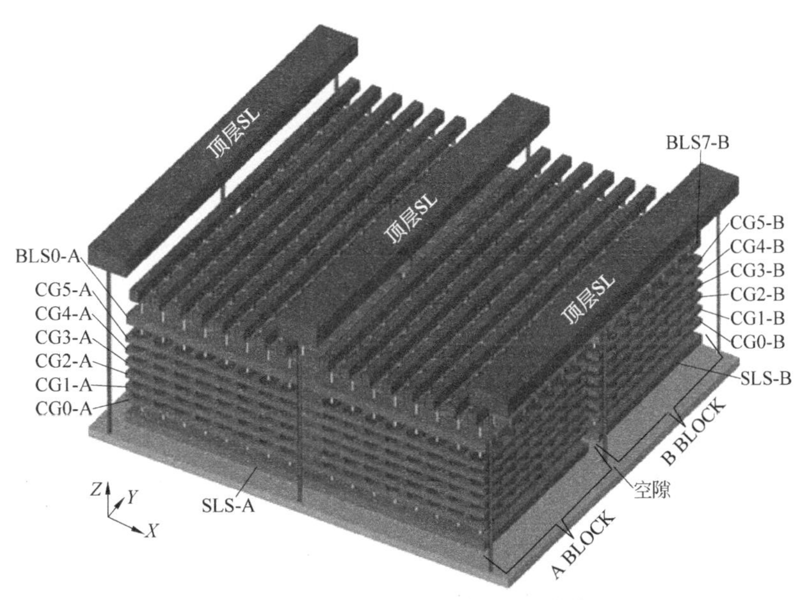

图 5.19 C-FG NAND 阵列的两个块

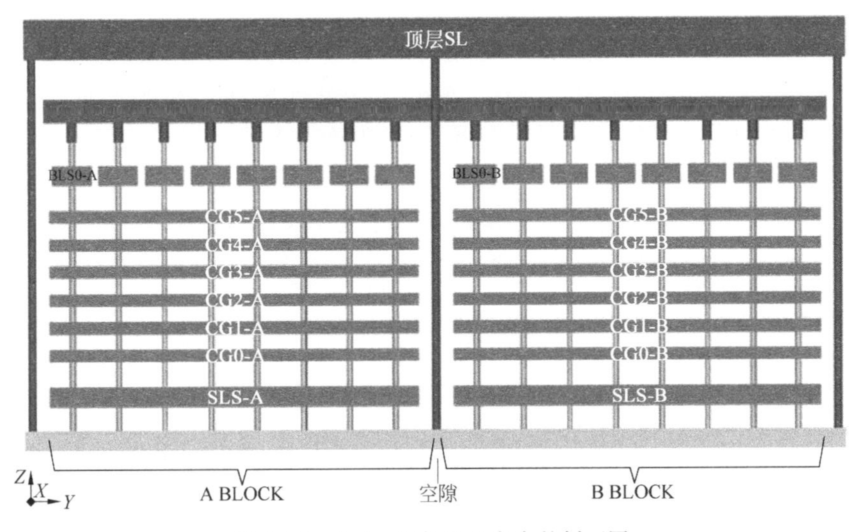

图 5.20 图 5.19 在 Y-Z 方向的剖面图

阵列沿 X 轴的规模决定了 NAND 逻辑页的大小，沿 Y 轴的规模决定了块的数量。

本节的所有示意图都包含 6 层 CG，实际中，CG 层的数量可以根据工艺能力的提高而增加。由于讨论的浮栅型器件，垂直方向上的尺寸缩小能力被相邻器件的干扰问题限制，其他寄生效应也需要仔细考虑，所以已经发展出了很多不同种类的 3D 浮栅型 NAND 器件，将在下面章节中详细介绍。

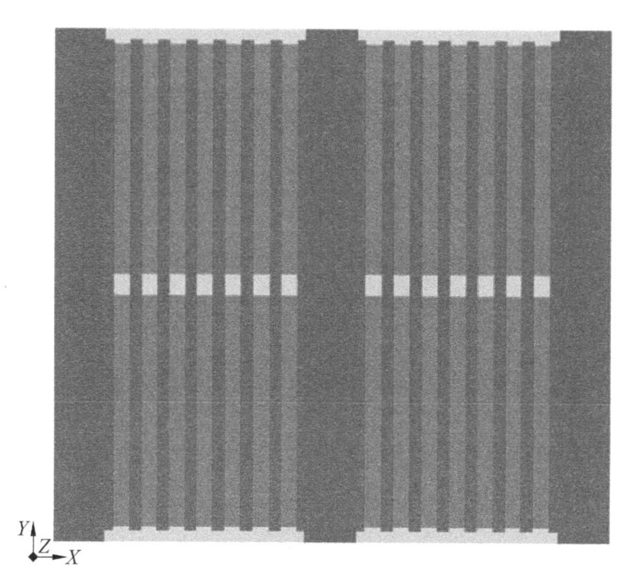

图 5.21　图 5.19 的俯视图

5.3　ESCG 结构 Flash 器件

3D NAND 阵列中另一个需要注意的问题是，作为增强型器件，在操作过程中的高 S/D 电阻问题。为了解决这个问题，S/D 区域需要采用高掺杂设计，但这对于多晶硅沟道是很难实现的。另外，扩散的 S/D 将引起短沟道效应，同时影响传统的体擦除操作在 3D NAND Flash 上的实现。所以，在实际 3D NAND 阵列中，是没有 S/D 重掺杂的，读取过程需要对栅极施加更高的电压来反型 S/D 区域，但由于 FG 厚度过大，这个操作对于 C-FG 器件几乎是不可能的。

为了解决这个问题，同时为了降低串扰，提出了 ESCG 存储器件[4]。

图 5.22 展示了 ESCG 器件结构。图 5.23 展示了其剖面图，浮栅为圆柱形，被控制栅极包围住。

当给 ESCG 结构栅极施加正向电压(图 5.24)，沟道表面的电子浓度比传统的浮栅型器件高出一个数量级。也就是说，通过更好地反型 S/D 区域，得到了更低的 S/D 电阻。

ESCG 结构不仅降低了 S/D 电阻，它的延伸控制栅极结构也降低了浮栅之间的耦合串扰。注意 ESCG 区域不是浮空的。由于控制栅极和浮栅之间正对面积的增大，控制栅极对浮栅的耦合电容(C_{CG})明显增大，这使得此结构具有更大的控制栅极耦合率，而这对于高速 NAND Flash 操作是很重要的。

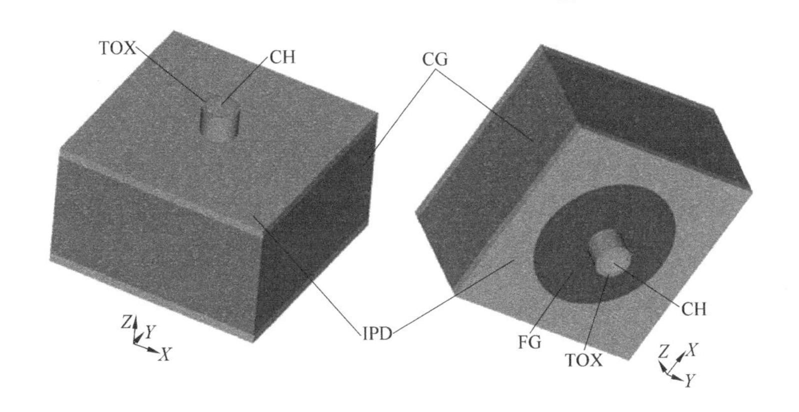

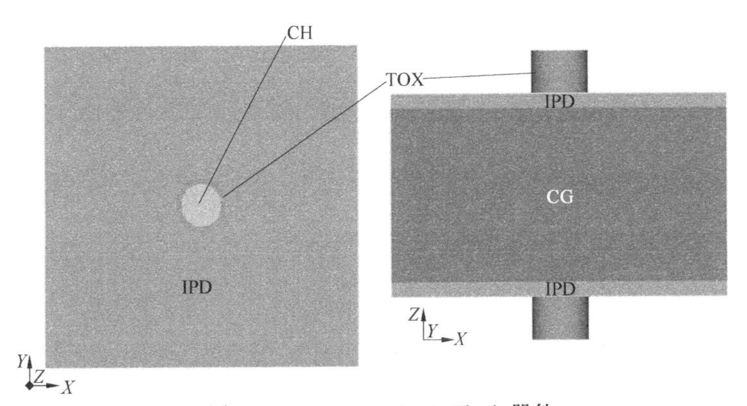

图 5.22 ESCG NAND Flash 器件

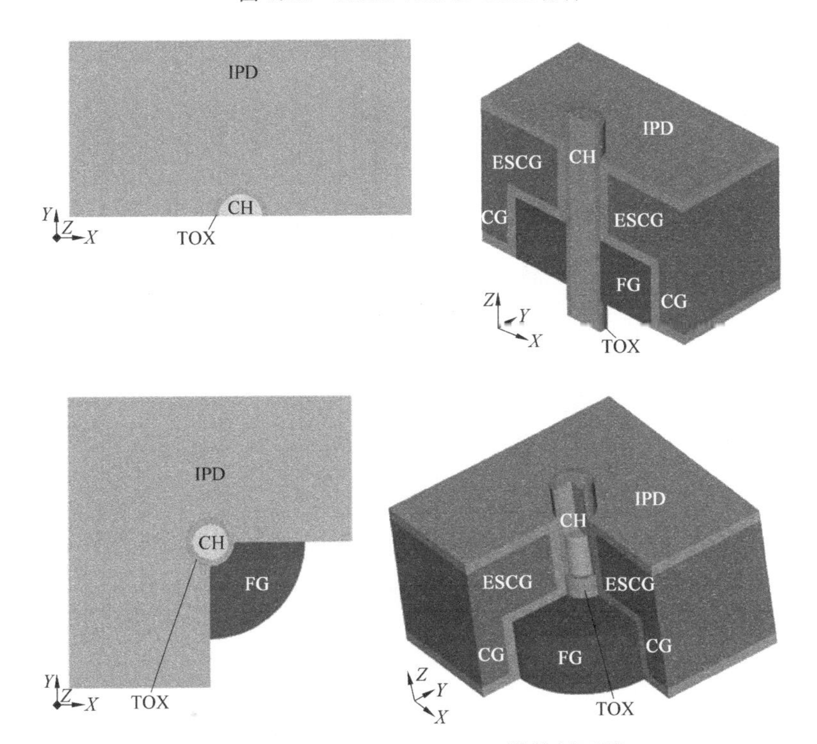

图 5.23 ESCG NAND Flash 器件剖面图

与前面讨论的类似，多个器件可以纵向连接形成 NAND 存储器串，如图 5.25 和图 5.26 所示。为简化视图，图中展示了一个包含 6 个器件的存储器串。

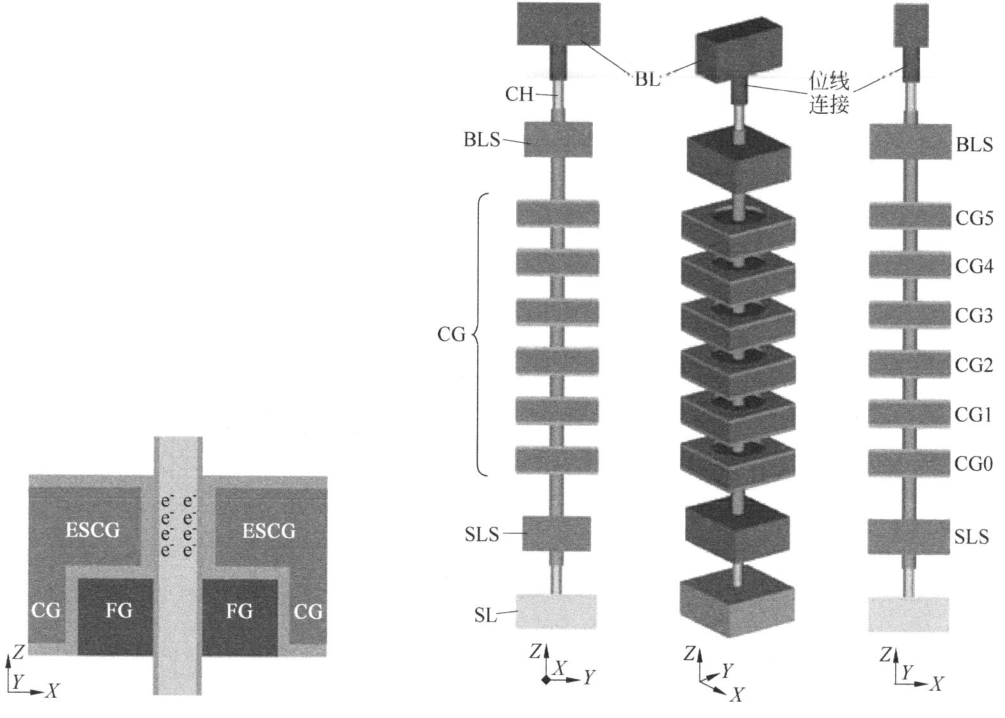

图 5.24　沟道表面的电子浓度

图 5.25　ESCG NAND 存储器串结构

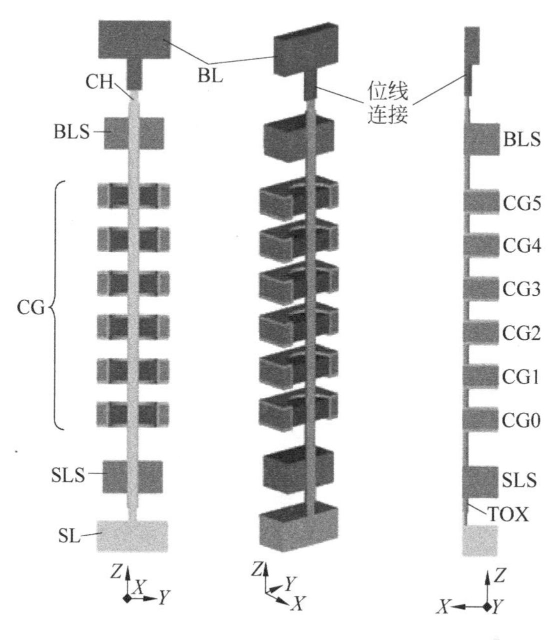

图 5.26　图 5.25 的剖面图

和C-FG结构一样(图5.7),此结构中的SLS和BLS也不具有浮栅结构。利用图5.25所示的结构,存储阵列的核心结构被搭建出来(图5.27),就像图5.8展示的C-FG结构一样。接下来,构建多个块,添加外围电路互连结构,SL结构等都与前讨论的C-FG结构类似。

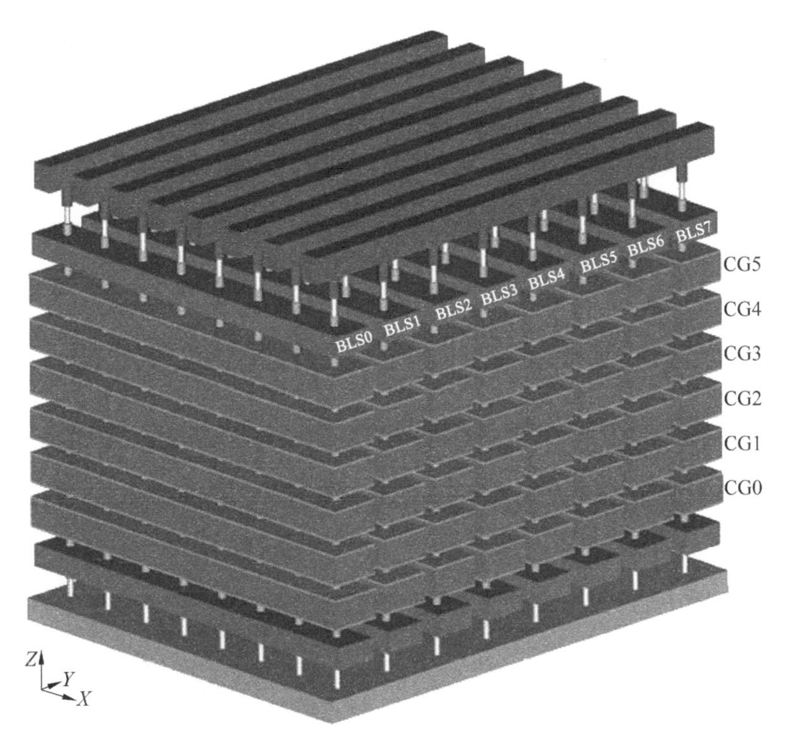

图5.27 ESCG NAND Flash结构示意图

5.4 DC-SF结构Flash器件

另一种可行的浮栅型3D NAND结构是图5.28所示的DC-SF(Dual Control-Gate with Surrounding Floating Gate),在此结构中浮栅同时被两个控制栅极控制[6]。这种结构的主要优势是控制栅极对浮栅的电容耦合比率比较大,阵列写入和擦除电压要求较低,这得益于控制栅极和浮栅的接触面积很大。DC-SF结构的另外一个优势是可以很好地抑制浮栅间串扰,因为控制栅极位于两个浮栅之间,起到了电场屏蔽的作用。由于这些优点,DC-SF结构具有很大的写入/擦除阈值电压窗口值,更有利于多值存储技术的应用[7]。

由图5.29的截面图可以看到,浮栅完全被绝缘介质材料包围,在Z方向上被上控制栅极(Control Gate Upper,CGU)和下控制栅极(Control Gate Lower,CGL)共同控制。

隧穿氧化层只在多晶硅沟道和浮栅之间形成,IPD在控制栅极的侧面形成,这样控制栅极与浮栅之间的介质层更厚一些,所以,电荷只能通过隧穿氧化层进出浮栅,而不会隧穿进控制栅极。

图5.30和图5.31分别展示了DC-SF结构的存储器串和它的剖面图。需要注意的是,在DC-SF结构中,同一个存储器串内,两个浮栅共享一个控制栅极,所以整体的层数会降

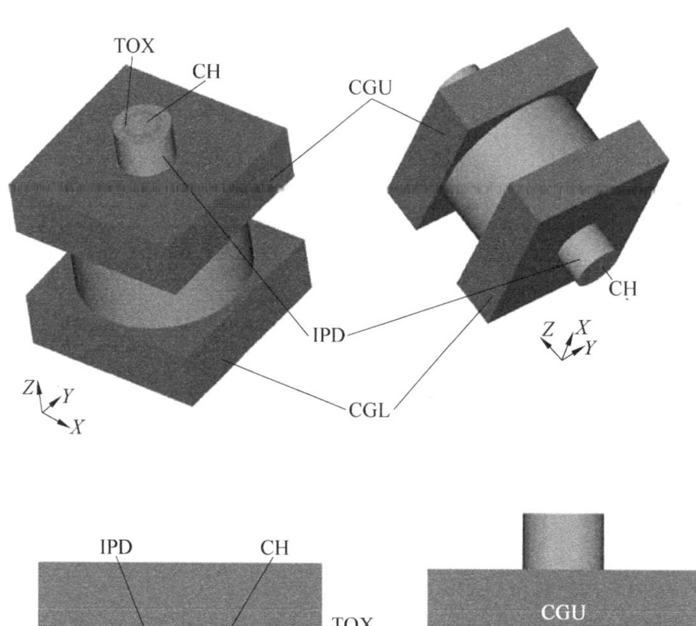

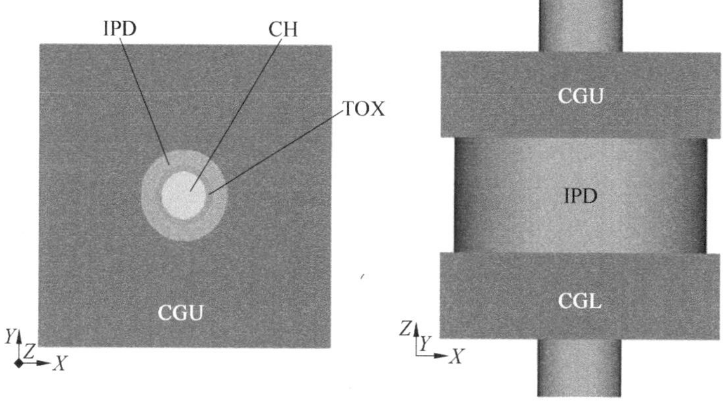

图 5.28 DC-SF NAND Flash 器件

低。跟 C-FG 和 ESCG 结构一样，DC-S 结构的 SLS 和 BLS 也没有浮栅结构，只是一个传统的 NMOS 晶体管。

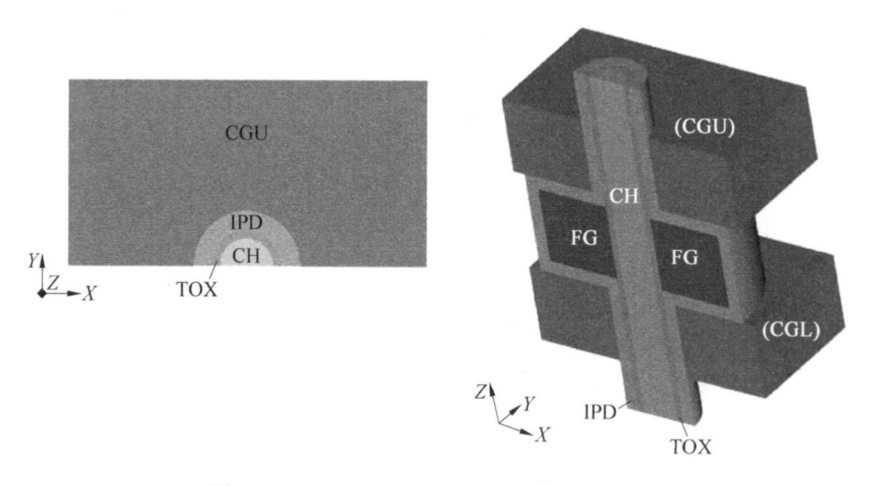

图 5.29 DC-SF NAND Flash 器件的剖面图

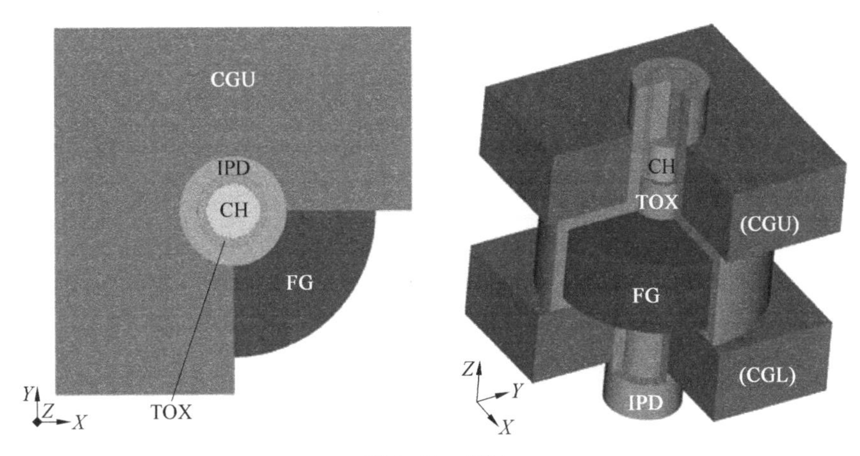

图 5.29 （续）

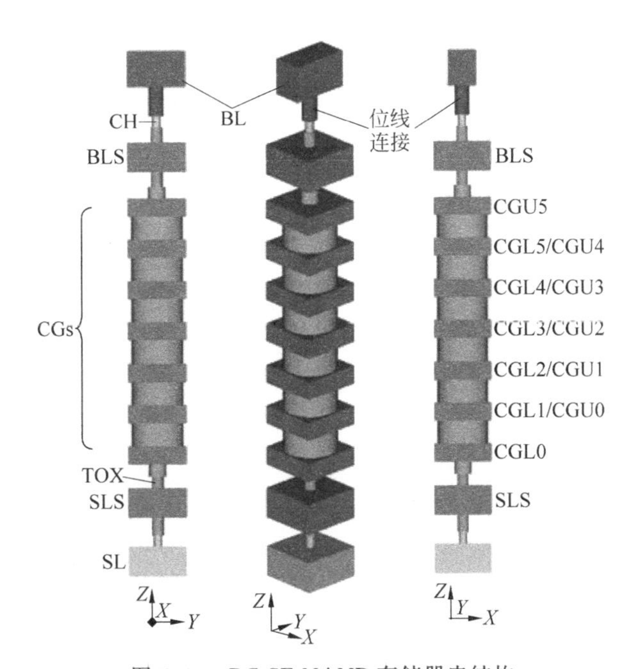

图 5.30 DC-SF NAND 存储器串结构

单纯地从物理结构分析，就能比较出 BiCS 和 DC-SF 结构的保持特性。如图 5.32 中两种结构的存储器串，在 BiCS 结构中，不同器件的氮化硅电荷存储层是沿着沟道方向连续形成的，这样形成了一个电荷扩散通路。在第 2 章中已经讨论过，这会导致数据保持特性的恶化。相对的，DC-SF 结构中浮栅被 IPD 和隧穿氧化层完全包围住，意味着 DC-SF 具有很高的电荷保持特性[8,9]。

同一个存储器件被两个控制栅极共同控制的坏处是偏置电压设计变得更加复杂[10,11]，同时在 NAND 存储器串的上下各需要增加一层控制栅极。

与之前讨论的阵列结构一样，利用 NAND 存储器串，可以搭建图 5.33 所示的整个阵列。因为图 5.33 与图 5.8 基本一致(除了器件本身)，C-FG 结构的外围电路互连以及 SL 结构对于 DC-SF 结构同样适用。

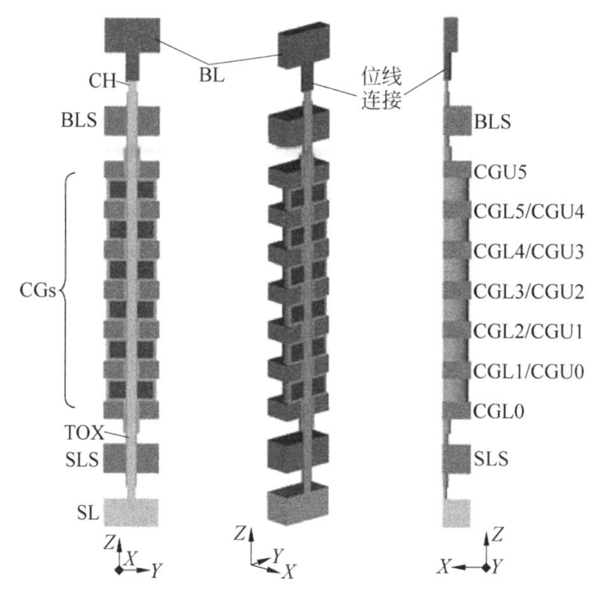

图 5.31 DC-SF NAND 存储器串剖面图

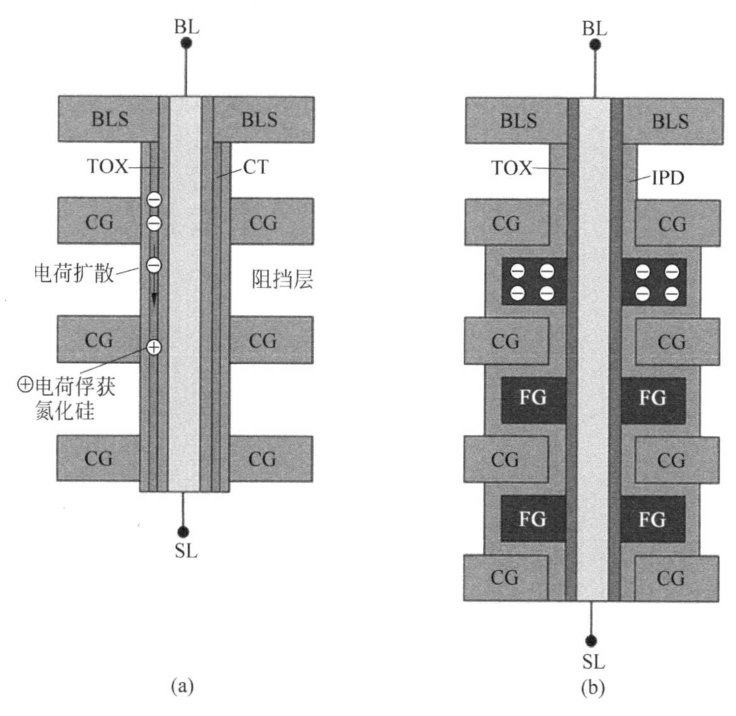

图 5.32 BiCS 结构与 DC-SF 结构比较：(a) BiCS；(b) DC-SF

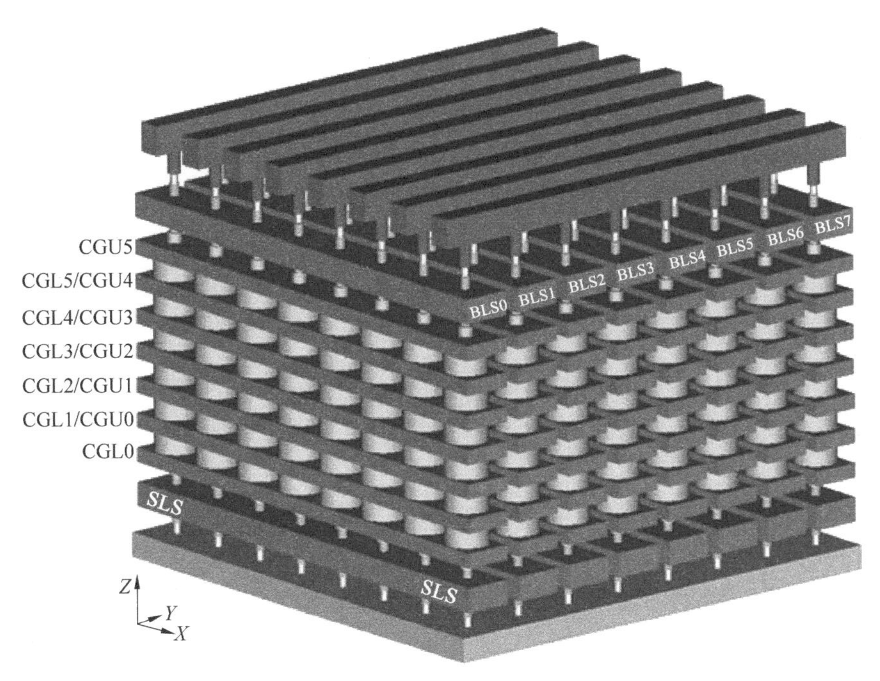

图 5.33 DC-SF NAND Flash 结构

5.5 S-SCG 结构 Flash 器件

另外一种侧壁控制栅极的浮栅型 3D NAND 结构是 S-SCG(Separated Sidewall Control Gate)Flash[12],如图 5.34 和图 5.35 所示。在 DC-SF 和 ESCG 结构中已经看到,侧壁控制栅极结构可以带来很多好处,包括降低浮栅间耦合以及更高的控制栅极耦合电容比率等。

在一个 S-SCG 存储器串中,器件可以共享侧壁栅极,如图 5.36 和图 5.37 所示。共享侧壁栅极可以在降低复杂度的同时减少层数,而这两点都是 3D 集成中最为关键的。

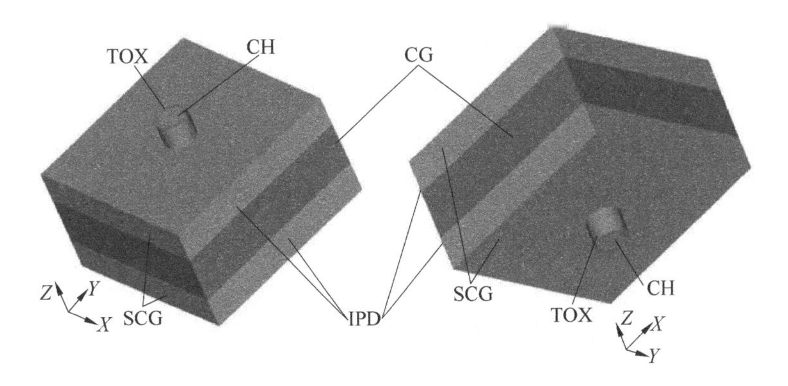

图 5.34 S-SG NAND Flash 器件

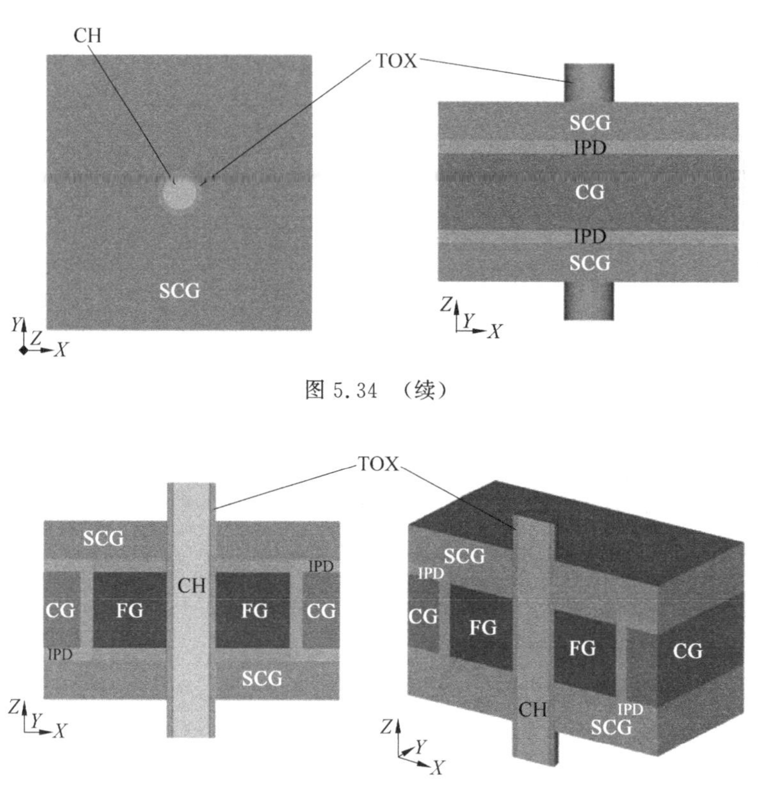

图 5.34 （续）

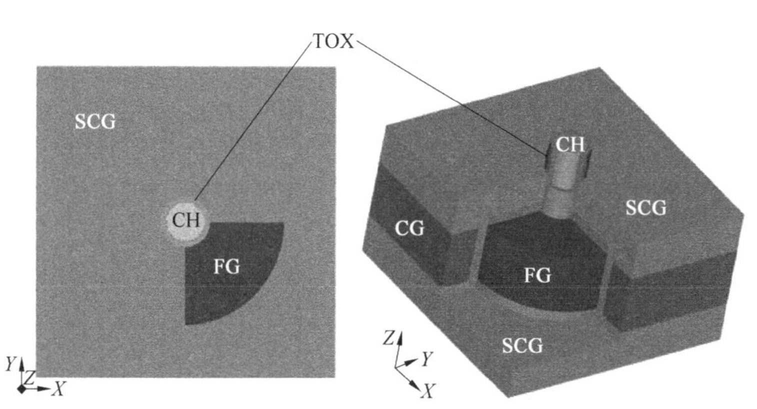

图 5.35 S-SCG NAND Flash 器件剖面图

这种结构最严重的问题是由于侧壁栅极(Sidewall Control Gate,SCG)和浮栅之间的耦合电容很高,SCG 对两侧器件的导通会产生直接影响。实际上,SCG 施加的电压会直接影响两侧浮栅(因为有很高的耦合电容)。当然,这种影响在 DC-SF 结构中更为严重,因为它有两个侧壁栅极,而 ESCG 结构中只有一个。

为了降低译码复杂度,同时降低阵列接触孔数量,一个块里的所有 SCG 都短接在一起(共用 SCG),因此在操作过程中都施加相同的电压。也就是说,除了起到相邻浮栅之间的屏蔽作用,还可以在侧壁栅极施加相应的偏压,辅助完成读取、写入、擦除等操作[13]。在读取过程中,共用 SCG 采用 1V 偏压,跟 ESCG 相似,可以反型正对区域的沟道,由于存储器件两侧都具有侧壁栅极,它可以同时辅助反型源端和漏端,如图 5.38 所示。

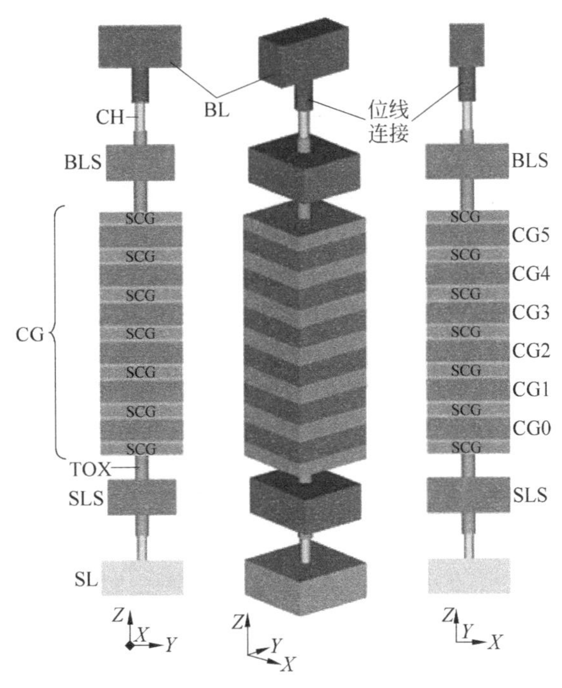

图 5.36 S-SCG NAND 存储器串结构

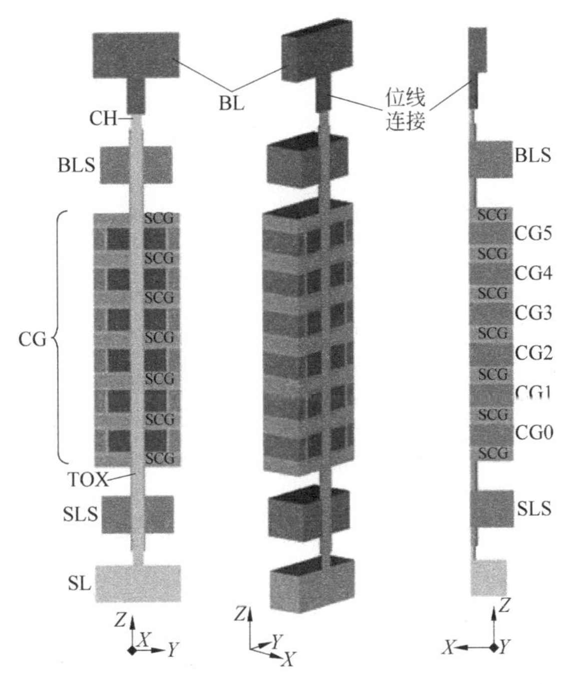

图 5.37 S-SCG NAND 存储器串剖面图

在写入过程中，共用 SCG 施加适当大小的偏压(11V 左右)，可以提高沟道电压抬升(Channel Boosting)效率。图 5.39 展示了 S-SCG NAND Flash 阵列的示意图。

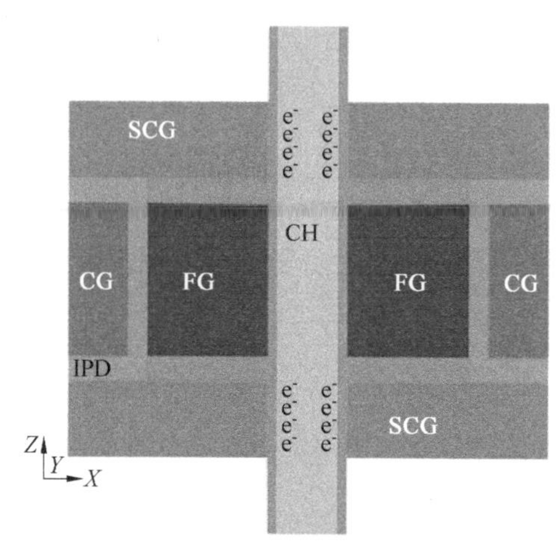

图 5.38　共用 SCG 结构辅助反型源端和漏端

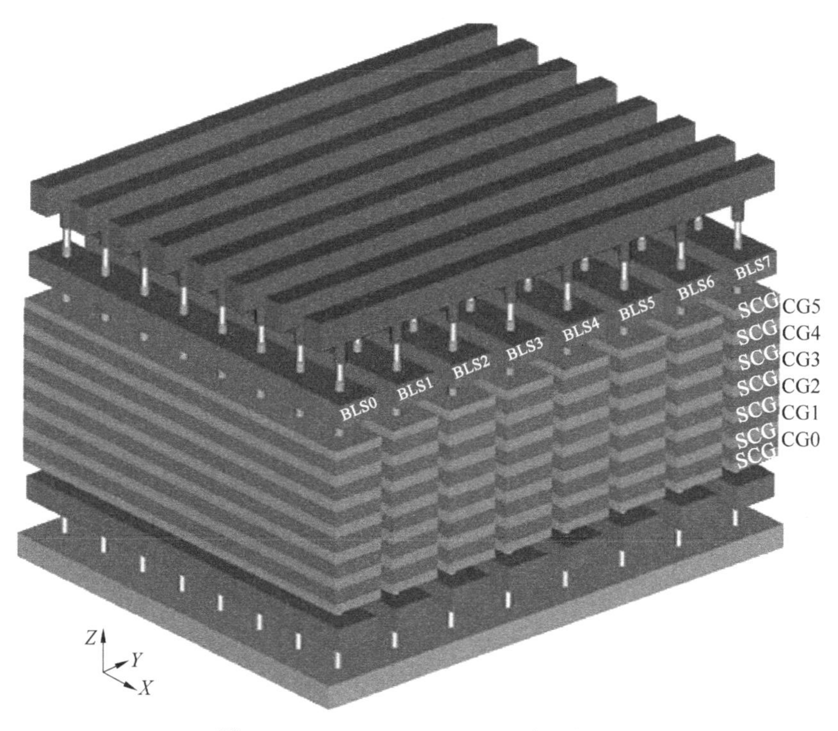

图 5.39　S-SCG NAND Flash 阵列结构

5.6　SCP Flash 结构

前面已讨论过，SCG 结构的缺点是 SCG 会对两侧存储器件产生直接的串扰影响。此外，SCG 侧面的 IPD 层可能带来可靠性问题，因为在写入和擦除过程中，SCG 会施加很高的电压。这种结构在垂直方向的尺寸缩小能力有天然的限制(比如小于 30nm)，因为 SCG 需要有很高的电压偏置，所以 SCG 和 IPD 的厚度都不能过小。

为了解决上述问题，在 2012 年提出了 SCP(Sidewall Control Pillar)结构，如图 5.40 和图 5.41 所示。

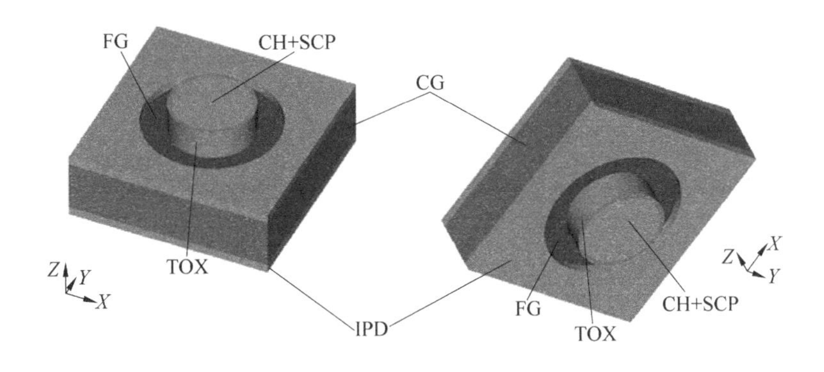

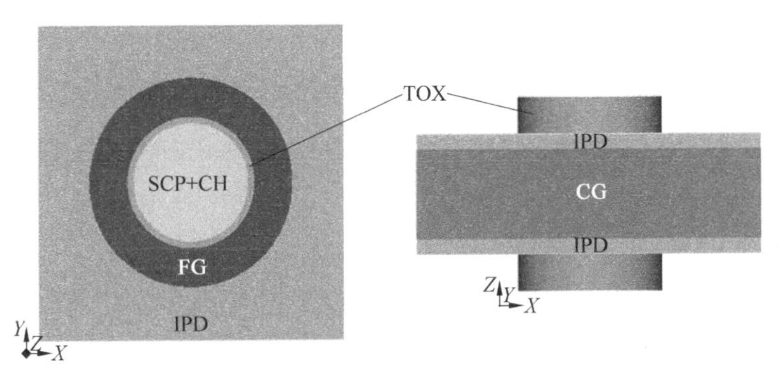

图 5.40　SCP NAND Flash 器件

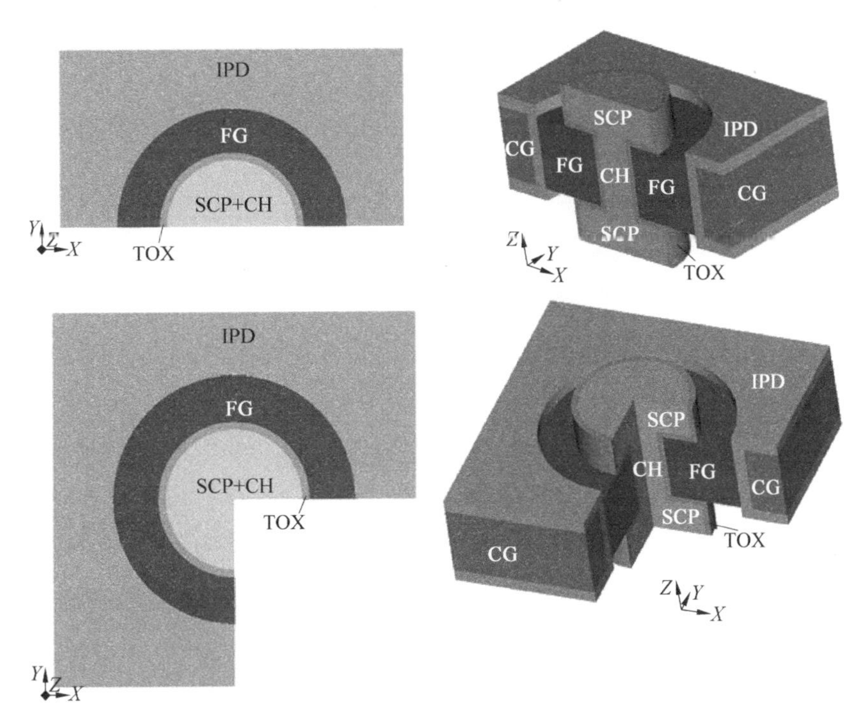

图 5.41　SCP NAND Flash 器件剖面图

在这个结构中，浮栅之间的隔离是依靠多晶硅沟道本身实现的，每个浮栅的上下面都有一部分被沟道材料包裹，侧壁处的沟道厚度可以减低到 20nm，可以有效地提高集成密度。由于没有侧壁栅极，SCP 结构操作与 C-FG 相同，这样可以利用已经优化的较为成熟的操作方案。

SCP NAND 存储器串及其剖面图如图 5.42 和图 5.43 所示，两侧的存储器件共用 SCP，这样也降低了阵列复杂度和整个阵列的厚度。

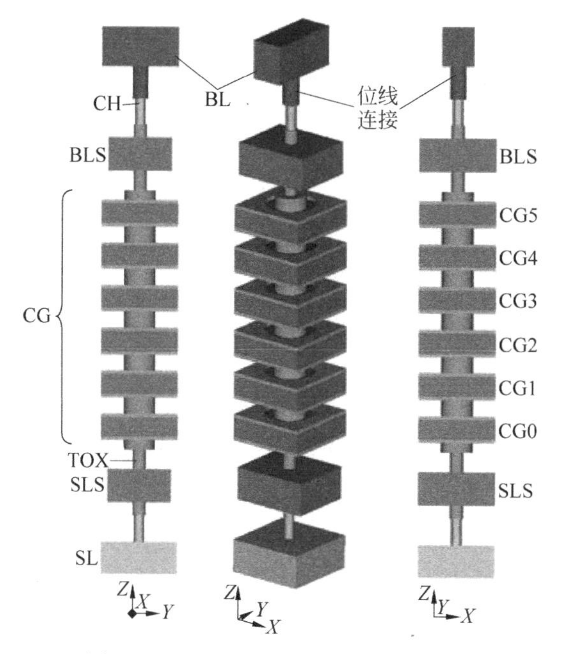

图 5.42　SCP NAND 存储器串示意图

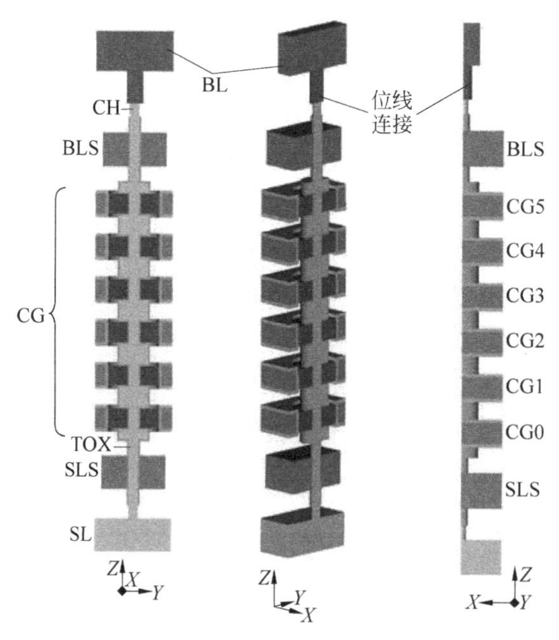

图 5.43　SCP NAND 存储器串剖面图

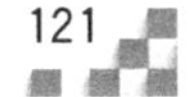

这是本章介绍的最后一种垂直沟道浮栅型 NAND Flash，接下来的部分将介绍水平沟道浮栅型 NAND Flash 结构。

5.7 水平沟道 Flash 结构

本章之前讨论的浮栅型器件尺寸都比较大，因为它们都是环栅型器件。另外，增加的侧壁电极结构使得阵列操作变得更加复杂，前面讨论的垂直沟道器件都是如此。

浮栅型器件同样可以利用水平沟道、垂直控制栅极结构进行 3D 集成[15]。水平沟道浮栅型(Horizontal Channel Floating Gate，HC-FG)Flash 器件结构如图 5.44 所示。

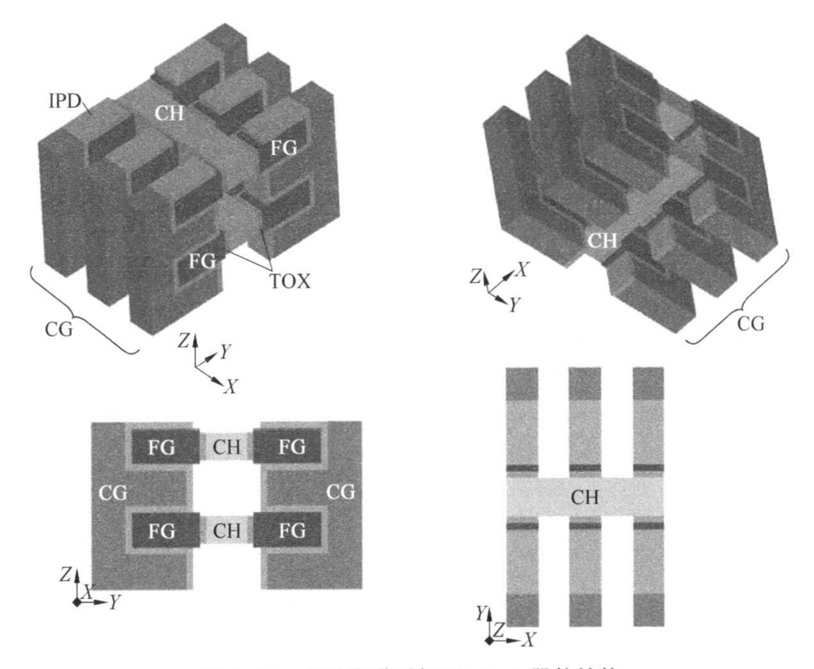

图 5.44 水平沟道浮栅型 Flash 器件结构

最初的水平沟道 3D NAND Flash 结构在第 3 章中讨论过，它是将传统的浮栅型器件沿垂直于衬底方向堆叠形成的。在这个结构中，由于不同层的控制栅极是分开的，不同的存储层是可以单独译码的。

在 HC-FG 结构中，NAND 存储器串同样是垂直于衬底方向堆叠出来的，但它采用双栅结构，避免了浮栅沿垂直方向短路的风险。当然，相邻的两个器件共用控制栅极，在不同存储器层，控制栅极是被短接在一起的。

从制造工艺角度来看，浮栅型器件是利用后栅工艺形成，类似于 2D 器件。另外一个优势是这种结构的写入和擦除操作可以利用 2D 结构中相同的操作电压完成，可以继承平面 NAND Flash 中成熟的操作策略经验和结构优化，尤其是隧穿氧化层生长的经验。

水平沟道 3D NAND Flash 的译码会比第 4 章中讨论的垂直沟道复杂一些。主要原因是沟道需要沿着 NAND 存储器串垂直于阵列上方的位线译码。此结构的译码有几种具体的实施方式，基本原则都是 HVCD(Horizontal to Vertical Channel Decoder)，如图 5.45 所示。当然，每个 NAND 存储器串都穿过所有的控制栅极，在一端为 SL，另一端为 HCVD。图 5.45 中有 16 个存储器串，但只有 4 个位线接触孔，这意味着至少要采用 16∶4 的译码器结构。

读者可以参考第 7 章的设计细节，例如 PN 结和常开 SSL 等这些 3D 垂直沟道 NAND Flash 的常用结构。

本节介绍的水平沟道结构是最后一种常见的 3D 浮栅型 Flash 结构。

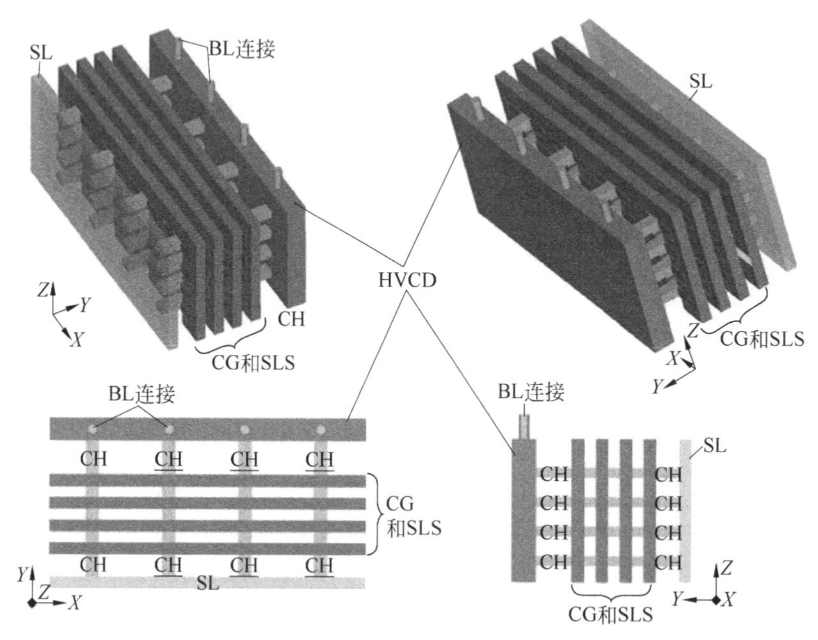

图 5.45　水平沟道和垂直沟道阵列的译码结构

5.8　工业界 3D 浮栅型 NAND Flash 结构

Micron 公司是浮栅型 3D NAND Flash 产品开发中最为活跃的公司。第一款浮栅 3D NAND Flash 结构是在 2015 年 IEDM(IEEE International Electron Devices Meeting)上发布的[16]。这款 NAND Flash 芯片容量为 256Gb MLC 或者 384Gb TLC。采用传统 3D C-FG 器件结构，有 32 层存储器件和额外的伪字线和选通管，SLS 和 BLS 都为氧化硅介质层晶体管结构。

此芯片的存储阵列形成在硅片上层，没有利用到硅片本身，外围电路设计在阵列下方的衬底中，节省了芯片面积，提高了存储密度。芯片共设计了 4 层金属布线：下两层用于阵列下方 CMOS 电路的互连，上面两层一层为位线和电源引线，另一层为全局互连。

2016 年，在 ISSCC(IEEE International Solid State Circuits Conference)上发布了一个 768Gb 的浮栅型 3D NAND Flash 芯片，而这一存储容量也创造了 Flash 容量记录。这一芯片同样采用 C-FG 垂直沟道结构，这次对外公布了很多将外围电路如何设计在阵列下方的细节，如图 5.46 所示。

通常，电路是在存储阵列同一层的旁边，如图 5.47 和图 5.48 所示。而在 Micron 公司

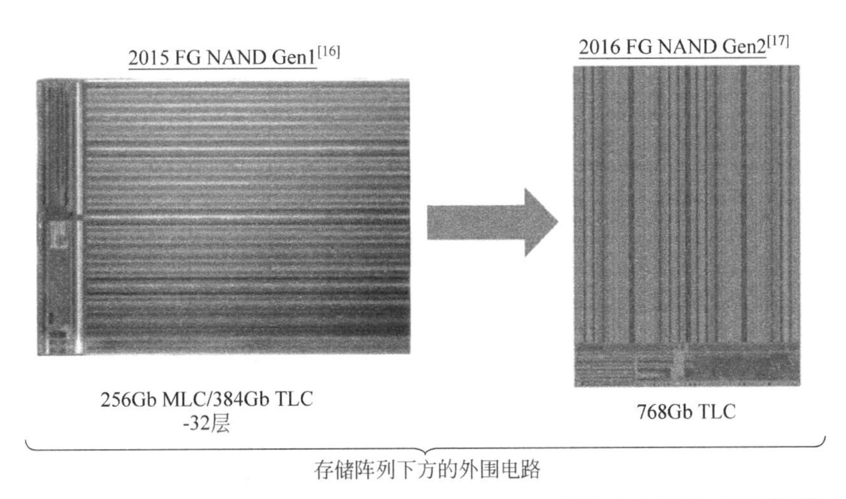

图 5.46 Micron 公司发布的浮栅型 3D NANDFlash 结构(图示非等比例)[16,17]

发布的芯片中,一部分电路包括页缓存,字线驱动电路,数据通路,块和行冗余电路都放在存储阵列下方。为了更好地说明,考虑只把页缓存移到阵列下方的情况,如图 5.49 和图 5.50 所示。从图 5.51 的底部视图中可以看到页缓存电路模块,它不需要占据整个阵列下方空间。剩余空间可以用来设计其他 CMOS 电路,如图 5.52 所示。

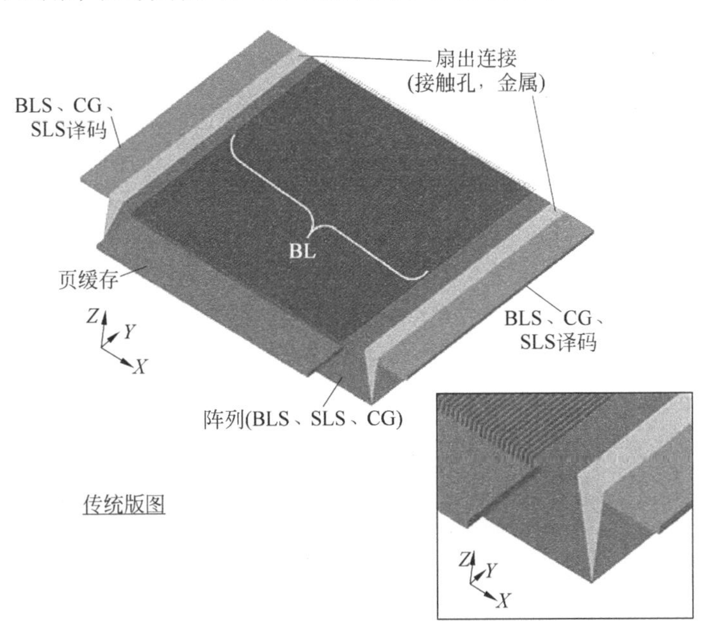

图 5.47 传统的存储阵列顶层完成的外围电路布线

这种结构的优势不仅仅是节省面积。由于页缓存和字线驱动电路就在它们负责处理的阵列下方,阵列结构支持将 BL 和 WL 分开的结构。阵列的分割有利于降低延迟,尤其是字线延迟,它是用多晶硅形成,具有很大的寄生电阻。同样,由于 SL 也就在它们处理阵列的下方,SL 的电压延迟可以降到最低,使得全位线灵敏放大结构更为可靠。

这种系统层创新证明了 3D 集成为更多的技术创新带来机会,同时浮栅型结构的可行

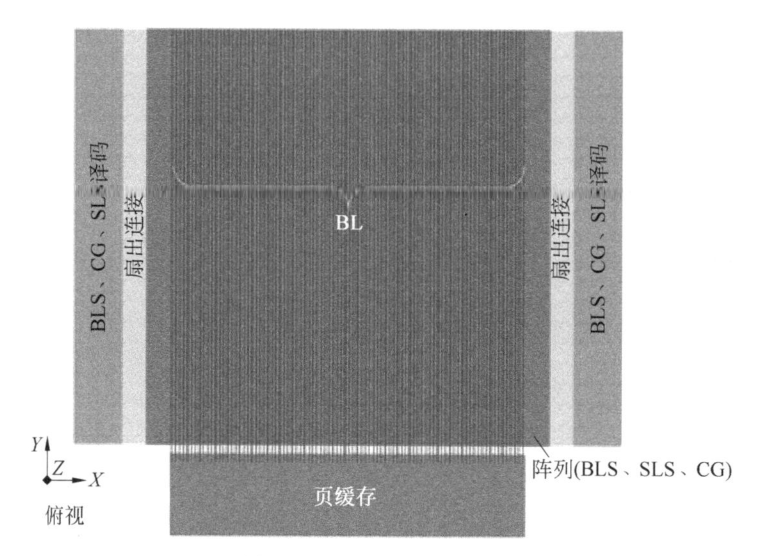

图 5.48　图 5.47 顶部视图

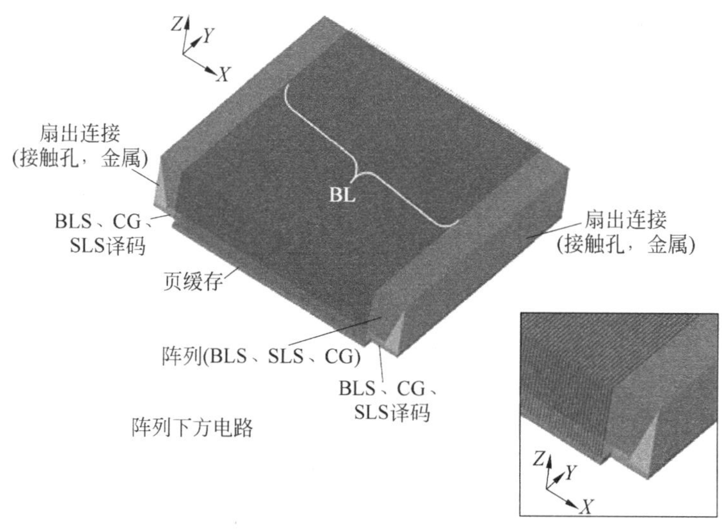

图 5.49　存储整列下方的页缓存结构

性也说明电荷俘获型 Flash 和浮栅型 Flash 之间的竞争还在继续。

在第 4 章和第 5 章的讨论结束之后，可以看到 3D NAND Flash 结构中最为重要的有两点。其中一点是存储器件自身的功能性和存储器如何形成 NAND 存储阵列。当然电荷俘获型 Flash 和浮栅型 Flash 需要完全不同的结构。另一点是 BL、WL、NAND 存储器串选通管和 SL 如何引出到译码器、灵敏放大器等外围电路的问题。本章中讨论的引出方法仅仅是一种可行方案，实际中会有更多的方法。

下一章将主要讨论目前最新的垂直沟道 3D NAND 结构细节，例如交错排列的存储器串和位线接触孔，这种结构可以将存储密度最大化。这些优化结构可以被其他类型的存储器件借鉴采用，所以对于 Flash 发展很有意义。

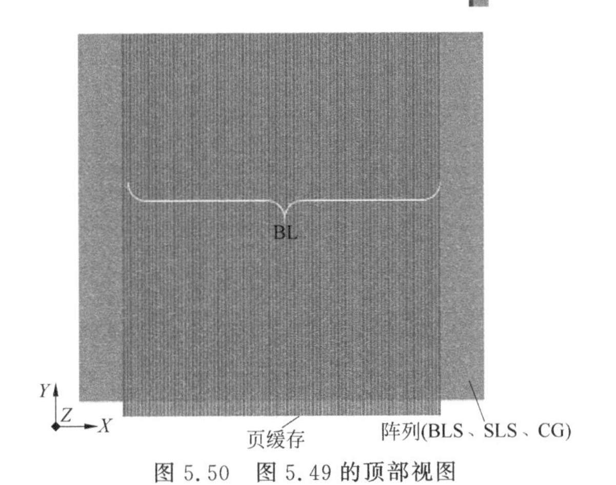

图 5.50 图 5.49 的顶部视图

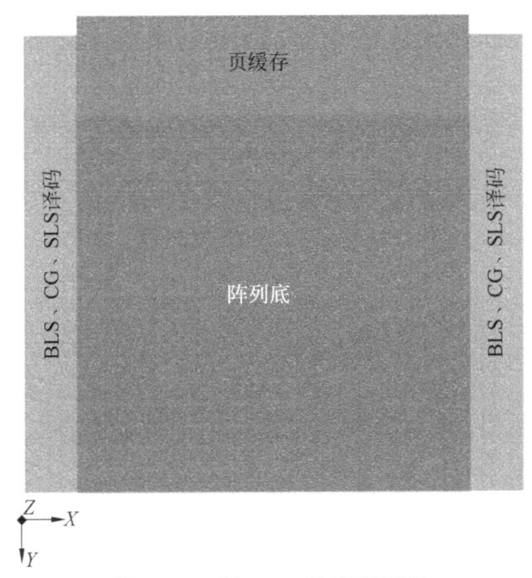

图 5.51 图 5.49 的底部视图

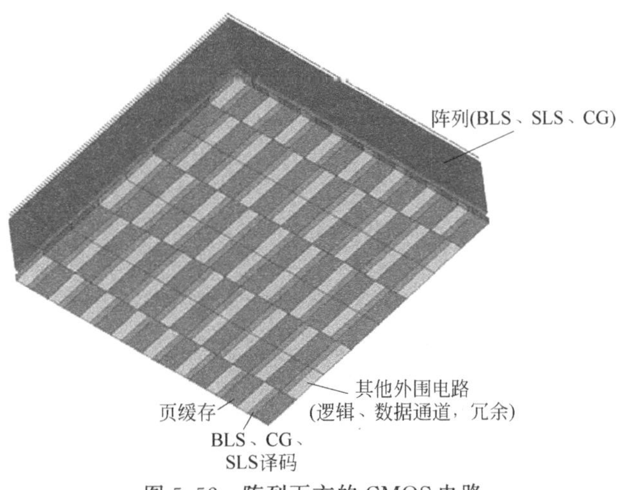

图 5.52 阵列下方的 CMOS 电路

参考文献

[1] Endoh T, et al. Novel ultra-high density flash memory with a stacked-surrounding gate transistor (S-SGT) structured cell[C]. IEEE International Electron Devices Meeting (IEDM) Technical Digest, 2001: 33-36.

[2] Endoh T, et al. Novel ultra-high density flash memory with a stacked-surrounding gate transistor (S-SGT) structured cell[J]. IEEE Transactions on Electron Devices, 2003, 50(4), 945-951.

[3] Endoh T, et al. Floating channel type SGT flash memory[J]. Transactions of the Institute of Electronics Information & Communication Engineers, 1999, 82: 134-135.

[4] Seo M S, et al. The 3-dimensional vertical FG NAND Flash memory cell arrays with the novel electrical S/D technique using the extended sidewall control gate (ESCG)[C]. IEEE International Memory Workshop(IMW), 2010: 1-4.

[5] Seo M S, et al. 3-D Vertical FG NAND flash memory with a novel electrical S/D technique using the extended sidewall control gate[J]. IEEE Transactions on Electron Devices, 2011, 58(9): 2966-2973.

[6] Whang S, et al. Novel 3-dimensional dual control gate with surrounding floating-gate (DC-SF) NAND flash cell for 1 Tb file storage application[C]. IEEE International Electron Devices Meeting (IEDM), 2010: 668-671.

[7] Noh Y, et al. A new metal control gate last process (MCGL process) for high performance DC-SF (dual control gate with surrounding floating gate) 3D NAND Flash memory[C]. Symposium on VLSI Technology, 2012: 19-20.

[8] Nishi Y. Advances in Non-volatile Memory and Storage Technology (chapter 3: Multi-bit NAND flash memories for ultra-high density storage devices) [M]. Swanston: Woodhead Publishing, 2014.

[9] Campardo G, et al. Memory Mass Storage (chapter 7: High-capacity NAND flash memories: XLC storage and single-die 3D) [M]. Berlin: Springer, 2011.

[10] H. Yoo et al. New read scheme of variable Vpass-read for dual control gate with surrounding floating gate (DC-SF) NAND flash cell[C]. IEEE International Memory Workshop (IMW), 2011: 1-4.

[11] S. Aritome et al. Advanced DC-SF cell technology for 3-D NAND flash[J]. IEEE Transactions on Electron Devices, 2013, 60(4), 1327-1333.

[12] M. S. Seo et al. A novel 3-D vertical FG nand flash memory cell arrays using the separated sidewall control gate (S-SCG) for highly reliable MLC operation[C]. IEEE International Memory Workshop (IMW), 2011: 1-4.

[13] Seo M S, et al. Novel concept of the three-dimensional vertical FG NAND Flash memory using the separated-sidewall control gate[J]. IEEE Transactions on Electron Devices, 2012, 59(8): 2078-2084.

[14] Seo M S. Highly scalable 3-D vertical FG NAND cell arrays using the sidewall control pillar (SCP) [C]. IEEE International Memory Workshop (IMW), 2012: 1-4.

[15] Sakuma K, et al. Highly scalable horizontal channel 3-D NAND memory excellent in compatibility with conventional fabrication technology[J]. IEEE Electronics Device Letters, 2013, 34(9): 1142-1144.

[16] Parat K, Dennison C. A floating gate based 3D NAND technology with CMOS under array[C]. IEEE International Electron Devices Meeting (IEDM), 2015.

[17] Tanaka T, et al. A768Gb 3 b/cell 3D-floating-gate NAND Flash memory[C]. IEEE International Solid-State Circuits Conference (ISSCC), Digest of Technical Papers, 2016: 142-143.

第6章

垂直沟道型3D NAND Flash的最新结构

6.1 简介

3D架构的一个衡量基准是存储密度(storage density)。对于一个给定的Flash芯片裸片,存储密度是指芯片裸片中的存储容量(Die_Capacity)与其所占硅面积(Die_Size)之比

$$\text{Bit\_Densit}=\frac{\text{Die\_Capacity}}{\text{Die\_Size}} \tag{6.1}$$

其中,Die_Capacity单位为bit,Die_Size单位为mm^2。

Die_Size包括存储矩阵的面积A_{MAT}与外围电路面积(如:行列译码器、电荷泵、灵敏放大器等)A_{PERI}

$$\text{Die\_Size}=A_{MAT}+A_{PERI} \tag{6.2}$$

一般来讲,A_{MAT}比A_{PERI}的值大。对于一个平面器件A_{MAT}为

$$A_{MAT}=\frac{\text{Die\_Capacity}\cdot A_{CELL}}{n_{bitpercell}} \tag{6.3}$$

A_{CELL}是单个存储单元的面积,$n_{bitpercell}$是单个存储单元中所存储的逻辑位的数量。

对于一个一般的3D存储器阵列,如图6.1所示。式(6.3)变为

$$A_{MAT}=\frac{\text{Die\_Capacity}\cdot A_{CELL}}{L_n\cdot n_{bitpercell}} \tag{6.4}$$

L_n为存储器的层数即控制栅面的数量,A_{CELL}为

$$A_{CELL}=D_x\cdot D_y \tag{6.5}$$

因此,增加存储器的堆叠层数或者减小D_x与D_y的尺寸都可以降低总面积。值得注意的是式(6.5)没有考虑阵列因素。

本章所描述的所有架构方法都可用于浮栅和电荷俘获Flash单元,如图6.2所示。

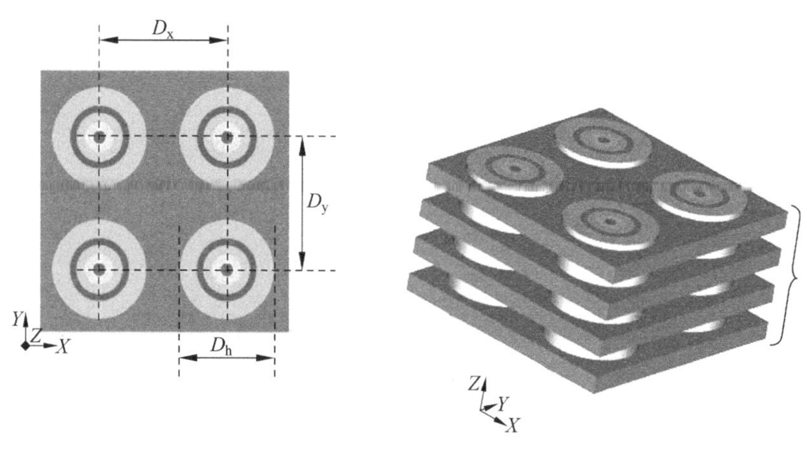

图 6.1　三维存储器阵列

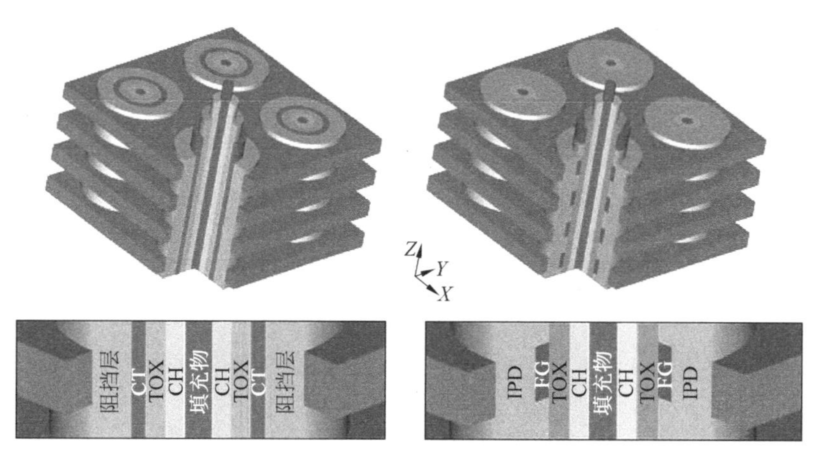

图 6.2　3D NAND Flash 单元：电荷俘获和浮栅

6.2　传统柱(孔)形结构

为建立一个完整的 3D NAND Flash 矩阵，仅当单元沿着 X 轴和 Y 轴无中断且重复时，式(6.4)仍有效，如图 6.3 和图 6.4 所示。因为增加的 SL、BLS、SLS 和 16 层 CG 不会改变横截面 X-Y，故不会改变此方程。

如前几章所述，这样的结构存在两个主要问题：

(1) 写入和读取干扰(第 2 章)；

(2) SL 层不能是整个大层，因为它的寄生电阻过高，因此需要金属网。

在图 6.3 基础上，图 6.5 增加了位线和位线引线。

与平面阵列相比，3D NAND 因为相同的控制栅层，存在更多页，所以更容易存在写入干扰[2,3]。下面的例子有助于更好地理解该问题。如图 6.6 所示，进行写入的存储单元的栅极偏压为 V_{PGM}，对应的位线接地，BLS0 是开启的，其余所有的 BLS 是关闭的，因此柱形被抑制(得益于沟道电压升高的影响，见第 2 章)，也就是说，在平面阵列中写入干扰在 X 方

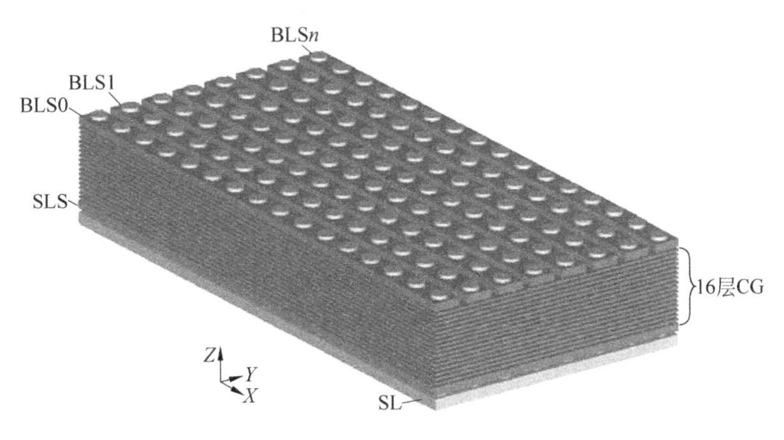

图 6.3　柱形结构的 3D NAND Flash 矩阵

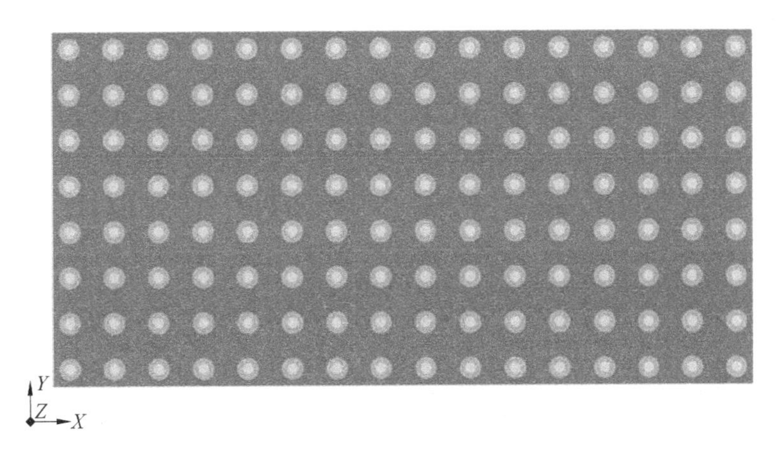

图 6.4　图 6.3 的俯视图

向上被限制，在 3D 结构中，它也沿着 Y 方向传播。因此，全部干扰量与每 CG 层的柱数量成比例。

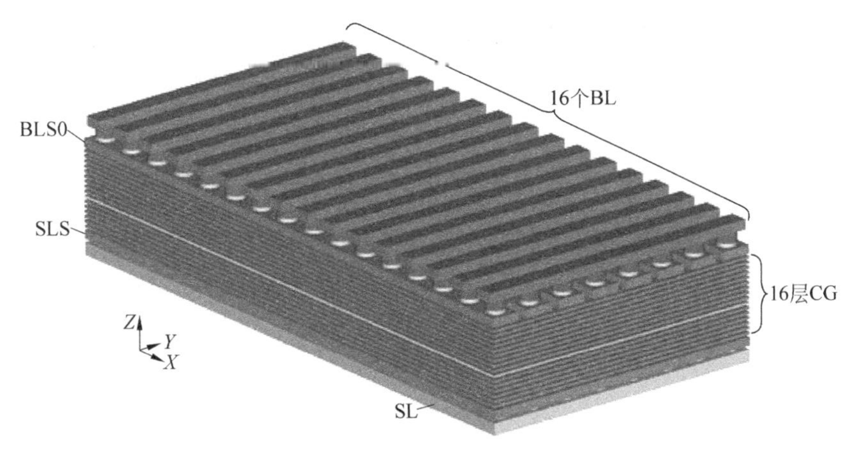

图 6.5　垂直沟道的 3D NAND Flash 矩阵

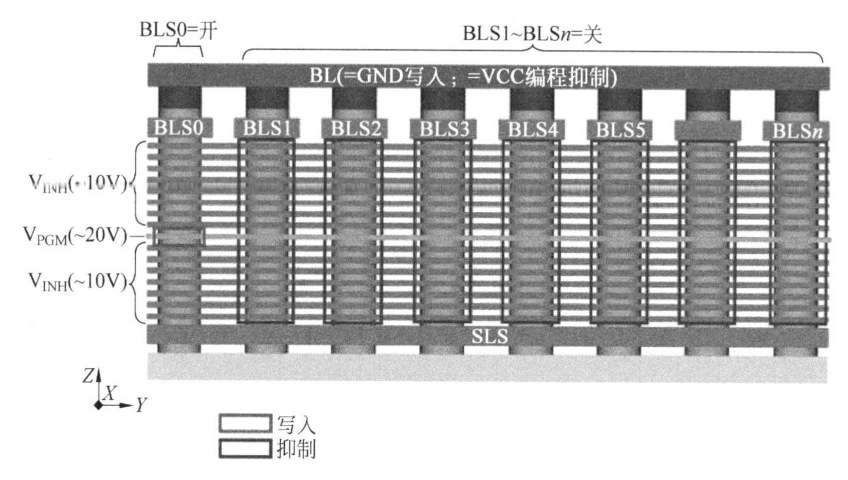

图 6.6　写入干扰

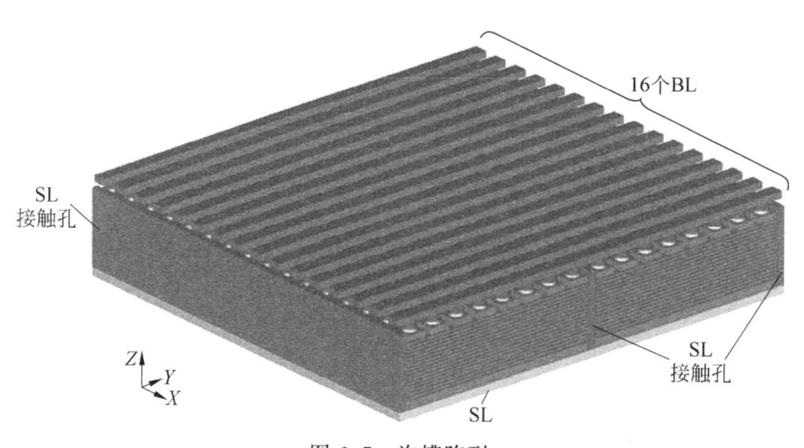

图 6.7　沟槽阵列

当然，同样的现象也应用于读取干扰中。

为了限制干扰传播，有必要减少 CG 层的尺寸大小。通常的做法是在阵列中引入沟槽，如图 6.7 和图 6.8 所示。一旦 CG 层确被切断，沟槽自身的空间可用于减少源线电阻，如第 4 章所述。值得注意的是，越小的 CG 层也对应越小的逻辑块，这在固态硬盘的数据管理中是非常重要的[4]。

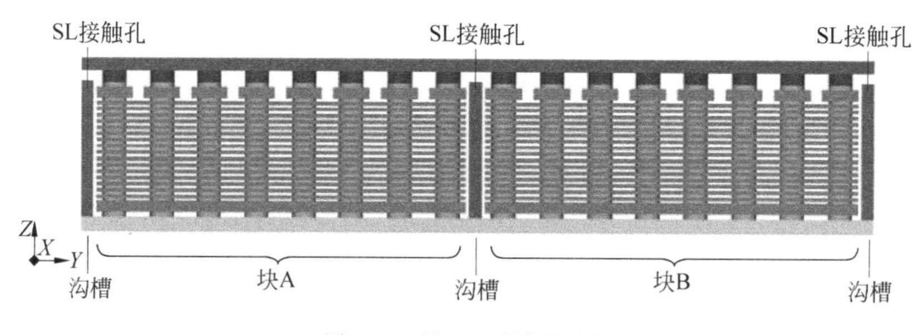

图 6.8　图 6.7 的侧视图

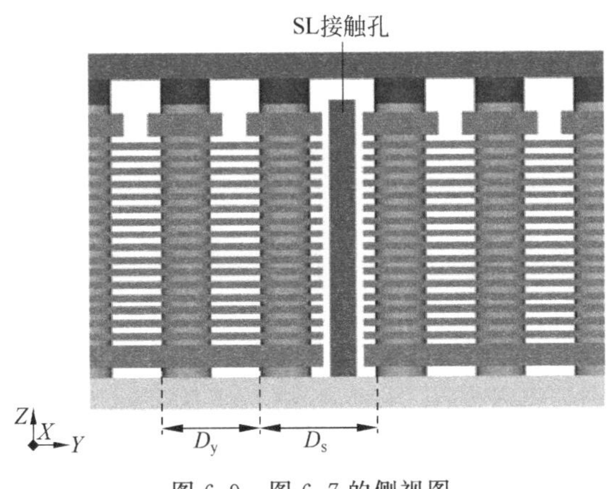

图 6.9 图 6.7 的侧视图

因为矩阵在 Y 方向上变宽，则就硅面积来说位于阵列底侧的沟槽是代价。参考图 6.9，每个 NAND 块上的沟槽 D_{oh} 是

$$D_{oh} = D_s - D_y \tag{6.6}$$

其中，D_s 是沟槽在中间的柱距。

在 NAND 块的 p 柱中，沿着 Y 方向上方是共享的，因此每个存储单元的有效上方 D_{oheff} 是

$$D_{oheff} = \frac{D_s - D_y}{p} \tag{6.7}$$

因此，有效单元面积 A_{cell_eff} 是

$$A_{cell\_eff} = D_x \cdot (D_y + D_{oheff}) \tag{6.8}$$

在式(6.4)中，A_{cell_eff} 可以替代 A_{cell}。实际上，每控制栅层中更高的柱数可以提高位密度，但会增加写入和读取的干扰。

6.3 交错柱(孔)形阵列

图 6.1 中 NAND 串柱(String Pillars)是简单的矩阵排列；换句话说，2 个相邻行(列)的孔沿 $Y(X)$ 轴对准。本节提出一个新型的布局，交错柱形(Staggered Pillars)，此阵列的尺寸可沿着某一方向减少[5,7]。

简化图 6.1，使 $D_x = D_y = D$，得到图 6.10(a)。图 6.10(b)中，以 D 为半径，O 为圆心画圆，并且旋转第二行的柱中心 A 到点 B，BC 的长等于 D。

用该方法，所有柱中心间距均为 D，但是沿着 Y 轴的尺寸即第一个行和第二行(交错行)的距离减小了 Δy。

同时，矩阵沿着 X 方向增加了 Δx，因为 X 是沿着字线方向(图 6.7)，Δx 是指每个字线方向的增加量，如今，每个字线由 16KB 组成，所以 Δx 被忽略了。

此时，式(6.5)改写为

$$A_{cell} = D \cdot (D - \Delta y) \tag{6.9}$$

由图 6.11 可计算出 Δy

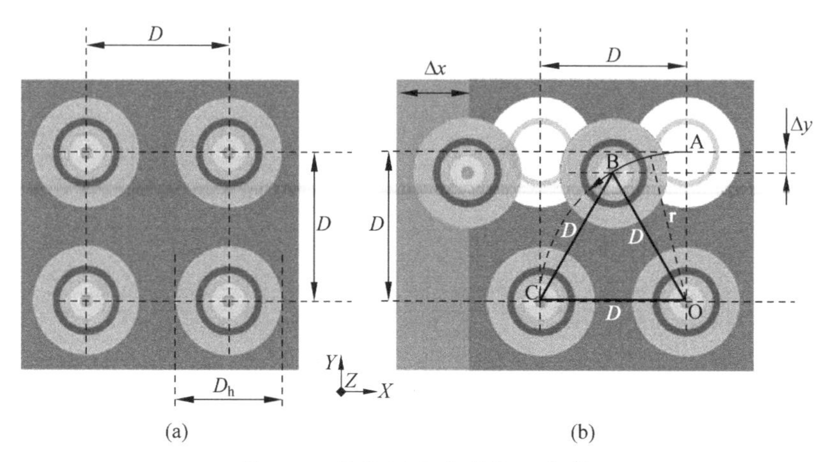

图 6.10 传统(a)和交错柱(b)架构

$$\Delta y = D - D\cos\alpha = D\left(1 - \cos\frac{\pi}{6}\right) \tag{6.10}$$

总之,这种布局变化使得矩阵尺寸沿着 Y 方向显著减少了 13.5%。

当然,当 D_x 与 D_y 值不同时上文所有的计算都适用,如图 6.12 所示,在这种情况下,Δy 的值为

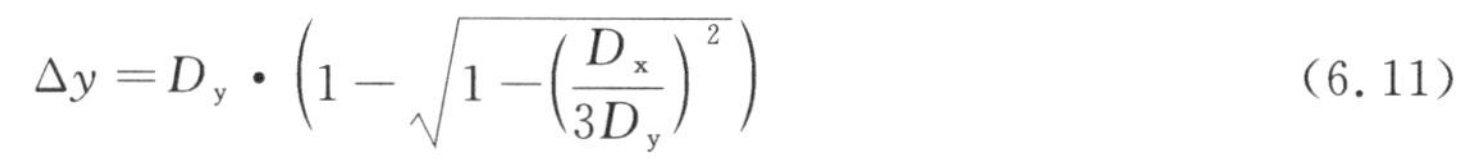

$$\Delta y = D_y \cdot \left(1 - \sqrt{1 - \left(\frac{D_x}{3D_y}\right)^2}\right) \tag{6.11}$$

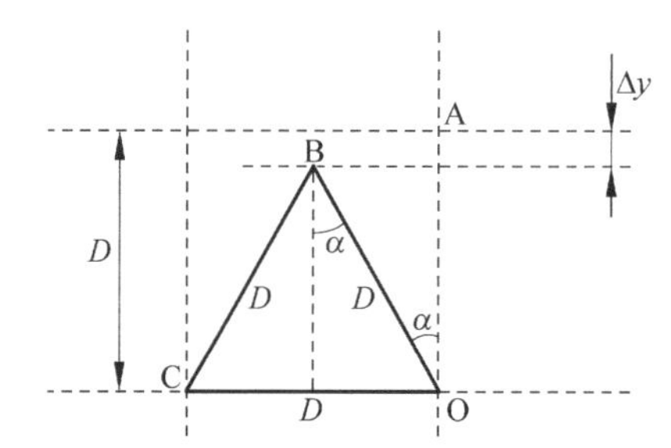

图 6.11 在 $D_x = D_y = D$ 条件下的 D_{ry} 计算结果

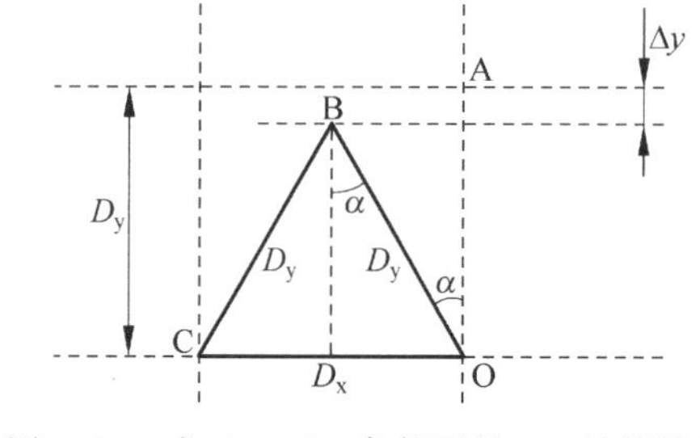

图 6.12 在 $D_x \neq D_y$ 条件下的 D_{ry} 计算结果

因此,式(6.8)变为

$$\Delta_{\text{cell\_eff}} = D_x \cdot \left(D_y\sqrt{1 - \left(\frac{D_x}{3D_y}\right)^2} + D_{\text{oheff}}\right) \tag{6.12}$$

当保存硅面积时,上述交错技术对位线密度有主要影响,如图 6.13 和图 6.14 所示,这是由在 X 方向上奇偶交错所引起的。一般而言,X 对应了字线方向,位线在 Y 方向。

因为位线数量是传统方法的两倍,交错柱简化了 BLS 编码。实际上,奇数柱和奇数位线相连,偶数柱和偶数位线相连,如图 6.13 所示。因此,每一对奇偶连接组合位线选择器可以并行驱动,也就是说,晶体管可以缩短(短路),如图 6.15 所示。

如果保持每个 NAND 块的柱数量不变(即 8×16),如图 6.13 所示。因此,当块尺寸不变时,页尺寸翻倍。由于 BLS 数量减半,写入干扰也减半。因此,可以改变 X 方向上的柱数量以适应 NAND 产品规格。

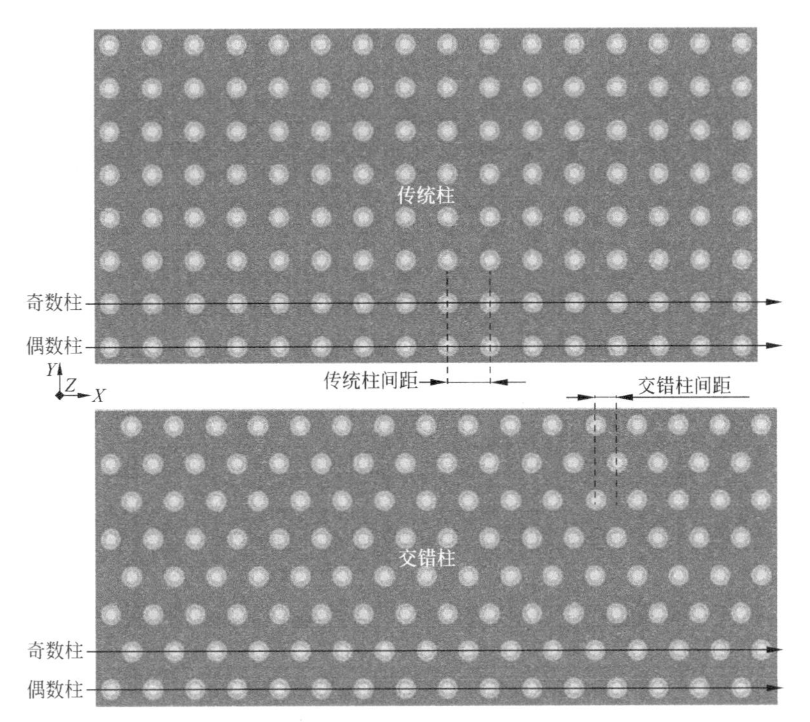

图 6.13 传统柱结构与交错柱结构

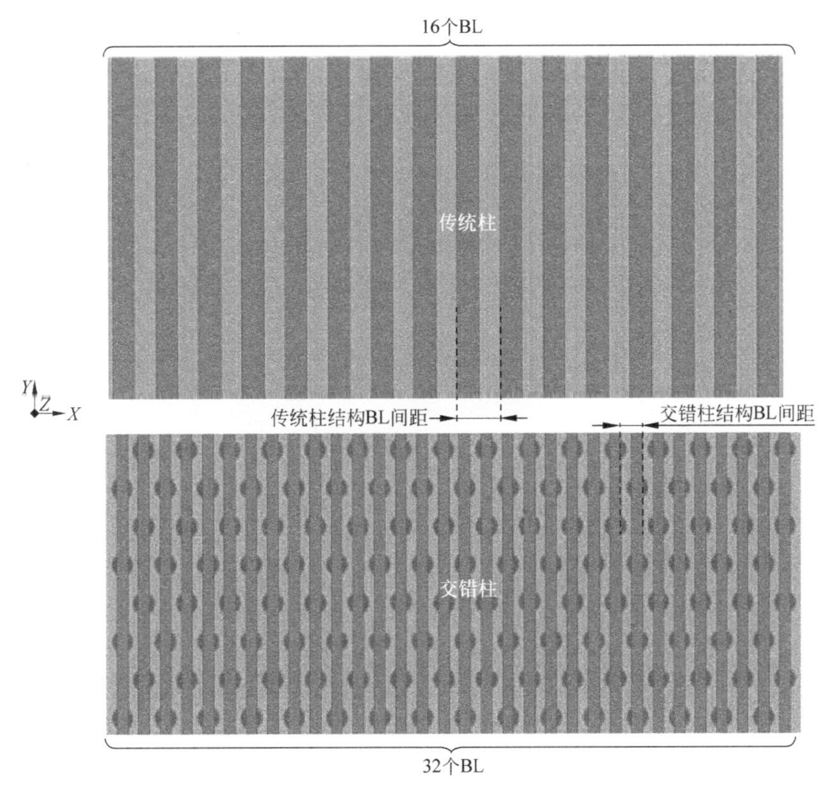

图 6.14 交错柱对 BL 密度的影响

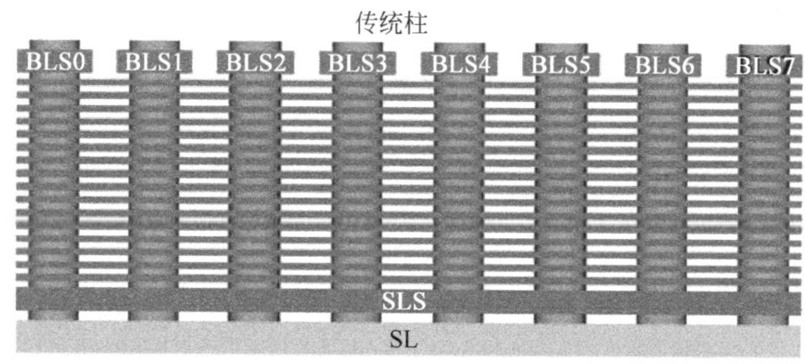

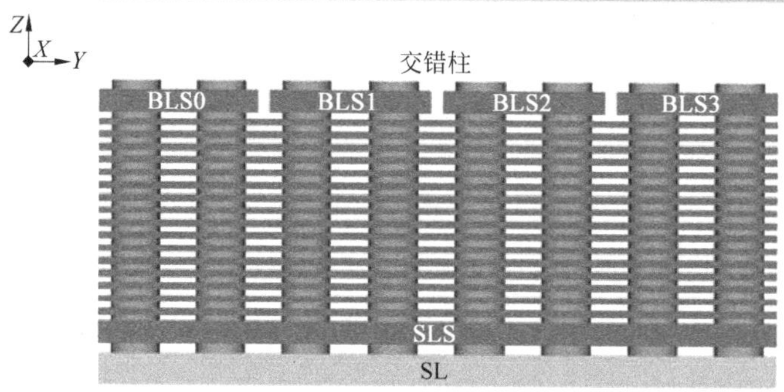

图 6.15 交错柱对 BLS 解码的影响

此处,在字线方向上的柱交错排列后,可以重绘图 6.5 的 NAND 阵列,如图 6.16(a)所示。可以注意到,4 个 BLS 代替了 8 个,16 个 BL 代替 32 个 BL。为更好地鉴别细节,图 6.16 包括了 2 个局部放大图:图 6.16(b)显示了俯视图,明确显示了 BLS 是如何变短的;图 6.16(c)呈现了仰视图,图中移除了所有除位线和位线连接线外的层。

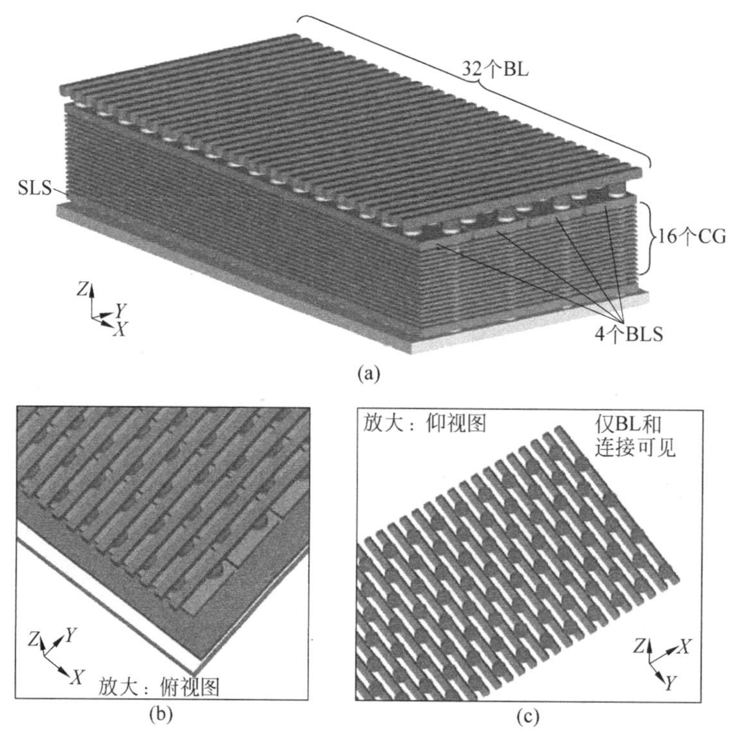

图 6.16 交错柱的 3D NAND Flash 矩阵。(a) NAND 阵列;(b) 俯视;(c) 仰视

当然，该交错技术可以与沟槽架构相结合，这在之前的章节有过介绍，会形成如图6.17和图6.18所示的存储阵列，其中2个NAND块被用来做示例。

在第4章和第5章中，所有具有垂直沟道的3D NAND架构可以用交错柱修正，这将在下一节介绍。

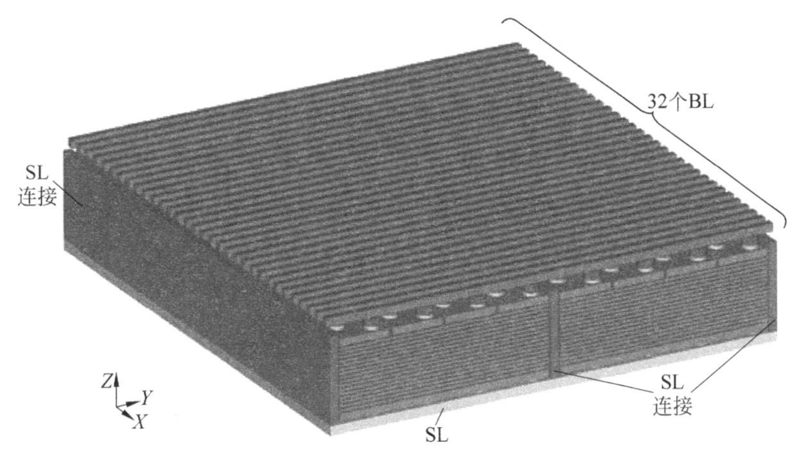

图6.17　交错柱和沟槽(2块)的3D NAND阵列

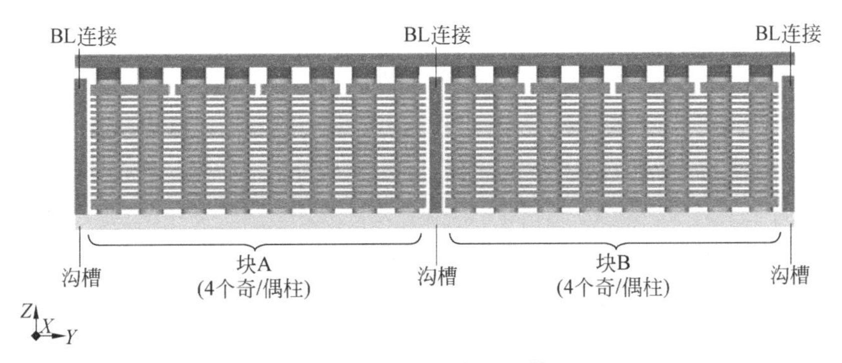

图6.18　图6.17的 *Y-Z* 截面

6.4　交错柱形的P-BiCS

图6.19是一个具有交错柱结构的P-BiCS阵列。为更加具体地描述3D垂直沟道架构，可参见第4章。

当移除位线和源线后，阵列如图6.20所示：交错柱在SLS和BLS组是可见的。管道结构难以在俯视图中可视化。因此，有必要从底部看阵列，如图6.21所示。同样的，NAND串同样是该方向可见的。

图6.22和图6.23分别是图6.19的前视图和后视图。每个NAND串有32个存储单元，管道(Pipe)每侧各16个。实际上，从CG0到CG31，有32层。如第4章所描述的，标号相同的控制栅如(G31)在阵列之外的扇出区域可以短接在一起。

值得强调的是，在图6.22中，SLS与BLS的控制栅有相同的厚度。这显然是3D集成

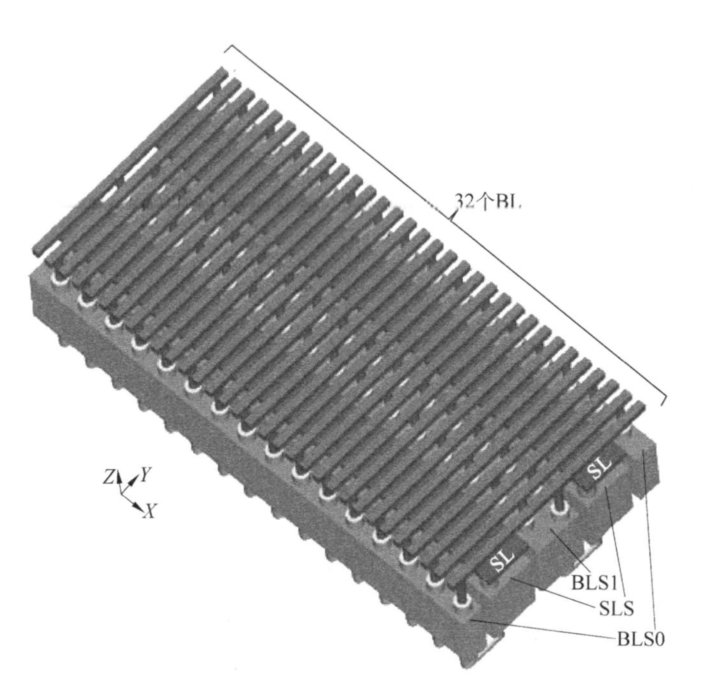

图 6.19　交错柱形的 P-BiCS

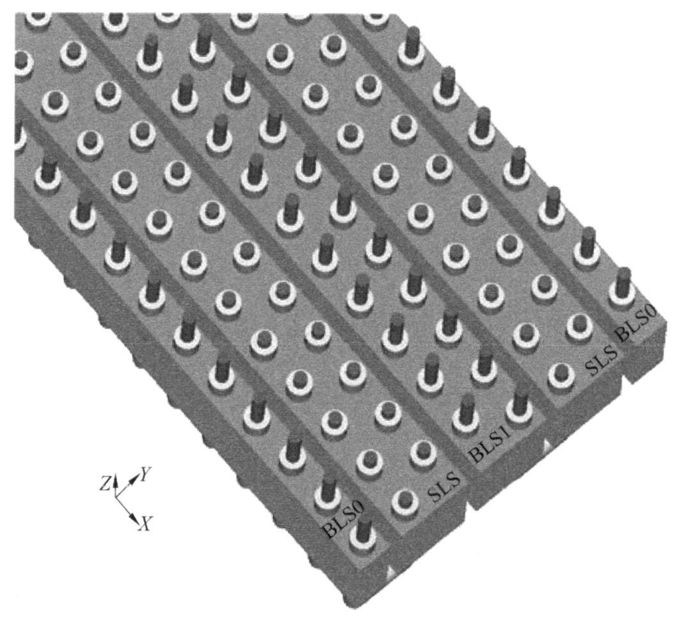

图 6.20　移除位线源线后的交错柱的 P-BiCS

的一个很大的优势,但是用于单元设计时需要谨慎。

选通管也有可能需要两个或三个存储器串联(Cell-Type String Select Transistor)[8],在这种情况下,作为选通管的单元应像其他正常单元一样被写入。最上面堆叠的 Dummy 层可以阻止位线引线处 n+区域向选通管下方的沟道扩散:写入抑制时,必须保持升高电压。这种方法在 P-BiCS 中不受限制,可与其他类型的电荷俘获单元结合。

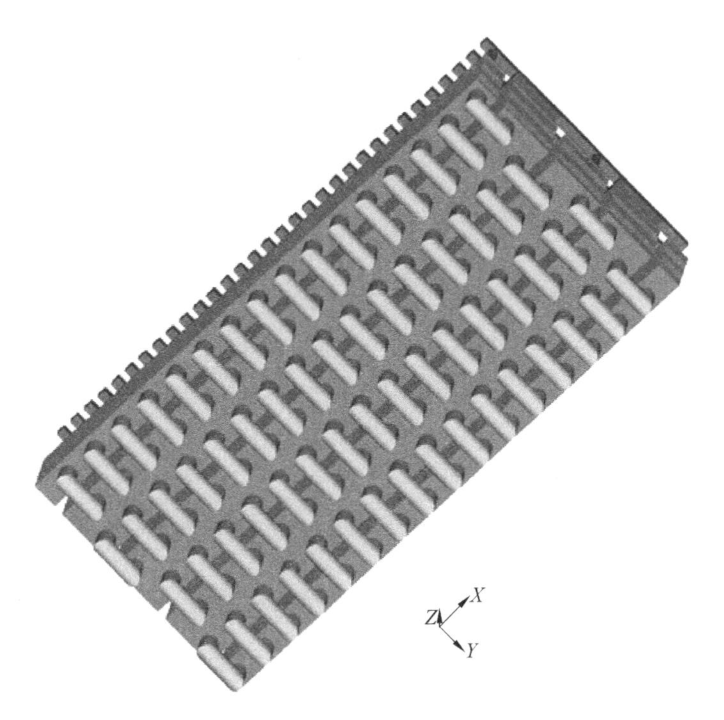

图 6.21 交错支柱的 P-BiCS 的仰视图

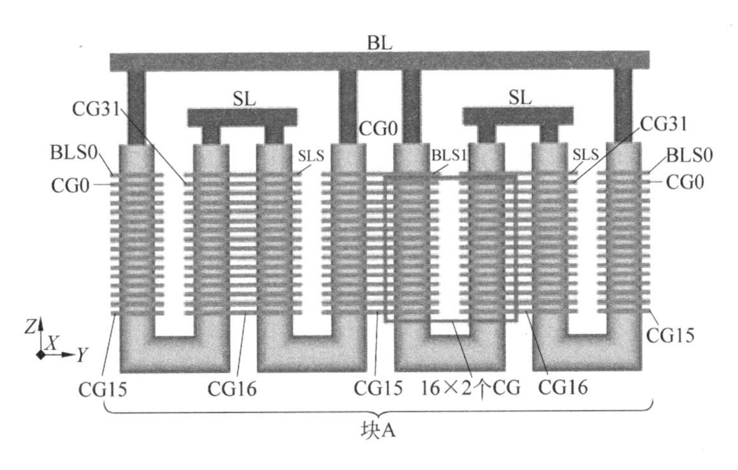

图 6.22 图 6.19 的 Y-Z 截面

图 6.22 中有两个信号控制 BLS，即 BLS0 和 BLS1，还有一个信号，即 SLS，对于 SLS：请谨记据有相同名字基于信号的层在存储器之外的扇出区域被短路。

值得特别关注的在 BLS0 处的选通管，事实上，可以被看做是沟槽选通管(split selector)。图 6.22 左部分的 BLS0 选择奇数柱中的行，而图 6.22 右部分的 BLS0 则用来选择偶数柱中的行。图 6.24 可以更好地帮助理解，当编辑一页时，所有的 BL 都需要携带一些信息。如图 6.24 中，最上方与最下方的 BLS0 应被开启。同样 BLS1 也适用。显然，在整个 NAND 中 SLS 可以是共用的，由 BLS0 与 BLS1 选择需要的 NAND 存储串。

将图 6.22 沿着 Y 轴复制，即可得到有 2 个 NAND 块的存储阵列，如图 6.25 所示。请

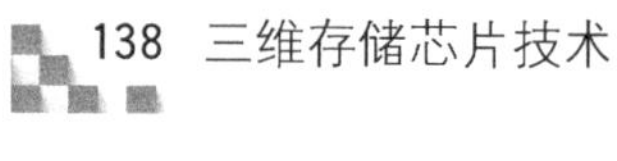

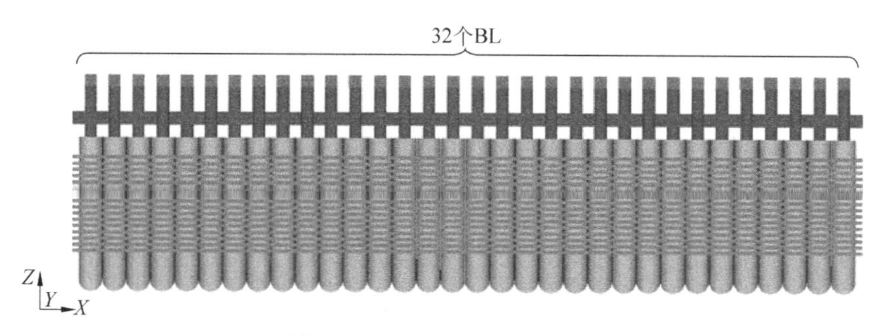

图 6.23　图 6.19 的 Y-Z 截面

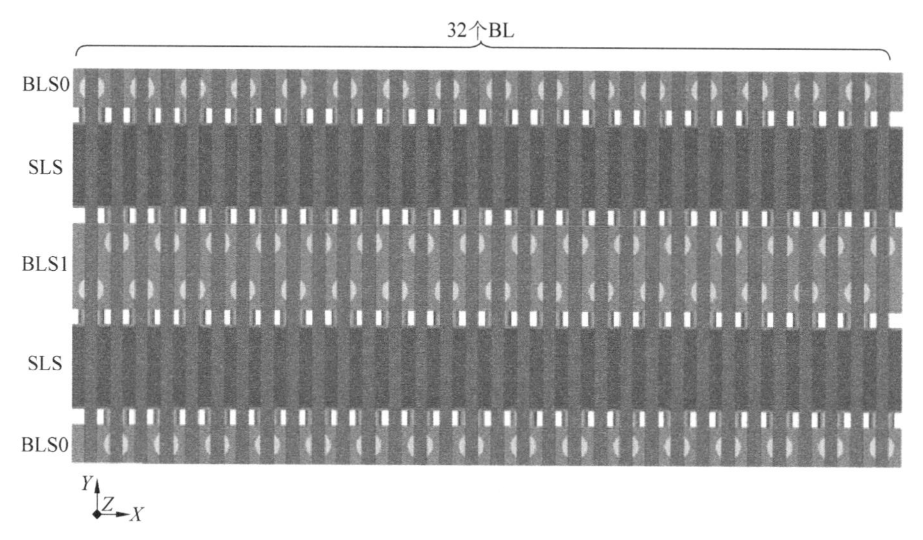

图 6.24　图 6.19 的俯视图

注意位线是共享的，但是接触孔却是被不同信号(BLS0A、BLS1A、BLS0B、BLS1B)控制的，为了减少干扰以及寄生负载，控制栅亦被分离。

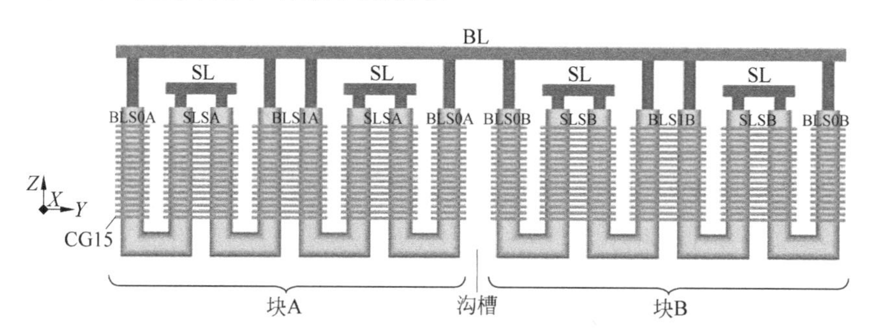

图 6.25　2 个 NAND 块和交错支柱的 P-BiCS 阵列

图 6.26 是图 6.25 的俯视图。通常情况下，沟槽用来隔离 NAND 块。图 6.27 的仰视图强调 3D NAND 底部的控制栅的逻辑意义：它可以是 CG15 或者 CG16，取决于在 NAND 串中的位置。

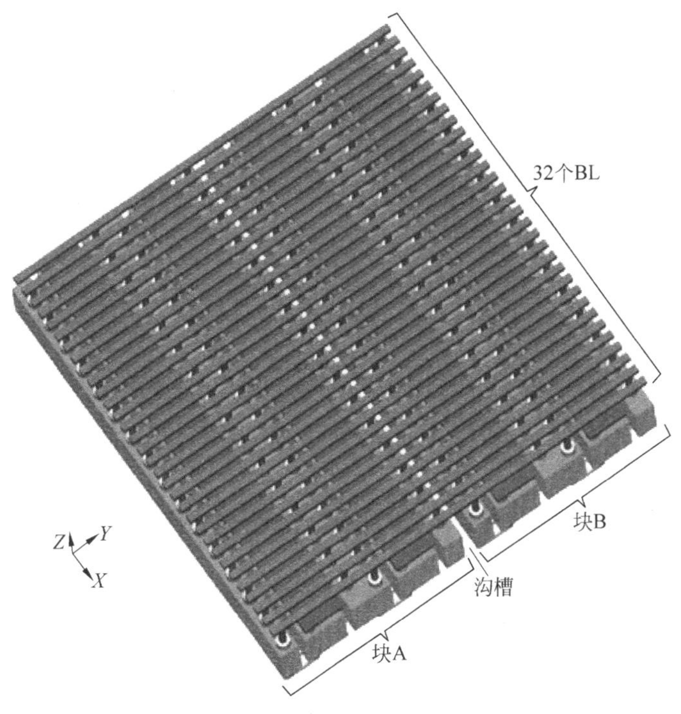

图 6.26 图 6.25 的俯视图

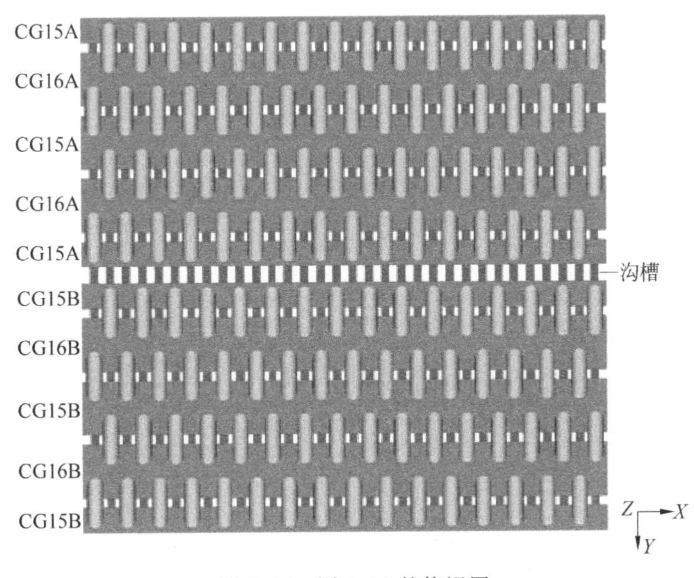

图 6.27 图 6.26 的仰视图

6.5 单片奇-偶行存储器串

为最小化写入和读取干扰，最佳的可能结构如图 6.28 所示。基本上，每个控制栅极层用于每对奇偶行柱。换言之，在 Y 方向的每两行柱中存在沟槽。这种结构被称为单片奇-偶行存储器串(Monolithic Even-Odd Rows of Pillars,MEOP)。

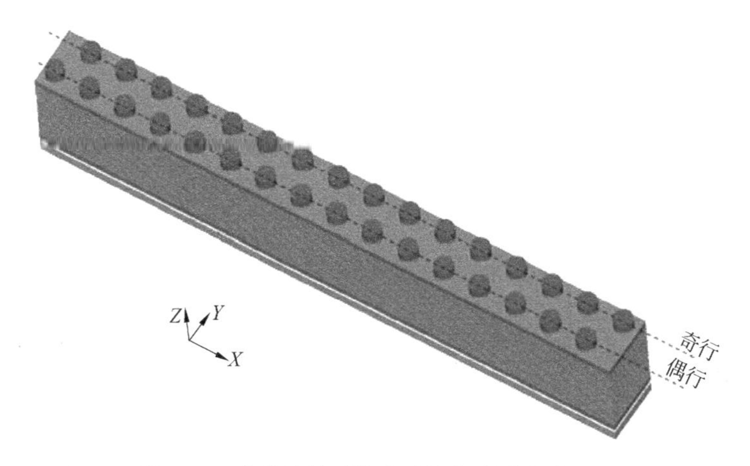

图 6.28　位线连接下的成对的奇-偶支柱中的行

因为每行柱体具有一个和源线的侧面连接,这种结构允许非常密集的源线网格,如图 6.29 所示。当然,所有的附加沟槽对位密度存在负面影响。

多重单片奇偶柱可以沿着 Y 方向放置以构建 3D NAND 阵列,如图 6.30 所示。正如预期所示,由垂相源线连接形成的源线网格非常密集。

在此例中,有 8 个 MEOPS,从 MEOPS-A 到 MEOPS-H,如图 6.30 所示。通过短接控制栅,NAND 存储块可以由多个 MEOP 构成。通过连接 2 个 MEOPS 构成 4 个 NAND 块(即 A′、B′、C′和 D′):写入干扰增加一倍,但对源线电阻没有影响。若连接 4 个 MEOP,那么图 6.30 将会趋近于图 6.17(即,它们具有同样的写入和读取干扰),因为只有 2 个逻辑 NAND 块(A″,B″),但是与源线层的连接数量显著增高。

不同 MEOP 的控制栅可以在扇出区域短接,一个典型的解决方案草绘图如图 6.32 和图 6.33 所示。

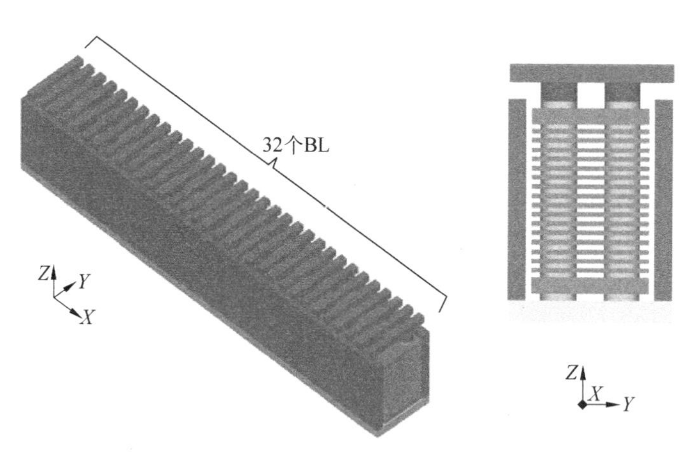

图 6.29　源线连接下的成对的奇偶支柱中的行

为什么写入和读取干扰增加时需要把 MEOP 短接在一起?原因在扇出区域的控制栅。实际上,如图 6.33 所示,3D 存储阵列 16 层中的每一层都需要与字线驱动所连接。但连接

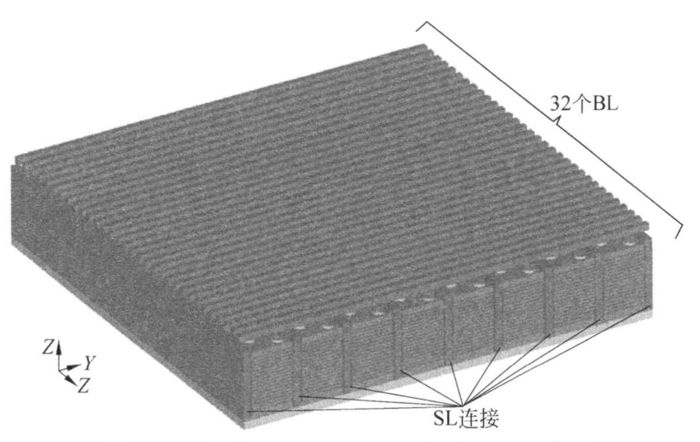

图 6.30 基于单片奇偶支柱的 3D NAND 阵列

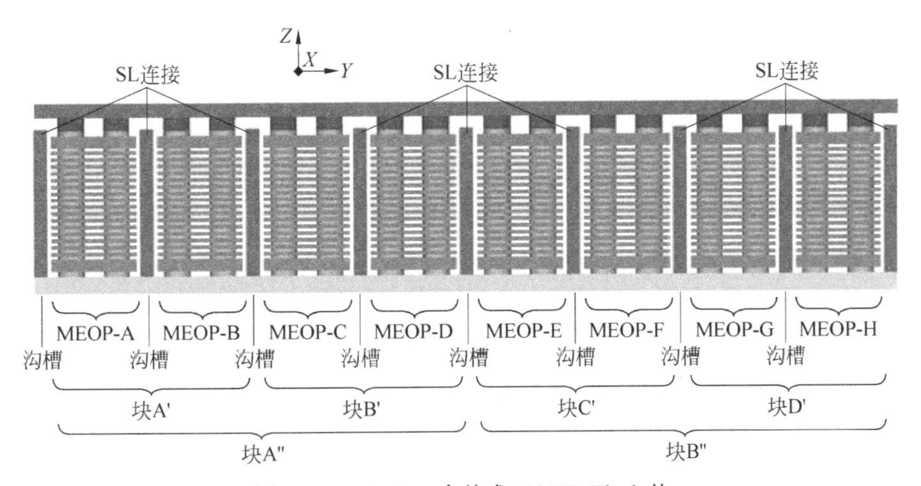

图 6.31 MEOPs 合并成 NAND Flash 块

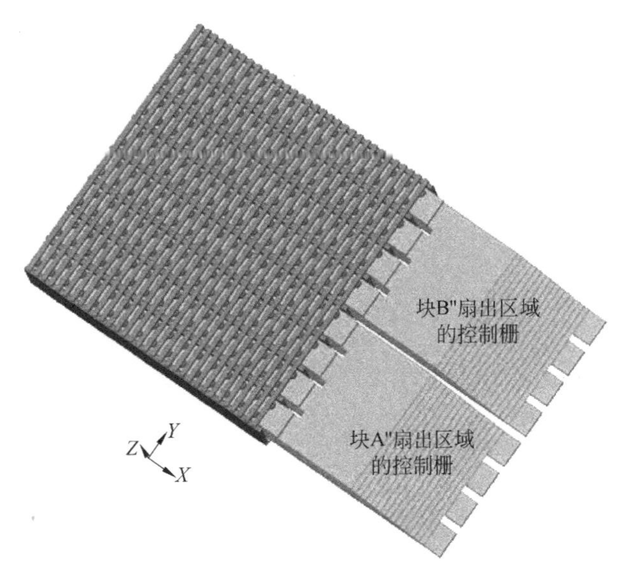

图 6.32 图 6.30 的俯视图

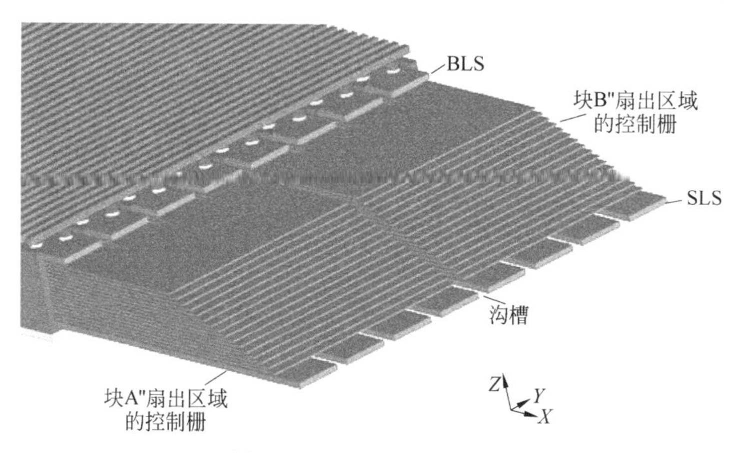

图 6.33　图 6.32 的俯视图

16 层中的 2 行柱与连接 16 层中的 8 行柱是完全不同的。就线密度而言，后者显著增加了挑战性。当然，随着控制栅层的数量增加，这将更加困难。

6.6　交错位线互连

如 6.3 节所述，交错柱就是使用 2 行柱来构建 NAND 中的页，如图 6.13 所示，区域中保存以两倍位线密度为代价。

这种架构可以用交错位线连接法加以改进。图 6.34 呈现了一个由 2 对奇偶行柱构建的 NAND 页。在目前研究的所有 3D 存储器阵列中，已经有每个列柱有一个位线，但现在需要在每个列柱中有 2 个位线，一个位线用来连接第 0 对的偶数行柱，另一条用来连接第 1 对的奇数行柱，如图 6.34 所示。

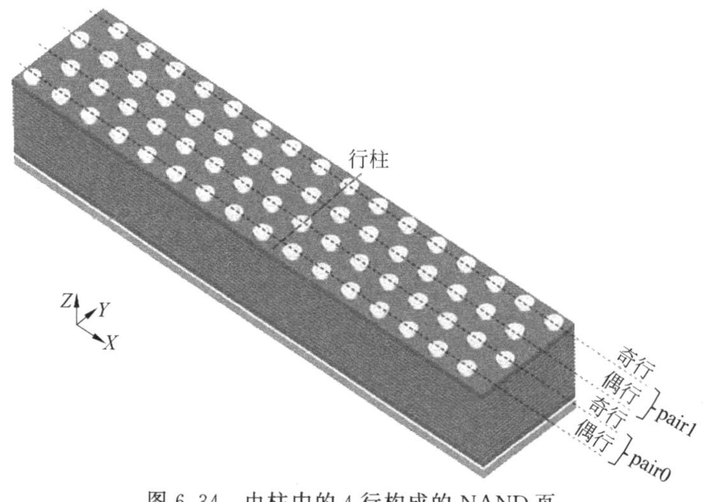

图 6.34　由柱中的 4 行构成的 NAND 页

图 6.35 阐明了交错位线连接的概念。图 6.35(a)的第一层是 3D 存储阵列的俯视图。图 6.35(b)是位线梳。可以清晰地发现，2 个位线需要适应单个列柱。位线将所有与柱的连

接部分藏于底部。在图 6.35(c)中,位线是透明的,这种情况下,位线连接和柱连接是可见的。

图 6.36 是图 6.35 的放大版,可以更清晰地看到交错位线的连接。

图 6.37 是图 6.34 的 3D 视图:仰视图有助于形象化在柱线连接上的交错位线连接。值得注意的是,在图 6.30 中,64 个位线替代了 32 个位线。通过增加 SL 连接,矩阵变成了图 6.38 所示,这和图 6.29 是等价的。

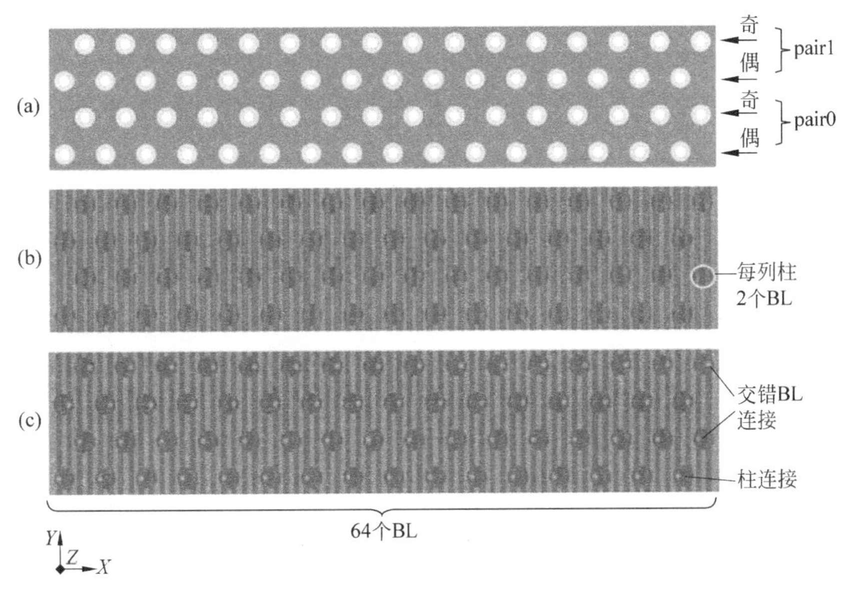

图 6.35　交错位线连接

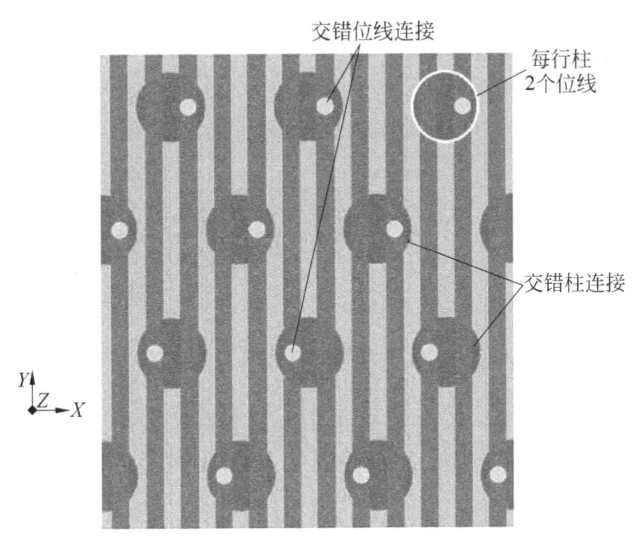

图 6.36　交错柱结构上的交错位线连接

利用交错位线连接重构图 6.30 的矩阵来做对比。当然,假定一个固定的层数(即 16 层),8 对行柱和 32 个列柱,因此全部单元数量是相同的。图 6.39 的矩阵是图 6.30 的矩阵

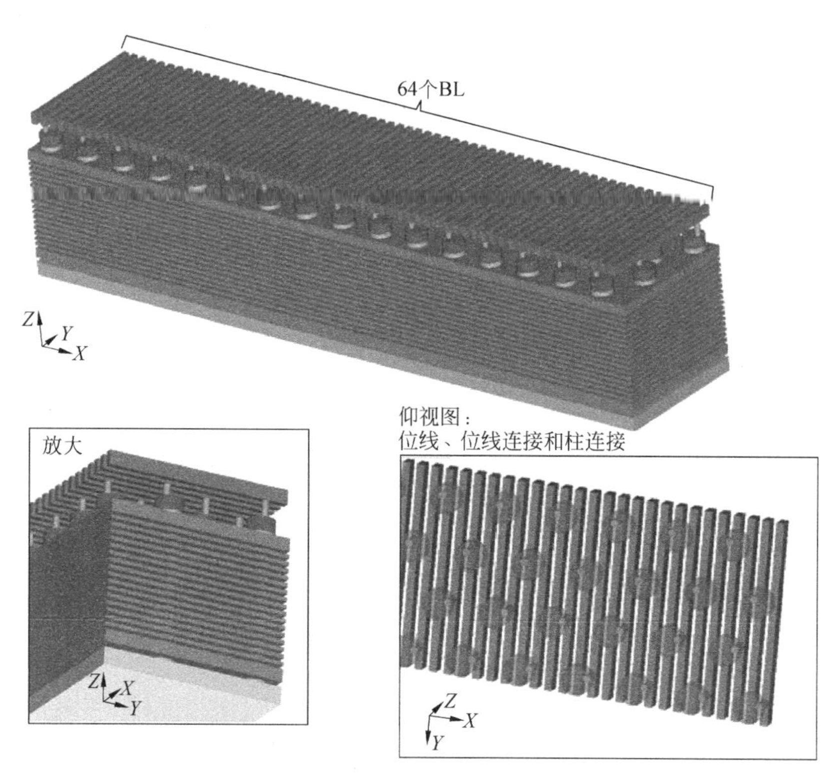

图 6.37 交错柱结构上的交错位线连接：3D 视图

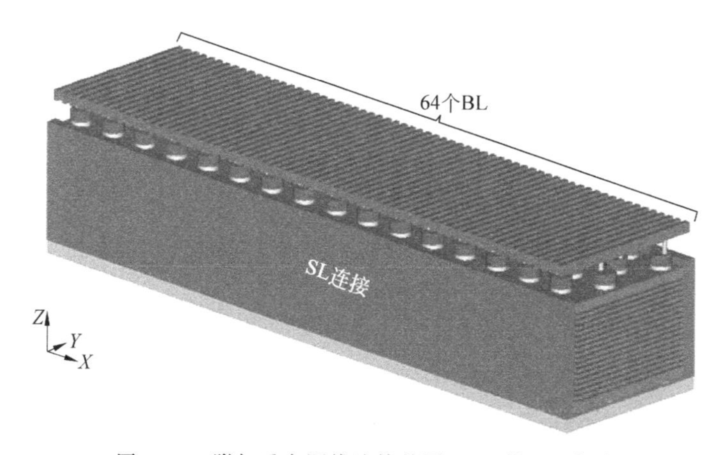

图 6.38 附加垂向源线连接的图 6.37 的 3D 阵列

用交错位线连接法重构的结果。假定在两个矩阵中都是 2 个 NAND 块，采用合适的扇出连接。

可以发现如下几点：

(1) 图 6.39 的 NAND 页翻倍了：64 个位线替代了 32 个位线；

(2) 交错位线连接的矩阵有 4×16 控制栅页，然而另一个是 8×16 页，导致了写入和读取干扰的差异；

(3) 在两种情况中每页都存在垂向 SL 的连接，但交错位线连接法中全部的连接数量是减半的，就硅面积而言具有明显优势；

(4) 图 6.39 要求更紧凑的位线场。

最后一点并不重要，尤其是对于大存储单元。根据数值例证，假定 D_x 和 D_y 是 160nm，为满足 4 个位线，金属线的宽度和空间已经降至 20nm。

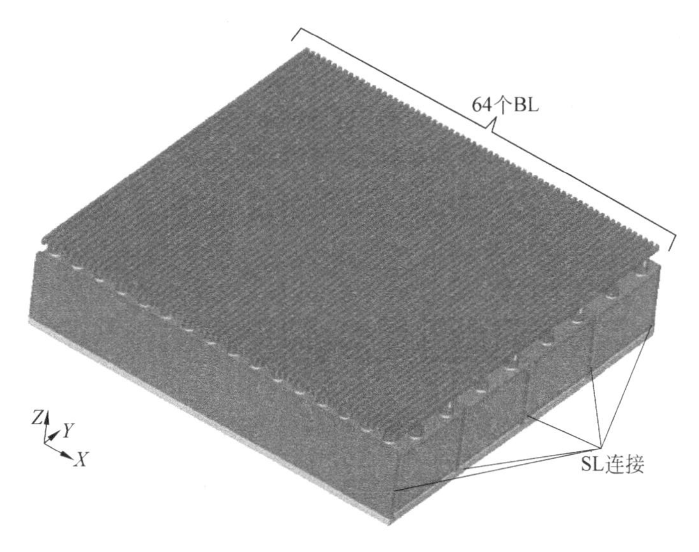

图 6.39 用交错位线连接重绘的图 6.30 的 NAND 阵列

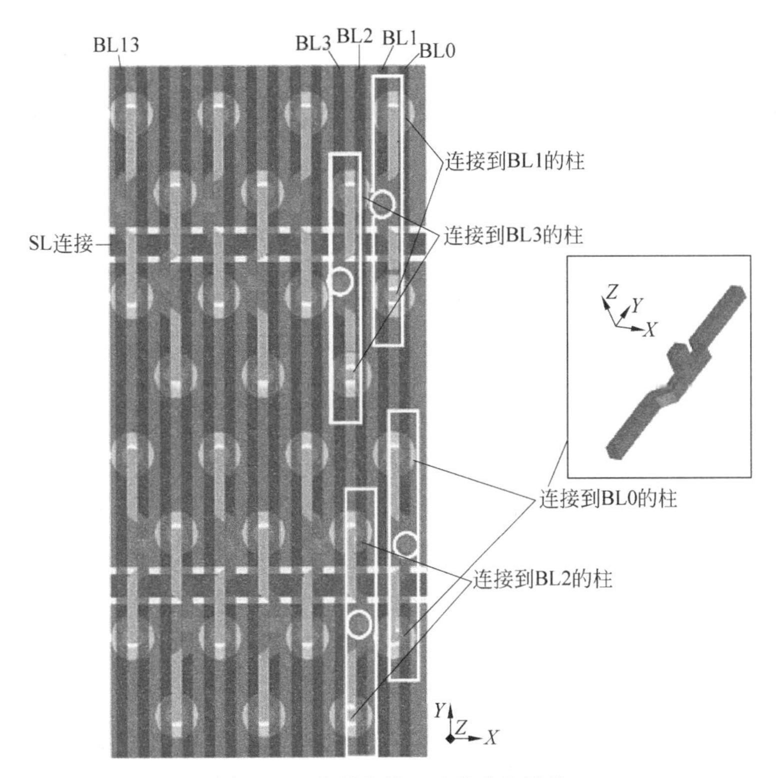

图 6.40 交错位线互连的支架形状

目前有多重交错位线连接方法；下面介绍一种独特的实现方法，其具有支架形状如图 6.40 所示[9-10]，所绘制的位线是透明的，可以表现下方的布置。其具有 3MEOP，用 SL 连接隔开。

属于 MEOP 的对柱是与相同的位线相连，通过使用支架结构。配对处用白色矩形高亮显示。大部分支架形状结构是为了工艺选择：实际的位线连接在白圈内部。在此例中，4 对柱与 4 个位线连接(BL0～BL3)。

图 6.39 的存储阵列可以被重绘通过支架形状位线连接法，如图 6.41 和图 6.42 所示。

为了更好地理解支架结构位线连接的排布，图 6.43 和图 6.44 呈现了图 6.41 的去除位线后的存储阵列。

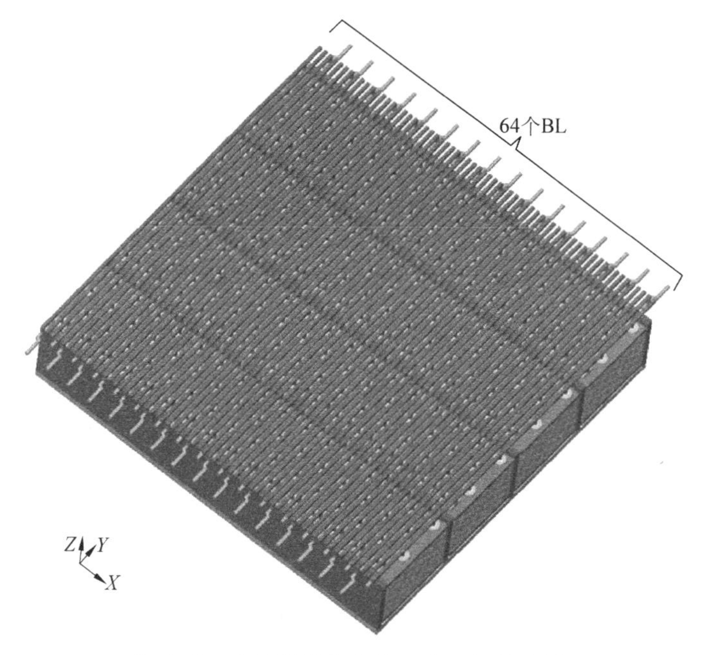

图 6.41　支架形状的位线互连 NAND 阵列

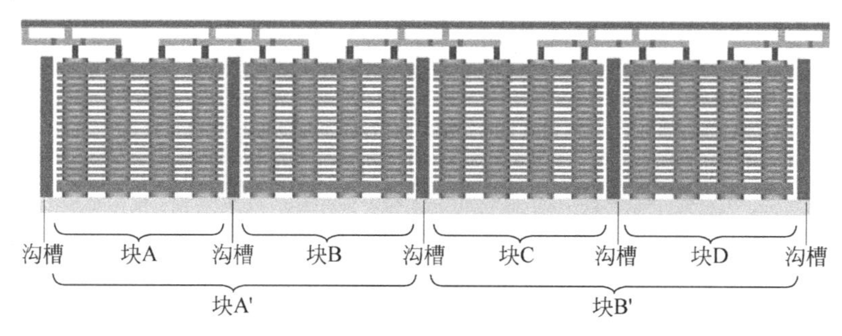

图 6.42　图 6.41 的侧视图

值得注意的是，在支架形状方法中，柱和位线的连接以柱本身为中心，从 3D 集成的观点具有一定优势。

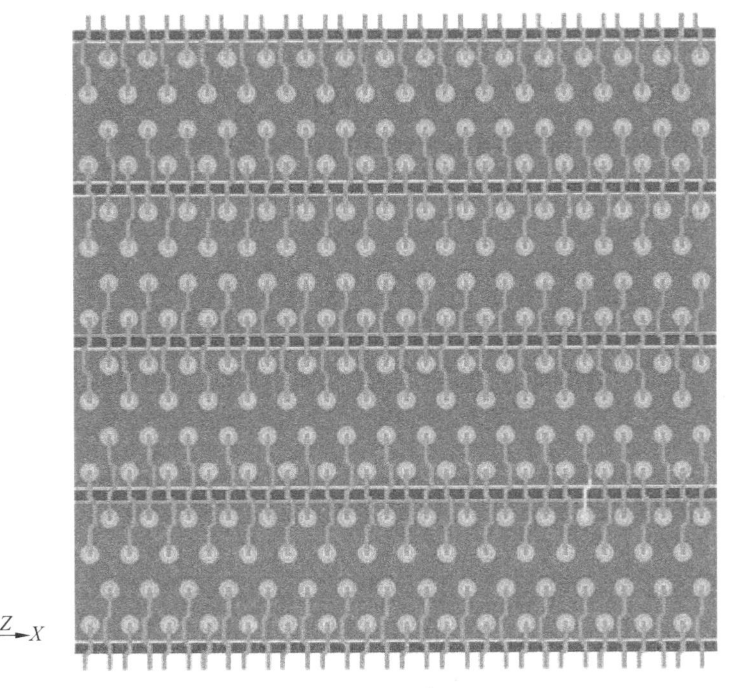

图 6.43　图 6.41 的俯视图

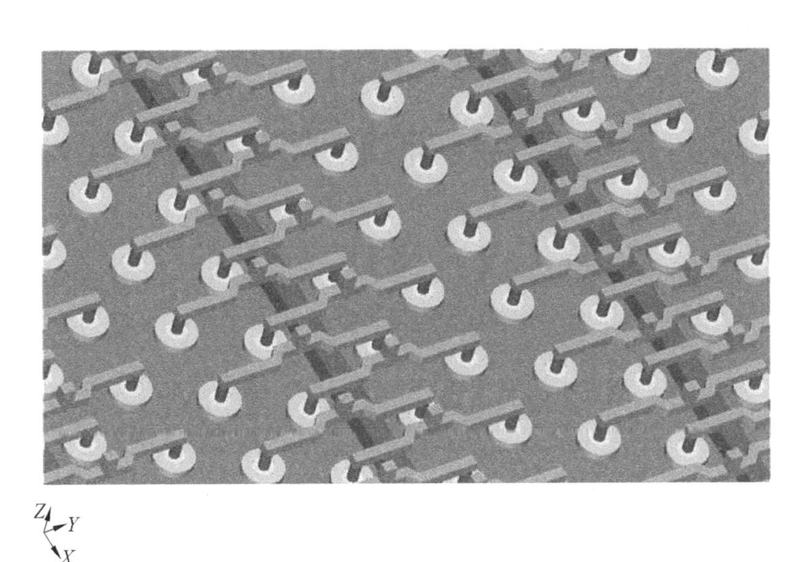

图 6.44　图 6.43 的鸟瞰图

6.7　总结

本章回顾了目前垂直沟道型 3D NAND 存储器主要的先进构架，图 6.45 展示了它们的横向切面。

与传统结构相比，交错柱结构节约了 12%的硅面积。MEOP 暗示了因为与源线层的垂

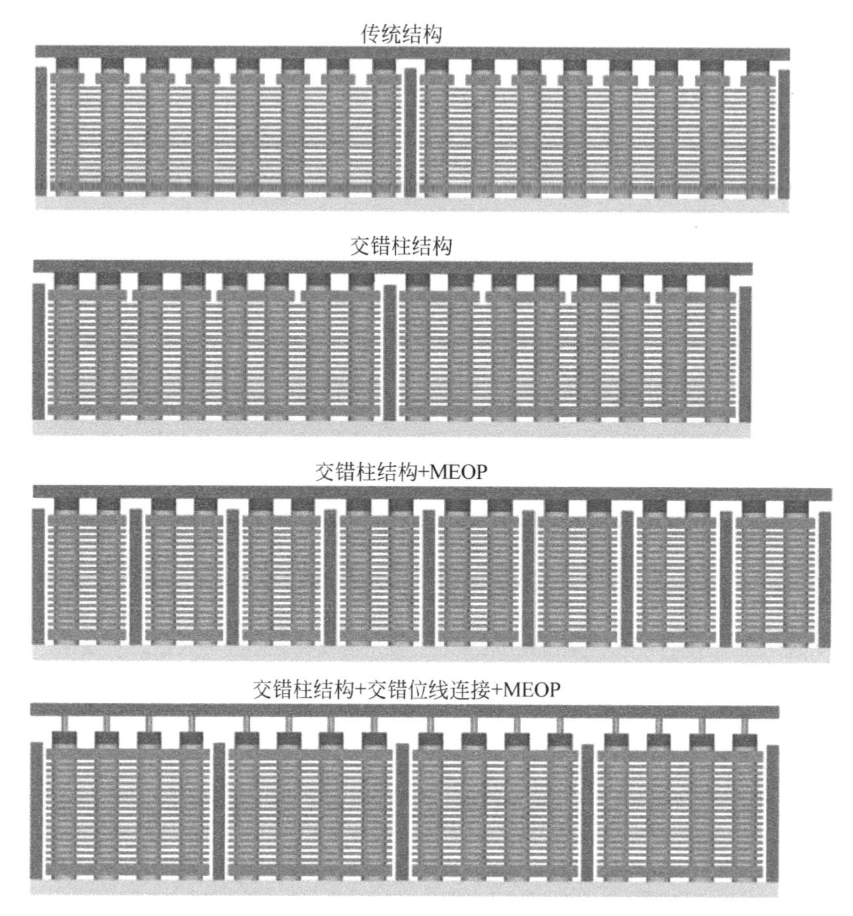

图 6.45 本章呈现的 3D 架构解决方案的侧面图

向连接的密度增加带来的面积开销。交错位线连接有助于缓解该问题。在写入和读取干扰方面，MEOP 是最好的方法，但这意味着需要分析控制栅的扇出。

表 6.1 是本章 3D 架构解决方案的总结，SLOH 代表的是 SL Overhead。

表 6.1 对 3D 架构的比较

	传统结构	交错柱结构	交错柱结构＋MEOP	交错柱结构＋交错位线连接＋MEOP
单元面积 A＝理想	A＋SLOH	A×0.865＋SLOH	A×0.865＋4×SLOH	A×0.865＋2×SLOH
BL 密度[a,u]	1	2	2	4
Pgm 干扰[a,u]	8	4	1	1
页尺寸[a,u]	P	2P	2P	4P
块尺寸[a,u]	B	B	B/4	B/2
源板阻抗（3D 堆叠底部）	R	R×0.865	R×0.865/4	R×0.865/2

目前在 3D 存储上属于刚起步阶段，期待在未来几年中有更多的进展。大部分 Flash 供应商已经表明要到达 100 垂向层。这需要在技术、材料、电路设计、Flash 管理算法、纠错码

和 3D 架构等方面的大量创新。

参考文献

[1] Micheloni R，Crippa L，Marelli A. Inside NAND Flash Memories [M]. Berlin：Springer，2010.

[2] Parat，K. Dennison C. A floating gate based 3D NAND technology with CMOS under array [C]. IEEE International Electron Devices Meeting (IEDM)，2015.

[3] Komori Y，et al. Disturbless Flash memory due to high boost efficiency on BiCS structure and optimal memory film stack for ultra-high density storage device[C]. IEEE International Electron Devices Meeting (IEDM) Technical Digest，2008：851-854.

[4] Micheloni R，Marelli A，Eshghi K. Inside Solid State Drives (SSDs) [M]. Berlin：Springer，2013.

[5] Park K T. Three-dimensional 128Gb MLC vertical NAND Flash memory with 24-WL stacked layers and 50 MB/s high-speed programming [C]. IEEE International Solid-State Circuits Conference (ISSCC) Digest Technical，2014：334-335.

[6] Park K T. Three-dimensional 128Gb MLC vertical NAND Flash memory with 24-WL stacked layers and 50MB/s high-speed programming[J]. IEEE Journal of Solid-State Circuits，2014，50 (1)：204-213.

[7] Park K T. A World's First Product of Three-Dimensional Vertical NAND Flash Memory and Beyond [C]. Non-volatile Memory Technology Symposium (NVMTS)，2014：1-5.

[8] Lee D H. A new cell-type string select transistor in NAND Flash memories for under 20nm node[C]. IEEE International Memory Workshop (IMW)，2012：1-3.

[9] Im J W. 128Gb 3b/cell V-NAND Flash memory with 1Gb/s I/O rate[C]. IEEE International Solid-State Circuits Conference (ISSCC)，2015：130-131.

[10] Jeong W. 128Gb 3b/cell V-NAND Flash memory with 1Gb/s I/Orate[J]. IEEE Journal of Solid-State Circuits，2015，51(1)：204-212.

第7章

垂直栅极型3D NAND Flash的最新结构

7.1 简介

固态硬盘的应用是降低 NAND Flash 成本的主要驱动力。工艺尺寸缩小已经到了极限并且新的方向也已经研究近 10 年。3D NAND 作为最有前景并且是解决尺寸缩小问题的短期内最可行的解决方案。3D NAND 提供了将存储密度保持在 2D NAND 1znm 技术以外的可能性,并且如果能完全克服技术障碍将会开启一个新的前景。此外,每个单元多位技术也应用到 3D NAND 中,因此存储能力增长趋势不会很快到达拐点。当然大数据存储要求使得 3D NAND 快速发展成为产业界主流的驱动力。

与 2D NAND Flash 相比,3D 架构在工艺方面将遇到更大的挑战,包括设计架构、寄生效应、测试等。在写这一章时,3D 技术已经在固态硬盘存储解决方案中进入生产。然而,那些 NAND 芯片作为原始芯片不能在市场上买到。3D NAND 芯片被厂商垂直一体化,然后一些合作伙伴在严格地使用控制下建立一个存储系统。在 3D 领域中的少数参与者中,技术解决方案仍是多样化的且没有出现唯一的主流解决方案。

在这一章中,将重点介绍 3D NAND 的主要架构:VG 型垂直栅 3D NAND。

7.2 3D NAND 结构

在首次用于生产之前,有关的技术研讨会上提出了一些对于真正的 3D NAND 架构的选择,主要参与的存储器公司是 Toshiba[1-3]、Samsung[4-7]、Macronix[8-10]、Hynix[11-13]、Micron[14],3D 发展的主要前景是在不需要收缩 2D 光刻节点的情况下降低成本和提高芯片密度。图 7.1 总结了技术研讨会上提出的主要存在的架构概念,从 2007 年到 2015 年,主要结构提出只有 9 年。大多数结构基于电荷俘获器件，只有少部分是基于浮栅结构，相关技术的选择与参与者的经验与信心密切相关。从 2013 年开始到 2015 年结束，基于 3D NAND 的产品已经宣布生产出 48 层容量为 256Gb、3bit/cell 的 3D NAND 芯片。未来将有望突破单个芯片 1Tb。垂直沟道类型的架构是主流选择，然而电荷俘获和浮栅技术都可以用于生产，这就要取决于生产者的倾向了。

在不同的 3D NAND 解决方式中，存在的共同特点是同时定义 Flash 单元结构深垂直（Z 方向）刻蚀步骤。晶体管几何形状由深沟槽穿过多晶硅/氧化物的多层堆叠形成。

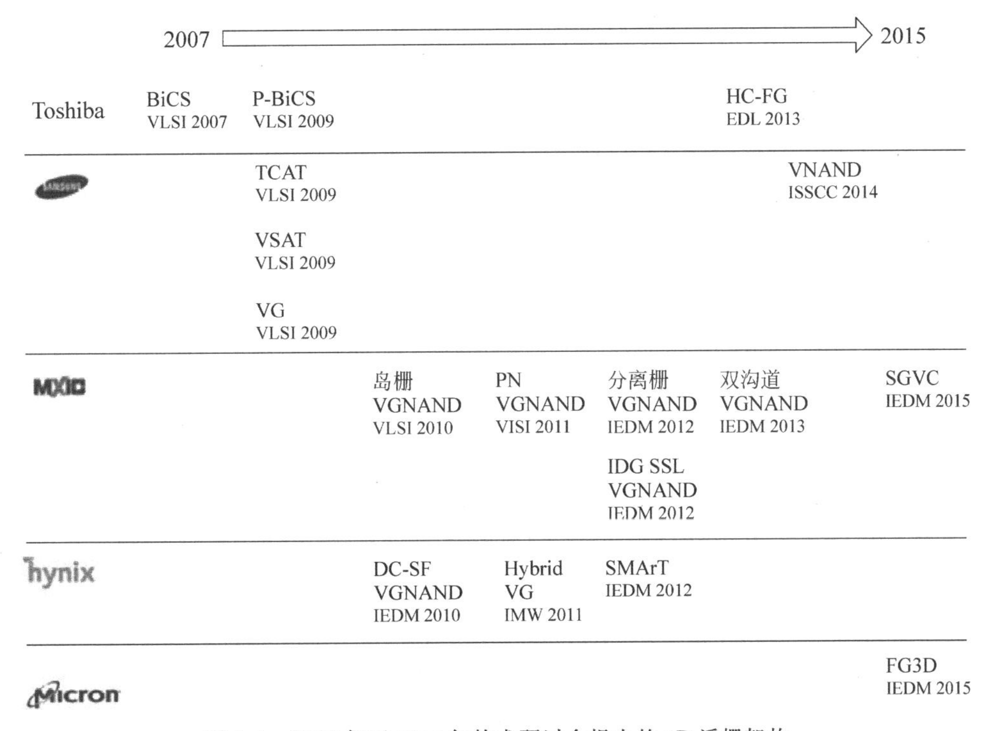

图 7.1 2007 年至 2015 年技术研讨会提出的 3D 浮栅架构

如图 7.2 所示，单元堆叠存在很大的宽高比（aspect ratio），分别是垂直沟道 VC 和 VG 型架构。在垂直沟道的 GAA 型架构中，沟道是由一次性刻蚀层堆栈形成的，然后淀积 ONO 电荷存储层，隧穿氧化层和多晶硅沟道填充在中间。单元的栅极是由围绕在垂直沟道外的对晶硅层，形成 GAA 结构。电流方向沿着垂直方向。在 X 方向，额外的字线切割对于分隔字线是必要的。沟道之间是通过底部的桥与其他堆栈相连接以至于存储串是由堆栈单元的两倍组成，因此 BL 和 SL 都可由顶部的金属后端相连接用做选通管。在 VG 型架构中，垂直刻蚀对某个方向分离各个存储器串和另一个方向分离字线是必要的，字线和水平方向的存储器串可在图中看出。电流沿着水平方向并且每一层必须用适当的连接结构与顶部的金属 BL 和 SL 相连（此处未展示）。

在工艺成本以及产量方面 3D NAND 架构无疑是有优势的，因为相比 2D NAND 器件，工艺的复杂性是微不足道的。对花费的评估应考虑其他因素而不只是层堆栈的数量：译码结构的总开销和多电路产出决定了成本优势。在决定每位的有效成本时，穿过层堆栈的关键尺寸的不均一性扮演着很重要的角色。众所周知，3D NAND 中为了达到成本效率堆叠

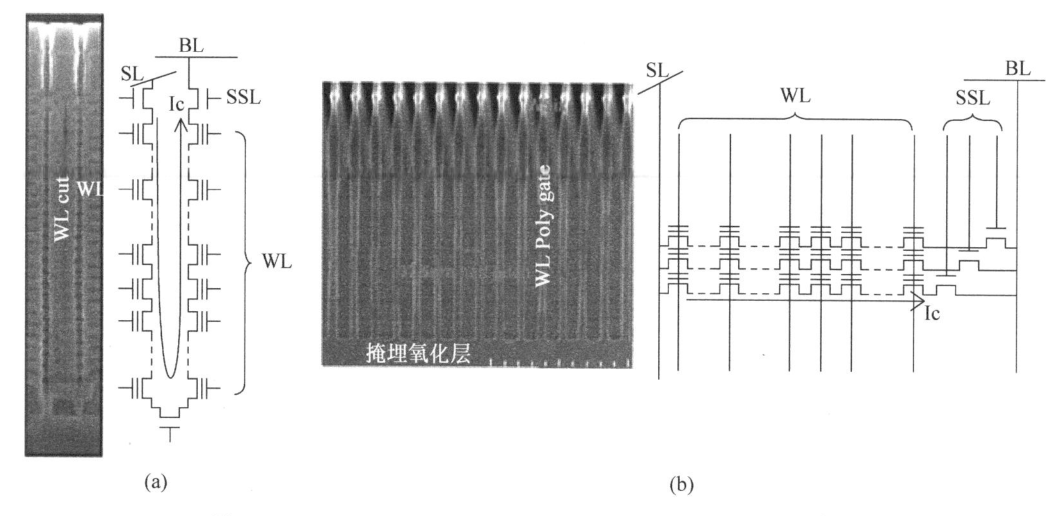

图 7.2 (a) VC 型 P-BICS 3D NAND;(b) VG 型 3D NAND[2,8]

的数量已超过 32 层,这已经是一个很不可思议的数量。目前 48 层已经达到生产阶段。64 层或许是一个极限,考虑到刻蚀工艺,层堆栈中宽长比达到 40 是比较困难的[15]。

大多数推荐的 3D NAND 器件都是基于 CT SONOS (Silicon-Oxide-Nitride-Oxide-Silicon)器件,但是传统的浮栅结构也会被推荐。在 2D NAND 器件中浮栅单元仍占主流,电荷俘获技术中存在的一些不足可以通过调整电荷俘获层来降到最小。读写算法和先进的误差校正方法由固态硬盘产品中的控制处理器管理。

图 7.3 显示了垂直沟道和垂直栅型 3D NAND 单元的俯视图。对于 VC 型 3D NAND,刻蚀的圆孔在 X 方向和 Y 方向都强加了限制。这个限制决定了单元电流的沟道直径最小值和对于可持续的可靠性俘获层 ONO 厚度的最小值。GAA VC 型的 2D 收缩能力的硬性限制需要通过增加堆叠层数来补偿。还需要垂直刻蚀(字线沟槽)来分离不同存储器串的控制栅。为了优化单元阵列密度,孔沟槽(Hole Trenches)也可以以交错的方式布置[16],用相同的字线控制两个存储器串和选择栅,因此需要少一次字线切割。

对于 VG 型 NAND,由于 ONO 堆叠和多晶硅栅极填充,单元几何限制主要限于一个方向。因此,2D 空间中,VG 型的全部单元尺寸相比于 VC 型收缩性更好。双栅极 VG 型 NAND 在工艺尺寸小于 20nm 时可达到 $4F^2$ 的单元尺寸,可收缩性比 VC 型 NAND 更好,一般来讲,需要较少的层来获得相同的成本,同时具有可制造性的优点。

图 7.3(c)和(d)是垂直沟道孔型 3D NAND 和垂直栅型 3D NAND 的简单 3D 视图,图中显示了多晶硅沟道的 VC 型单元 GAA 结构。GAA 结构利用有效电场增强效应,可以得到最佳的编程条件。然而电场增强也会加强干扰效应(如编程干扰和 V_{pass} 干扰)。由于电场增强,环形单元结构对于沿着堆叠存在曲率的涨落很敏感,这有可能限制实际的最小单元尺寸。Macaroni 结构[17]由一个薄的多晶硅沟道和中间填充的介质组成,可以很好地利用栅极的控制能力,并且减少界面陷阱密度。

图 7.3(d)中的 3D VG 型 NAND 结构,沟道由多晶硅层构成,该多晶硅层由最先刻蚀的多晶硅/氧化层堆叠层形成。然后,淀积隧穿氧化层和 ONO 电荷俘获层,最后形成字线。VG 型 3D NAND 尺寸缩小只由 ONO 结构和多晶硅沟道限制而不受电场增强的限制。因

为在 VG 型 3D NAND 的平面结构中不存在电场增强效应,需要改进平面 FinFET 单元结构晶体管。然而,这种结构的完美平面性有助于氧化层和氮化层的改进,电流在 VG 型 3D NAND 中是沿水平方向的,因此,当堆叠层数增加的时候,电流没有衰减。反之,每一层可能展现出与存储器串电流不同的行为。即使 FinFET 单元结构中沟道的横向尺寸小到 8nm,但是电流却不会衰减,因为有效的沟道宽度是由 Z 方向的多晶硅厚度决定的,而且并不需要尺寸缩小。相比之下,VC 型 NAND 的沟道有效宽度由多晶硅平面尺寸决定。

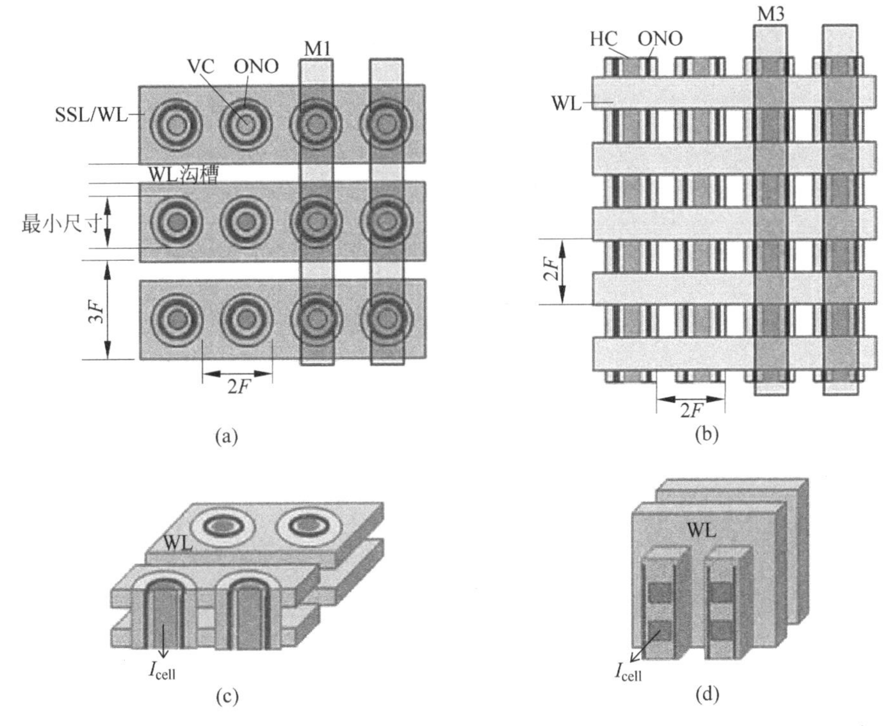

图 7.3 VG 和 VC 型 3D NAND 单元。(a) VC NAD 单元俯视图;(b) VG NAND 单元俯视图;(c) VC NAND 单元 3D 视图;(d) VG NAND 单元 3D 视图

文献[9]提出不基于钻孔沟道的 GAA 结构的单个栅垂直沟道架构(Single Gate Vertical Channel,SGVC)。如图 7.4 所示,与其他钻孔的 VC 型结构相比 SGVC 结构能达到一个更好的存储密度,与 VG 型 3D NAND 单元的平面结构有相同的优点。

SGVC 实现了具有极薄的单个栅极平面(Charge Trapping Thin Film Transistor,CT-TFT)单元。因为平面单元可以接受容忍关键尺寸的涨落,垂直刻蚀不需要精确的控制;由于曲率的变化,GAA 结构对电场增强变化敏感但 SGVC 结构可以忽视这种变化。U 形存储器串由沟槽侧壁上的多晶硅淀积自然形成。U 形结构允许直接与后端金属相连。与 GAA 相比,SGVC 的一个重要的特性是每一个字线控制两个独立的单元,因此自然就是两倍的单元密度。在 X 方向,位线的切断对分离每一个存储器串是必要的,但是对极薄的 TFT 结构不是至关重要的。

尽管 SGVC 结构要求 WL 和 SL 采用金属相连以减少电阻,此 2D 版图非常紧凑,并且展现出百分之九十的阵列效率。SGVC 与 GAA 结构相比,同样的堆叠层数的 SGVC 可达到 2～4 倍的位密度,换句话说,有更多的空间去考虑关键尺寸和 Z 方向因素。

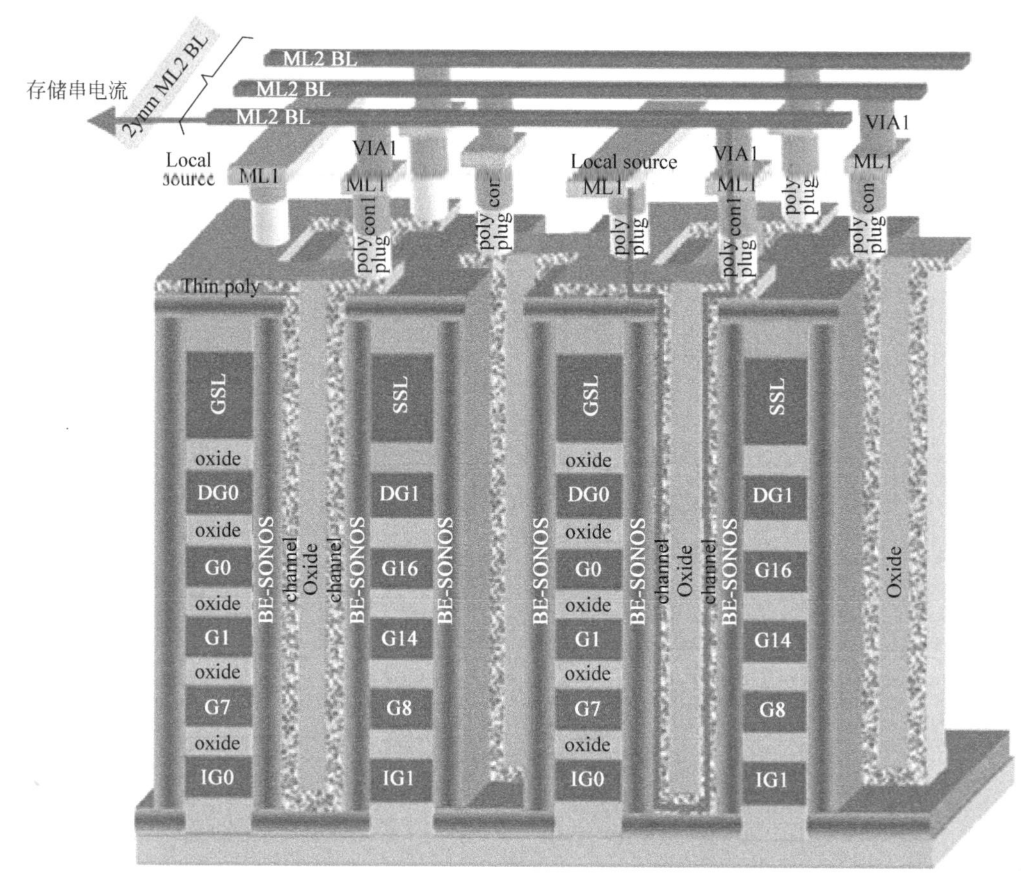

图 7.4　SGVC：平面单元结构的垂直沟道方法

7.3　VG 型 3D NAND 架构

VG 型 3D NAND 架构已被深入研究，下面的参考文献只是小部分相关出版的例子[8,10,18-25]。架构的可扩展性已经研究到 $2x$nm 节点。

图 7.5 展示了一个 8 层 3D VG 型 CT NAND 垂直截面图[10]，可以在图中看出堆叠的多晶硅层，每一层用 PLx 标记，同时也展现了双栅极 FinFET 单元和在多晶硅沟道和多晶硅栅极中的电荷俘获层。电荷俘获介质是一个非常平的 BE-SONOS 堆叠结构(ONONO)。

NAND 存储器串水平运行，并且是由一些字线、伪单元的字线和选通管组成。一般，在多晶硅栅的顶部淀积硅化物层，以便实现低字线电阻和快存取速度。

目前，正在研究在 NAND 中采用 2×38nm 的字线间距和 2×75nm 的位线间距[10]。采用如此宽的尺寸以及 8 层堆叠，已经可能生产与 2D NAND 在 1X 技术节点等效的单元效率。尺寸缩小已经证明等价的 1Y 技术节点的可行性。

图 7.6 给出了一个 VG 型分离栅 3D NAND 结构的 3D 视图。每一个存储器串都由 64 个字线组成。在存储器串的尽头，采用互相独立的存储串选择线(String Select Line，SSL)晶体管(此晶体管由隔离栅构成)选择沟道。然后，沟道与一个共多晶硅平板(BL pad)连

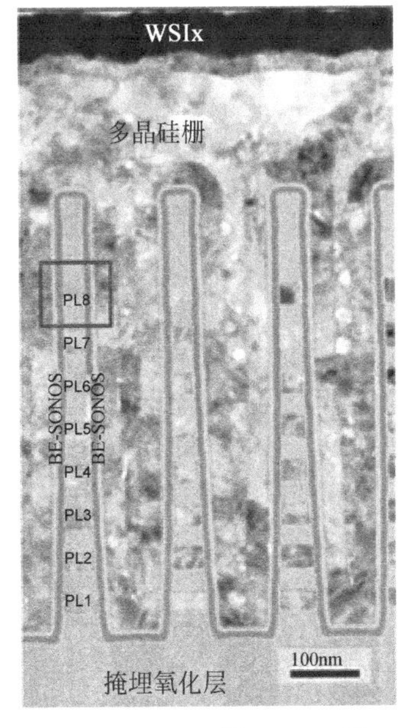

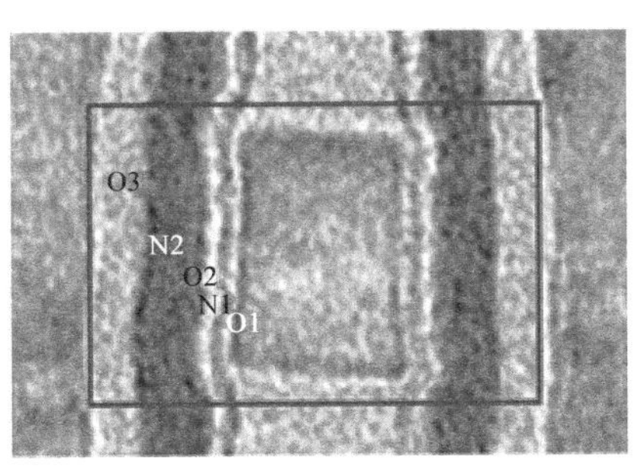

图 7.5 8 层 VG 型 3D NAND 垂直切面

接，表示为 PL_n。每一个 BL pad 用于连接相应层中的所有存储器串，然后每一个 BL pad 与 Metal3 位线相连，以实现多个 BL pad 的互连。在 BL pad 上逐步钻孔形成阶梯式接触孔，从而连接顶部的位线与相对应的 pad，最后进行多晶硅填充。

在 SSL 选通管的对立面，NAND 串垂直与多晶填充相连。用这种方法，堆叠的 SL 直接与金属后端相连接，并且电阻很低。

图 7.6 是存储阵列的基本构图。值得注意的是，SSL 选通管和源填充在块的两侧以奇偶的方式交替。通过这种方式，可以以较低的阵列密度为代价，在 SSL 晶体管和相应的后端连接之间实现双倍间距。

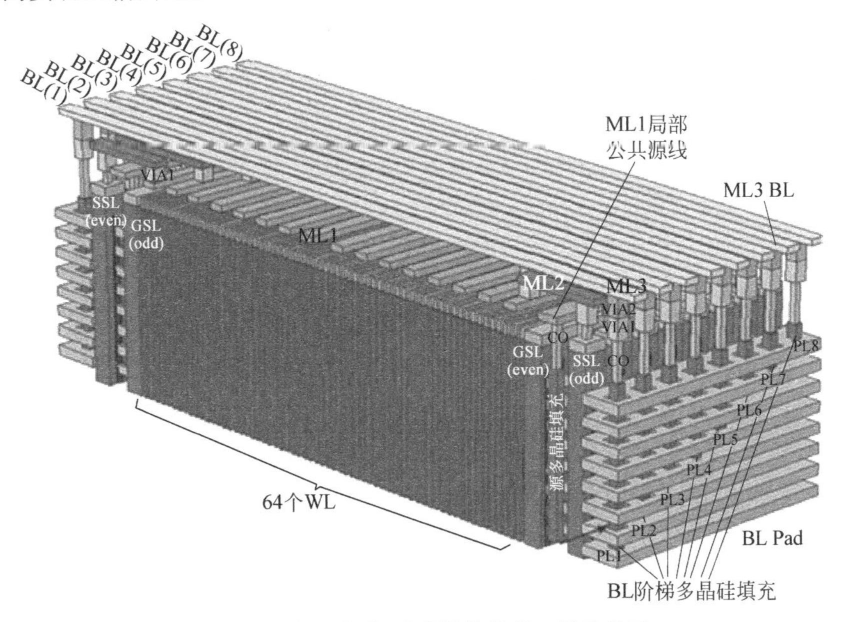

图 7.6 水平沟道/垂直栅结构的 8 层分离页

图 7.7 表示 VG 型 NAND 的 8 层分离位线结构的俯视图。每一个单元的每一层由 16 个存储器串组成。每个存储器串都有其自己 SSL 选通管，主要的金属位线与来自两端的位线 pad 相连，由于分离页架构每个串也含有两个 GSL(Ground Select Line)。每个单元总共有 16 页。整个页是由多个单元块重复构建的(例如重复 8000 次得到一个 8KB 的页)。当第一页(SSL0)被选择时，对应了相同的选通管的所有存储器串均连接到 8 个金属位线：来自所有层中的单元均存在于页中。

对于 VG 型 3D NAND，就面积开销方面来讲，用于连接每一层与顶部位线的层选通管是至关重要的。对于层选通管的设计和 SSL 的管理，已有 PN 二极管选择器方法[15]和交错 SSL 布局[26]等方法提出。特别的是，提出的交错的 SSL 方法允许达到块的效率为 80%，这与 2D NAND 相似。

关于 3D-VG 型架构的特点总结如下：

(1) 平面缩小能力：已经研究到 25nm；

(2) 等效的 2D 技术可行性远低于 10nm；

(3) 水平平面 BE-SONOS Flash 单元，可缓解沿着层的 CD 涨落；

(4) WL 电阻与 SL 电阻较低；

(5) 不依赖于层数量的恒定阵列效率；

(6) 多级功能。

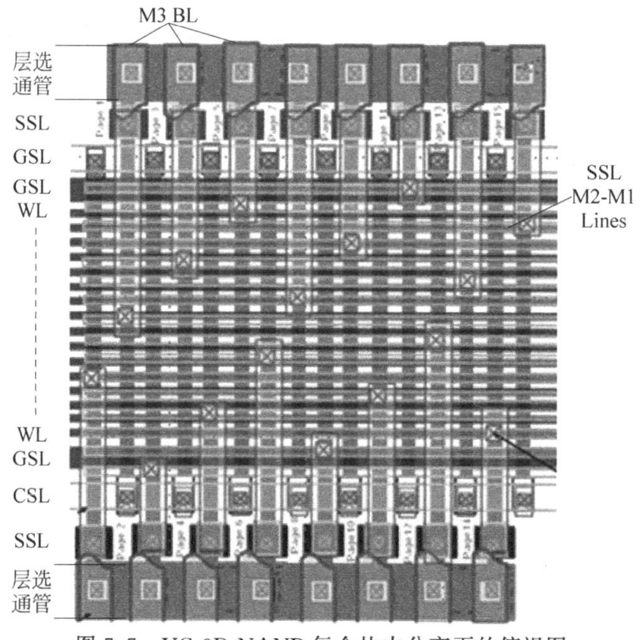

图 7.7 VG-3D NAND 每个块中分离页的俯视图

7.4 VG 型 3D NAND 的主要架构注意事项

3D NAND 技术中最大的挑战在于垂向堆栈更多器件以增大每个 2D 单元中的位密度。很明显，层数增加越多，全部的成本会越低。然而，几个方面造成了理论增加量的减少。一个问题是由于多层状态下垂直沟槽和孔刻蚀的复杂性导致的产量损失。另一方面，3D 架构的空间效率依赖于侧面结构的开销，例如层连接结构或解码器。架构方案需要优化全局阵列效率。

从性能角度看，有几个方面对架构方面创新有所需求。电荷俘获单元的使用需要复杂的编程和擦除算法，以及俘获层的改进。在不影响阵列的情况下，WL 和 SL 电阻要保持较低状态。字线上的 RC 延迟除了影响 AC 表现，也可能影响用于减少干扰的编程序列的效率。亟待设计长源线来减小寄生电压降，这样会减少多级单元操作的容限。这些问题对于每种类型的 3D 架构都是特定的，并且目前急需相关的重要创新。

3D 架构的第一个技术挑战在于如何访问 NAND 存储器串或字线。特别的，对于 VG 类型架构的 3D NAND，对所有层的字线均在垂直运行。然而，Flash 单元存储器串在每一层都是水平运行，并且每个单元线必须和运行在顶部的金属位线相连接。相反的，在 VC 类型架构的 3D NAND 中，水平运行的字线需要和解码器相连接。对于以上两种情况，每层的连接是非常关键的，其影响着阵列效率。

图 7.8 表示了在 3D NAND 中的一种阵列架构。每个阵列块需要一个特殊的结构连接水平层和顶部金属线。从净区域的角度来看，有必要保持开销尽可能小，并且避免面积随着层数而线性增加。另一个开销表现在字线译码器（BL Decoder）。

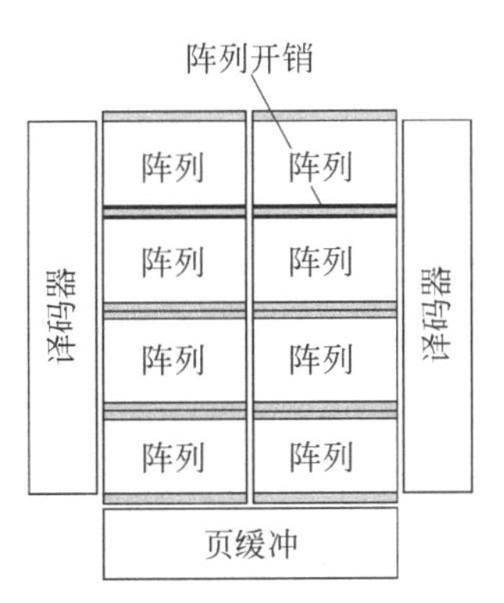

图 7.8　3D NAND 中的阵列开销

在 VG 型架构的 3D NAND 中，一种连接水平存储器串和位线的方法如图 7.9 所示[18]，每个层的所有存储器串均由垂直多晶硅填充简单的连接在一起。为了选择适当的存储器串，每个存储器串中都包含 SSL。部分 SSL 晶体管是常开型的。每个存储器串的选择可通过应用合适的偏压于 SSL 栅极，如译码列表所示。SSL 构成结构的总开销。如果层数增加，更多串联 SSL 晶体管是必需的，这将增加总面积开销。另外，耗尽型 SSL 需要特殊的注入步骤。

另一种直接访问层的方法是实现连接“楼梯”结构。楼梯的每一个多晶硅步骤都连接到某一层，并且和它可以通过联系下一步来连接到顶部的金属线。

	SSL0	SSL1	SSL2	SSL3	SSL4	SSL5
Layer 7	开启	关闭	关闭	开启	关闭	开启
Layer 6	关闭	开启	关闭	开启	关闭	开启
Layer 5	开启	关闭	开启	关闭	关闭	开启
Layer 4	关闭	开启	开启	关闭	关闭	开启
Layer 3	开启	关闭	关闭	开启	开启	关闭
Layer 2	关闭	开启	关闭	开启	开启	关闭
Layer 1	开启	关闭	开启	关闭	开启	关闭
Layer 0	关闭	开启	开启	关闭	开启	关闭

图 7.9　多 SSL VG-NAND 的层选择

图7.10呈现了一种渐进的“蚀刻和修剪”方法来实现的楼梯结构。该方法由多个蚀刻步骤组成，通过光刻胶削减直到每一层都暴露出来然后实现连接。这种方法在理论上可以用一个光刻掩模来实现。然而，随着层数的增长，这个控制过程会变得非常困难。

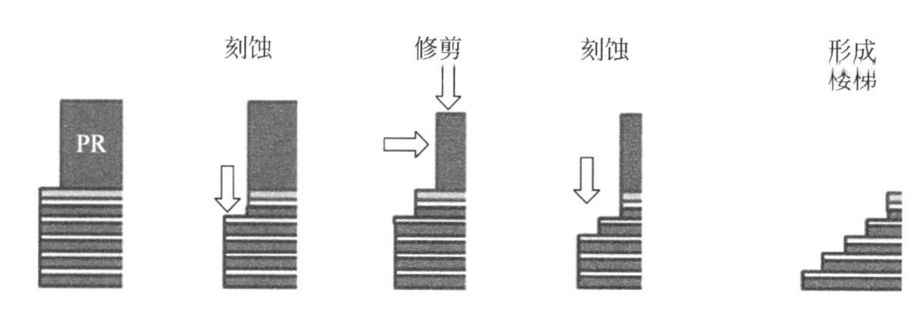

图7.10　3D NAND中形成楼梯的制造方法

随着层数的增加，修剪和蚀刻法连接结构区域的线性增加，因此，它不是很有效。

图7.11说明了另一种在VSAT架构中连接字线的简单方法[5]。即在衬底台面上放置多层栅，同时形成边缘的“管(PIPE)”结构，其中没有任何额外的复杂制作步骤。在这种情况下，需要连接各个层的空间与层数成比例。

不同的资料表明，芯片面积的线性增加以构建楼梯接触并不划算。也就是说，处理过程的成本并不是随着层数线性增加的[27]。楼梯接触结构的难点关键是精确接触，以及需要包括光刻步骤在内的多个工序步骤。

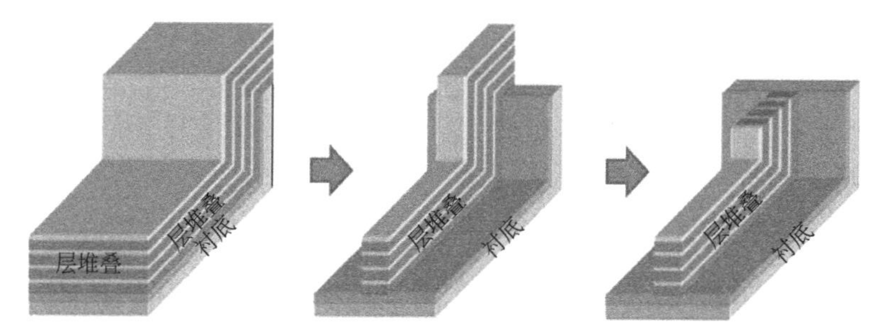

图7.11　VSAT中PIPE字线的连接

对VG型架构的3D NAND，建议使用层成本最小增量法(Minimum incremental Layer Cost，MiLC)，如图7.12所示。该方法是一种平版印刷方法以最少光刻步骤实现楼梯结构。由于特殊结构，增加存储层时其阵列效率保持不变。额外的掩模和工艺步骤导致的成本与层数是对数增加关系，而不是线性关系。在整体成本结构中，成本随着层数对数增加是可以接受的。对8层而言，将三个掩模，LA1、LA2、LA3和相关的蚀刻步骤叠加在一起允许钻到每一个多晶硅层。最后的楼梯结构如图7.12(b)所示，显示了其在多晶硅pad上的精确位置。淀积绝缘层用来隔离沿着孔方向的层间互连。利用MiLC方法，通过增加一个掩模使得层数和连接翻倍是可行的。

即使在VG型3D NAND结构中的多晶硅pad也可以通过MiLC方法有效地连接到顶部的金属，仍然需要从许多连接到同一多晶硅pad存储器串中选择一个。

对于存储器串选择的建议是使用PN二极管作为选择器件，如图7.13所示[19]。PN二极管可以自对准源端，每一层都有可以独立偏置的水平方向SL(例如，使用楼梯结构)，然

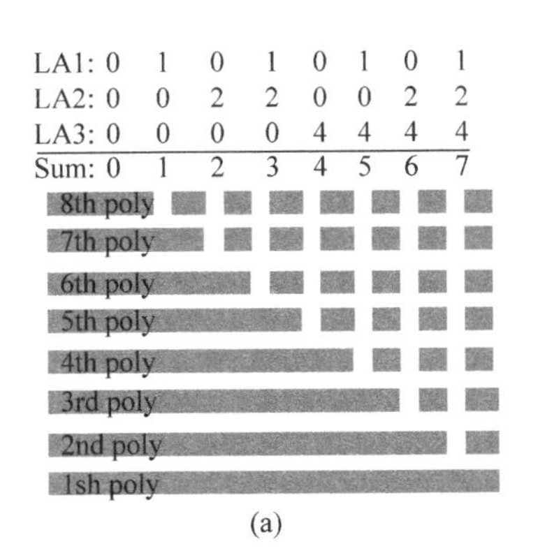

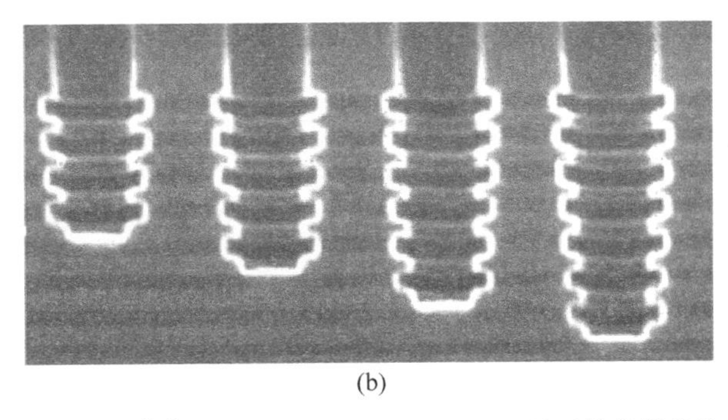

图 7.12 3D VG NAND 中 MiLC 楼梯连接的形成[10]。(a) 平版印刷法实现；(b) 最后的楼梯结构

而，存储器串的漏端是通过多晶填充垂直连接的。存储器串的选择是通过对水平方向 SL 和 BL 施加适当的偏压来实现的。

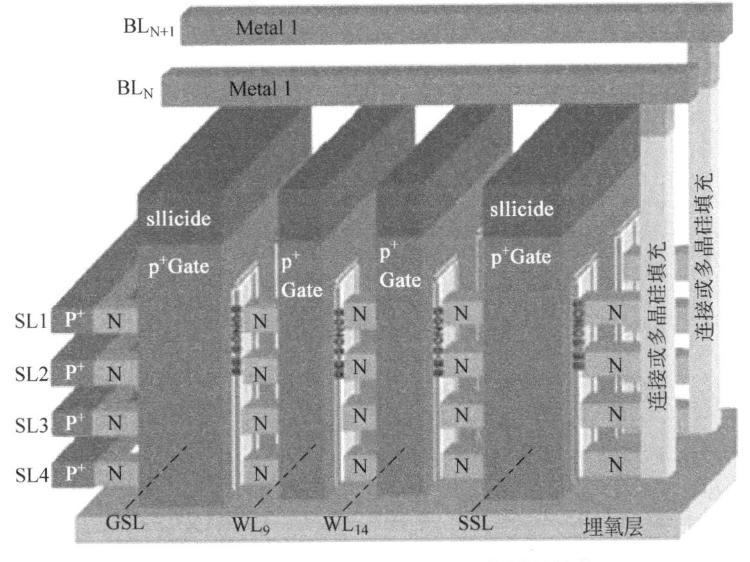

图 7.13 3D NAND 中 PN-二极管译码结构

针对 VG 型 3D NAND，单一岛栅(island-gate)SSL 选择已经实现单独识别连接到同一多晶 pad 上的存储器串，为了将 SSL 的尺寸提高到位线的两倍，提出了一种分离位线的版图[10]，如图 7.14 所示。分割的位线布局体架构包括在块的对立侧具有偶数和奇数单元的 SSL 串中。因此，电流对于偶数和奇数存储器串呈相反方向。该架构会在 7.5 节中具体描述。分离位线法提高了工艺空间，相比于位线实现了双倍间距。位线互连尺寸也是沟道位线的两倍。

在 3D NAND 中，为简单起见，SSL 和 GSL 的栅极介质可以利用单元的俘获介质。在这种情况下，选通管可能会受到不利电荷注入，引起操作过程阈值电压的改变。例如，在擦除时空穴注入可能降低选通管的 V_{th}。如果降低了 V_{th}，它将不可能在直举(写入)时正确的隔离串，从而导致错误。为避免这种故障，对于未选择的选通管施加适当的偏压是必要的，施加较小的负偏压。此外，它可能通过特殊的算法实现选择晶体管的 V_{th} 调整。因为负电

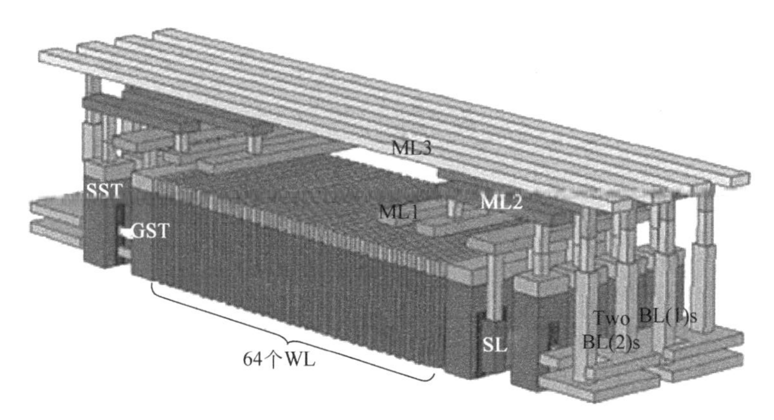

图 7.14 简单的 2 层分离页(split page) VG NAND

压的使用使控制线的解码过程复杂化,已经提出使用无栅介质电荷俘获[29]。无栅介质电荷俘获结构可通过去除 BE-SONOS(O1/N/O2/N/O3)结构中的俘获氧化层(O_3)并且替换为额外的氧化层(O_4)来加强栅极介质实现。

为了减少分离页设计中额外的 CSL(Common SL)和 GSL(Ground SL)线路的开销,和岛栅 SSL 中空间占用的优化,提出一个新的交错 SSL 的译码方案,如图 7.15 所示。在此布局下,每个 SSL 晶体管选择两个存储串并且两个 SSL 串联结合用于译码 16 个存储器串中的一个。单侧 SSL 有助于减轻 GSL 和 SL 的连接面积,因此节省了额外的空间。其阵列效率接近 80%,和 2D NAND 的结果相似。使用交错的 SSL 方式,使得 VG 型 3D NAND 在 3D NAND 架构中是最有效率的。

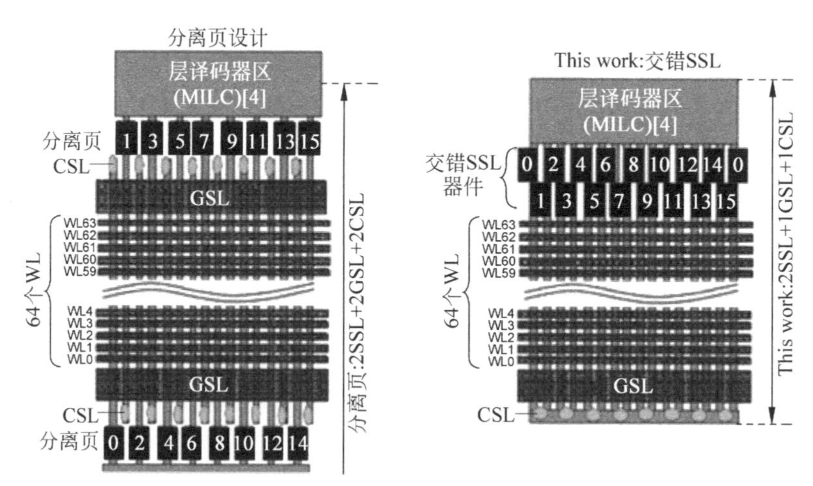

图 7.15 3D-VG 型 NAND 中分离页串译码优化

7.5 VG 类型 3 D NAND 阵列操作

本节将分析 VG 类型 3D NAND 架构的主要工作模式。VG 型 3D NAND 分离页(split page)架构[10]将用于分析其工作模式。为简化对 3D 结构的理解,将使用两层结构的示例。

图 7.16 为一个两层结构的 3D 视图。图片显示两个并排基础单元的结构。对于每一层，每个单元有四个存储串组成。由于分离页架构，偶数和奇数存储串的 SSL 位于每个单元的两侧，从而可较大的工艺窗口形成 SSL。每一个单元包含 4 页，可以从两个 M3 位线访问。每个页包含两层中的单元。在一般情况下，每个页包含 N 个属于所有 N 层的单元。

通过使用 MiLC 方法[10]，为阵列解码制造了楼梯型位线互连。ML1 和 ML2 用于解码 8 个 SSL 器件。源互连建立在每个沟道的末端，它直接与 ML1 CSL 相连(局部 CSL)。顶部的金属层可以用来连接 M1 局部 CSL 来降低整体电阻。通过选择相应的字线、ML3 位线(对应于存储层)和 SSL(对应于一个沟道位线)来访问每个内存单元。

整页写入和读取是通过同时单元中并行操作 SSL 实现的，对于较大的页，以不同的单元执行。7.5.1 节将使用这个基本单元的简化示意图来描述 3D NAND Flash 的操作。

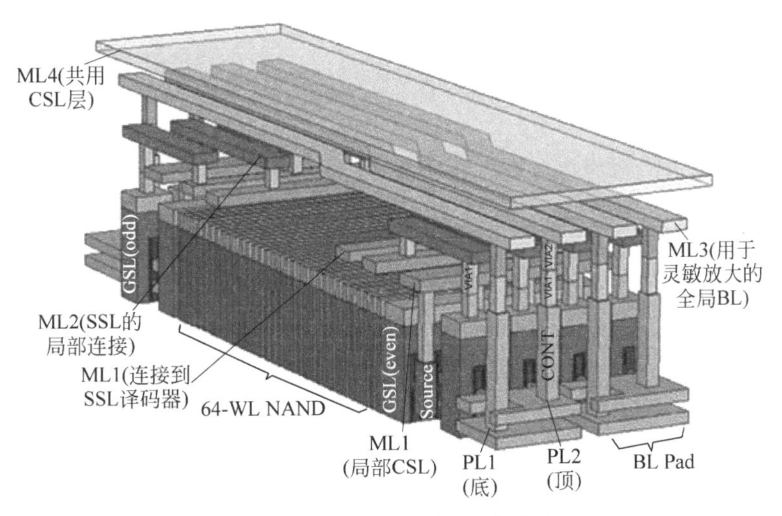

图 7.16 两层结构示例(2 个单元)

7.5.1 读操作

图 7.17 显示了一个简化的 3D VG 型 Flash 阵列的电路图。在一个分离页的组织中，每个层有两个层和 4 个存储串。多晶硅位线 pad 结构在示意图中可见，以更好地理解体系结构。读取 Flash 单元的方法是使用读取模式，同标准 2D NAND 一致。正向读取灵敏放大也可以应用于 3D NAND。Flash 存储串必须在适当的偏置，以读出所选单元的电流值。前读灵敏放大法详细描述可见文献[30]。

读取一个单元需要施加 VCC 电压使相应的 SSL 打开，而其他的 SSL 需要关断。在图 7.17 的例子中，选中的单元是 page1 的 A 和 B。相应的 SSL1 施加 V_{CC} 电压。通过施加负电压(例如−0.5 V 电压)关闭其他 SSL，即使 V_{th} 改变，SSL 也是关闭的。V_{GSL} 偶数晶体管都是施加 V_{CC} 开启，所选的字线保持在 0V 的或略小的负电压上。所有其他的字线都施加 V_{pass} 电压打开，如表所示，单元'B'是通过 BL0 读出的，而单元'A'是通过 BL1 读出的。

图 7.18 显示了读取阶段正向电压传输的详细时序图。为了避免在 SSL 和选择的字线之间单元的“局部自举”，而导致热载体引起读取干扰，在字线打开期间，通过脉冲式 SSL 来完成沟道适当放电。在读取阶段中，所选的字线施加略小的负电压。

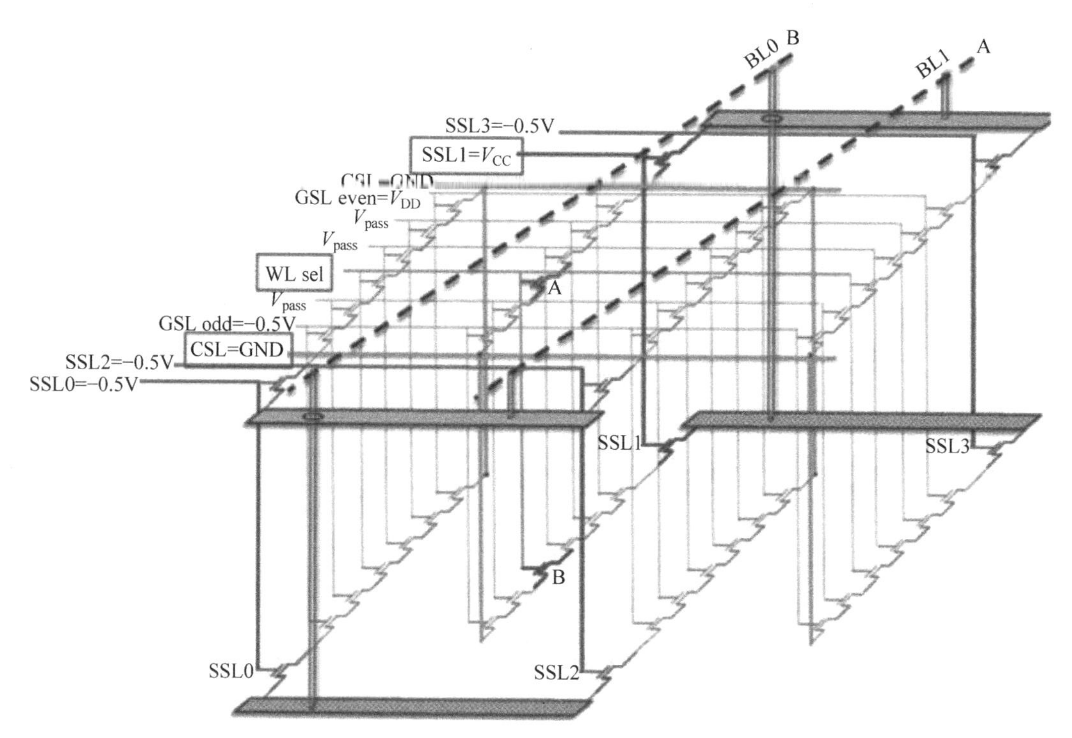

图 7.17 3D VG 型 NAND 读取偏压

对于其他读取方法,如"反向读取"也可以应用于 VG 型 3D NAND 中。反向读取对于处理 VG 型 3D NAND 的特性是很有用的。在 VG 型 3D NAND 中,属于每个层的单元位于同一页,可以同时被读取。每一个层都连接到一个单独的 M3 位线,但是每个层也都在垂直方向上共享用一个 SSL 选择线。由于层堆栈的蚀刻剖面,各层之间有几何差异。因此,特定层的 V_{th} 分布与其他层有本质不同,而且每一层都在读取时显示出不同的位线偏压关系。分层感知读取方法岁每个位线使用不同判断水平反向读取,以补偿层间的差异。

图 7.19 显示了一个带有多 V_{th} 读取[28]的反向读取感应示意图。位线补偿包括在适当的电压下,根据正在读取的层,位线补偿包含页缓冲中的位线嵌位晶体管施加适当的偏压。反向读取顺序如下:首先,位线位线是通过位线偏置晶体管接地放电;然后,CSL 在正电压偏置(反向读取),并且 BLC 关闭以隔离感应节点;WL 被提升到读取或写入校正电压(在这个例子中读取电压),然后打开 SSL,并通过单元和 CSL 电容充电直到电压达到 V_{WL}-V_{thc},V_{thc} 是选择单元的阈值电压。在检测阶段,BLC 设置为不同的电压 $V_{BL\,CL}$(不同根据位线/层),如果单元的 V_{th} 和 V_{thc},低于目标 V_{th},那么位线电压高于 $V_{BL\,C}-V_{thBL\,C}$,BLC 晶体管关闭,SEN 节点的电压仍然很高。否则,如果 V_{thc} 大于或等于目标 V_{th},BLC 晶体管开启,SEN 放电,并且灵敏放大器的输出转换为 0 值。

所提出的读取和验证方法可以根据每个层的单元的特征来优化读取条件。因此,对每层优化目标进行写入验证(ProgramVerify,PV),而不是使用普遍的 PV 水平;写入时间可被显著减少,而且由于避免在较低层上不必要的过度写入,减少写入干扰。层读取/验证的一个缺点是不同层之间的电压波动不同。顶层将比其他层具有更高的 V_{th},因此,具有最大的位线波动。这是因为,在反向读取(reverse read)过程中,位线充电到目标电压,这对于每个层/位线是不同的。具有较高操作点的层将导致更高的后台模式依赖。为了达到这种依赖关系，提出了一种方法，即每条位线都预充到特定的分层电压，而不是在设置阶段[31]把所有的位线放电接地。

读取一个单元需要使用 V_{CC} 电压打开相应的 SSL，而其他的 SSLs 需要关闭。在图 7.17 的例子中，选中的单元格是 Page1 的 A 和 B。相应的 SSL1 电压为 V_{CC}。通过施加负电压关闭其他 SSL，例如－0.5V 电压。因此，尽管 V_{th} 改变，SSL 也是关闭的。V_{GSL} 甚至晶体管都是由 V_{CC} 开启的，所选的字线保持在 0V 或略小的负电压上。所有其他的字线都在 V_{pass} 电压上打开。单元 B 是通过 BL0 读出的，而单元 A 是通过 BL1 读出的。

图 7.18 显示了读取相位与正向电压放大的详细时序图。为了避免在 SSL 和选择的字线之间的单元格“局部自启”，而导致热载体引起读取干扰，通过在[28]上的字线中使用脉冲 SSL 来实现通道的适当放电。在读取阶段中，所选的字线带有轻微的负电。

对于其他读取方法，如“反向读取”也可以应用于 VG 类型的 3D NAND 中。反向读取对于处理 VG 型 3D NAND 的特性是很有用的。在 VG 型 3D NAND 中，属于每层的单元格位于同一页面，因此，它们同时被读取。每一个层都连接到一个单独的 M3 位线，但是每个层也都在垂直方向上共享用一个 SSL 选择行。由于堆栈的蚀刻轮廓，各层之间有几何差异。因此，特定层的 V_{th} 分布与其他层本质上不同，而且每一层都在读取时显示出不同的位线偏差依赖。分层感知读取方法使用反向读取，对每个位行进行不同的判断级别，以补偿层间的差异。

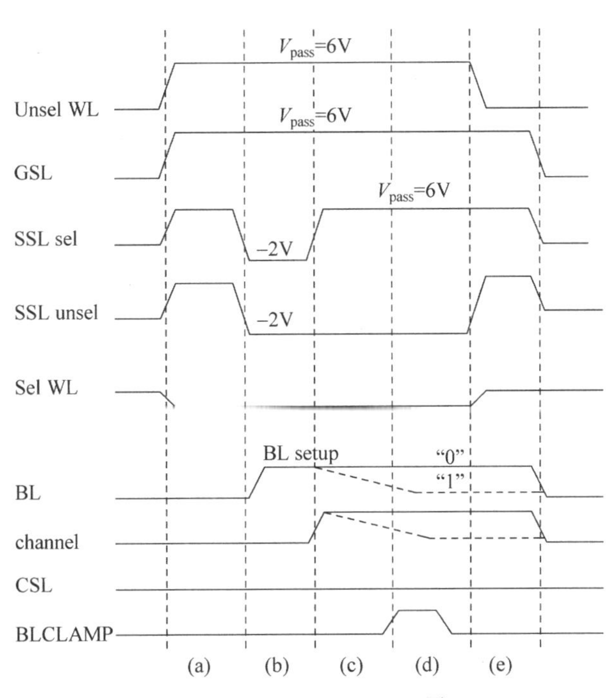

图 7.18　*Y-Z* cross section of 图 6.17

图 7.19 显示了一个带有多 V_{th} 读取[28]的反向读取感应的示意图。根据所读到的层，采用适当的电压对页缓冲区的 BLCLAMP 晶体管进行偏置，实现对位线补偿。反向读取顺序如下：首先，位线位线是通过位线偏置晶体管(接地)对地放电；然后，CSL 在正电压偏置

(反向读),并且 BLC 关闭以隔离感应节点;字线被提升到读取或程序验证电压(在这个例子中读取电压),然后打开 SSL,并通过单元和 CSL 直到电压 $V_{WL}-V_{thc}$ 阈值对 BL 进行电容充电。在感知阶段,BLC 设置为不同的电压 V_{BLCL}(不同根据的 BL/层变化),如果单元的 V_{th} 和 V_{thc},低于目标 V_{th},那么位线电压高于 $V_{BLCL}-V_{thBLC}$,因此 BLC 晶体管是关闭的,SEN 节点的电压仍然很高。否则,如果 V_{thc} 大于或等于目标 V_{th},那么 BLC 晶体管就会启动,SEN 放电,并且读出放大器的输出转换为 0。

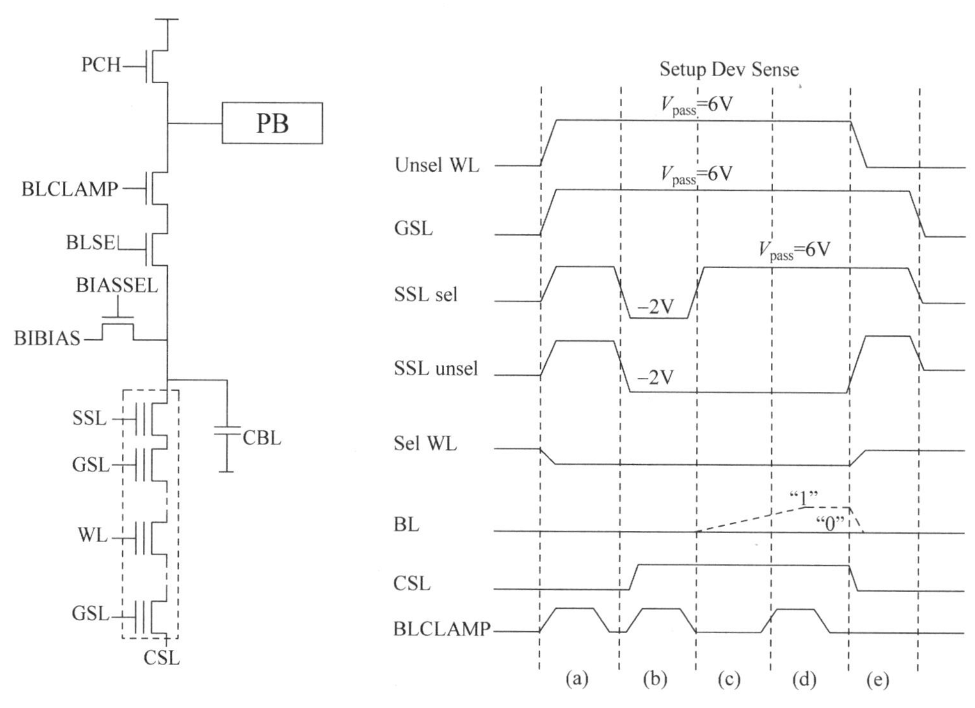

图 7.19 带有 BL 嵌位补偿的反向读取操作

所提出的读取和验证方法可以根据每个层的单元格的特征来优化读取条件。因此,可以优化目标程序来验证每个层的 PV,而不是使用普通的 PV 级别;编程时间可以显著减少,而且可以减少程序的干扰,避免在低层上不必要的编程。在层间的位线电压波动中,层间 PV 的弊端是不同的。顶层将比其他层具有更高的 V_{th},因此,具有最大的位线摆动。在反读过程中,位线电压从接地变为目标电压,这对于每个层/位线是不同的。具有较高操作点的层将导致更高的后台模式依赖。为了达到这种依赖关系,提出了一种方法,即每条位线都被预先设定为特定的分层电压,而不是在设置阶段[31]中把所有的位线输出到 GND 中。

7.5.2 编程操作

通过优化 ISPP(Incremental Step Programming Pulse)程序对 3D VG 型 NAND 编程。图 7.20 所示为写入 page0 页(SSL0)和其他未写入单元的写入抑制的方法的等效电路图。当对写入 page1 时,选通管 SSL1 施加电压 V_{CC},而一个小的负电压加给其他 SSL,确保其关断。GSL(偶数)处于开态,而 GSL(奇数)关断。为了执行抑制操作,CSL 电压设置为 V_{CC}。选中的字线由 ISPP 方法提供电压,其他的字线上偏压为 Vpass 电压。未选择页中写入抑制的实现通过使用不同的方法。属于page3(SSL3)位线中的单元(如E单元)的抑制通过在NAND串中整个浮空来实现,因为SSL3和GSL(偶数)均没有被选择;属于偶数页(SSL0和SSL2)也就是单元C和D,通过CSL与GSL向沟道中充电来进行抑制,两者电压均为V_{CC}电压[10]。

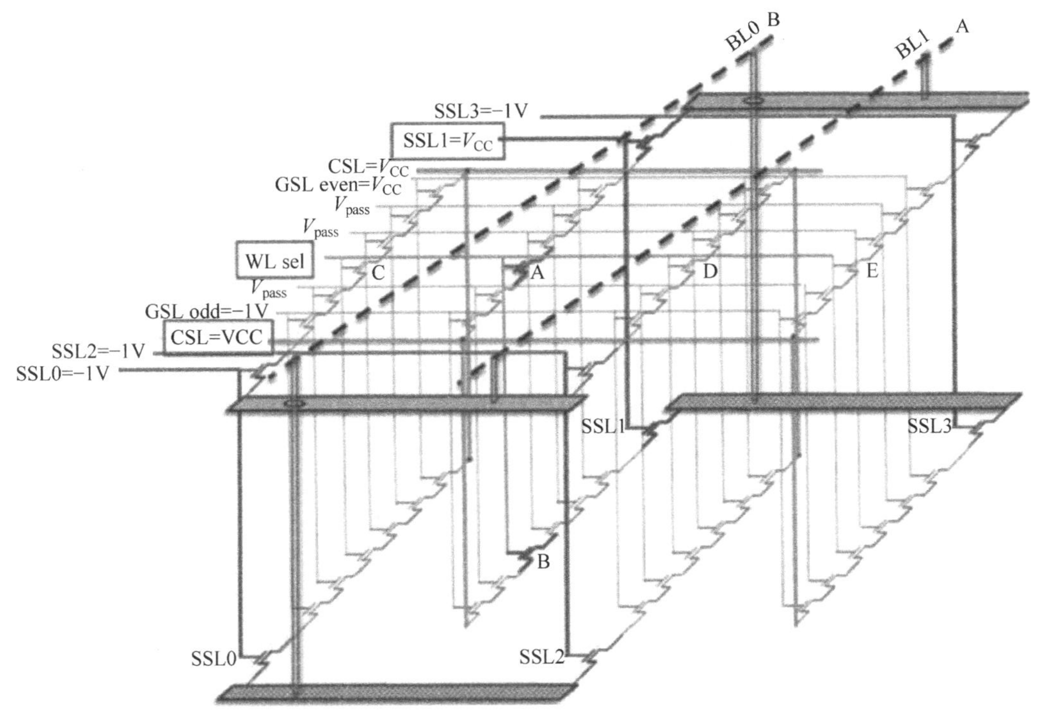

图 7.20 3D VG型NAND编程偏压

7.5.3 擦除操作

3D VG型NAND采纳了一种基于势垒设计的SONOS(BE-SONOS)器件。BE-SONOS器件擦除时可以由沟道注入的空穴实现。BE-SONOS能克服由于擦除时的高电场导致电子从栅极的注入问题和减少擦除饱和,并且有很好的保持特性。垂直沟道器件,通常使用的是GAA结构,由于曲率效应得益于电场增强效应(Field Enhancement,FE),能够减少通过栅极的电场,从而减少从多晶栅注入的电子。然而,FE方法有许多缺点和存在单元尺寸上的限制[32,23]。减少栅极电子注入的其他方法,可用高k材料将氧化层中的电场降到最低。BE-SONOS器件能避免FE的复杂化和缺点或者使用高k材料。在3D VG型NAND中,由于平面和均匀的结构,可以进一步改进BE-SONOS结构[23]。BE-SONOS器件中通过由衬底注入的空穴和由多晶硅栅注入的电子进行擦除操作。在图7.21所示的结构是BE-SONOS,其具有特别添加的额外的氮化物和氧化物层,附加氮化物层阻止电子注入。

在3D NAND中,通常采用浮体的无结型单元;因此衬底没有用于擦除的空穴源。用于擦除的空穴可由在选通管处的GIDL(Gate-Induced Drain Leakage)效应产生。图7.22

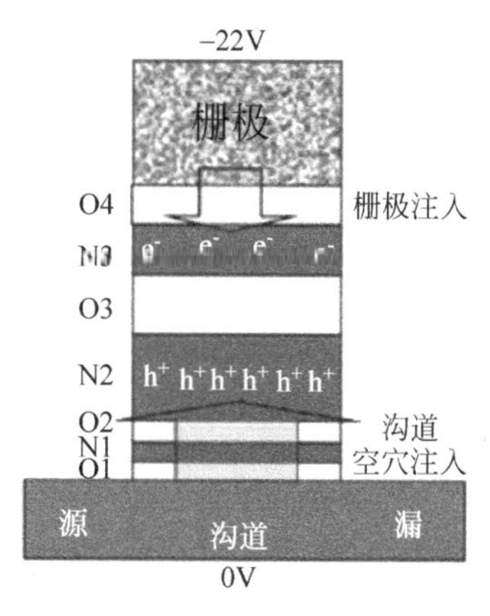

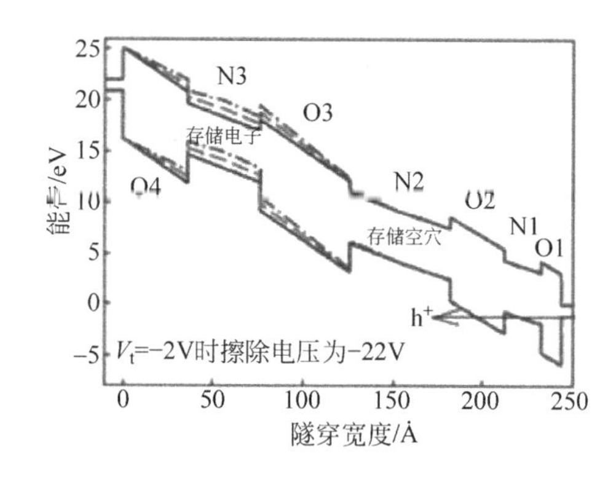

图 7.21　BE-SONOS 器件中的擦除机制

表示对 CSL 和 MBL (Main BL)施加一个高电压,同时大约 6V 电压施加于 SSL 和 GSL,达到擦除目的。选通管应该将 SL 的擦除电压(13V)传递到沟道。

同时,必须保护传输晶体管免受可能损坏它们或使其阈值电压漂移的寄生电荷注入。通过恰当的 SSL 和 GSL 的偏压,在选通管的漏结处获得的 GIDL 诱导电流可以转移擦除电压到存储串沟道,并且将不想要的空穴注入降到最低,那将导致 SSL 和 GSL 自身的擦除。擦除一个 VG 型 3D NAND 的块,SL 施加高压,字线接地。去抑制其他未选择块的擦除,字线置于浮空以至于它们可以通过自举到达抑制电压。减少字线上的漏电(擦除抑制)是非常重要的,这样可以降低升压电势效率。

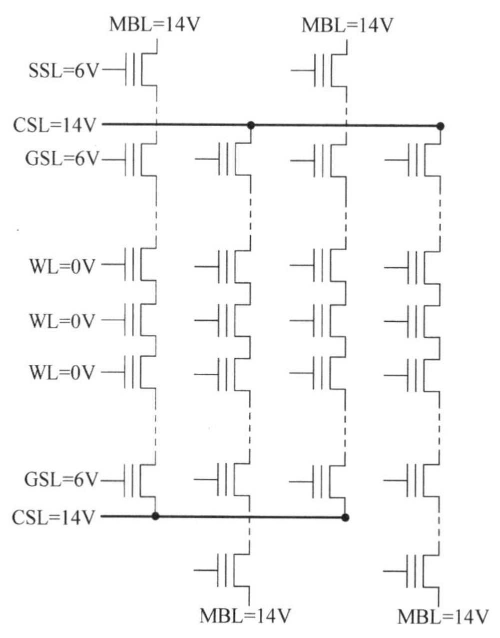

图 7.22　VG 型 NAND 的块擦除(被选择的块)

7.6 VG 型 3D NAND Flash 中串扰问题

3D NAND Flash 最特殊的串扰问题是平面 NAND 中不存在的沿 Z 方向串扰。在 VG 型 3D NAND 中,多晶硅的字线完全隔开位线,所以沿 X 方向(沿字线方向)甚至不同层的斜向器件之间都没有静电干扰,如图 7.23 所示。但 Z 方向上相邻层之间却存在干扰,这是由相邻器件静电干扰引起的一种背栅效应。这种静电干扰由写入过程中存入电荷俘获层的电子引起,相邻的受影响器件阈值电压改变幅度可达 150mV。这种串扰受夹层距离影响,可以通过优化夹层距离降低影响。

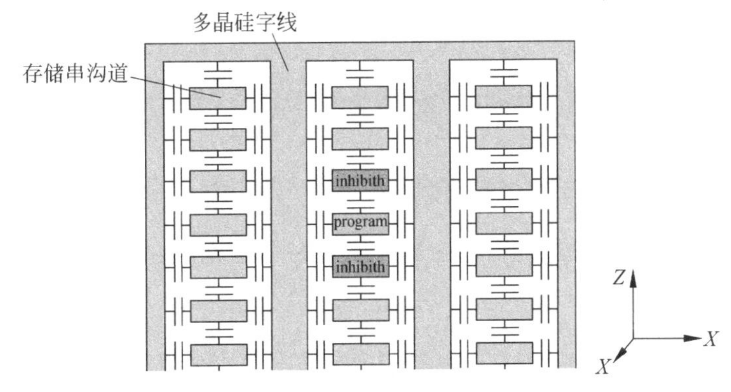

图 7.23 VG 型 3D NAND Flash 的 Z 方向串扰

垂直栅极型 3D NAND 在写入过程中,由于相邻器件距离较近,同一层内相邻器件会受到影响,从而导致字线串扰。字线串扰跟待操作器件处无结沟道内电势变化相关,它会使相邻非写入器件也积累电荷。这种串扰会导致 400mV 的阈值电压影响,但此效应可以被合理的写入算法抑制。预 PV(Pre-Program Verify)编程策略就可以有效抑制字线串扰。此算法是将待写入的 WL(n)电压先设置到低于目标阈值电压的预 PV 电压,再将 WL($n+1$)电压设到预 PV 电压,最后将 WL(n)电压设置到最终的目标电压,重复此过程直到写入完成。

由于作为 3D NAND Flash 同一页的不同层上的器件被同时写入,所以写入过程还存在其他串扰效应。

图 7.23 展示了另一种写入串扰:当某一层实现写入操作时,相应的沟道保持 0V 电压,而相邻沟道会被提升至写入抑制电压。由于层间串扰,沟道被提升的电压会低于目标抑制电压,抑制效果受影响从而引起写入串扰问题,这种 Z 方向串扰会引起 0.6V 的 V_{th} 分布漂移。另外,当不同层分多次被写入时,由于静态电压的改变,也会出现串扰影响,这种串扰也会改变 V_{th} 分布。

在 VG 型 3D NAND Flash 中还存在一种叫做 enhanced programming Z-disturb 的串扰。当相邻层被写入以后(偏压为 0V),写入速度会降低,因为相邻层都处于写入抑制状态(沟道为写入抑制的高压状态)。由于多晶硅沟道反型层电子浓度的作用,抑制了 F-N 隧穿电流,从而影响写入速度。

在 ISSP 中也需要考虑 Z 方向写入串扰的影响。上面讨论的 Z 方向串扰会导致写入后阈值电压分布较宽，降低多值存储的可靠性。

Z 方向静电干扰受层间的埋层氧化层厚度影响；所以一定程度上可以通过改变层间距离而降低影响。操作算法同样可以被用来抑制 Z 方向串扰。在图 7.24 的例子中，写入操作被分解成一系列操作，使得每次只涉及一层器件。在图示例子中，8 层器件被分成 3 组，在 3 个时间序列内完成写入。在每一个写入步骤中，每个待编程层两侧的沟道都不需要被写入，使得 enhanced Z-programming effect 得到抑制。

3D NAND 中 V_{pass} 串扰和读串扰也同样严重。在 VG 型 3D NAND 中，每个字线上有 2^N 个页，其中 N 是层数。所以在写入整个块时引入了一个非常大的 V_{pass} 串扰作用时间。由于在一个字线上有非常多页，读串扰会更加严重。

PL8 PL7 PL6 PL5 PL4 PL3 PL2 PL1

Layer	1st STEP	2nd STEP	3rd STEP
8	禁止	写入	禁止
7	写入	禁止	禁止
6	禁止	禁止	写入
5	禁止	写入	禁止
4	写入	禁止	禁止
3	禁止	禁止	写入
2	禁止	写入	禁止
1	写入	禁止	禁止

图 7.24　平衡 Z 向串扰的算法写入方法

整体上讲，VG 型 3D NAND 的串扰与垂直沟道 3D NAND Flash 类似。在 VG 型 3D NAND 中，电场增强效应使得写入时间较短，但电场增强效应也增大了 V_{pass} 串扰的影响。相反，垂直栅极 3D NAND 的平面 Flash 器件结构可以将 V_{pass} 串扰最小化。

通过采用本章中的操作算法，VG 型 3D NAND 可以有足够的阈值电压窗口来实现 MLC 操作，如图 7.25 所示。TLC 也同样证明是可行的。通过结构优化和合理的 ECC 算法，VG 型 3D NAND 将可以实现量产。

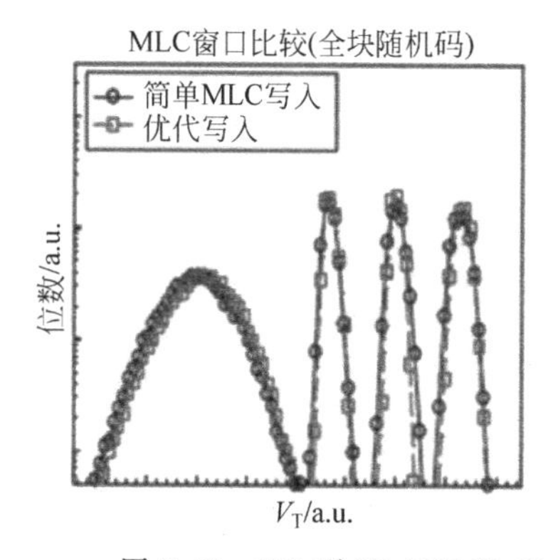

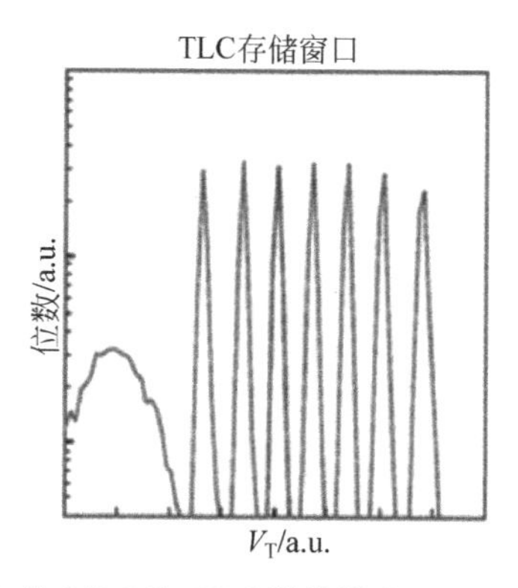

图 7.25　VG 型 3D NAND Flash 的 MLC 和 TLC 操作潜力

7.7 总结

VG 型 3D NAND 技术能力已经被很多研究以及芯片测试证实。这个技术可以通过多倍存储层和多级操作实现。CT SONOS Flash 单元的平面性是关键因素，因为它避免了基于栅极全能结构的 VC 型 3D NAND 架构所需的非理想垂直蚀刻的所有问题。

作者感谢 Macronix International 在本章引用的出版物。

第8章

RRAM交叉阵列

8.1 RRAM 简介

在这个大数据时代，追寻更高密度、更小延迟和更低价格的下一代非易失存储器，一直都是研究者的梦想。事实上，距离上一代的主流存储器——NAND Flash 存储器——的面世已经有好几十年了。如今，基于浮栅晶体管技术的 NAND Flash 储存器，仍旧是最流行的非易失储存器之一。然而，它的速度和密度都在逼近由其结构导致的物理极限。把电子存入浮栅结构需要花费至少 1μs[1]，并且把它平面制造工艺缩小到 10nm 以下也是几乎不可能的。这不仅是因为光刻代价的关系，厚栅所引起的串扰与寄生效应也是重要的因素。事实上，为了确保电子不会从浮栅中泄漏，栅极的厚度不可能太薄。此外，在 20nm 工艺条件下，浮栅里吸收的电子数量就已经少于 100 了，少量的电子流失就会引起严重的可靠性问题[2]。

就是在这种环境下，3D 垂直结构 NAND 技术应运而生。最近，将 48 个存储层堆叠的技术实现了极高的存储密度。3D NAND 技术取代了平面技术，使半导体工业中的 NAND Flash 技术获得了新生。不过，最多又能堆叠多少层呢？128、256 还是更多？3D 垂直结构 NAND 技术仍然面临许多挑战，同时其速度限制也并没有消失。

近期，阻变存储器(Resistive Random Access Memory, RRAM)因其卓越的单器件性能受到了大量关注：比如可缩放性(＜10nm)、延时(＜10ns)、功耗(操作电压小于 3V)、更高的可靠性、可操作次数($1E^6$～$1E^{12}$)以及数据保持能力(＞10 年)[3-5]。RRAM 的 3D 集成可以达到极高的存储密度，能够和 3D 垂直结构 NAND 技术相媲美。尤其是 3D 交叉 RRAM 阵列，其有效存储单元面积甚至可以达到 $4F^2/n$，其中 F 是最小特征尺寸，n 是 3D 堆叠的层数[6]。正因为如此，RRAM 被视作下一代非易失存储器最有希望的候选者之一[6]。不仅如此，它甚至有可能颠覆原本的存储器层次结构，如图 8.1 所示。并且凭借着卓越的速度和密度性能，它在非易失逻辑计算领域也很可能大放异彩[7]。这两者都意味着半导体工业的革命。

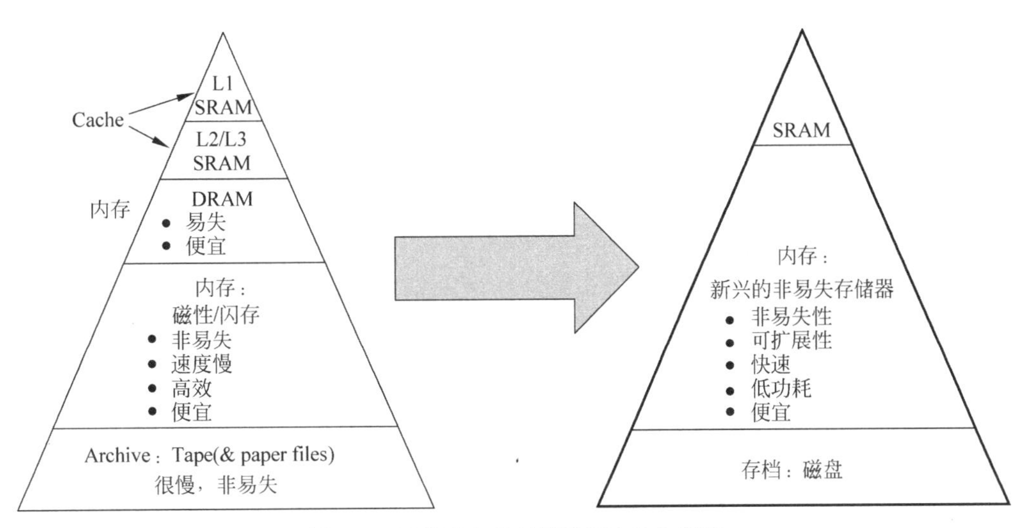

图 8.1 可能到来的存储器层次结构变革

8.1.1 历史与发展

自第一次发现阻变现象至今已有至少 50 年的时间了。20 世纪 60 年代的时候，一些研究者，比如 Hickmott、Gibbons 和 Beadle，发现了氧化物薄膜的阻变现象[8,9]。但是对于存储应用来说，这些早期报道的阻变现象的稳定性还有所不足。直到 20 世纪 90 年代后期，人们才重新燃起兴趣，将阻变看作替代传统的硅基存储器的方法。许多类型的材料，比如复杂金属氧化物[8]、二元金属氧化物[9]以及有机物[10]，都有阻变的特性。在 2004 年的国际电子器件会议(IEDM)上，三星演示了一种兼容 0.18μm CMOS 工艺的基于 NiO 的 RRAM 芯片；其中讨论了一些对于存储应用来说至关重要的性能指标，比如可操作次数(set/reset 操作次数可超过 10^6，读操作次数可超过 10^{12})和编程特性(操作电压低于 3V，电流小于 2mA) [11]。如今，RRAM 已经成为研究的热门领域，每年发表的相关文章数以百计。

近期，RRAM 的性能，比如速度、可缩放性以及操作次数等，均取得了长足的进步。Lee 等演示了一种基于 HfO_x 的双极性 RRAM，其阻变过程仅仅需要 300ps [12]，而 Govoreanu 等发表的基于 TiN/HfO_x/Hf/TiN 的双极性 RRAM，则有着卓越的可缩放性，其单个存储单元的面积甚至小于 $10\times10nm^2$[13]。此外，Lee 等人发表的基于 TaO_x 的 RRAM 有着极高的可操作次数($>10^{12}$)[14]。在 3D 架构和高密度集成方面，也取得了重要的突破，这部分内容将在这章的稍后部分详细讨论。

8.1.2 RRAM 的结构和机理

通常来说，RRAM 的典型结构如图 8.2(a)所示，由两个电极和中间夹杂的阻变介质构成。而其进行非易失存储的原理则是，在电压或者电流激励的作用下，阻变单元可以在低阻状态(Low Resistance State，LRS 或者 ON 状态)和高阻状态(High Resistance State，HRS 或者 OFF 状态)之间来回转换。其基本结构虽然简单，却也富含着诸多变化。首先是可以用作阻变介质的材料非常丰富，比如 HfO_x、AlO_x 以及 TaO_x 等；同时，电极的选择也可以多种多样，比如 Pt、TiN 和 Ti 等；更重要的是，阻变过程不仅取决于阻变介质，也受到电极和它们接触面的表面状态的影响[6]。

不同的阻变材料与不同的电极作用在一起，产生了两种不同的阻变模式和各种各样的阻变机制。一般来说，从 LRS 变化为 HRS 的阻变过程称为 Reset 过程，相应的电压叫作 Reset 电压(V_{reset})。相反地，从 HRS 变化为 LRS 的阻变过程称为 Set 过程，相应的电压叫作 Set 电压(V_{set})。Forming 过程与 Set 过程类似，但它发生在新样品的初始状态时，目的是为了使这个样品能够进行阻变循环。通常来说，Forming 过程的电压要高于 V_{set}。根据 Set 过程和 Reset 过程所需要的电气极性，可以将 RRAM 的阻变模式分成两种：双极性和单极性。所谓双极性，就是指 Set 过程和 Reset 过程所需要的电压极性相反，参见图 8.2(b)；而所谓单极性，就是指 Set 过程和 Reset 过程所需要的电压极性相同，只是幅度不一样，参见图 8.2(c)。

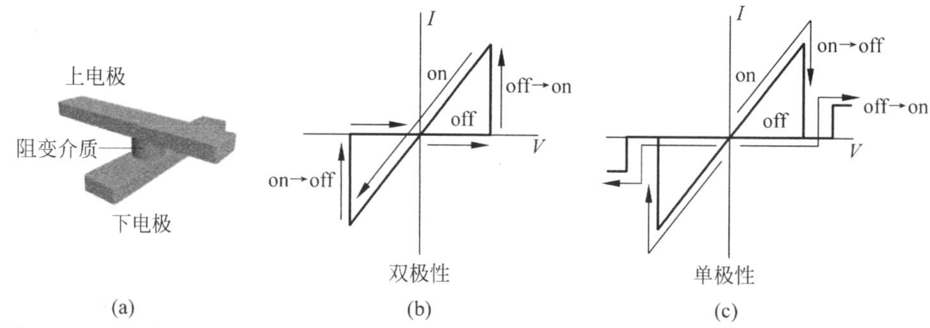

图 8.2 (a)上电极/阻变介质/下电极的三明治结构示意图；(b)双极性和(c)单极性阻变过程的 I-V 特性曲线

正如上文所说，阻变过程不仅取决于阻变介质，也受到电极和它们接触面的表面状态的影响[6]。这里不会涉及详尽的阻变机制概述，只是简要地介绍最常见的并且有最高尺度缩小潜力的几种阻变机制，比如价态变化和电化学金属化[2]。在这些机制中，阻变介质内导电细丝的形成与断裂，是导致阻值变换的本征物理现象。

基于价态变化的 RRAM，它的阻变介质一般是过渡金属氧化物，比如 TiO_x、HfO_x 和 TaO_x[2]。Forming 过程在阻变介质中创造了一条由氧空位组成的导电细丝，它能够进行阻变循环则得益于氧离子在高电场作用下的迁移。如图 8.3 所示，在 Reset 过程和 Set 过程里，导电细丝不断地发生局部断裂和重新形成，使得 RRAM 单元的状态在 LRS 和 HRS 之来回转换[15]。对于一个处于 LRS 状态的单元来说，电流从导电细丝中流过；而对于一个处于 HRS 状态的单元来说，电流则需要经由隧穿通过导电细丝的断裂区域。

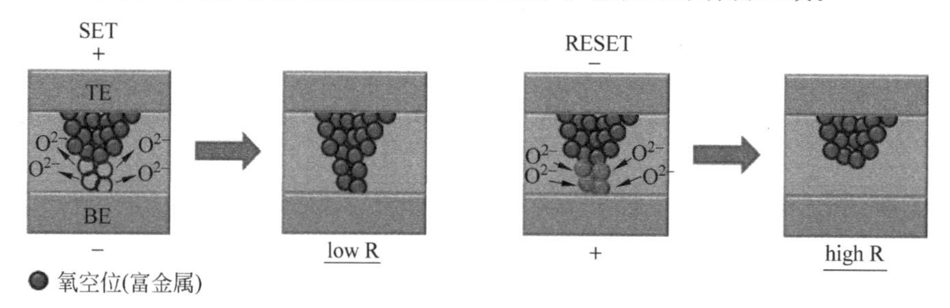

图 8.3 基于价态变化的 RRAM，其阻变过程的示意图[2]

基于电化学金属化的RRAM,也被称为导电桥随机存取储存器(CBRAM),它有许多类型的阻变介质,比如硫族化合物和非晶硅等。通常来说,它的一个电极是活跃金属,比如银和铜,而另一个电极则经常是惰性金属[2]。基于价态变化的RRAM与基于电化学金属化的RRAM之间关键差异在于导电细丝的类型。如图8.4所示,在基于电化学金属化的RRAM中,从活跃金属电极中分离产生的金属离子构成了导电细丝。相反地,在反向电压的作用下,这些金属离子的复原导致了复位过程。换句话来说,基于电化学金属化的RRAM必须是双极性的。基于电化学金属化的RRAM不适合3D垂直集成,因为活跃金属很容易在隔离层中扩散。到现在为止,所有被文献报道过的3D垂直结构RRAM,都是基于价态变化机制的。

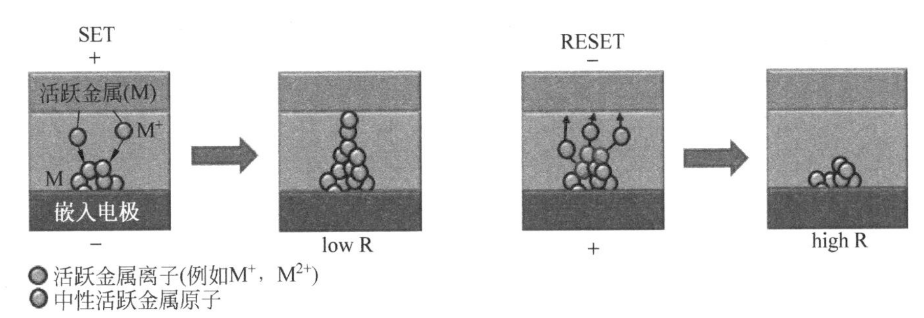

图8.4 基于电化学金属化的RRAM,其阻变过程的示意图[2]

另一种非易失存储技术是相变存储器;同样地,它也是利用相变材料在低阻状态(晶态、Set状态)和高阻状态(非晶态、Reset状态)时的导电性差异来存储信息的。图8.5(a)展示了一个PCM单元的典型结构。电流在"加热器"附近汇集,创造了一个蘑菇状的编程区域[16]。如果需要将一个PCM单元设置到非晶状态,需要在一个较短的时间内向这个单元上施加一个大的电流脉冲,使得编程区域先熔化,接着快速冷却熄灭,这个过程称为Reset操作。产生的这个非晶态区域与PCM单元的晶体区域串联在一起,主导了整个PCM单元的电阻阻值。如果需要将一个PCM单元设置到晶体状态,需要长时间地给这个单元施加一个中等强度的电流脉冲,让编程区域处于结晶温度和熔化温度之间的温度状态下退火,这个过程称为Set操作。如果需要读取一个PCM单元的状态,需要给它施加一个小的脉冲,然后测量通过它的电流值(确定此时的电阻),当然,这个电流的绝对值需要做够小,以免影响到这个PCM单元原本的状态。

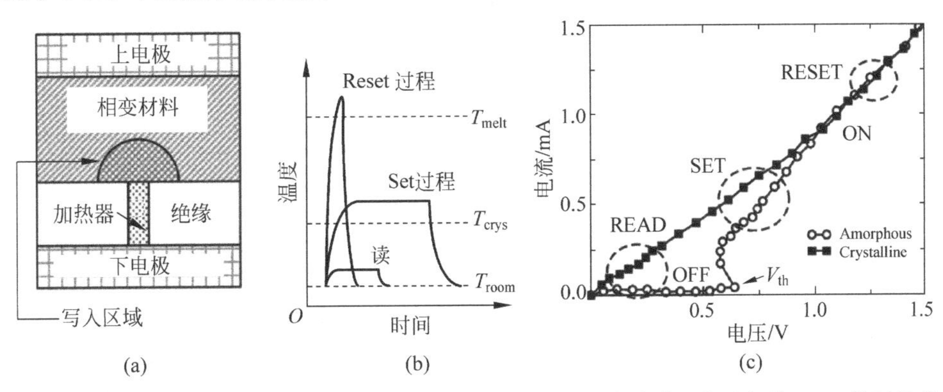

图8.5 (a)传统PCM单元的截面图;(b)施加电学脉冲,引起温度变化,进而实现PCM单元的编程与读取;(c) Set和Reset状态的I-V特性。Reset状态的阻变行为发生在阈值电压处(V_{th})[16]

在阈值电压(V_{th})以下,Set 状态和 Reset 状态的电阻值差异是非常显著的,而当电压增大到阈值电压时,Reset 状态会显现出电学上的阈值阻变行为。如果用一个大于 V_{th} 的电压作用在 PCM 单元上,作用时间长于结晶时间,那么这个单元会转变为低阻状态。这也是 Set 操作的核心。如果没有电学上的阈值阻变现象,Reset 状态的电阻值就会显得太高了,以至于很难传导足够大的电流产生用于结晶 PCM 单元的焦耳热[16]。

8.2 3D RRAM

8.2.1 3D 架构

通常来说,2D 交叉阵列由位线、字线和两者交叉位置处的存储单元构成。在 2D 条件下,这种交叉阵列结构最高可以达到 $4F^2$(F 是特征尺寸)的集成密度。制造 3D RRAM 存储单元,有两种可能的集成方法:一种是逐层地堆叠传统的平面 RRAM 交叉阵列[17,18],称为 3D 交叉 RRAM;另一种则是 3D 垂直结构 RRAM(3D VRRAM)[19-25],其存储单元夹在垂直电极和多层的水平电极之间,称为 3D VRRAM。图 8.6 对 3D 交叉 RRAM 和 3D VRRAM 的结构进行了对比[26]。

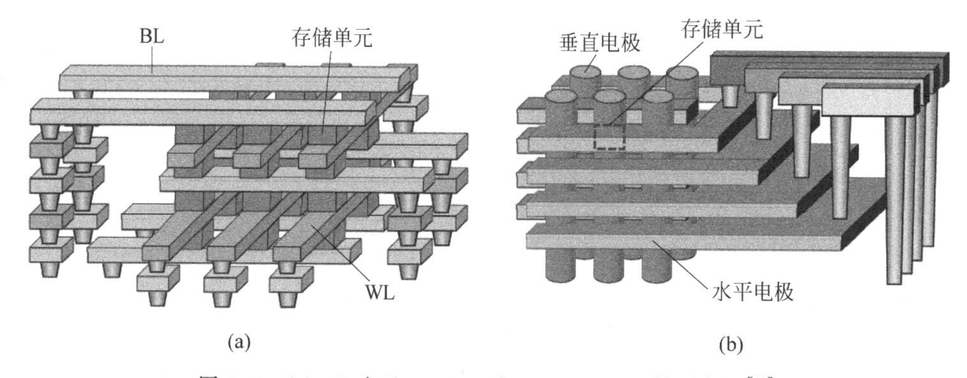

图 8.6 (a) 3D 交叉 RRAM,和(b) VRRAM 的示意图[26]

1. 3D 交叉 RRAM

比起 3D VRRAM,3D 交叉 RRAM 在横向上有着更好的缩放性能,其密度可以达到 $4F^2/N$(N 是堆叠的层数)。这是因为对于 3D VRRAM 来说,RRAM 的单元与选择器的厚度可能会占用更多的面积。同时,3D VRRAM 垂直电极的阻值较大,也影响着其阵列性能。但是 3D 交叉 RRAM 是通过简单地堆叠平面 RRAM 交叉阵列得到的,这个过程并不能省略光刻步骤或者掩模板,因此其每位成本仍然很高。反之,3D VRRAM 仅仅需要一次关键的光刻步骤或者掩模板,就可以完成整个阵列的制造过程(如图 8.7 所示),因此就削减每位成本来说,它是一种更有前景的方式[27]。当然,如果堆叠的层数更多,可以更加显著地降低成本。

就 3D 交叉 RRAM 领域而言,Baek 等首次演示了一个 4 行 5 列的双层阵列[17]。作为高密度堆叠 RRAM 研究的一部分,Lee 等报道了一个 8 行 8 列的双层阵列,存储单元为 1D-1R 结构(一个二极管配一个电阻),单元面积为 0.5μm×0.5μm[18]。其制造的双层交叉阵

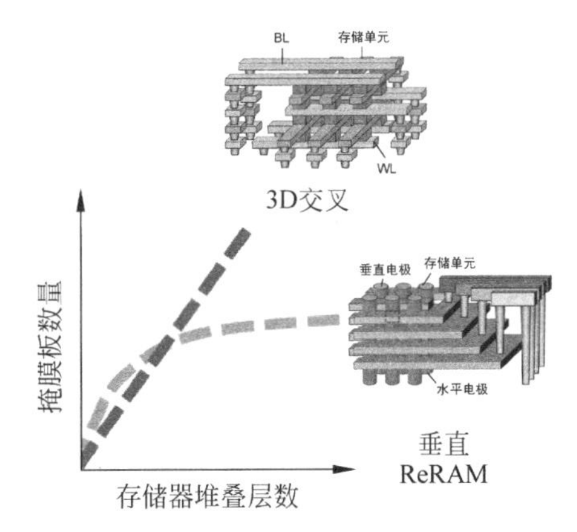

图 8.7 分别对 3D 交叉和 VRRAM 来说，所需掩模板数量与存储器堆叠层数的关系[27]

列结构如图 8.8(a)所示。每条位线服务于相邻的两个交叉层。由此可以减少每层的厚度和关键的光刻步骤。如图 8.8(b)所示，在这个交叉阵列结构中，存储节点由掺 Ti 的 NiO 构成，氧化物二极管则是 p-CuO_x/n-$InZnO_x$ 构成的异质结薄膜。

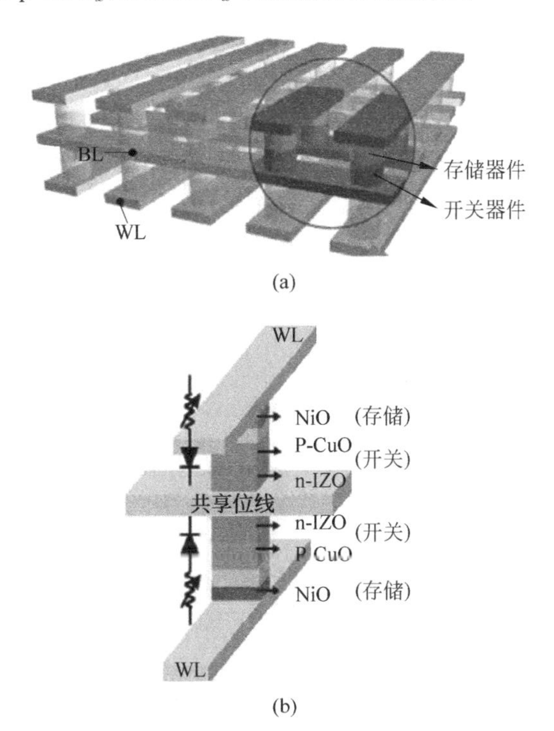

图 8.8 (a)双层交叉阵列存储结构。每个单元都位于字线和位线之间，由一个存储器件和一个开关器件构成；(b)双层 1D-1R 存储单元的示意图，上下两个单元共享同一条位线[18]

2. 垂直结构 RRAM

VRRAM 由 Yoon 等于 2009 年首次提出[28]。之后，也提出和演示了几种不同架构的 3D VRRAM。图 8.9 展示了两种典型的 3D VRRAM 阵列架构[29]。其中一种使用金属线来充当水平电极，而另一种则是使用金属平面。二者的垂直电极均为金属柱。用金属平面作为水平电极的 VRRAM 仅仅需要一个关键的光刻步骤，并且其导线电阻更低，能够显著地减小 IR 压降和 RC 延时效应。用金属线作为水平电极的 VRRAM 需要两个关键的光刻步骤，同时比起用金属平面作为水平电极的 VRRAM 和 3D 交叉 RRAM，它有着更严重 IR 压降和 RC 延时效应。但是用金属线作为水平电极的 VRRAM 的存储密度可以达到用金属平面作为水平电极的 VRRAM 的两倍，因为金属柱的左右两侧均可形成一个独立的 RRAM 单元。因此，用金属线作为水平电极 VRRAM 的集成密度，理论上可以达到 $2F^2/N$。

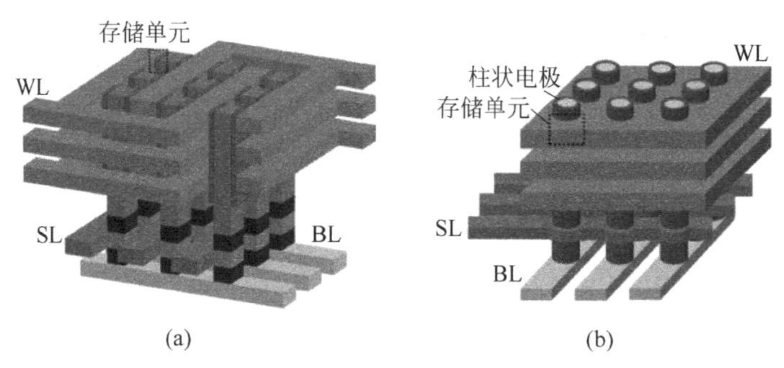

图 8.9　两种典型的 3D VRRAM 阵列架构：(a)存储单元位于水平字线与垂直金属柱之间；(b)存储单元则位于平面电极与垂直金属柱之间[29]

Chen 等提出了一种用于制造金属平面作为水平电极的 VRRAM 的低成本制造流程[30]。如图 8.10 所示，首先淀积多个氧化硅和金属层，接着刻蚀出一个沟槽。然后淀积阻变层和垂直金属柱。最后引出不同层的平面电极与柱状电极。实际上，只有第一步(形成一个沟槽)是一个关键的光刻步骤。

Baek 等首次制作出了用金属线作为水平电极的 3D VRRAM[26]。由于金属刻蚀的长宽比和氧化物或者氮化物比较起来要差得多，他们便开发了一套不需要刻蚀金属的制造流程，如图 8.11 所示。首先，淀积多个氧化硅和氮化硅层，接着刻蚀出一个深孔，然后淀积阻变层和垂直金属电极。随后，刻蚀垂直金属电极和堆叠的层，形成水平金属线和垂直金属柱。在那之后，湿法氮化硅层，空余的地方用金属填充。最后，利用淀积的新金属形成水平线电极。

此外，与 NAND Flash 不同，为了能够随机访问到 RRAM 的每一个独立存储单元，3D VRRAM 的架构设计还有一个特有的挑战。为了能够将电压施加到每一个垂直电极上，VRRAM 阵列的下方还需要一个晶体管阵列[30]，如图 8.12 所示。为了达到 $4F^2/N$ 的集成密度，研究者们提出了一种垂直的晶体管结构。在这种架构里，BL 连接着垂直晶体管的源极，选择线(SL)连接着垂直晶体管的栅极。通过选择 BL 和 SL，可以甄别出每一条垂直电极。同时，还需要选中一条作为 WL 的平面电极。通过这种 3D 选择策略，RRAM 的每一个存储单元都可以被随机访问到。需要指出的是，在没有显著面积惩罚的条件下，用金属线作为平面电极的 VRRAM 设计需要一种能够随机访问到每个存储单元的架构，这是非常具有挑战性的。

3. 3D 交叉阵列中的 RRAM 单元

3D 交叉阵列中的 RRAM 器件，其结构和制造工序均与 2D 交叉阵列类似，因此它不存

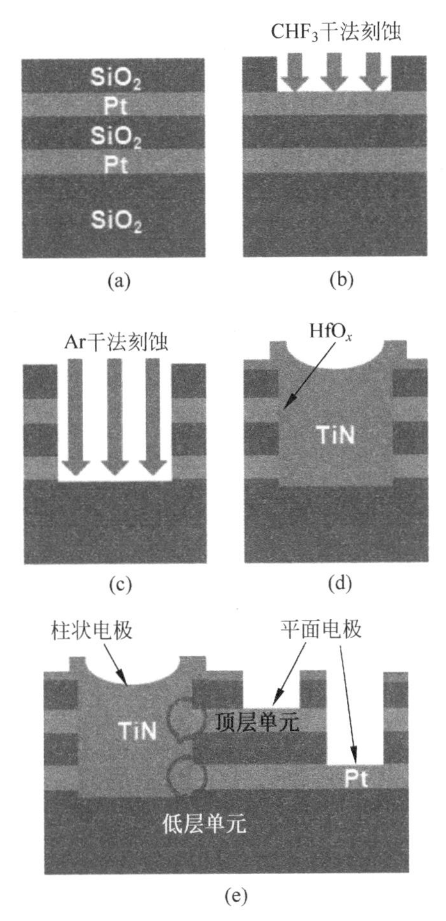

图 8.10 3D 垂直结构 RRAM 的低成本制造流程[30] (a)利用蒸发或者 LPCVD 淀积多层的 Pt(20nm)/SiO_2(30nm)；(b)干法刻蚀到底部的 SiO_2 层，形成一个沟槽(大小为 1～100μm)；(c)利用 ALD 淀积 5nm 的 HfO_x，共形覆盖沟槽的侧壁；(d)通过溅射淀积 150nm 的 TiN，填满整个沟槽，作为柱状电极；(e)通过干法刻蚀将平面电极 Pt 暴露出来

在性能衰减的问题。典型的器件结构包括上下电极与它们之间的阻变介质层。阻变层可以通过 PVD 或者 ALD 方式淀积。平面 RRAM 器件已经表现出了许多优异的性能，比如低操作电压(1～3V)、快速的阻变速度(0.3～50ns)、低峰值电流(25～100μA)、大的高低阻态阻值比率(10～1000x)、稳健的可操作次数(Set/Reset 循环可达 10^6～10^{12})与数据保持能力。

然而，垂直结构 RRAM 的性能却可能出现衰减，这是因为器件的结构发生了改变，并且电极与阻变层之间存在着缺陷。Park 等利用隔离层技术提高了 RRAM 的性能，还实现了自整流特性[27]。Chen 等演示了一种基于 Pt/HfO_x/TiON/TiN 的垂直结构 RRAM，其峰值电流小于 50μA，高低阻比率超过 10 倍，阻变时间接近 50ns，可操作次数超过 10^8，并且在 125°C 条件下，数据保持时间超过 28h[30]。垂直结构 RRAM 在各项存储器指标上都可以与平面 RRAM 媲美。不过，Pt 电极并不兼容传统的 CMOS 工艺。Cha 等制造出一种基于 TiN/Ta_2O_5/Ta 的 VRRAM[31]。其 SET/RESET 电压低于 1.1V，RESET 电流在

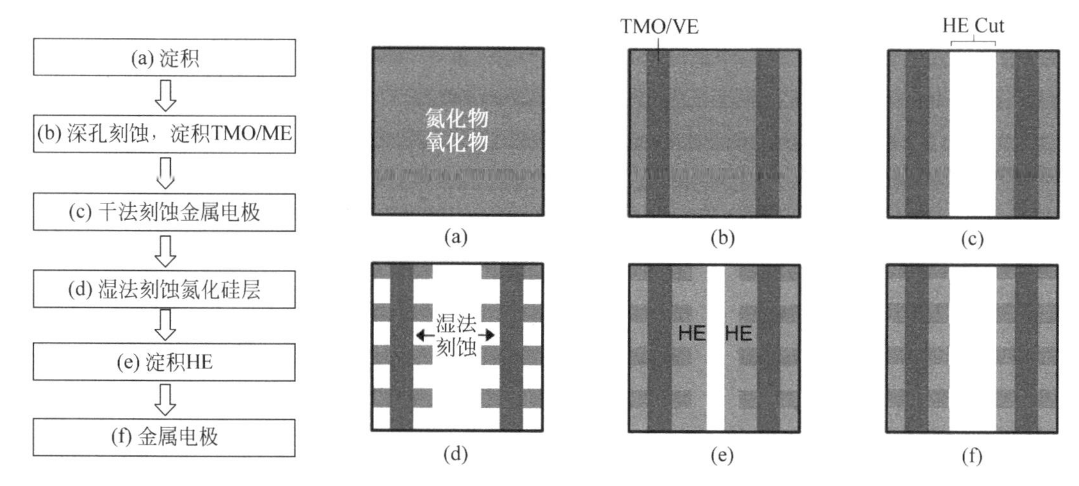

图 8.11　VRRAM 阵列制造的关键工艺流程[26]

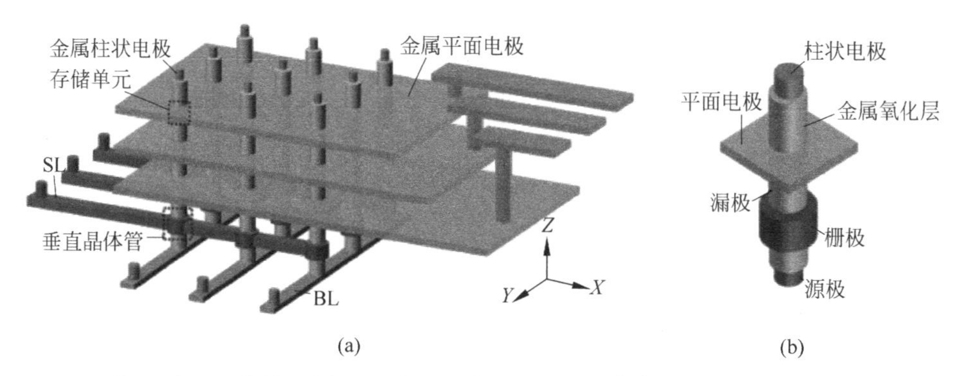

图 8.12　一种 3D 交叉架构的示意图(a)利用垂直 RRAM 单元[30]和垂直晶体管(b)作为位线选择器，使得整个阵列中的每个单元都可以被随机访问

100μA 左右，可操作次数至少可以达到 10^6。Hsu 等发表的基于 Ti/TiO_2/TaO_x/Ta 的 VRRAM，其 Reset 电流非常小(约 10^{-7}A)[32]。在 6V/1us SET 脉冲和−6.5V/1us RESET 脉冲的作用下，其可操作次数高达 10^{10}。展望未来，应该在垂直结构 RRAM 器件的结构和制造工序上做出更多的努力。

8.2.2　交叉阵列 RRAM 中的泄漏通路问题

1. 读错误

毫无疑问，3D RRAM 在超高集成密度方面极具前景。然而，RRAM 阵列中的泄漏通路却降低了阵列的性能，增加了整体的功耗，并且限制着阵列的规模。如图 8.13 所示，选中某一个器件，意味着在连接这个器件的位线和字线上施加偏置电压，而其余的位线和字线则浮空。当一个器件被选中时，电流不仅会从指定的通路流过，也会从由未选中的器件组成的通路中流过(如通路①和通路②)，这些并不希望看到的通路被称为泄漏通路(Sneak Paths)。图 8.13 中标记为①的通路是单层交叉阵列中典型的泄漏通路，它由三个未选中器件组成。对于一个 m 行 n 列的单层交叉阵列，这种典型的泄漏通路共有$(m-1)\times(n-1)$

条,这就意味着阵列规模越大,位线和字线中不被需要的电流就越多。在3D阵列中,因为又引入了额外的泄漏通路,这个问题会变得更加复杂,比如图8.13中标记为②的通路。

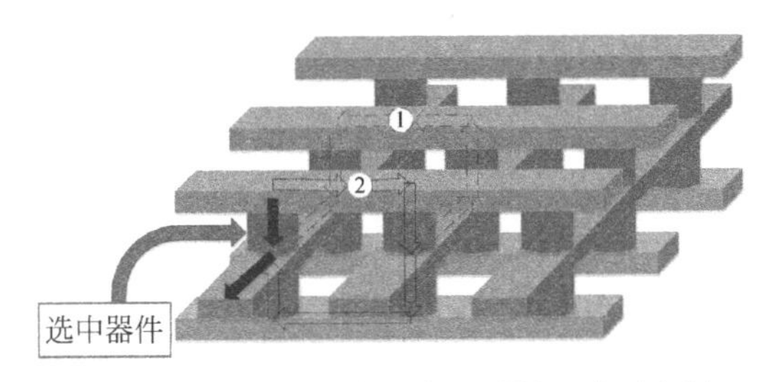

图8.13 多层交叉阵列中的泄漏通路示意图

这样一来,处于高阻状态下的被选中器件的等效阻值可能会明显低于预期,在读操作过程中区分高阻状态和低阻状态变得更加困难[33]。更直观地分析一下,在最坏情况下,泄漏通路是如何限制阵列规模的。如图8.14所示。假设交叉阵列的大小为m行(位线)n列(字线),R_{off}/R_{on}倍率为β。要测量一个处于高阻状态的器件阻值,最坏的情况发生在泄漏通路所引起的寄生电阻处于最小值时,这就意味着所有的未被选中器件均处于低阻状态。反过来,要测量一个处于低阻状态的器件阻值,最坏的情况发生在泄漏通路所引起的寄生电阻处于最大值时,这就意味着所有的未被选中器件均处于高阻状态。为了避免产生读错误,哪怕最坏情况发生,也要保证器件处于高阻状态时的读出电阻要高于低阻状态时的读出电阻,这就意味着

$$R_{off}//\left(\frac{R_{on}}{m-1}+\frac{R_{on}}{(m-1)\cdot(n-1)}+\frac{R_{on}}{n-1}\right)>R_{on}//\left(\frac{R_{off}}{m-1}+\frac{R_{off}}{(m-1)\cdot(n-1)}+\frac{R_{off}}{n-1}\right)$$

于是,

$$\left[1-\frac{(m-1)\cdot(n-1)}{m+n-1}\right]\cdot(\beta-1)>0$$

显然R_{off}/R_{on}倍率为β大于1,因此

$$n<\frac{2\cdot(m-1)}{m-2}\Leftrightarrow m<\frac{2\cdot(n-1)}{n-2}$$

也就是说,只要n或者m中的某一个大于2,阵列的最大规模就不可能超过3×3,并且与R_{off}/R_{on}倍率β无关![34]

此外,泄漏通路也增大了字线和位线中流过的电流。如果考虑导线电阻的因素,读错误会更加严重[35],并且功耗也会增加。

2. 写串扰

泄漏通路引起的写串扰也是一个问题。以一个2×2的交叉阵列为例,在其被选中的字线上施加一个操作电压V,位线接地而未选中的导线浮空,其等效电路图如图8.15(a)所示。当向被选中的器件上施加一个Set操作电压时,几乎同样大小的电压也被施加到数个未被选中的器件上,这就引发了并不需要的Set或者Reset操作,也就是所谓的写串扰。幸运的是,写串扰可以通过合适的写策略来缓解,比如图8.15(b)和(c)中展示的$V/2$或者$V/3$写策略。使被选中单元(V)与未被选中单元($V/2$或者$V/3$)之间保持足够的电压差,可以有效地降低未被选中单元被执行写操作的概率[35]。但是,这种部分偏置策略给未选中单元

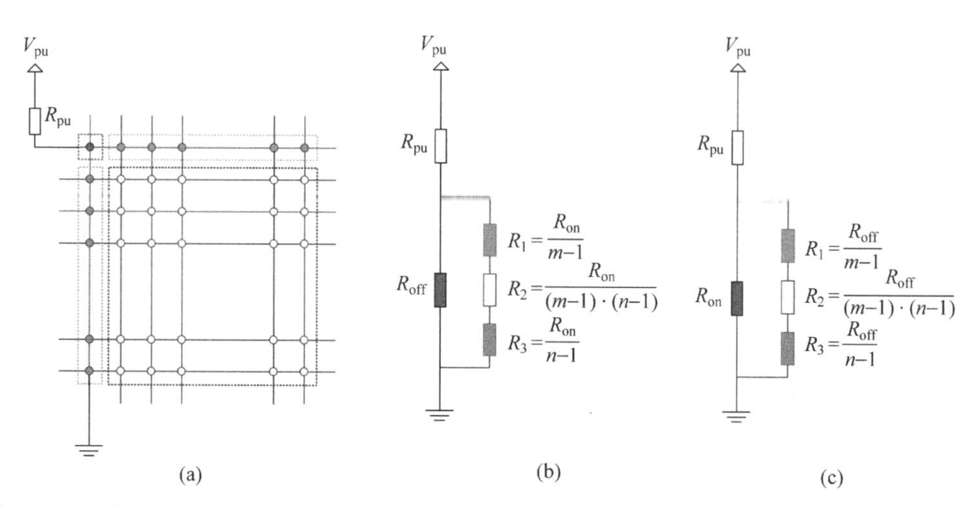

图 8.14　一个 m 行 n 列的单层交叉阵列(a)与其在最坏情况下的等效电路图(b)(c)。R_1、R_2 和 R_3 分别为位线被选中的单元、位线和字线均未被选中单元和字线被选中单元的等效电阻

带来了新的可靠性问题(写干扰),而由于阻变电压的差异性和互连电阻的影响,在大规模的阵列中这个问题会更加严峻。

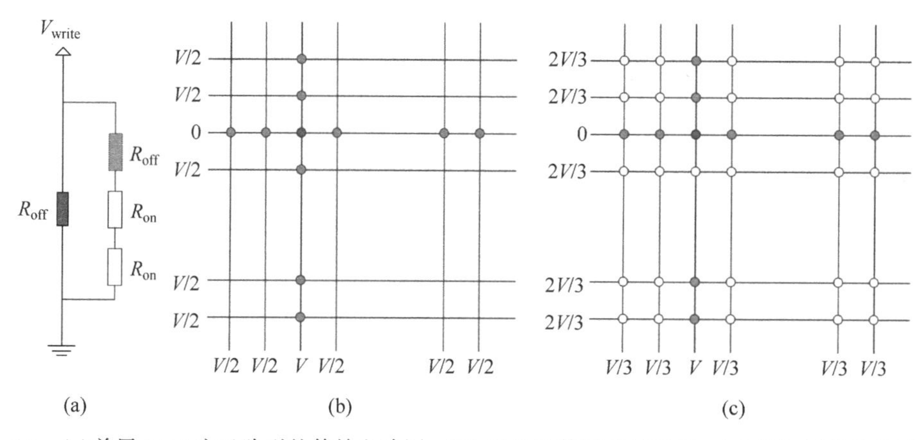

图 8.15　(a)单层 2×2 交叉阵列的等效电路图;(b) $V/2$ 写策略的示意图;(c) $V/3$ 写策略的示意图

当特征尺寸缩小到纳米尺寸时,热串扰也是 3D 交叉阵列中不能不考虑的问题。一种被广泛接受的观点是,阻变行为源于导电细丝的形成和断开,而操作时,尤其是 Reset 操作时,产生的焦耳热在这一过程中扮演着重要的角色[37]。如 Sun 等所言,在一个 3D 交叉阵列中,热量会沿着位线、字线和导电细丝往各个方向快速传导[38]。这就意味着,在一个交叉阵列中,一个 RRAM 器件内部产生的焦耳热不仅仅会决定它自身的阻变行为,还会通过热传导影响到周围器件的状态。因此,层数越多、规模越大的 RRAM 交叉阵列,受热传导效应的影响就越严重,在循环操作的过程中,也就越有可能给那些被干扰的器件提供足够的温度,从而导致它们的导电细丝热解体,失去原来的电阻状态。此外,热串扰还限制着集成阵列的器件尺寸,因为特征尺寸 F 越小,热串扰会越严重。

要缓和热串扰效应,也有集中策略可以采取。其中一种是通过减小 Reset 电流,从而有效地减轻热串扰。[38]也可以使用一种简单的周期-修复技术,举例来说就是,在一定数量的操作周期之后，擦写并重新编程 RRAM 阵列中的低阻状态单元。当然，需要确保退化的低阻状态仍能和高阻状态有效地区分开来[38]。

3. 解决方案

为了处理泄漏通路问题，尤其是读错误问题，同时增大存储器的密度，最有吸引力的方法之一便是，在每个存储单元上整合一个两端的选择器件。这个选择器件可以减弱流过泄漏通路的电流，其工作原理源于泄漏通路的两个重要特性[33]：

(1) 电流至少会反向流经一个未被选中的器件；

(2) 施加的电压将会分布在三个以上的未被选中的器件上。

这就意味着，至少有两种类别的选择器件可以用于处理泄漏通路问题。理想状态下，如果有这样一种器件只允许电流正向通过而不允许电流反向通过，或者其在高电压下导通并在低电压下断开，那么就可以避免泄漏通路的问题。前者就是所谓的不对称器件，比如整流二极管；而后者就是所谓的非线性器件，比如离子电子混合导体（Mixed-Ionic Electron Conduction，MIEC）。

现在，做一个简单的定量估计，来帮助分析选择器件在单层交叉阵列中的作用。分析的方法如图 8.16 所示，其与图 8.14 提到的方法类似，为了简单起见，在这里令 m 等于 n。如果交叉阵列集成了不对称器件，反向的寄生电阻会远远大于正向的寄生电阻，这就意味着 R_2 起主导作用。如果交叉阵列集成了非线性器件，由于等效区域中的并联电阻数量更少，R_1 和 R_3 将分走大部分的读取电压。

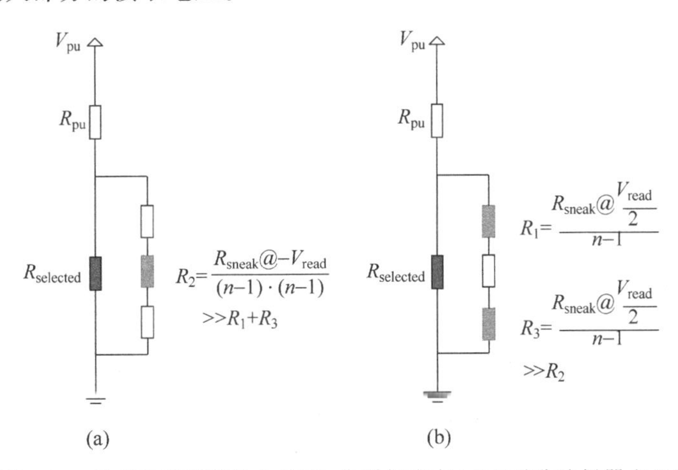

图 8.16 规模为 $n\times n$ 的交叉阵列等效电路图，分别集成有(a)不对称选择器和(b)非线性选择器

基于以上分析，选择器的核心特性之一便是其非线性因子 α，即开/关状态下其电阻值的比率。对于不对称器件和非线性器件来说，图 8.17 展示了非线性因子的具体定义内容。像之前分析引起读错误的最坏情形那样，也可以分析在集成了选择器之后，单层交叉阵列会受到哪些限制。对于不对称选择器，必有

$$R_{off}@V_{read}//\frac{R_{on}@-V_{read}}{(n-1)^2}>R_{on}@V_{read}//\frac{R_{off}@-V_{read}}{(n-1)^2}$$

于是

$$\left(1-\frac{(n-1)^2}{\alpha}\right)\cdot(\beta-1)>0$$

显然，$R_{\text{off}}/R_{\text{on}}$ 的比值 β 大于 1，所以

$$\alpha>(n-1)^2\propto n^2$$

类似地，对于非线性选择器来说，必有

$$R_{\text{off}}@V_{\text{read}}//\frac{2\cdot R_{\text{on}}@\dfrac{V_{\text{read}}}{2}}{n-1}>R_{\text{on}}@V_{\text{read}}//\frac{2\cdot R_{\text{off}}@\dfrac{V_{\text{read}}}{2}}{n-1}$$

于是

$$\left(1-\frac{n-1}{2\cdot\alpha}\right)\cdot(\beta-1)>0$$

所以

$$\alpha>\frac{n-1}{2}\propto n$$

也就是说，阵列规模(即 $n\times n$)的极限，正比于不对称选择器的非线性因子 α，或者正比于非线性选择器的非线性因子 α 的平方。这就意味着对于高密度应用来说，非线性选择器具有巨大的优势[36]。

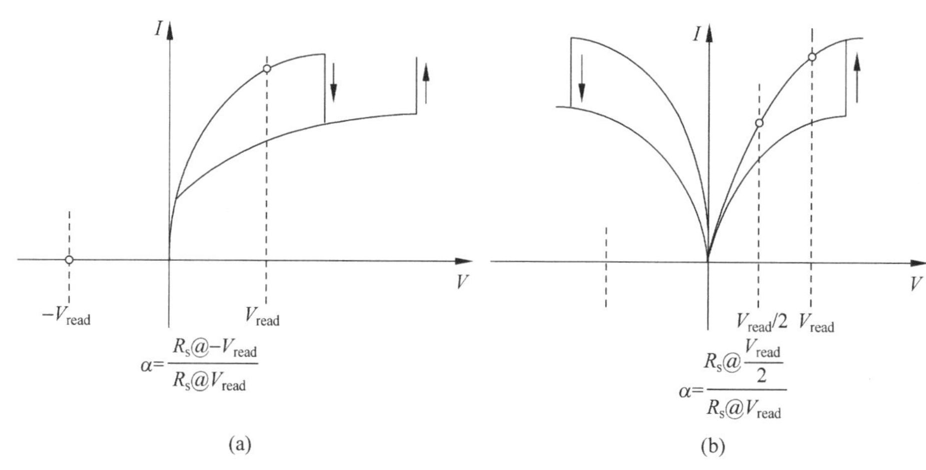

图 8.17 对于(a)不对称器件和(b)非线性器件分别来说，非线性因子 α 的具体定义内容。R_s 表示集成存储单元正处于某种状态时的电阻。

除了选择器件以外，具有自整流特性[27, 30, 32, 53-55]的 RRAM 单元本身也具有类似的效果，而互补阻变(Complementary Resistive Switch，CRS)[56-58]则为缓解泄漏通路问题创造了一种新的解决方式。

8.2.3 选择器件

选择晶体管是解决泄漏通路的最佳方式。对于这种 1T1R(一个晶体管对应一个 RRAM 存储单元)单元来说，RRAM 单元与晶体管的漏极相连。在执行写操作和读操作时，往晶体管的栅极上施加一个导通电压。凭借着晶体管卓越的开/关性能，可以完全消除泄漏通路。但是传统的 1T1R 结构通常需要 $8F^2$ 以上的面积，而且也不适合 3D 集成。为

此,Wang 等提出了一种基于 3D 垂直晶体管的 1T1R 单元。将 RRAM 单元堆叠在垂直纳米柱晶体管阵列的尖端,可以实现 $4F^2$ 的密度[39]。除了使用晶体管,Wang 等则提出了一种 3D 1BJT1R 单元,也可以实现 $4F^2$ 的密度[40]。BJT 能够提供的驱动电流比 MOS 高得多,因此当器件尺寸不断缩小时,BJT 会是一个更好的解决方案。

对于高密度的 3D RRAM 阵列来说,双端选择器则是首选。选择器一般有着非常简单的器件结构,而其 *I-V* 特性却很复杂。与 1T1R 单元相比,基于选择器的 1S1R(一个选择器对应一个 RRAM 存储单元)单元虽然不能完全消除泄漏通路效应,但它的制造成本却低得多。因此,我们发展出了各种各样的选择器来取代晶体管。

对选择器来说,最关键的挑战在于其电流驱动能力。由于 RRAM 的阻变机理与导电细丝有关,当器件尺寸缩小时,通过其低阻状态的电流基本不会变化。根据之前的报道[6],对于不同尺寸的 RRAM 来说,其 RESET 电流大多位于 20~200μA 之间。相比之下,绝大部分选择器的驱动电流和其器件尺寸线性相关。如果选择器提供不了足够的电流密度,那么当器件尺寸不断缩小时,1S1R 单元就不能工作了。除了电流密度以外,对选择器来说,开/关比、阈值电压、可操作次数和开关速度也是很关键的参数。

1. 二极管

二极管是一种有不对称 *I-V* 特性的选择器。硅基二极管可以提供很大的电流密度,却因为无法容忍的热预算以及其他一些工艺原因,很难在 3D 集成中使用[17]。因此,研究者们提出在室温条件下,可以在金属衬底上制造氧化物二极管。P 型与 N 型材料的组合,需要根据能带宽度和费米能级来谨慎地设计。Baek 等开发出一种基于 p-NiO/n-TiO_2 的二极管[17],而 Lee 等则开发出一种基于 p-CuO/n-IZO 的二极管,其开/关比超过 10^3[18]。

由于这些二极管只能前向导通,显然这样的选择器不能兼容双极性 RRAM。然而,比起单极性 RRAM,双极性 RRAM 具有更好的可操作次数、一致性和可控性。为了能够兼容双极性 RRAM,提出来另外一些类型的二极管,比如齐纳二极管、反向导通二极管以及基于氧化物的肖特基二极管。对这些二极管来说,只要反向电压大于某一个阈值,就能够提供大的反向电流。因此,写入电压应该大于这个阈值电压,而读取电压应该小于这个阈值电压。

氧化物二极管的主要缺点在于其有限的电流密度。基于 CuO/IZO 的二极管只能提供 10^4 A/cm^2 的电流密度[18],甚至不能驱动尺寸小于 0.5μm 的 RRAM 器件。使用氧化物肖特基二极管可以提高电流密度[41],但仍然不能满足 100nm 尺度的应用。氧化物二极管之所以电流密度低,一个原因是氧化物材料的导电性差,另外则是由于 PN 结导电性的限制。为了解决这些问题,提出了隧穿选择器,它们似乎很契合 1S1R 结构。

2. 隧穿非线性选择器

隧穿选择器通常有着金属/绝缘体(半导体)/金属的对称结构,简称 MIM 或者 MSM。如图 8.18 所示,在低电压偏置下,隧穿选择器可以被看作一个背对背的肖特基二极管。导通机制由反向肖特基电流或者直接隧穿主导,这个电流很小。随着施加电压的增大,肖特基势垒的宽度减小,FN 隧穿逐渐成为主要的部分[42]。比起 PN 结和肖特基结,FN 隧穿可以提供更高的电流密度,并且其 *I-V* 特性是对称的,可以兼容双极性 RRAM。既然非线性 *I-V* 来源于 FN 隧穿,为了实现更高的非线性度,肖特基势垒的高度和宽度就需要好好设计了。Huang 等在柔性衬底上制作出了一种基于 Ni/TiO_x/Ni 的选择器,实现了 1000 倍的开/关

比[36]。Zhang 等提出了一种基于 TiN/a-Si/TiN 的选择器，电流密度在 $1MA/cm^2$ 以上，开/关比达到 10^3[42]。类似于基于硅 PN 结的二极管，这种选择器也需要高温退火。Kawahara 等提出了一种基于 $TaN/SiN_x/TaN$ 的全氮化物选择器，并在此之上制造了 8Mb 的 3D 交叉阵列。Lee 等提出了一种基于掺 Ta TiO_2 的变阻器，电流密度大于 $3\times10^7 A/cm^2$，开/关比达到 10^4[43]。这种选择器使用原子层沉积(Atomic Layer Deposition，ALD)技术制造，很适合 3D 垂直 RRAM 架构。之后，Woo 等制造出一种完全兼容 CMOS 工艺的 $W/Ta_2O_5/TaO_x/TiO_2/TiN$ 选择器，氧化层厚度小于 10nm。电流密度超过 $10^7 A/cm^2$。

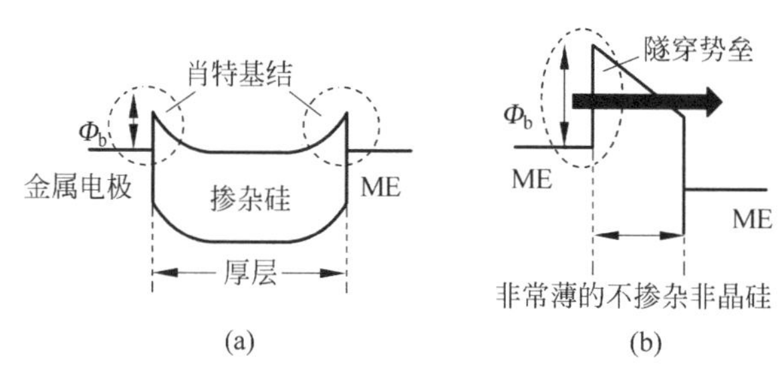

图 8.18 (a) 传统 MSM 选择器的能带图(无偏置)，由掺杂硅和背对背整流肖特基二极管构成；(b) 隧穿 MSM 选择器的能带图(带偏置)，具有非常薄的不掺杂非晶硅，起着低带隙隧穿介质的作用[42]

3. 阈值开关选择器

另一种有前途的选择器利用了某些电介质材料的阈值开关机制。所谓的阈值开关，是指一种由绝缘体-金属转变现象(Insulator-Metal Transition，IMT)导致的挥发性电阻开关。在零电压或者低电压偏置条件下，这种材料是绝缘体；而当电压增加到大于某个阈值时，这种材料会由于相变而变成导体，流过它的电流会突然增加。当电压减小到低于阈值时，这种材料就会变回绝缘体而不会有任何记忆效应。这种类型的选择器有着非常高的开/关比和足够大的电流密度，适合高密度大规模的集成。Lee 等提出了一种基于 $TiN/TiO_x/Ta/TiN$ 的阈值选择器[44]。Cha 等提出了一种基于 NbO_2 的 3D 垂直结构阈值选择器[31]。其 IMT 来源于 NbO_2 从扭曲的金红石相转变为金红石相过程中引起的热跃迁。同时，Cha 等还发现，垂直结构的选择器比起水平结构的器件有着更小的电流。Jo 等研发了一种可 3D 堆叠的场效应超线性阈值(Field Assisted Superline Threshold，FAST)选择器。这种器件的开/关比达到了创纪录的 10^{10}。FAST 选择器的相变是由电场驱动的而不是热量驱动的，因此可以显著地减小关断电流。电流密度可以超过 $5\times10^6\ A/cm^2$。不过，其具体的材料体系没有发表。同时，Lee 等提出了一种基于 AsTeGeSiN 的选择器，其电流密度高达 $10^7 A/cm^2$[46]。如图 8.19 所示，其阈值电阻转变源于电子电荷注入产生的 Mott 效应[48]。Yang 等也演示了一种类似的基于掺杂硫族化合物的选择器，开/关比超过 10^7[47]。

4. 离子-电子混合导体

IBM 提出了基于离子-电子混合导体(Mixed Ionic-Electronic Conductor，MIEC)的另一种类型的选择器[50-52]。所谓 MIEC 是指，可以同时通过离子载流子和电子载流子(电子或者空穴)导电的一类材料，其 *I-V* 特性与相应缺陷有关，比如点缺陷的性质、浓度和局部中立性[49]。图 8.20(a)展示了基于 MIEC 的选择器的一种典型结构，MIEC 材料像三明治一

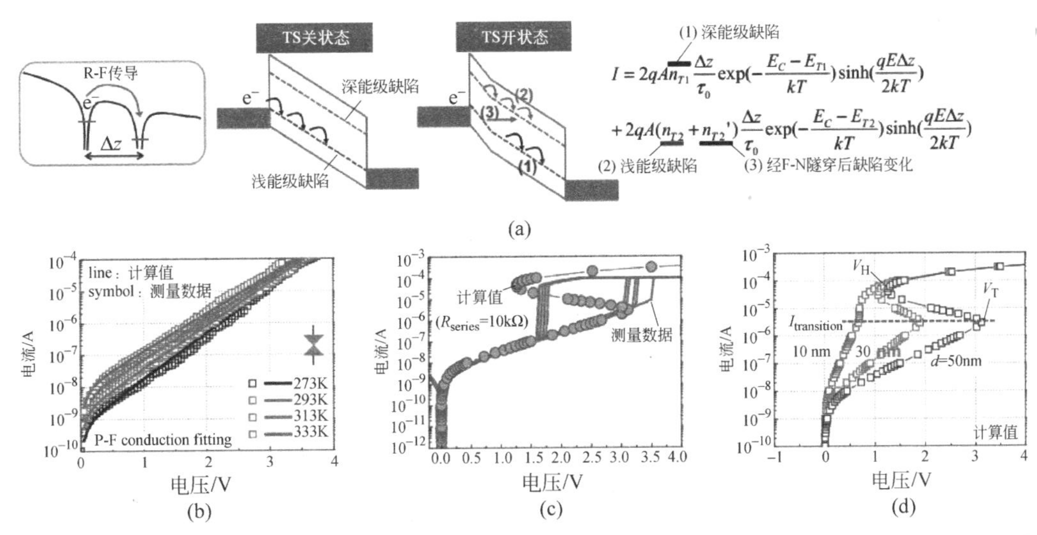

图 8.19 (a)非晶硫族化合物在低电流(关状态)与高电流(开状态)时的电势图以及电子能量分布；(b)在 0、20、40 和 60 ℃温度条件下测试和计算分别得到的 I-V 特性；(c)阈值开关器件经测试和计算分别得到的 I-V 特性；(d)经计算得到的不同厚度条件下阈值开关器件的 I-V 特性[48]

样夹在两个电极之间(至少一个电极必须是惰性的或者非铜电离的)。这些材料可移动 Cu 的数量非常丰富，如果在上电极施加反向偏置，Cu^+ 离子就会从下电极离开，留下作为接收器的空位[51]。下电极附近接收器(和空穴)的增量与偏置电压指数相关[49]，它在垂直方向上的梯度引起了一个稳定状态的空穴扩散电流。因此，上电极上的负偏置会产生非常陡峭的、像二极管那样指数型的 I-V 特性。与之相对，离开上电极进入小孔的 Cu^+ 离子会形成金属型的导电细丝，引起电流突然增大[51]，如图 8.20(b)所示。在随后的研究中，研究者们又观察到了一系列优秀的特性，比如电流密度很高(因为可移动 Cu 的数量很多)、泄漏电流非常小(<10pA)和操作速度很快，可以满足大规模交叉阵列的需要[50, 52]。

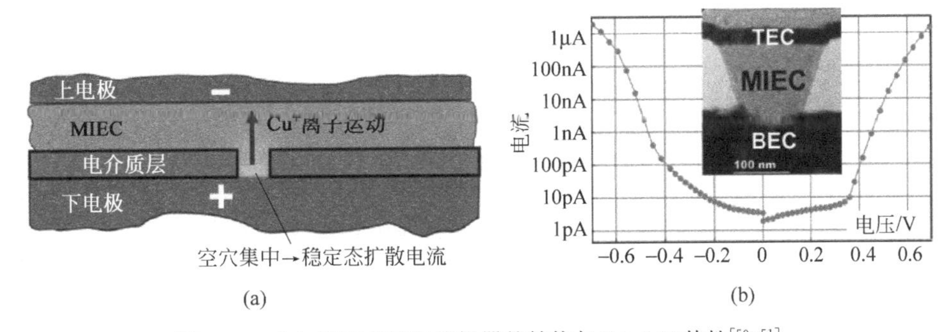

图 8.20 (a) 基于 MIEC 选择器的结构与(b) I-V 特性[50, 51]

看起来，阈值开关选择器有着更大的开/关比、更高的电流密度和更低的阈值电压，而隧穿选择器则更加兼容 3D 集成。它们两者都可以达到纳秒级的开关速度。展望未来，研究工作应该更加重视选择器的可靠性，因为无论是读操作还是写操作，都需要打开选择器，因此选择器的可操作次数应该远远高于 RRAM 器件本身。

8.2.4 自整流 RRAM

制造选择器需要引入额外的材料层，这对 3D 集成来说肯定是不利的。尤其是对 3D 垂直结构 RRAM 架构来说，选择器占用了额外的面积，当特征尺寸缩小到低于 1S1R 结构的厚度时，就不可能再实现了 $4F^2$ 的密度了。因此，发展具有自整流特性的 RRAM 器件非常重要。

Tran 等制作出一种基于 Ni/HfO_x/n^+-Si 的单极性 RRAM，它有着不对称的正/负 I-V 特性[53]。正向和反向电流的比值超过了 10^3。这种与二极管类似的行为，归因于 HfO_x 层中的导电细丝与 n^+-Si 的导带之间的电子跳跃势垒，就像图 8.21 中举例说明的那样。Park 等通过往电极和氧化层之间插入势垒层，演示出了自整流特性[27]。具体的材料和制造过程没有披露。他们发现，在引入了一个很薄的表面层之后，可以得到不对称的正/负 I-V 曲线，电流比值可以达到 100。类似地，Chen 等发现，往 TiN 电极和 HfO_x 层之间插入一个 TiON 表面层，可以得到非线性度超过 10 的 I-V 曲线。这个非线性来源于穿过表面薄层的电子隧穿。基于这个发现，他们制造出一种基于 TiN/TiON/HfO_x/Pt 的 3D 垂直结构 RRAM 阵列[30]。

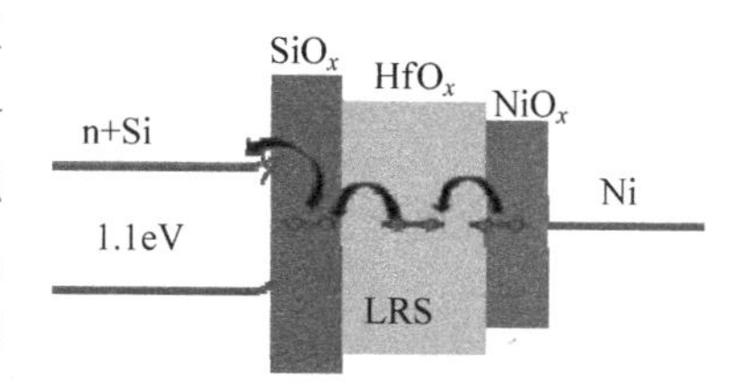

图 8.21 n^+-Si/HfO_x/Ni 中的反向电流传输过程[53]

Hsu 等提出了一种基于 Ta/TaO_x/TiO_2/Ti 的 3D 垂直 RRAM，其自整流率超过 10^3[32]。TaO_x 层同时充当阻变层和隧穿势垒。类似地，Govoreanu 和 Lee 等分别提出了基于 TiN/Al_2O_3/TiO_2/TiN 和 Ti/HfO_2/TiO_x/Pt 的 RRAM 器件，其自整流率都超过了 100 [54, 55]。研究表明，TiO_x 在自整流特性中扮演着重要的角色。然而，在表面阻变机制的作用下，这三种类型材料堆的数据保持能力并不足以胜任数据存储功能。

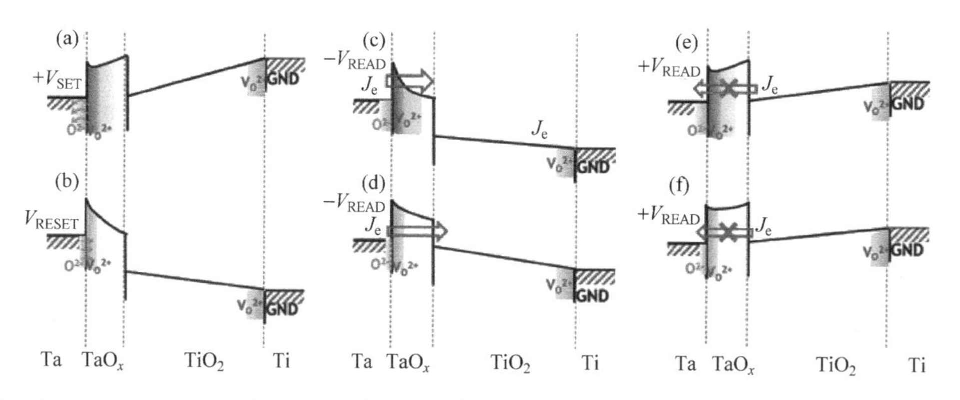

图 8.22 基于 Ta/TaO_x/TiO_2/Ti 的垂直结构 RRAM 能带图，其能带图分别处在(a) Set，(b) Reset，(c)用－2V 读 LRS，(d)用－2V 读 HRS，(e)用＋2V 读 LRS，(f)用＋2V 读 HRS 的状态。在 Set/Reset 情况下，双极性电场驱动 TaO_x 中的氧离子(O^{2-})发生迁移，Ta 用于储藏氧离子。在用负电压读的情况下，氧空位浓度改变了 Ta/TaO_x 交界处的肖特基势垒。在用正电压读的情况下，导通电流由 TaO_x/TiO_2 势垒主导[32]

比起 1S1R 单元，自整流 RRAM 器件可以实现更高的集成密度，并且不用担心选择器的可操作次数劣化、开关延时和差异性等问题。然而，自整流器件的自整流比例并不足，数据保持能力也很差，达不到数据存储应用的要求[32,54,55]。这一领域的研究还需要更多的努力。

8.2.5 互补 RRAM

与 8.2.3 节提到的利用开关比来缓解泄漏电流不同，Waser 等创造出了互补阻变(Complementary Resistive Switches，CRS)，它由两个双极性的忆阻器件构成[56]。如图 8.23 所示，一个 CRS 单元由一个有着对称 I-V 特性(如图 8.23(b)所示)的忆阻器件 A(如图 8.23(a)所示)和另一个有着相反材料顺序以及相反 I-V 特性(如图 8.23(d)所示)的忆阻器件 B(如图 8.23(c)所示)组合而成。在初始状态下，两个忆阻器都处于高阻状态，称为 OFF 状态。为了将 CRS 设置到其稳定阻变的状态，需要一个初始化过程，即施加一个电压 V，$V<2\cdot V_{th,3}$ 或者 $V>2\cdot V_{th,1}$。如果初始化电压 $V>2\cdot V_{th,1}$，器件 B 阻变到低阻状态，而器件 A 仍然处于高阻状态，称为 0 状态。反之，如果初始电压 $V<2\cdot V_{th,3}$，器件 A 阻变到低阻状态，而器件 B 仍保持高阻状态不变，称为“1”状态。初始化之后，比方说 CRS 正处于“1”状态，施加在 CRS 上的电压几乎全部加在器件 B 上。随着电压增大到 $V_{th,1}$，这个电压略微高于器件 B 的 Set 电压，器件 B 会阻变到低阻状态，而器件 A 仍维持低阻状态，称为 ON 状态。此时，电压平均地分布在两个器件上。当电压增大到 $V_{th,2}$，也就是当器件 A 上的压降达到其 Reset 电压时，器件 A 阻变到高阻状态。接下来，CRS 将保持“0”状态，即使电压继续增加。类似地，当电压反向增加时，CRS 会从“0”状态变为 ON 状态，然后变成“1”状态。

OFF 状态只存在于初始化之前，它对存储机制没有贡献。初始化之后，分别施加一个小于 $V_{th,4}$ 或者大于 $V_{th,2}$ 的写电压 V，可以使得 CRS 在“0”状态与“1”状态之间的循环转换。不同于传统的 RRAM 阵列，CRS 是利用“0”状态和“1”状态之间的转换存储信息，而不是利用高阻状态和低阻状态之间的差异。读操作期间，需要施加一个在 $V_{th,1}$ 和 $V_{th,2}$ 之间的电压。如果 CRS 处于“0”状态，会观察到一个小电流，而状态仍旧保持不变。如果 CRS 处于“1”状态，读电压本身就会触发 ON 状态，因而导致一个更高的电流。事实上，存储的信息会被这个操作毁掉，必须通过一个额外的重写操作来恢复。

无论是处于 0 状态还是 1 状态，一个 CRS 单元均由一个处于高阻状态的忆阻器和另一个处于低阻状态的忆阻器构成。当施加电压 V 满足 $V_{th,3}<V<V_{th,1}$，其阻值一直较高。这相当于是说，阵列的总阻值与存储的信息样式无关[56]。利用合适的电压策略，使得所有未被选中的器件上的压降满足 $V_{th,3}<V<V_{th,1}$，就像 $V/2$ 或者 $V/3$ 电压策略[35]，基于 CRS 的阵列就可以极大地缓解泄漏通路问题。在随后的研究中，Waser 等演示了一种基于 Cu/SiO_2/Pt 双极性阻变的垂直集成 CRS 单元，它有着近乎完美的对称性，高低阻值比也很高，显示出在高密度交叉阵列应用方面的很大潜力[57]。Nardi 等首次提出了基于单个 RRAM 单元的互补阻变，这种 RRAM 单元有着本征的不对称 Reset 状态，因而简化了原先复杂的多层结构，显著地促进了 CRS 技术的发展[58]。

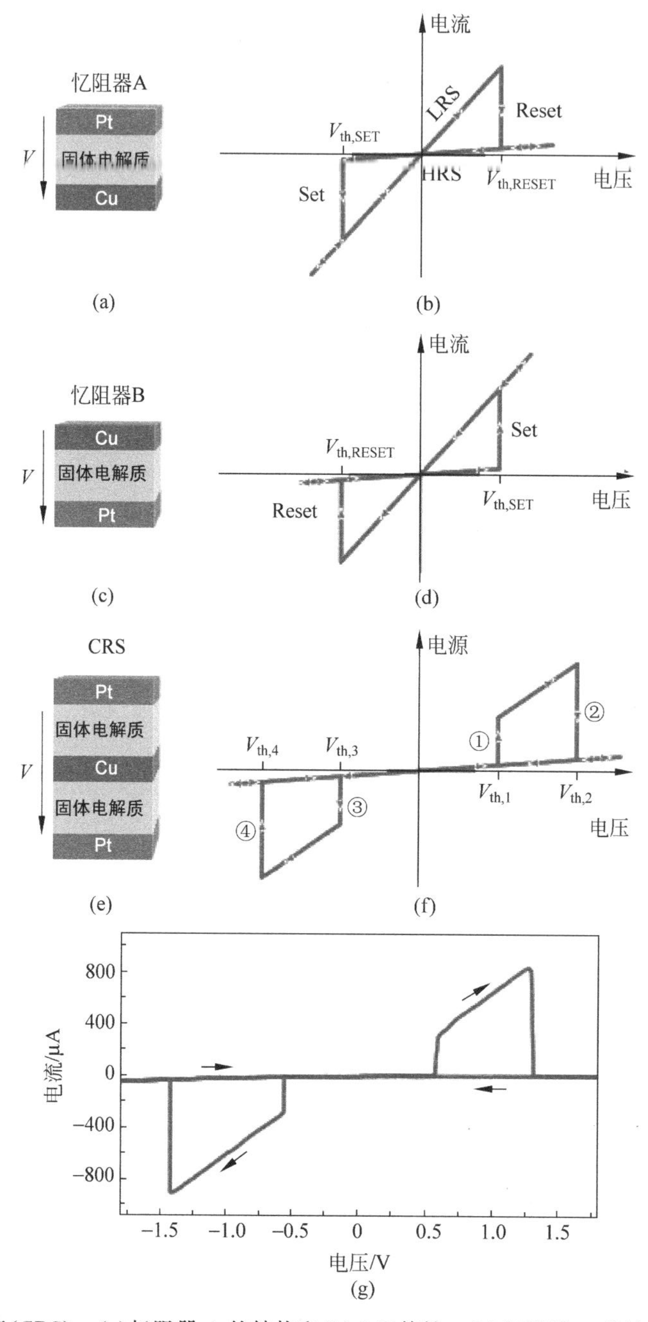

图 8.23 互补阻变(CRS)。(a)忆阻器 A 的结构和(b)I-V 特性。(c)忆阻器 B 的结构和(d)I-V 特性。(e)整个 CRS 的结构和(f)I-V 特性。(g)测量两个串联的忆阻器得到的 I-V 曲线：$V_{th,1}=0.58V$，$V_{th,3}=-0.56V$，$V_{th,2}=1.3V$，$V_{th,4}=-1.4V$，$I(V_{th,1})=270\mu A$，$I(V_{th,3})=-280\mu A$，$I(V_{th,2})=860\mu A$，$I(V_{th,4})=-910\mu A$，忆阻器由 $5\times5\mu m^2$ 的 $Pt/SiO_2/GeSe/Cu$ 组成(30nm Pt，3nm SiO_2，25nm GeSe，70nm Cu)，测量时串联着一个 940Ω 的电阻[56]

8.3 3D RRAM 阵列分析

与 2D 阵列相比，3D RRAM 阵列有着更高的密度，但也更易于遭受泄漏通路和 IR 压降的问题。Yu 等比较了在不同特征尺寸下，2D 与 3D 垂直 RRAM 阵列的最大阵列规模和集成密度[59]。如图 8.24 示例的那样，他们搭建了一个 3D 电阻网络，这个网络同时考虑了互连电阻和 RRAM 的动态模型[69]。3D 垂直 RRAM 平面电极的影响用一个虚拟节点来模拟。研究发现，阵列规模主要受 IR 压降效应引起的写区间退化限制。随着特征尺寸的缩小，互连电阻增加，2D 和 3D 阵列的读区间和写区间都会退化。在同样的特征尺寸下，2D 阵列的读/写区间要好于 3D 阵列，不过很显然，其阵列规模和集成密度则小得多。做一个相对公平的比较，让 2D 阵列和 3D 阵列保持同样的阵列规模和读/写区间，可以发现 3D 阵列的密度可以达到 2D 阵列的 18 倍，当特征尺寸处在 13～26nm 之间时，这一结论都适用，这就意味着可以显著地降低制造成本。

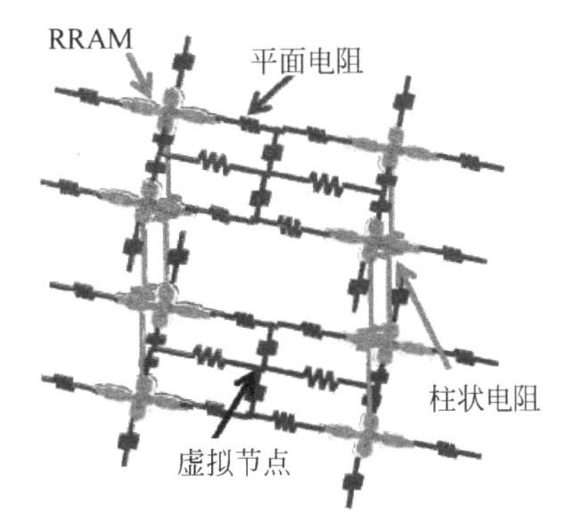

图 8.24 一个小的 3D 电阻网络示意图，可以通过拓展得到整个的 3D 阵列。3D 垂直 RRAM 的平面电极由一个虚拟节点来模拟[59]

此外，Deng 等比较了不同架构 3D RRAM 阵列的性能。对 3D 交叉阵列、由金属线构成水平电极的垂直阵列和由金属平面构成水平电极的垂直阵列分别进行了仿真。仿真考虑的因素不仅包括互连电阻，还包括互连电容和 RRAM 单元。通过这种方式，就可以评估 RC 延时和动态功耗了。在给定同样特征尺寸的情况下，3D 交叉阵列性能最好。平面电极的垂直阵列读/写区间更好，访问速度更快，这是因为平面电极互连电阻更小，但是由于泄漏通路更多，其功耗会更高一些。这个结果显示，3D 交叉阵列更适用于高性能应用，而 3D 垂直结构阵列更适用于低成本应用。Deng 等还发现，在给定阵列规模的情况下，堆叠更多的层数可以实现更好的阵列性能(比如读/写区间、速度和功耗)。3D RRAM 的设计指南总结如表 8.1 所示[29]。

表 8.1 设计权衡的概要。F 是最小特征尺寸；T_i 和 T_m 分别是隔离层和金属平面电极的厚度；R_{RRAM} 是 RRAM 单元处于低阻状态时的阻值；而 * Stacks 是堆叠的层数[29]

	总位数	集成度	RC 延迟	功耗
F ↓	↓↓	↑	↓	↓
T_i ↓	↑	↑	↑	↑
T_m ↓	↓	↑↑	↑	↓
R_{RRAM} ↑	↑↑	\	↑	↓↓
* Stacks ↑	\	↑	↓	↓

研究者也进行了针对 3D RRAM 阵列的缩小界限的研究。除了主要受光刻技术限制的水平方向的缩小，对 3D 垂直结构阵列来说，垂直方向的缩小也至关重要。垂直方向的缩小涉及金属层和隔离层厚度的降低，也就是垂直方向互连电阻的减小以及堆叠层数的增加。

隔离层的最小厚度由崩坏问题限定。举个例子，如果用 PECVD SiO_2 作为隔离层，为了在 4V 的压力下维持 10 年不发生崩坏，其厚度至少得 6nm。同时，金属层的厚度也需要小心设计，因为金属层越薄水平方向的互连电阻越大。Bai 等提出用石墨烯或者碳纳米管(CNT)做电极可以降低厚度，同时将互连电阻维持在低水平[19]。使用这种方法，可以显著地提高阵列规模和集成密度。

8.4 3D RRAM 的进展

8.4.1 Intel 和 Micron 公司的 3D XPoint 存储器

近期，Intel 和 Micron 公司发布了一款新颖的 3D XPoint 存储器。他们宣称，3D XPoint 技术是自 1989 年 NAND Flash 问世以来，存储器领域的一大突破。如图 8.25 所示，3D XPoint 有着独特的材料混合和交叉架构。这种新颖的 3D XPoint 存储器被看作 DRAM 和 NAND 之间的一个存储层，因为它的密度是 DRAM 的 10 倍，而它的速度和可操作次数可以达到 NAND Flash 存储器的 1000 倍。Intel 和 Micron 公司报道称，第一款产品将设定为双层，容量为 128Gb，采用 20nm 工艺制造。

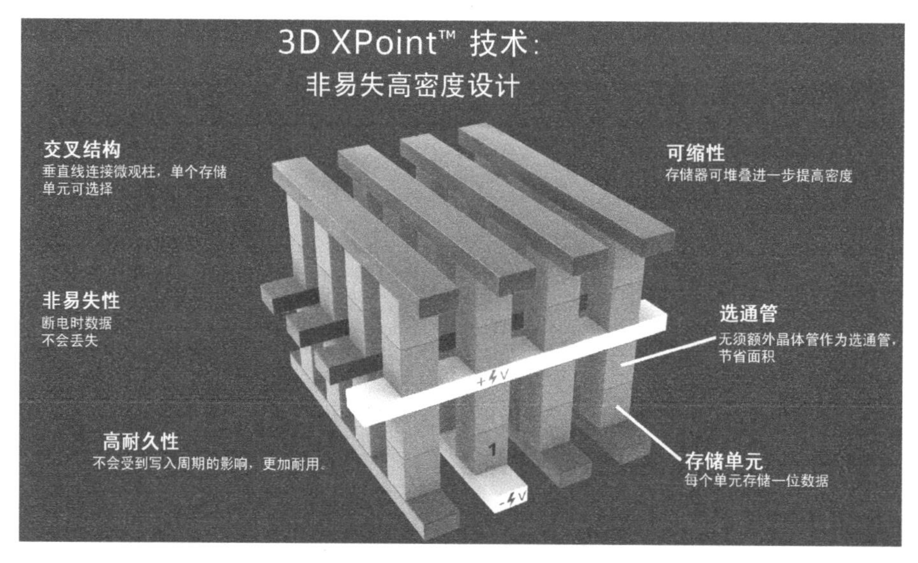

图 8.25 Intel 和 Micron 公司的 3D XPoint 技术示意图[60]

有关这种存储器单元的细节还没有公开，但是有充分的理由推测，3D 交叉技术是某种广义上的 RRAM 技术，比如 ReRAM、PCM 和 CBRAM 等。值得指出的是，最近这些年，Micron 公司在 RRAM 技术方面付出了大量努力。2014 年他们发表了一款 16GB 的 RRAM 芯片，采用 27nm 工艺制造，写速度高达 200MB/s，读速度高达 1GB/s[61]。

8.4.2 Sandisk 和 Toshiba 公司的 32Gb 3D 交叉阵列 RRAM

Sandisk 公司的 Liu 等演示了一款基于 24nm 工艺的 32Gb 3D RRAM 芯片[62,63]。如图 8.26 所示，芯片采用了交叉阵列架构，相邻的区块共享位线和字线，允许在支持电路上堆

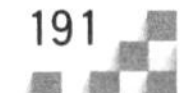

叠多个存储层。每个存储块由 4k×2k 个单元组成，大部分的阵列支持电路均可放置在阵列下方，因而最小化了芯片面积开销。每个存储单元都包含一个基于金属氧化物的阻变器件和一个用作选择器的二极管。

WL
BL
WL
MeO_x转换层
顶层金属
WL2
BL
WL1
外围电路

(a) (b)

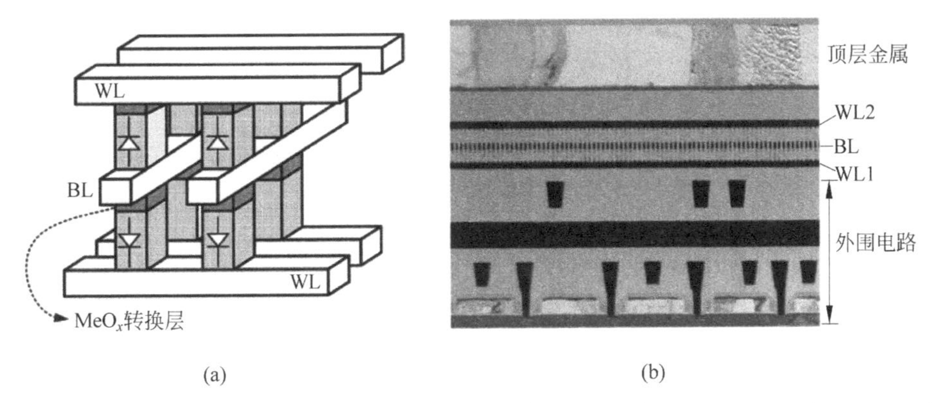

图 8.26 Sandisk 公司的 3D RRAM 芯片：(a)存储单元结构；(b)存储阵列和外围电路的 TEM 图像[63]

此外，这块芯片还包含了完整的外围电路和许多用于提高性能的重要设计技巧：流水线阵列控制策略，通过共享灵敏放大器和阵列控制电路，将性能影响降低了 40%；读过程中的智能读策略，允许用更精确的偏置等级来读存储单元，提高了对弱势单元的读能力；写入过程中的泄漏电流补偿策略，缓解了由泄漏通路引起的泄漏电流效应；动态电荷泵控制策略，优化了针对操作条件对应功耗的电荷泵配置[63]。图 8.27 展示了芯片的照片和它的一些器件特征。

Bay
Power Supplies and Control Logic
State Machine
Analog

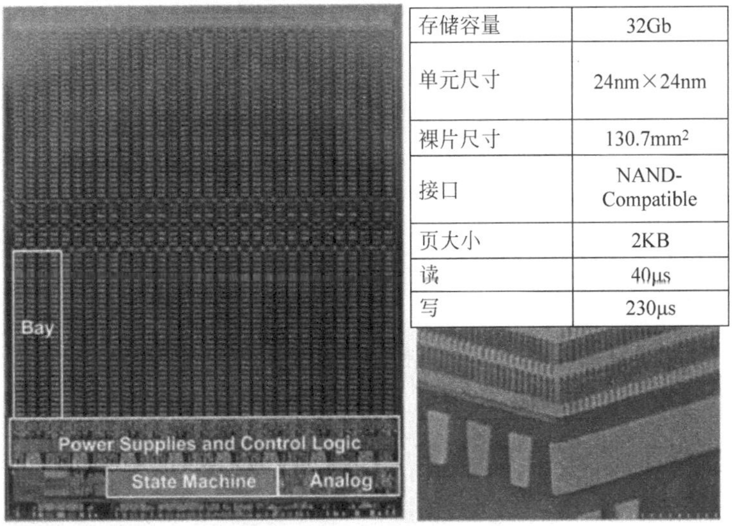

存储容量	32Gb
单元尺寸	24nm×24nm
裸片尺寸	130.7mm²
接口	NAND-Compatible
页大小	2KB
读	40μs
写	230μs

图 8.27 芯片显微照片、横截面图以及特征[62]

8.4.3 Crossbar 公司的 3D RRAM

除了这些半导体行业的巨头外，一家叫做 Crossbar 的初创公司也在 3D RRAM 的发展方面取得了巨大进展。Jo 等介绍如图 8.28 所示的 FAST 选择器的开关比达到 10^{10}，在 4Mb 的 1S1R 交叉阵列中，泄漏电流小于 0.1nA[45]。随后，他们报道一种基于 FAST 选择器技术的 3D 可堆叠 1S1R 无源交叉阵列 RRAM[64]。这种选择器有着卓越的性能特性，比如高达 10^7 的选择比，陡峭的导通斜率（< 5mV/decade），能够调节阈值电压的能力，以及超过 10^{11} 的可操作次数。这个 1S1R 阵列选择器的亚阈值电流小于 10pA，并且在循环操作中，有着超过 10^2 的存储开关比（memory ON/OFF ratio）和超过 10^6 的选择比（selectivity）。这就意味着已经克服泄漏通路的挑战，基于 RRAM 的高性能存储器在不远的未来将唾手可及。

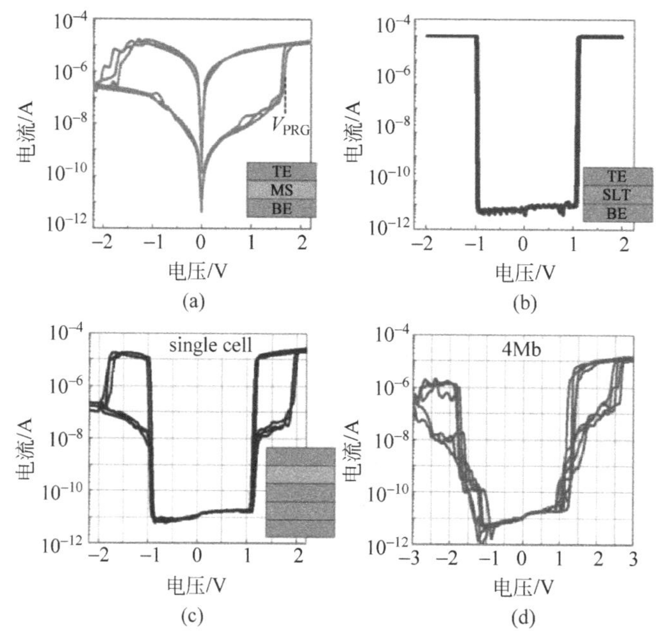

图 8.28　由 Crossbar 公司制造，集成有 FAST 选择器的 RRAM 器件。单个器件层级的 I-V 特性：(a) RRAM；(b)选择器；(c)集成的 1S1R 器件；(d)基于 1S1R 结构的 4Mb 无源交叉阵列的 I-V 特性[45]

此外，Crossbar 公司还宣称，集成有 CMOS 控制器的如图 8.29 所示的 3D RRAM，已经在商业生产工厂中成功制造。公司正在完成对器件的表征与优化，计划将首个产品投入嵌入式 SoC 市场，同时继续推进高密度存储器的研究。

图 8.29　Crossbar 公司推出的 3D RRAM 示意图：兼容 CMOS 工艺，易于集成[65]

8.4.4 其余进展

Hsieh 等提出了一种兼容 28nm CMOS 工艺的 3D 孔结构 RRAM[66]。有着 Ta/TaN/TaON 结构的 RRAM 单元,在 28nm 大马士革工艺条件下形成于铜孔和铜金属层之间。如图 8.30 所示,他们制造出了共享位线和字线的 4 层结构,展示了操作电压低于 5V 且 Reset 电流低于 500uA 的单极性阻变。随后,这个课题组又提出了一种基于自整流 twin-bit RRAM 的 3D 交叉阵列,兼容 28nm CMOS BEOL 工艺[67]。

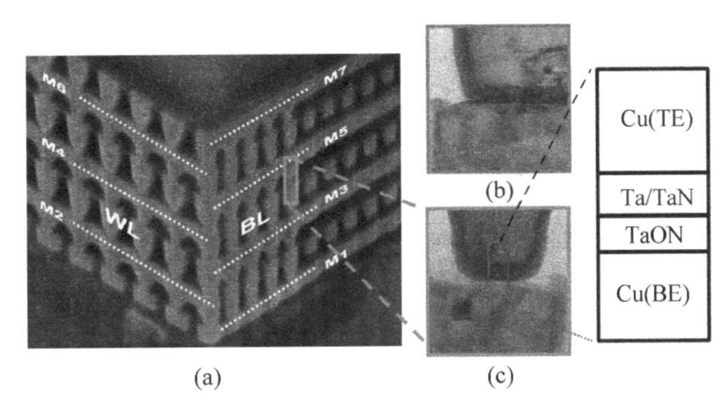

图 8.30 (a)兼容 28nm CMOS 工艺的 3D 交叉孔结构 RRAM 的 SEM 图像;(b)标准铜孔的 TEM 图像;(c)孔结构 RRAM 单元的 TEM 图像,单元大小为 30nm×30nm[66]

在 3D VRRAM 领域,Chien 等演示了一种基于 W/WO_x/W 堆结构的双层 3D 垂直结构 RRAM[21]。图 8.31(a)和(b)分别展示了这种双层的垂直结构 RRAM 的示意图和 STEM 图像。

在这个堆状结构中,底部的 W 充当平面电极,顶部的 W 充当柱状电极,而 WO_x 充当存储介质。柱状电极就像是这个结构的心脏一般:它与选择晶体管的漏极相连,控制并隔离开双层结构的 4 个 ReRAM 器件,如图 8.31(a)所示。这个结构的另一个优点在于,可以通过控制平面电极的厚度来减小器件的尺寸。在这个例子中,W 的厚度大约为 10nm,也就意味着 3D RRAM 器件可以被缩小到小于 10nm,如图 8.31 (b)所示。图 8.31 (c)所示为典型的双极性 *I-V* 特性。在柱电极上施加一个正电压脉冲可以对器件实现 Reset 操作,而施加一个负电压脉冲可以实现 Set 操作。操作电压为±3V,而电流极限设置为 100μA,以防氧化层永久性的崩坏。

Li 等报道了侧壁电极技术,提出了一种基于 HfO_2 的 RRAM,它的尺寸极小($<1\times3nm^2$)并具有阻变功能,非常契合高密度存储应用[24]。为了增加垂直层数,Bai 等开发出了一种基于 Pt/AlO_δ/Ta_2O_{5-x}/TaO_y/Pt 的三层 3D 垂直结构 RRAM[19],如图 8.32 (a)所示。铂金属材料的柱状电极和平面电极分别充当器件的上电极(ToP Electrode,TE)和下电极(Bottom Eletrocle,BE),而阻变层则紧贴上电极的侧壁。因为可堆叠的层数很多,这种结构在高密度集成和削减每位光刻成本方面极具潜力。图 8.32 (b)展示了一个典型的基于 AlO_δ/Ta_2O_{5-x}/TaO_y 的 3D 垂直结构 RRAM 器件的横截面 TEM 图。放大的 TEM 图揭示出阻变层的多层结构。图 8.32(c)描述了制造这种三层的垂直结构 RRAM 的详细工艺流程。首先,交替使用 PVD 和 PECVD 方法,堆叠出 20nm 的 Pt BE 层和 300nm 的 Si_3N_4 绝缘层。然后,利用 C_4F_8/CF_4 和 Cl_2/Ar 等离子气体分别干法刻蚀 Si_3N_4 层和 Pt 层,得到阶梯状的平面电极。第三步,则是通过干法刻蚀钻出用于放置垂直结构 RRAM 单元的孔。

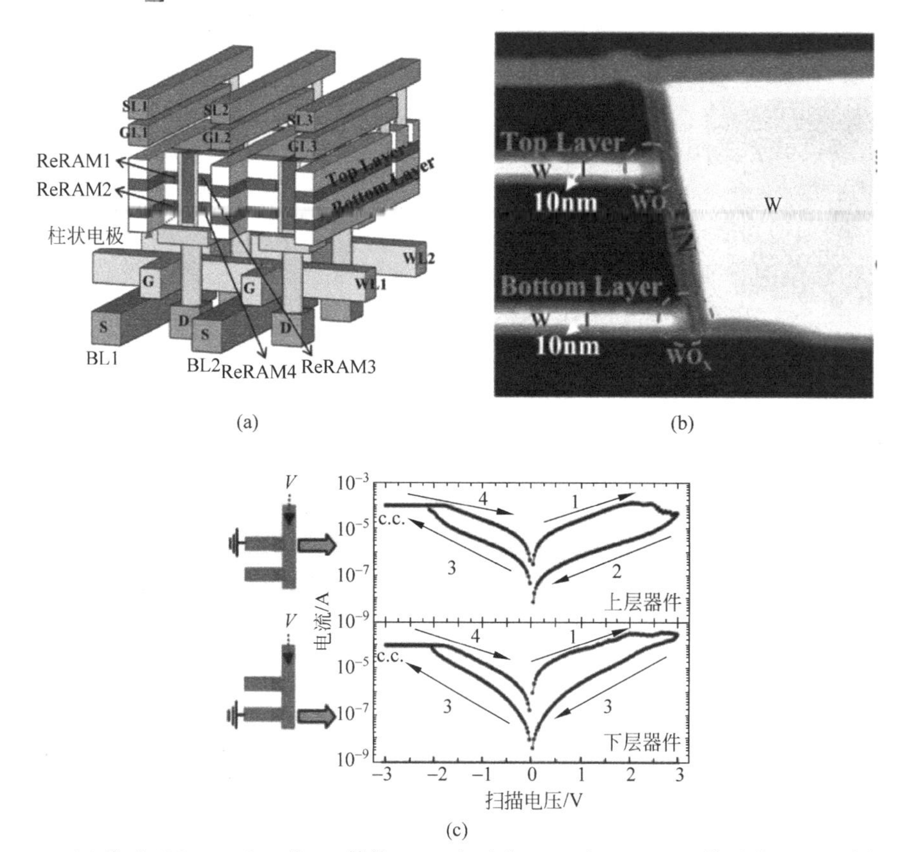

图 8.31　(a)基于 WO_x RRAM 的 3D 结构。(b)自对准 WO_x/SP-$TiNO_x$ 单元的 STEM 剖面。W 的厚度为 10nm，它定义了 RRAM 单元的一极。(c)上层器件和下层器件相应的直流阻变行为。在柱电极上施加一个正电压脉冲可以对器件实现 Reset 操作，而施加一个负电压脉冲可以实现 Set 操作。Set 电流设置为 100μA，以防氧化层崩坏[21]

接着，通过反应溅射，在钻出的孔的侧壁上淀积 AlO_δ/Ta_2O_{5-x}/TaO_y TMO 阻变层。然后利用 PVD 方法，淀积 200nm 的 Pt，形成柱状电极。最后，干法刻蚀平面电极的缝隙，以减少相邻单元之间的干扰。为了进一步在垂直方向上缩小尺寸，Wu 教授的团队引入了石墨烯和碳纳米管(Carbon Nano Tube，CNT)，提出了边缘电极(edge electrode)的概念[25]。在文献[25]中，他们用石墨烯和碳纳米管充当平面电极，Pt 充当柱状电极，而 Ta_2O_{5-x}/TaO_y 充当阻变介质。VRRAM 非常有望应用在未来高密度的和小于 10nm 技术节点的应用中。

为了检查器件的一致性，Bai 等研究了每一层器件的高低阻值和 Set-Reset 电压的累积概率分布情况，具体结果分别如图 8.33(a)和(b)所示[19]。图 8.33(a)展示了高阻状态和低阻状态的阻值分布情况。低阻值大概在 1kΩ 左右，而高阻值大概为 1MΩ。三层 RRAM 器件的阻值分布均显示出了很好的一致性。值得一提的是，高低阻态的阻值窗口高达 1000 倍，很适合 MLC 操作。图 8.33(b)展示了 Set 和 Reset 过程中的阻变电压分布。Set 电压一般在 2.08～2.15V，而 Reset 电压则为 0.9 ～2V。在可靠性方面，充足的 P/E 可操作次数和稳定的数据保持能力都是必需的。在这项研究中，如图 8.33(c)描绘的那样，Bai 等观察到，利用－1.6V/100ns 和 1.8V/100ns 的电压脉冲分别进行 Set 和 Reset 操作，可操作次数可以超过 10^{10}。图 8.33(d)则展示出了器件卓越的数据保持能力。

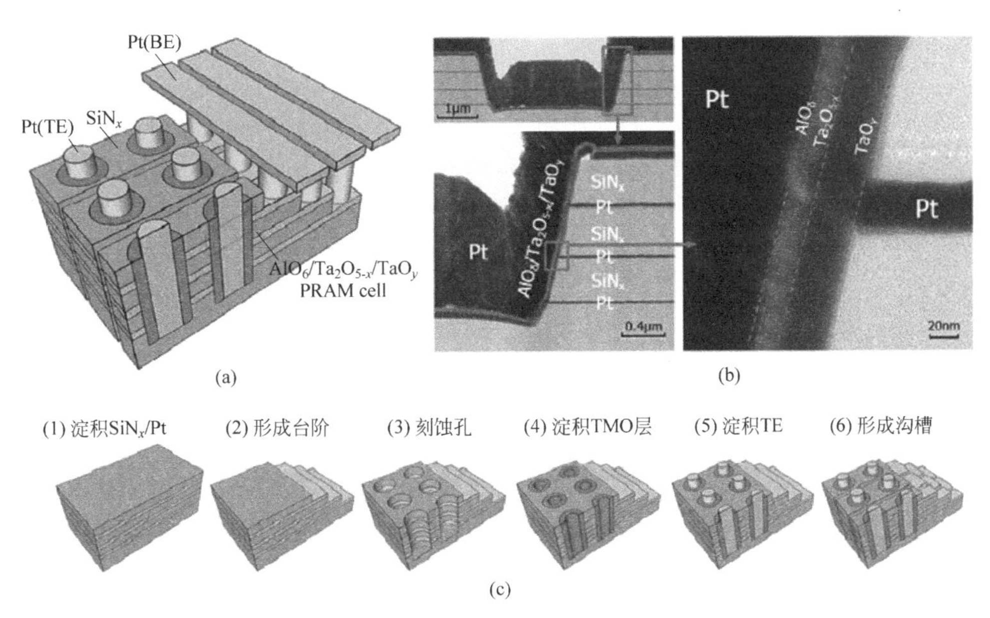

图 8.32 (a)三层的 3D 垂直结构 RRAM 的示意图。(b)垂直结构 $AlO_\delta/Ta_2O_{5-x}/TaO_y$ RRAM 单元的横截面 TEM 图。(c)制造 3D 垂直结构 RRAM 的工艺流程[19]

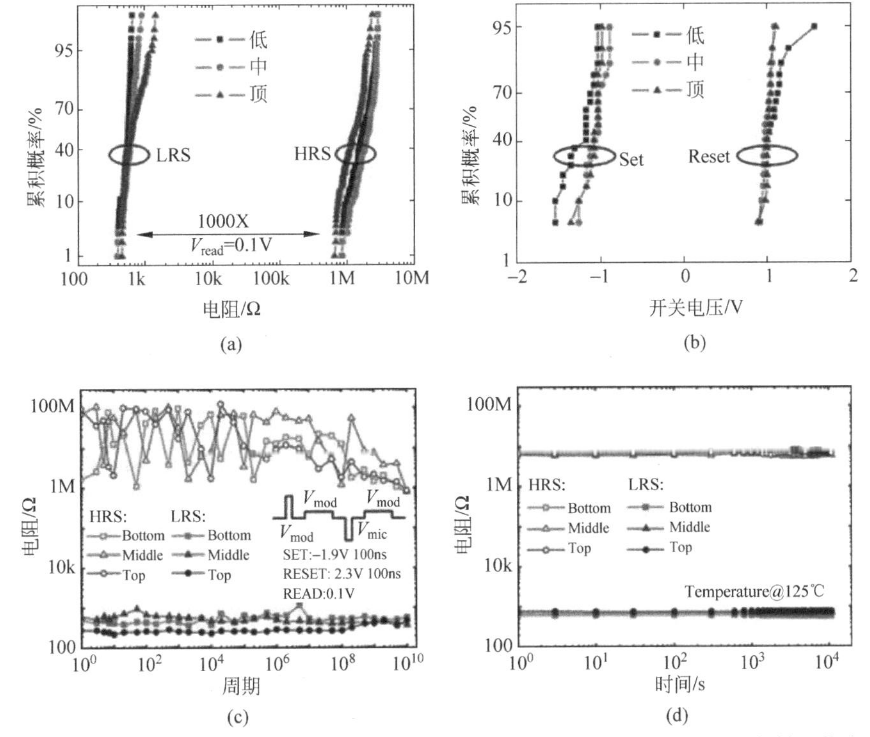

图 8.33 基于 $AlO_\delta/Ta_2O_{5-x}/TaO_y$ 的 3D 垂直结构 RRAM 的电学性能。(a)高低阻状态下，阻值的累积概率分布。(b) Set 和 Reset 过程中，阻变电压的累积概率分布。(c)阻变循环次数可达 10^{10}。(d)在 125℃ 条件下，所有单元的数据保持时间均可超过 10^4 s[19]

提高存储密度最重要的方法之一就是 MLC，这样一个存储单元中就可以存储多个逻辑位。Bai 等报道了两种实现 MLC 的方法：①电流控制策略(Current Controlled Scheme，CCS)，即控制 Set 过程的限流电流I_c(比如 5μA、50μA、500μA)；②电压控制策略(Voltage Controlled Scheme，VCS)，即控制 Reset 过程的上限电压 V_{stop}(比如 1.9V、2.4V、2.8V)。两种方法得到的 I-V 曲线如图 8.34(a)所示。利用 CCS 的器件有着相似的高阻状态，而利用 VCS 的器件有着相似的低阻状态。4 级 MLC 的阻值状态定义如下：第一级是低阻状态，阻值在 1～10kΩ 之间；第二级和第三极是中间状态，阻值分别处在 100kΩ 和 1MΩ 左右。第四级是高阻状态，阻值为 10MΩ 左右。如图 8.34(b)所示，在所有的 MLC 等级上，共享同一个柱状电极的三层器件的阻值分布，显示出了很好的一致性。图 8.34(c)展示了利用 VCS 方法，对共享同一个柱状电极的三层器件得到的循环测试结果。利用 CCS，也可以得到类似的性能。

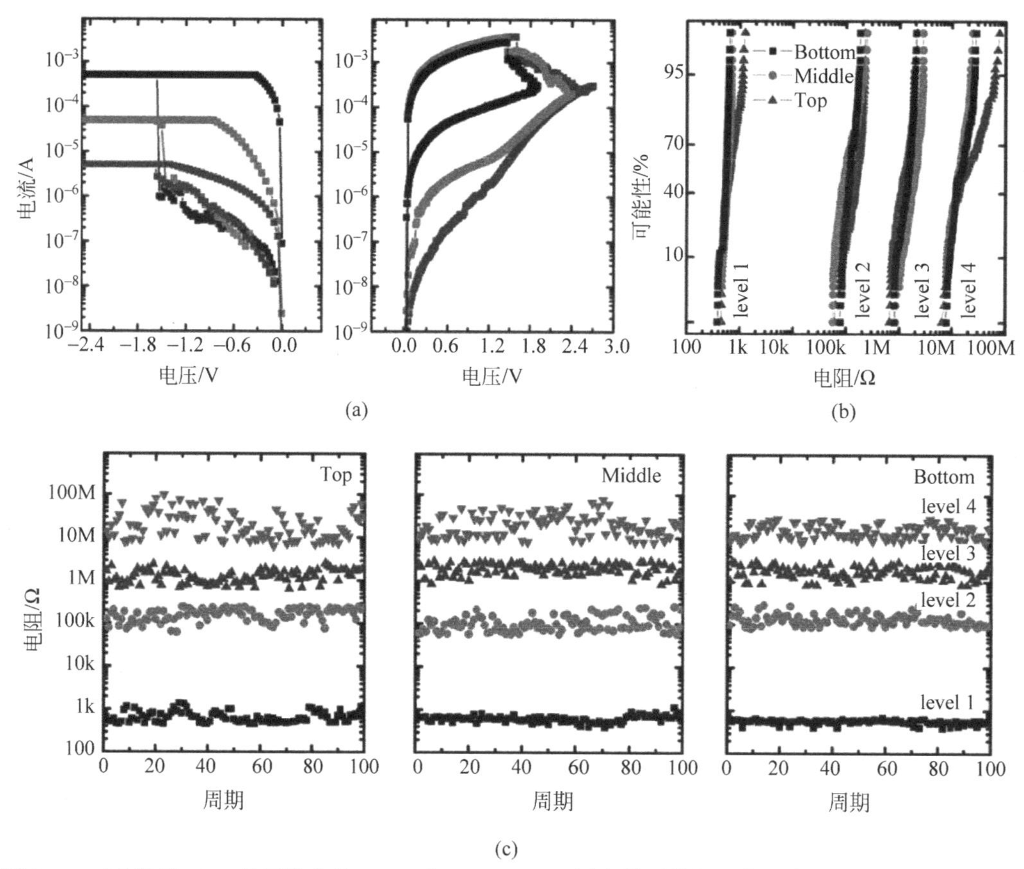

图 8.34 (a)实现 MLC 的两种方法：CCS 和 VCS；(b)三层存储器件的阻值分布，四个 MLC 等级分别为：1kΩ、100kΩ、1MΩ 和 10MΩ；(c)稳定的 MLC 阻变循环[19]

8.5 3D RRAM 的挑战和前景

随着最近几十年的发展，3D RRAM 技术正朝着密度更高其性能更好的下一代非易失存储器目标稳步前进。此外，它还在非易失逻辑领域扮演者重要的角色[6]，于此同时，凭借着足以颠覆存储器层次和传统的冯诺依曼计算机体系结构的潜力[56]，它也被视为颠覆半导体行业的新科技。然而，一些严峻的挑战也制约着3D RRAM的应用，其中一些来源于器件性能，另一些则来源于3D架构。

事实上，RRAM的阻变机理至今仍然没有被理解透彻。不同的研究组对于相同三明治结构RRAM的阻变机理经常会有不一样的解释，这可能是由于制造过程的差异造成的；但这显然会给揭示内在阻变机理造成阻碍。此外，尽管许多文章都报道了RRAM器件在诸如可擦写次数、数据保持特性或者其他参数方面的优越性能，但这些良好结果的来源却是不同结构不同材料的RRAM器件。为寻找兼顾这些优势的存储器件而进行的探索还远未完成[15]。

以大规模制造3D RRAM角度来看，一致性和密度都非常重要。不同周期或者不同器件之间的阻变电压与电阻阻值均存在差异[6]。产生前者的原因被广泛认为是导电细丝(CFs)具有的本征随机性，而后者则与制造工艺的一致性有关。没有良好的一致性，这些差异最终会制约操作电压，使得LRS与HRS之间的阻值区间变小，进而限制存储密度。

理论上来说，阻变器件可以缩小到10nm以下而导电细丝仍然能工作得很好[68]。阻变器件也能够以$4F^2/n$的最小尺寸，很容易地集成到3D结构中(F是最小特征尺寸，n是存储层的堆叠层数)。但是通往3D RRAM的路途也充满了挑战，尤其是2.2节提到的泄漏通路问题。

尽管存在这些挑战，3D RRAM技术却没有停滞不前，正如8.4节所述，全世界的研究者们已经在这一领域取得了很大的进展。可以确定的是，充满着技术挑战和研究活力的3D RRAM领域也充满了乐趣。

第9章

NAND Flash的3D多芯片集成与封装技术

9.1 3D 多芯片集成

在智能电话、可穿戴电子产品和物联网(Internet on Thing,IoT)等现代电子系统应用中,多功能集成、性能提升、更小封装与成本降低被公认为是推进 IC 封装技术的常见而普遍的要求。理想情况下,电子封装解决方案应该能够集成具有多元化与多样化功能的多个芯片,即将原始芯片或较小的芯片封装集成为几何形状紧凑的格式,提高单个芯片与(或)整体封装的性能,同时降低总成本。3D 多芯片集成技术包括晶圆加工,由芯片到系统的封装、测试、产出以及系统级封装(System in Packege,SiP)制造的所有必要阶段。

9.2 纳米器件制造中的挑战

得益于晶体管器件设计技术、光刻技术和硅工艺技术的惊人革新和进步,现代 CMOS 制造技术紧跟摩尔定律,目前已经超越了深亚微米体系,现在正在迅速进入纳米尺度。但是,这些技术进步并没有减轻传统 IC 制造方法的一些技术复杂性,比如所谓的片上系统(System on Chip,SoC)。SoC 意味着通过统一的晶圆制造工艺,将多个具有不同功能的单元集成在单个硅晶圆上。

其中最引人注目的是传统 SoC 方法持续面临的技术挑战:通过统一的晶圆工艺,在纳米尺度下制造不同功能的器件和互连的制造工艺。并且,在进入纳米尺度时,一些传统的工艺技术方法不再适用。例如,在 28nm 及以下的 MOS 器件中使用高 K 金属栅时,嵌入式浮栅型存储器方案不再可行。因为将浮栅附加结构与逻辑基准工艺结合的完整制造方案在技术上是具有挑战性的,并且在经济上的吸引力较小,这主要是因为,当增加额外的工艺层和步骤时，进一步增加了制造工艺复杂程度并降低了整体工艺良率。

通过先进的系统级封装解决方案对IC系统再集成，允许将单个晶圆制造分离成各个晶圆工艺，每个晶圆工艺针对一个或多个(但不是全部)所需的功能块进行优化。因此，每个单独的制造工艺是专用的、简化的，也是更容易被优化的。

9.3 片上互连的挑战

将多个功能电路集成到单个芯片中也可能面临片上互连的问题。例如，对于SoC芯片的片上存储块和逻辑块，互连层的设计规则和图案密度可能不同。而细长的互连除了增加光刻步骤之外，也可能会加剧不同功能块之间的数据和信号传输延迟。通过SiP进行高密度片间连接也是一种解决片上互连速度瓶颈的重要替代方案。2D平面结构中，片上互连的寄生电阻显著增加，尤其引起了这种速度瓶颈。

首先，片上互连的净截面区域仍然使用基本的Cu镶嵌工艺制造，并且与晶体管的设计规则一起缩小。对于降低片上互连材料的薄膜电阻和金属间介电层的介电常数，目前没有太多选择。为了将介电层的 K 值提高到超过超低 K 介质的 K 值，最可行的方法之一是在金属间介电层中制造空气间隙。尽管这种方法最近被成功地应用于一款高性能的商业级CPU[1]，在多层后道工艺(Back-End-Of-Line，BEOL)中，由于各种制造和可靠性问题(机械和热)，必须谨慎使用空气间隙。

其次，在SoC芯片的传统平面结构中，由不同功能块之间的细长互连引起的信号延迟变得更加严重。此外，随着数据率的提高，这种细长互连上的功耗变成另一个严重的问题。因此，更短的互连和更好的信号完整性相比于进一步提升系统性能变得更为重要。

9.4 通过SiP实现异质集成

对于许多结合了多个异质单元以提供特定功能的微电子系统来说，通过SiP进行系统集成是一种非常有效的性能提升方案。其中有些异质单元可能包含有源半导体器件，例如MOS晶体管或二极管，其他异质单元可能包含无源器件，这些无源器件可能集成于异质单元内，也可能单独封装。此外，在各个独立的异质单元中，有源半导体器件可以通过不同的制造工艺在不同的半导体衬底上单独地制造，这些异质单元可以是经过封装的，也可以是单独的裸片。

由SiP实现异质集成的一个很好的例子是现代手机中广泛应用的RF前端模块，它提供了在手机和基站之间发射和接收射频信号的关键功能。这种RF前端模块通常包括RF开关、功率放大器、低噪声放大器、滤波器和控制器。RF开关和低噪声放大器通常制造在SOI衬底上，由于现代LTE甚至3G手机中的大多数功率放大器的高功率放大效率，所以通常这些放大器建立在GaAs衬底上，而控制器在体硅上，以减少衬底和制造成本。RF滤波器都是无源器件，例如体声波(Body Acoustic Wave，BAW)滤波器和表面声波(Surface Acoustic Wave，SAW)滤波器，它们通过特定的晶圆制造和封装工艺进行单独制造和封装，这与前端模块中使用的所有其他器件有本质的区别。高密度、高可靠性SiP成为改善移动

RF 前端模块信号完整性和整体性能的最理想方法。

另一个很好的例子是在智能手机、可穿戴电子、消费类电子和汽车电子中使用的微机电系统(MEMS)IC。大多数情况下，MEMS 器件需要通过特殊工艺制造和封装，这种器件与 ASIC 配套的 CMOS 器件完全不同；CMOS 器件用于信号读出和处理，系统控制和数据缓冲。尽管通过使用统一的晶圆工艺，一些硅基 MEMS 器件可以和其配套的 CMOS ASIC 一起制造与集成，但是仍然存在许多 MEMS 器件，必须通过特殊工艺单独制造和封装，原因可能是它们必须采用独特的制造和封装方法，或者是其芯片尺寸与配套的 CMOS ASIC 芯片不同。另一个例子是硅光子学，其中诸如波导、分离器、调制器和检测器等器件在无缝微光学结构中需要与光源激光二极管耦合，并且需要与高速 CMOS 控制器电耦合：所有这一切需要通过 SiP 实现。特别指出，激光二极管是一种独特的基于化合物半导体(如 InP)的异质器件。

9.5 减小尺寸与成本的解决方案

随着便携式、移动式和可穿戴式电子设备成为主流系统应用，其所有组成 IC 和其他元件的尺寸缩减变得至关重要。同时，大量应用在用户终端的价格进一步降低，这就要求这些器件的制造、封装、系统组装和测试的成本持续下降。先进的 SiP 解决方案被认为是减少 IC 元件和系统封装的物理尺寸和整体制造成本的最有效方法之一。

第一个也是最为明显的例子是：平板显示屏上交互触摸感应的迅速采用驱动了手机设计空间配置的根本改变，手机物理设计的核心是高分辨率、大显示面积且触摸感应的屏幕，显示屏形状通常为矩形。尽管为了更高的分辨率和更好的视觉效果，手机屏幕变得越来越大，但是为了更加便携，手机必须更薄更轻。因此，手机系统板必须是单层的，并且必须封装为薄外形，这不仅需要更薄的多层 PCB，还需要更薄的 IC 封装，通常 PCB 两侧都要安装 IC。正因如此，芯片堆叠或 3D SiP 对减小 IC 封装的垂直外形极为有益。此外，为了得到更高的电池容量，分配给系统板的总面积继续大幅降低，当然，这限制了 IC 封装和其他元件的横向尺寸。

除了能够缩小尺寸之外，SiP 解决方案也有望于实现 IC 封装整体成本的可持续降低。因为可以充分利用高速大批量自动化晶圆制造技术的高精度、一致性和高效率的所有优点，SiP 制造中的晶圆级装配和测试工艺一般被认为是最有效和最可持续的方法之一。在这方面，众多技术创新出现并被迅速采用，部分或完全地取代了传统基于裸片的制造实践。

在以下各节中，讨论了各种流行和新兴的 3D SiP 解决方案的核心技术原理和结构。

9.6 3D 多芯片 SiP 技术解决方案

3D 多芯片 SiP 的主要元件如下所示。

(1) 有源元件，如 IC 芯片或裸片，通常包含位于芯片顶部的 I/O 焊盘，如果采用硅通孔(Through Silicon Via，TSV)，则 I/O 焊盘位于芯片底部。

(2) 无源元件，如电容、电阻、滤波器等无源器件，这些无源元件用接触焊盘进行封装或部分封装,为 IC 芯片和系统提供配套的电学功能。

(3) 基板,作为 IC 芯片和无源元件的绝缘载体,由硅、玻璃或聚合物的其中之一或某种组合构成。

(4) 封装内电气互连,如凸块、焊柱、再分配层(ReDistribution Layer,RDL)、内置在基板中的 TSV、微金属片或微金属线,以及任何两个核心元件之间的未铸入任何基板的金属线。

(5) 封装外电气互连,例如引线框架、金属引脚和接头、导电软线和凸块,用于提供封装系统与外部世界、其他封装系统或电子互连板之间的电气互连。

(6) 用于光学、机械、热和化学功能的辅助元件,以下是几个例子:微型光学系统中使用的玻璃封盖,用于 MEMS 压力传感器和麦克风的带有插孔的金属帽,以及大功率 IC 系统中作为散热片的金属鳍片。

(7) 封装填充物,如高分子绝缘模塑料和环氧树脂,用于填充上述任何元件之间的空隙或孔洞,并且根据设计的空间配置物理安装上述元件,防止来自周围环境的化学攻击或机械攻击。

以上所有这些对于实现目标性能、封装尺寸、制造成本和可靠性都至关重要。

3D 多芯片 SiP 可以根据各种特点进行多种分类:例如,元件的空间配置和集成工艺,下文将对此进行讨论。

9.6.1 多芯片 SiP 的 2D、3D 空间配置与衍生

在架构一个多芯片 SiP 解决方案的框架时,要考虑的第一方面是关键元件的空间布置,即 IC 裸片,特别是无源元件。考虑一个最简单的例子——包含两个元件的封装:它们可以并排放置在一个平面上,即所谓的 2D 配置,或者垂直堆叠,一个在另一个之上,即所谓的 3D 配置。

在 2D 配置中,金属线键合(见图 9.1)是最传统的封装内互连,用于两个并排放置的元件之间水平的电气互连,两个元件可以在同一个基板上,或者不使用基板,只是简单地模塑在一起。在某些情况下,可以使用不同的封装内互连,例如放置在两个互连元件之间的微型金属接头或软线。有助于基本 2D 系统集成的另一个选择是构建在元件本身上的再分配层。

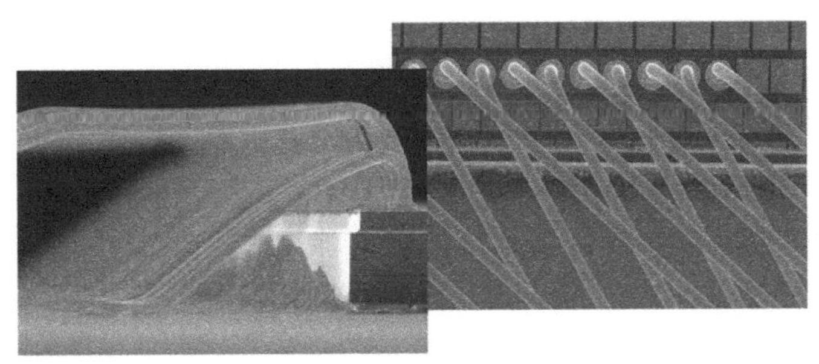

图 9.1 金属线键合

如果使用基板作为两个元件的物理载体,则内置于基板上的封装内互连可有助于两个承载元件之间的水平互连。“凸块”也常用于促进元件与载体基板和 RDL 之间面对面物理接触的垂直连接;这通常被称为倒装芯片组装。引线键合也可用于垂直电连接,但它们消耗额外的横向空间。

如果一个元件由另一个元件而不是基板来承载,这样的系统组装配置通常称为 3D 堆

叠。组装元件有两种基本的3D堆叠方法：两者均面向上和面对面。在面对面方法中，倒装芯片组装是最可行的解决方案，采用如上所述的RDL和凸块。在两者均面向上的方法中，使用诸如引线键合的封装内互连或面对面方法的再布线方案。在顶部元件有源器件，特别是CMOS芯片的情况下，必须采用具有CMOS的集成或嵌入式TSV以便于后续倒装芯片的组装。

通常，多芯片SiP的2D配置比3D解决方案占据更大的水平面积。另一方面，由于元件垂直堆叠，3D配置需要比2D配置更厚的垂直外形。此外，如果堆叠元件之间的垂直互连采用引线键合方式，顶部元件上方的引线键合突出要求一定的间隙和保护，这为系统组装增加了额外的高度。

即使只是对于简单的双元件系统组装，从上述基本的2D和3D配置中，出现了一些有趣的衍生。如果一个有源元件垂直堆叠在基板上，此基板进一步促进了上表面的电气连接到与之相对的下表面的再布线，这样的基板通常称为插入器。如果两个或多个有源元件或无源元件堆叠在插入器上，即使这些元件水平并排放置，系统也变成具有2D和3D特征的混合配置。2.5D的名称在行业中被广泛应用于表示多芯片SiP的上述配置。因为具有提供高密度垂直互连和横向互连的能力，硅插入器最近变得流行起来。高性能FPGA是2.5D多芯片SiP的一个很好的商业成功的例子[2]。相比之下，已被用作2.5D多芯片SiP中插入器多年的多层聚合物基板比硅插入器便宜。

另一个有趣的衍生是：当有源元件通过正面与无源元件堆叠时，会用到用于I/O再布线到背面的通孔。广泛应用于CMOS图像传感器(CMOS Imagine Sensor，CIS)和模块组装应用的晶圆级芯片规模封装是以上衍生的一个例子，其有源CIS芯片顶部覆盖有一个高度透明的玻璃盖，具有用于I/O再布线到背面的TSV。作为行业流行术语“基于2.5D SiP的插入器”的延伸，这是一种称为2.1D SiP的案例[3]。

另一个替代方案是特殊的扇出型多芯片SiP，其中两个或多个有源或无源元件被模制或铸造在平面封装中，它们使用典型的2D多芯片SiP方案彼此互连。如果用于I/O再布线到背面的通孔也通过模塑料制造，这种情况是2.1D SiP的另一个例子：它部分涵盖了2D、2.5D和3D多芯片的概念，但它并未完全采用传统插入器和2.5D方法。

现代多芯片SiP技术很可能演变成组合了用于不同应用的多个元件的通用型混合空间配置，如图9.2所示[3]。

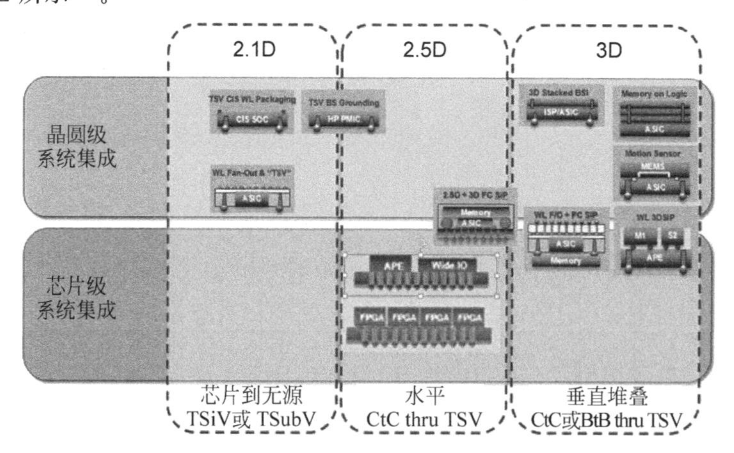

图9.2 通过空间配置和系统集成对多芯片SiP的分类[3]

9.6.2 多芯片 SiP 集成工艺：裸片到裸片，晶圆到晶圆与裸片到晶圆

多芯片 SiP 也可以根据元件组装和系统集成的制造工艺方案进行分类。

考虑组件装配制造协议的根本区别，两个基本方法是：

(1) 基于纯芯片或元件级的系统集成，或"裸片到裸片"方法；

(2) 基于纯晶圆级的系统集成，或"晶圆到晶圆"方法，如图 9.2 所示。

"裸片到裸片"方法虽然在采用先进自动批量生产实践方面效率较低，但是在设计空间配置和系统集成方面以及制造方面提供了极大的灵活性。"裸片到裸片"方法可以与 2D、3D 配置 SiP 和任何混合配置 SiP 一起使用。在选择基板、封装内和封装外互连、辅助元件和填充材料方面，"裸片到裸片"方法具有完全的灵活性，从而允许系统性能和制造成本之间的优化折中。另一个关键方面是在单芯片级进行电气测试和其他功能测试的可能性，以便在集成过程中尽可能早地分选出质量和性能异常的芯片；事实上，早期剔除性能不良的芯片降低了整体生产成本。

相比之下，"晶圆到晶圆"方法在现代自动晶圆批量生产的框架下效率更高，这得益于某些推进晶圆制造技术的重大进展，如精密晶圆键合[4]和 TSV。然而，它在元件组装和系统集成的自定义空间配置方面以及制造实现方面的灵活性有限。在纯粹的"晶圆到晶圆"方法中，对于元件组装只有垂直 3D 配置是适用的，因此在第一个晶圆上批量生产的一个元件必须与第二个尺寸相同的晶圆上镜像匹配的另一个元件垂直堆叠、组装和互连。即使在晶圆测试期间能够以更高的效率执行电气测试和其他功能测试，但是无法剔除质量和性能异常的芯片，并且必须转移到晶圆键合过程和系统集成。这些异常芯片或"坏"片导致"坏"的 3D 元件，从而导致"坏"3D 元件中的其他芯片也无法使用。这就是众所周知的"已知好芯片"(Known Good Die，KGD)。此外，对于第一个和第二个晶圆上配对的芯片，它们的尺寸和 I/O 焊盘的版图必须匹配，在这种 3D 系统集成架构中，这显著削弱了经济效率，并且限制了其实际应用。

为了克服 KGD 问题并且依然保持批量生产中晶圆级组装和测试的优势，开发出了折中的"裸片到晶圆"方法：在"载体"晶圆上，将硅裸片垂直堆叠在与其配对的裸片上，或者将它和与之配对的裸片一起组装。因此，第一个晶圆上的任何异常"坏"片都可以被分选出来，防止它与第二个晶圆上的好芯片集成。此外，配对芯片的尺寸和 I/O 焊盘的版图都不必匹配。另外，如果它们的相对尺寸匹配，则两个或多个裸片可以在载体晶圆上与一个裸片进行组装；为了进一步惠及后组装步骤的晶圆级批量生产，水平方向上并排放置的两个或多个裸片可以采用特定的绝缘模塑料，以晶圆的形状模铸在载体晶圆上。事实上，这种方案是一种在元件组装和系统集成方面部分采用 2D 和 3D 空间配置的混合方法。

9.6.3 3D 多芯片 SiP 的挑战

为了成功的商业化应用，3D 多芯片 SiP 必须设计成为可用于特定系统集成的可行的封装技术解决方案，并且为了满足性能、外形尺寸和成本方面的特殊要求可以进行相应的调整。大多数这样的解决方案通常意味着其复杂性超越了简单 2D 和 3D 空间配置，也超越了

纯“裸片到裸片”和“晶圆到晶圆”组装工艺。换句话说，为了专门地满足特定的应用系统和元件集成，需要开发和采用合适的混合多芯片 SiP 方案。

图 9.2 展示了在商业应用中成功实现或正在开发的几个实际案例。CIS 的晶圆级芯片规模封装(Wafer Level Chip-Scale-Package，WLCSP)、高性能 FPGA 或带内存 CPU 的 2.5D 多芯片 SiP 以及扇出型多芯片 SiP 此前已经讨论过。传统 2.5D SiP 方法的进一步扩展是高性能存储器裸片垂直堆叠到 ASIC(例如 CPU)裸片上，而 ASIC 通过倒装芯片安装到硅插入器上，因此命名为“2.5D+3D”倒装芯片 SiP。

在精密的晶圆键合技术和 TSV 技术的帮助下，采用简单“晶圆到晶圆”方法的 3D SiP 已经在几个商业应用中成功实现：堆叠式背面照明(Stacked Backside Illumination，BSI)图像传感器 SoC、堆叠在逻辑模块上的多层存储器和堆叠在 ASIC 上的 MEMS 传感器。当然，在所有这些例子中，产量是成功的关键因素。

为了克服堆叠裸片的尺寸失配，便于将两个或多个裸片堆叠在载体晶圆上的一个裸片上，创建了通用的晶圆级 3D SiP(Wafer-Level 3D SiP，WL 3D SiP)。这种方法尤其有助于实现异质裸片的高密度、薄外形和紧凑的 SiP，这些异质裸片通常由不同的晶圆工艺制造。在内嵌载体晶圆 TSV 技术的帮助下，这种方法不需要在载体晶圆下制造载体基板。这种潜在优势在现代智能手机、可穿戴电子产品和 IoT 应用中是非常需要的。满足这些应用要求的典型 SiP 必须将多个不同的传感器与一个 ASIC 结合起来，ASIC 用作传感器集线器，向用户端系统提供“智能”输出[3]。

尽管目前为止尚未确定主要的问题，但是要使 3D 多芯片 SiP 在主流应用中大规模商业化，仍然面临许多挑战。

首先，在设计方面，需要新的功能来处理对系统级、3D 平面布局、实现、提取/分析、测试和 IC /封装协同设计的影响。新的设计流程必须用物理数据和制造数据来支持统一的设计意图、设计抽象和设计集合，通过整个 SiP 流程来实现优化的、快速的且经济有效的设计，同时集成三层结构：IC 与其他元件、SiP 封装和 SiP 板[5]。

第二，测试 3D 多芯片 SiP 提出了一些技术挑战，例如 SiP 堆叠内部裸片的物理访问，以及减薄晶圆的精密处理。像许多单芯片器件的常规测试一样，3D 多芯片 SiP 的测试也必须在两个层面上考虑，硅裸片的晶圆分选和芯片组装后的封装测试。然而，3D 多芯片 SiP 还涉及更多的中间步骤，如裸片堆叠和 TSV 键合，这些中间步骤可以在最终组装和封装之前提供更多的测试机会。由于可以提供有效的方法来从 I/O 控制和观察各个裸片，可测性设计(Design-For-Test，DFT)正变得越来越受欢迎[5]。

第三，可靠性是一个问题，因为元件的数量和使用的材料库有所扩大，其空间配置更加复杂，但是要求空间配置压缩为显著减小且约束的尺寸。例如，已经在许多 3D 多芯片 SiP 案例中引入的 TSV，它与硅基板甚至是 CMOS 的集成提出了许多可靠性问题。事实上，TSV 涉及的基板通常不是测试的重点。此外，由于 Cu 体积相当大[6]，金属 TSV 引起了对基板的热机械应力，这不仅会影响硅衬底中有源器件的电性能，而且会导致基板的物理损坏和电气泄漏。另外，由于具有不同热机械性能的元件被紧凑地封装在一起，元件之间的热相互作用和热-机械相互作用都变得更加复杂。因此，可靠性设计成为另一个在 3D 多芯片 SiP 解决方案设计和制造中不可忽视的重要考虑因素。

最后，同样重要的是，制造 3D 多芯片 SiP 的总体成本依然是其在主流应用中大规模商业化的重要障碍之一。这就是为什么在一些已经验证过的 3D 多芯片 SiP 方法中,仍然存在很多研发活动。例如,为了极大地降低 2.5D SiP 的总体制造成本,正在开发两种新的替代方案,一种称为"无硅集成模块"或"SLIM",另一种称为"硅晶圆集成扇出技术(Silicon Wafer Integrated Fan-out Technology,SWIFT)",它们都属于图 9.2 中定义的 2.1D 多芯片 SiP 类别。SLIM 方法消除了昂贵的用于 2.5D SiP 的硅插入器元件和工艺,而 SWIFT 方法不仅消除了硅插入器,而且提供晶圆级扇出[7]。可以预见,在未来几年中,类似的方法或更具突破性的低成本解决方案还会兴起,并且将被部署于商业应用中。

9.7 NAND 裸片堆叠

现在从封装的角度来看一下 NAND Flash 的 3D 集成。

小封装技术是 Flash 卡(主要是以 U 盘和安全数码 SD 的形式)成功的主要驱动因素之一,如图 9.3 所示。

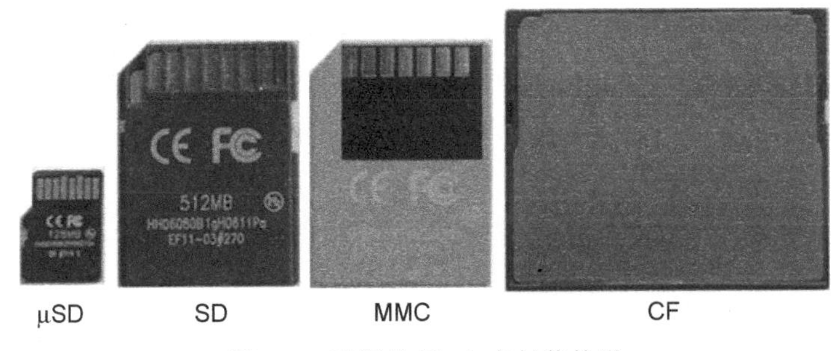

图 9.3 流行的 Flash 卡封装外形

另一方面,在以 SSD 的成功为主的推动下,容量需求已经大大增加,以至于标准封装(和设计)技术已经不再能够保持需要的增长速度。为了解决这个问题,提出两种可行的方法:先进的裸片堆叠和 3D 单片技术。本章涵盖前者,后者则是本书的主要内容。

增加容量的标准方法是实现一个多芯片解决方案,其中几个裸片堆叠在一起。这种方法的优点是可以应用于现有的裸芯片。如图 9.4 所示:通过所谓的插入器分开裸片,使得有足够的空间将键合引线连接到焊盘上。另一方面,插入器的使用存在增加多芯片高度的直接缺点,而高度通常是存储卡和封装的最相关的限制因素之一。

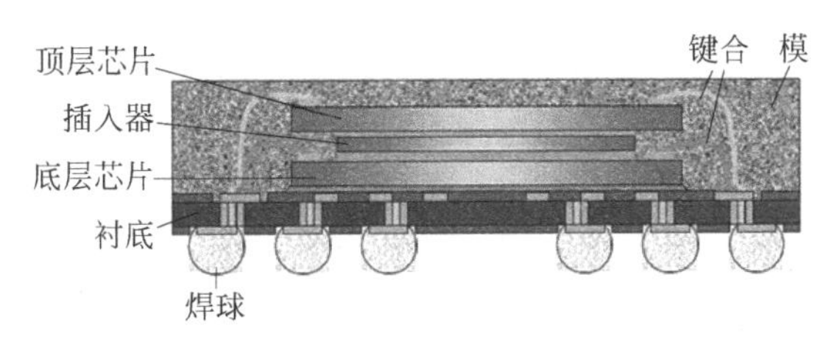

图 9.4 标准的裸片堆叠

克服这个问题的一个方法是利用 PCB 的两面,如图 9.5 所示,用这种方式,PCB 作为插入器,元件放置在 PCB 的两面。高度有所减小,但对设计有额外的约束:事实上,由于下方的裸片被倒装,其焊盘不再与上方裸片的焊盘相匹配。使相应的焊盘彼此面对的唯一方法是设计焊盘部分，使得焊盘到信号的通信是竞争的：也就是说，当裸片位于底部时，它被配置成具有镜像焊盘。这样的解决方案可以实现，但是芯片设计更加复杂(复用信号必须以实现竞争)并且芯片面积增加，因为可能需要额外的焊盘以确保倒装的对称性。

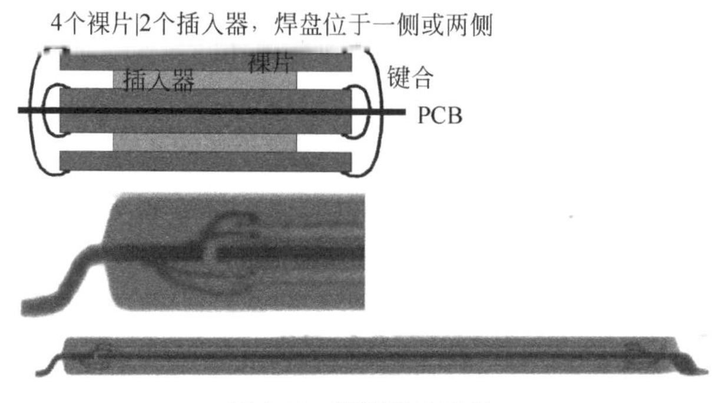

图 9.5　倒装裸片堆叠

通过完全去除插入器实现真正的突破，从而可以使用硅的所有可用高度(除了裸片与裸片之间胶合物的最小开销)。图 9.6 所示为一种采用裸片阶梯布置的实施方案：所有开销降低到最小，键合不会造成任何特定问题，并且芯片的机械可靠性得以保持(裸片之间的非交叠区与裸片长度相比很小，并且最上方的裸片不超过整体质心，因此总体稳定性不会受到损害)。

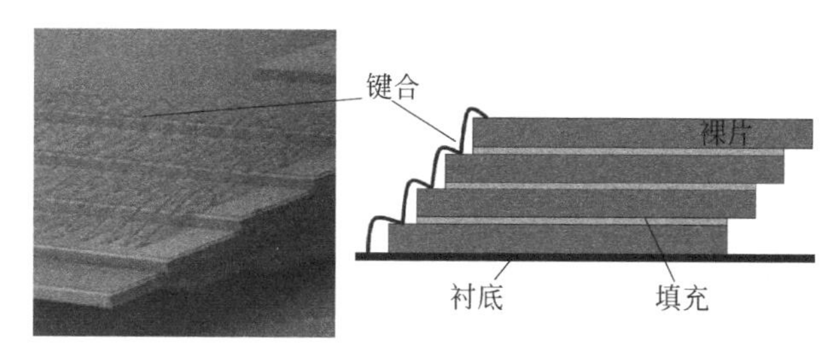

图 9.6　阶梯裸片堆叠：4 个裸片，0 个插入器，焊盘位于一侧

这种解决方案的缺点是对芯片设计有很大的影响，因为所有的焊盘必须位于裸片的同一侧。在传统的存储器元件中，焊盘沿着器件的两侧分布，然后电路均匀地分布于两行焊盘旁边，阵列占据大部分的中心区域。图 9.7 显示了焊盘位于两条对边的存储器件的平面布局。

如果所有的焊盘位于一侧，如图 9.8 所示，芯片的平面布局受到很大影响[8]：大多数电路转移到焊盘旁边，以便连接长度最小化并优化电路布局。但是一些电路仍然位于裸片的相对侧(例如，部分的阵列译码逻辑和部分的页面缓冲器，即存储数据的锁存器，存储的数据可以是将被写入存储器的数据或者是从存储器中读取后被输出到外部世界的数据)。

当然，从功能和电源的角度这些电路必须连接到芯片的其余部分。由于所有焊盘包括电源都在一侧，因此有必要重新设计芯片内部的电源轨道分布，确保轨道的尺寸和几何结构足够好，避免 IR 压降问题(实际上，由于金属线的电阻性质，轨道末端的电压会减小)。

阶梯堆叠的主要缺点之一是垂直于焊盘行的方向上的尺寸增加：对于给出的特定封

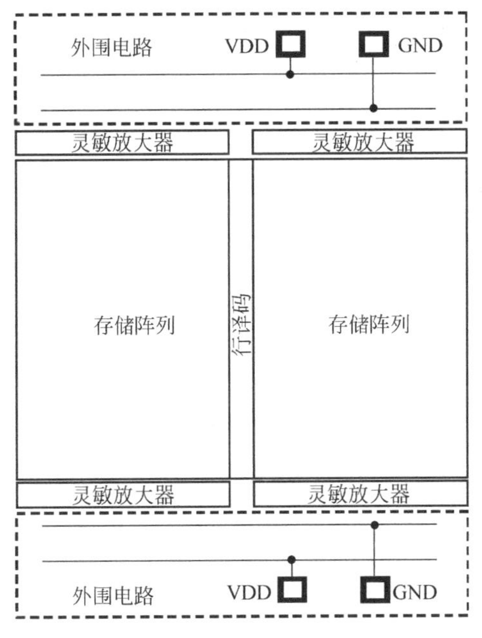

图 9.7　焊盘位于对边的存储器件

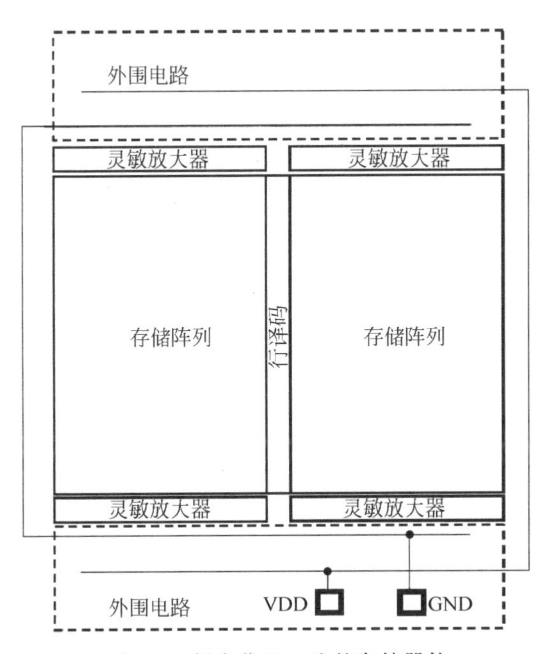

图 9.8　焊盘位于一边的存储器件

装，这一事实会限制裸片的数量。当裸片的数量增长时，可以将两个阶梯组合在一起：图 9.9 显示了 2 个阶梯，每个阶梯有 4 个裸片。

图 9.10 显示的“之字形”堆叠是另一种常见的解决方案。在这种情况下，由于采用双面键合，整体尺寸可以明显降低。

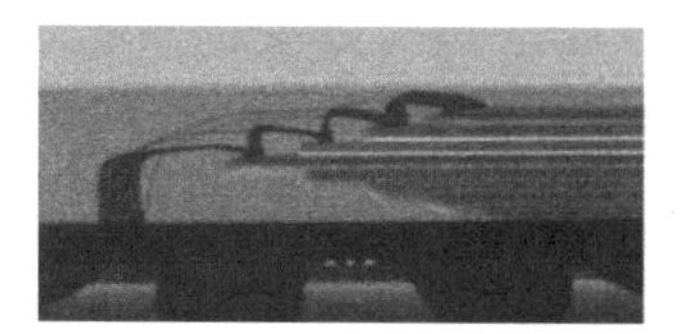

图 9.9 双阶梯裸片堆叠

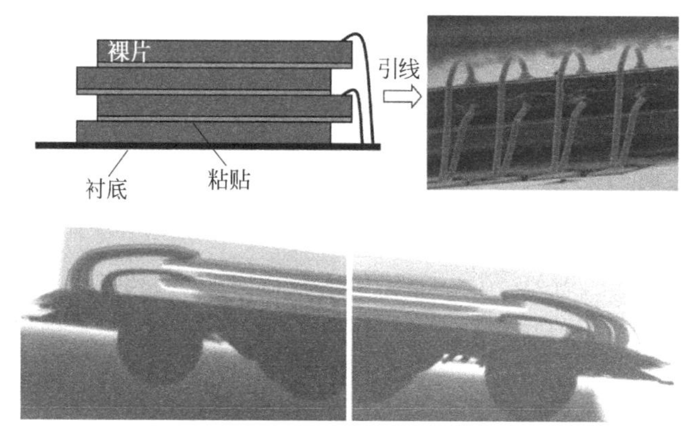

图 9.10 “之字形”裸片堆叠

9.8 硅通孔 NAND

如上所述,另一种堆叠选项是 TSV。TSV 在 NAND Flash 中的应用已经被研究了几年[9-18],而 Toshiba 公司在 Flash Memory Summit 2015 上公布了基于 TSV 技术的第一款 NAND 产品[19],请参考图 1.15。使用这种堆叠技术,裸片可以直接连接而不需要引线键合,如图 9.11 所示。图 9.12 展示了一个 TSV 连接的鸟瞰图。与传统的引线键合相比,该技术的主要优点之一是减小了互连长度和相关的寄生 RC。因此,数据传输速率可以明显提高,同时也降低了功耗。

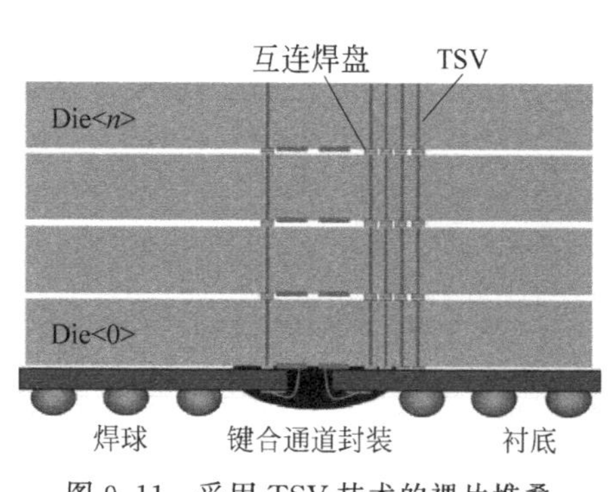

图 9.11 采用 TSV 技术的裸片堆叠

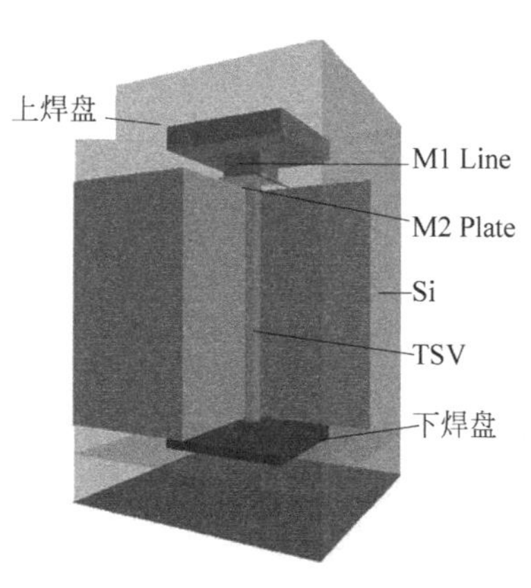

图 9.12 TSV 鸟瞰图

DRAM 历来是 TSV 的主要驱动器。DDR4 在 1.2 GHz 时钟下的运行速度高达 2400MT/s: 在这种速度下,由于互连和 I/O 焊盘的寄生电容,使用标准的引线键合技术时,

几乎不可能在同一封装中堆叠多于两个的裸片。至少在封装层面，TSV 是解决这个问题的有效途径；在系统级，可能会使用缓冲芯片来增加封装的总体数量。

图 9.13 显示了两个芯片之间 TSV 连接的几个细节。在每个裸片中金属层是可见的。值得强调的是，互连焊盘的中心并不总是与 TSV 本身的中心完全对齐。对于控制信号尤其如此，即不应该向器件中驱动电流的电信号。图 9.14(a)和(b)包括了焊盘/TSV 对在对准情况下和未对准情况下的顶视图。当然，这个特征为芯片设计增加了极大的灵活性。

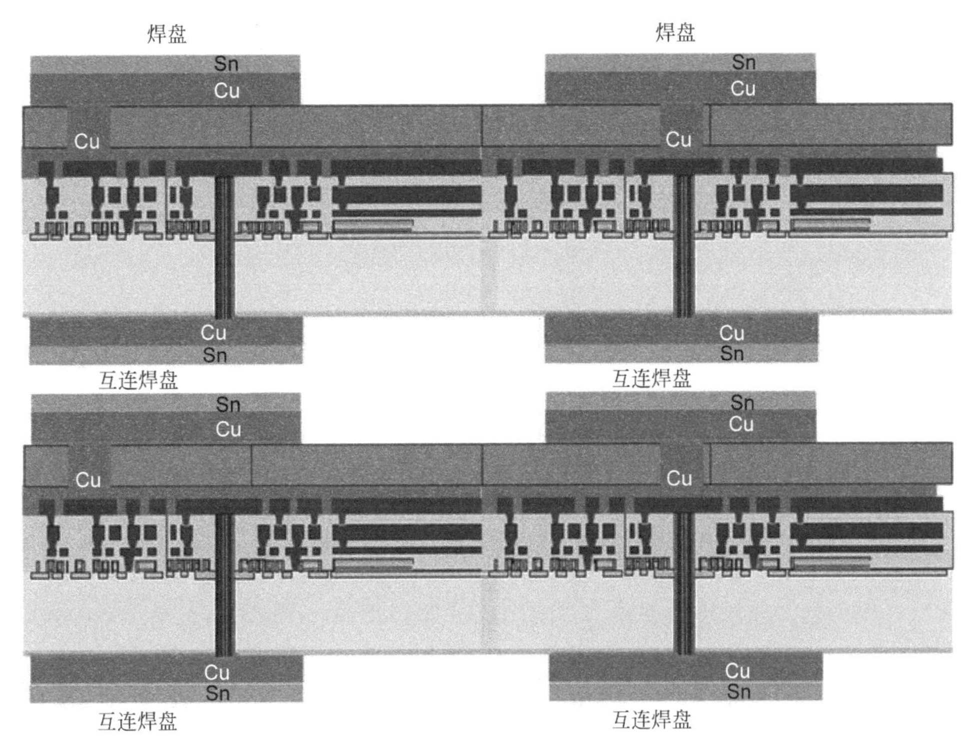

图 9.13　采用 TSV 的芯片到芯片互连

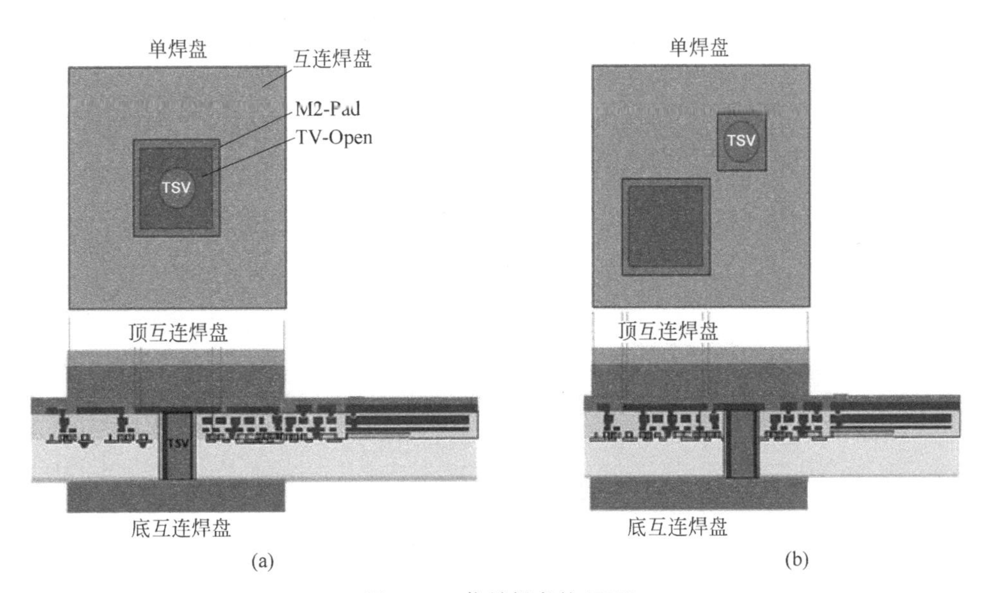

图 9.14　信号焊盘的 TSV

由于每个 TSV 的电流密度不能超过一定限度，电源连接需要一个 TSV 阵列，如图 9.15 所示。

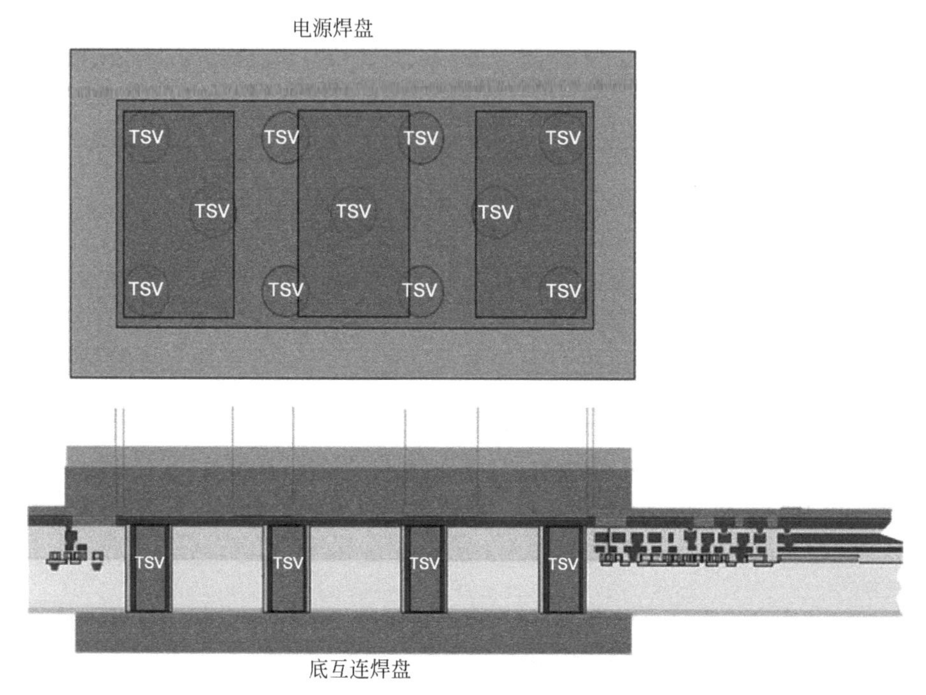

图 9.15 电源焊盘使用的一个 TSV 阵列

值得一提的是，3D 裸片堆叠和 3D 单片集成(即具有多个存储器层的单个 NAND Flash 芯片)可以有效地组合在一起，以便服务于从消费者到企业应用的存储市场。通过构建 16 个 Flash 芯片的一个堆叠，其中每个 NAND 裸片的容量为 768Gb[20]，在单个封装(12mm×18mm)中几乎可以填充 1.5TB 的存储空间！通过利用 Flash 供应商为增加每个芯片内存储层数而花费的所有努力，几兆字节的封装将在几年内实现。

第10章

用于NAND Flash存储器的BCH和LDPC纠错码

现如今 NAND Flash 存储器已在许多方面成为人们生活中的一部分。由于 NAND 的出现，存储领域已变成一个全新的世界。事实上如果没有 NAND 存储器作为存储媒介，就不会有智能手机的诞生。继 U 盾和数码相机之后，固态硬盘成为 Flash 中新的颠覆性应用。虽然消费类的超轻超薄笔记本需求 NAND 存储，但是云服务器和企业级服务器上应用 NAND 存储正成为一个转变趋势。

因为制造的 NAND 设备不可能没有缺陷，所以惯例上会使用纠错码(ECC)。低密度奇偶校验码是企业级应用中的一种典型选择，而 BCH 码是消费级应用的选择标准。当观察平面超大规模(例如 15nm)NAND 时，这一点尤为明显。一般而言，LDPC 具有更高的纠错能力，而 BCH 码在带宽紧张时仍是一个不错的解决方案。

如之前的章节所说的，3D NAND 在市场上正在成为现实。根据噪音模型，2D 和 3D NAND 拥有一些共性：两者都非常复杂，而且在 NAND 的使用寿命期间会发生变化！

我们希望 3D NAND 能带来新的故障模型；所有为非易失性存储设备研究 ECCs 的科学家们，会竭尽所能逼进香农极限(Shannon Limit)。

在本章中，我们介绍了 BCH 和 LDPC 码。在简要介绍之后，我们会看到在实际的 NAND 通信信道中应用这些码时，会遇到哪些实现中的问题。实际的变通方案也将会讨论一下。

10.1 介绍

生活中，NAND 单元中存储的数据会由于多种原因被破坏掉。最常用的数据恢复方式，是采用纠错码，有时候它会结合着其他的技术(例如信号处理)。

ECCs 在数据信息里添加了冗余项，于是接收端可以借此进行错误检测并将数据信息恢复成最接近发送信息的样子。这个加入了冗余项的编码数据通常被称为码字。

也就是说，ECC 可以降低 NAND 天然的误码率(Raw Bit Error Rate，RBER)，式(10.1)给出了 RBER 的定义，而且 ECC 可以恢复 t 位错误，码字错误率有时也称为帧错误率，按照式(10.2)进行计算，其中 A 是码字的大小。

$$\mathrm{RBER}=\frac{\text{Number of bit errors}}{\text{Total number of bits}} \tag{10.1}$$

$$\begin{aligned}\mathrm{FER}=1-\Bigg[&(1-\mathrm{RBER})^{A}+\binom{A}{1}\mathrm{RBER}(1-\mathrm{RBER})^{A-1}\\&+\cdots+\binom{A}{t}\mathrm{RBER}^{t}(1-\mathrm{RBER})^{A-1}\Bigg]\end{aligned} \tag{10.2}$$

图 10.1 展示了 1KB 码字的帧误码率，其带有 ECC 功能，分别能够纠 1、10、50 和 100 位的错误。

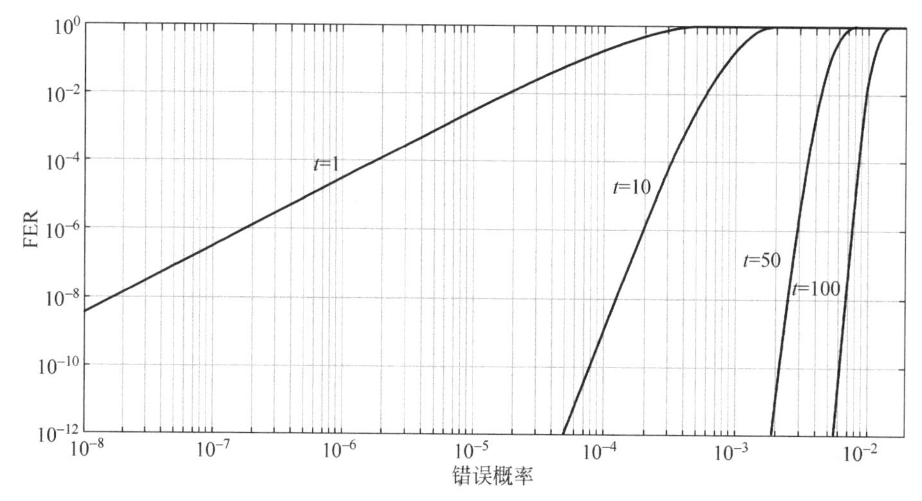

图 10.1　1KB 码字分别可纠正 1、10、50 和 100 位错误的帧错误概率图

另一个可以用来衡量 ECC 影响的指标是不可修复误码率(Uncorrectable Bit Error Rate，UBER)，式(10.3)对其进行了定义：

$$\mathrm{UBER}=\frac{\mathrm{FER}}{A} \tag{10.3}$$

用来决定应用哪种 ECC 的一个基本数量是码率。码率定义为受保护的位数与传输位数(码字)的总数之比。如果码率比较高，ECC 校验位总数就比较少，也就是说纠错能力偏低。但另一方面，并不需要太多的额外空间来存储它们。如果码率比较低，就有更多的校验位来保护数据，因此纠错能力就强。这种情况下需要更多的额外空间来存储校验位，但这在某些情况下是不可行的。即使是可行的时候，也会花费更多的资金成本。

图 10.2 展示了码率和成本的权衡曲线。ECC 纠错能力(每个码字能纠正的位数)是码率的函数，如图 10.3 所示。较低的码率会导致硅面积上的低效，但是这能够纠正较多的错误。

纠错能力也受码字大小的影响(图 10.4)，在相同的码率下，码字越长，纠错能力越强。另一方面，码字越长，ECC 的硬件结构也越复杂，恢复错误数据就会有更久的延迟，这是另一个缺点。

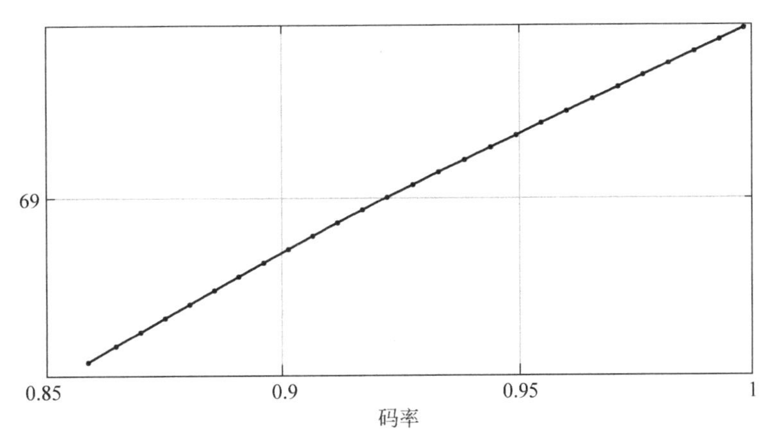

图 10.2 码率和成本的权衡

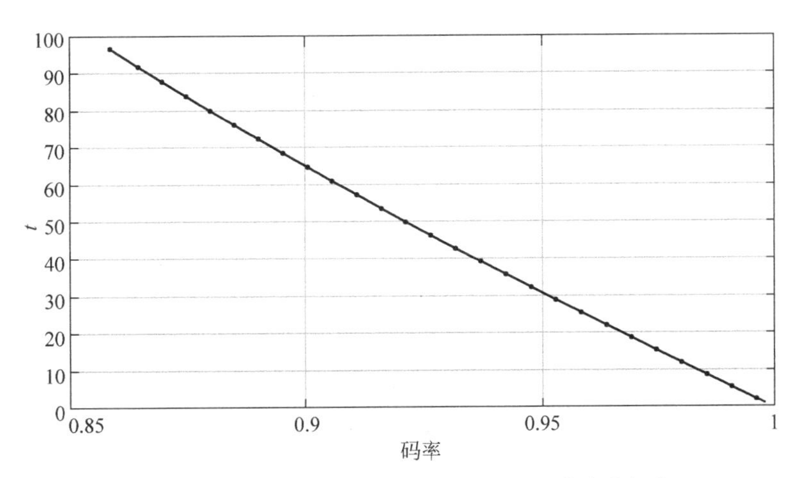

图 10.3 1024 字节的码字码率和 t 位纠错能力的权衡

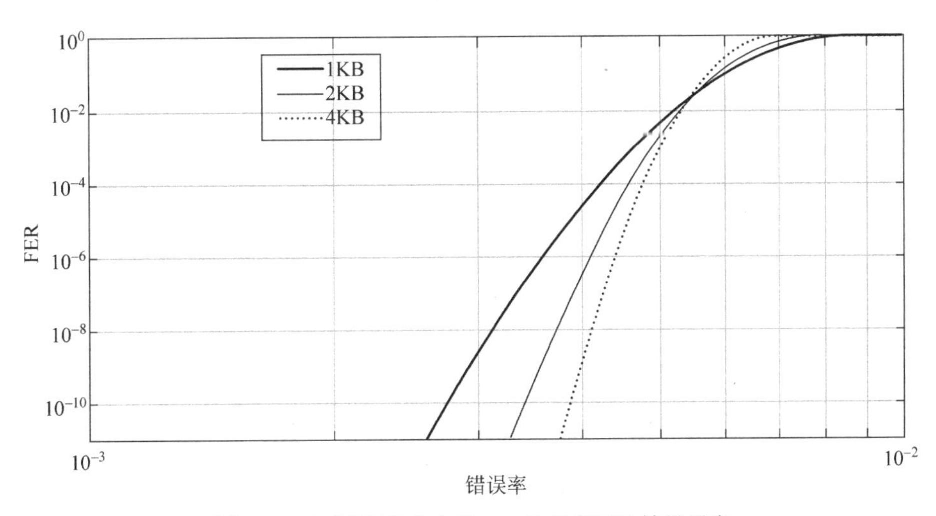

图 10.4 不同码字大小和 0.9 的码率下的帧错误率

在通信理论中，一般采用信噪比取代 RBER。信噪比是将期望信号的电平与背景噪声的电平进行比较的度量。它定义为信号功率与噪声功率的比值，通常用分贝来描述。大于 1 的比值(即 0dB)意味着信号强于噪声。

纠错码属于香农创立的信息论。他证明了一个基本定理被称为“香农极限”。对于一个码率为 R 的无差错通信编码系统，这个定理根据可实现的信噪比，产生一个极限值。香农极限的作用如下：如果保证信噪比不超过这个极限值，便可以确定存在一个编码系统(码率为 R)能够实现无差错地通信。不幸的是，没有任何建设性的方法去建立这样一个编码系统；这就是为什么会有激进的研究项目，去寻找尽可能接近香农极限的编码方式。这个极限可以假设在加性高斯白噪声(AWGN)信道以及二进制相移键控(BPSK)调制(图 10.5)的条件下进行计算。

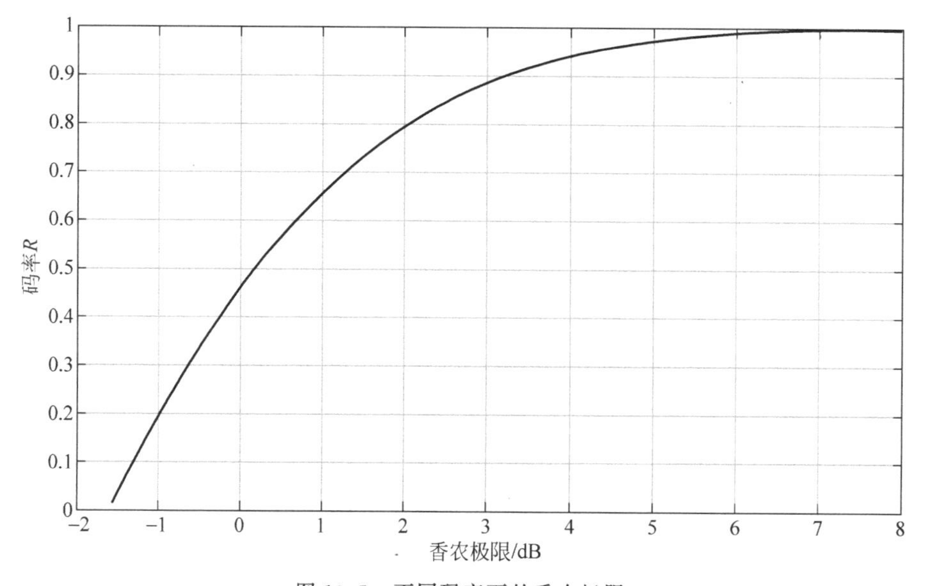

图 10.5　不同码率下的香农极限

可实现的 SNR 可以转化为可实现的 BER。香农极限用于评估不同的编码系统：最好的编码是最接近极限的那个[2,3]。

ECC 可以分为硬判决码和软判决码。这种区别不是基于编码本身的结构，而是基于编码对信息的处理方式。二进制硬判决码用数字方式处理所有的数据，即“0”或“1”；换句话说，模拟信息通过使用一个固定的参考电平被转换成数字格式。相反，一个软判决码使用可靠性信息来做出决定：例如，一个读出来的“0”，有 90%的可靠性，而一个读出来的“1”有 10%的可靠性。在下面的章节中，我们将看到软信息如何应用于 NAND Flash，并进行硬码和软码的比较[3]。

基本上，码 C 是一组码字集合，它通过一种明确的方式将空间 A 中 q^k 个长度为 k 的信息关联到空间 B 中 q^k 个长度为 n 的码字。如果给定两个码字，它俩的和仍是一个码字，则该码定义为线性的。当一个码是线性的时候，它的编码和解码过程可以用矩阵运算来描述。

我们将编码 C 的生成矩阵定义为 $\boldsymbol{G}$。于是所有的码字都可以通过矩阵 $\boldsymbol{G}$ 的行元素的组合而获得。因此，编码一个数据信息 m 相当于按照式(10.4)那样，将信息 m 乘以码生成矩阵 $\boldsymbol{G}$。

$$c = m \cdot \boldsymbol{G} \tag{10.4}$$

如果 $\boldsymbol{G} = (\boldsymbol{I}_k, \boldsymbol{P})$，这里 $\boldsymbol{I}_k$ 是单位矩阵 $k \times k$，$\boldsymbol{P}$ 是矩阵 $k \times (n-k)$，则 $\boldsymbol{G}$ 被称为标准形式或系统形式。如果 $\boldsymbol{G}$ 是标准形式的话，一个码字的开始 k 个符号称为信息符号。

根据系统形式的矩阵 $\boldsymbol{G}$，可以直接得出校验矩阵 $\boldsymbol{H} = (-\boldsymbol{P}^T, \boldsymbol{I}_{n-k})$，其中 $\boldsymbol{P}^T$ 是 $\boldsymbol{P}$ 的转置，它是 $(n-k) \times k$ 的矩阵，$\boldsymbol{I}_{n-k}$ 是 $(n-k) \times (n-k)$ 的单位矩阵[4,5]。

系统码的优点在于数据消息可以清楚地在码字中识别出来，因此它可以在解码之前读取。对于非系统形式的代码，消息在编码序列中不再能被识别，并且需要具有逆编码功能来识别数据序列。

如果 C 是具有校验矩阵 $\boldsymbol{H}$ 的线性码，则 $x \cdot \boldsymbol{H}^T$ 称为 x 的校验子。于是所有码字的校验子都等于 0。

校验子是解码的关键因素。一旦接收到消息 r（即从存储器中读取），有必要了解它是否已被破坏，通过下面的计算：

$$\boldsymbol{s} = x \cdot \boldsymbol{H}^T \tag{10.5}$$

这会有两种可能：

(1) $S=0$→接收消息 r 是正确的；

(2) $S!=0$→接收的消息 r 包含错误。

对于后者的情况，解码过程便开始启动。

为了知道可以纠正或检测一个码字有多少错误，此处需要一个度量标准。在编码理论中，这个度量标准称为码的最小距离或者汉明距离，它对应于两个码字之间不同符号的最小个数。一种码能够识别出包含最多 v 个错误的全部信息，则称它具有检测能力 V。

检测能力与公式(10.6)描述的最小距离有关。

$$v = d - 1 \tag{10.6}$$

如果能够纠正最多 t 个错误的每种组合情况，则该码具有纠错能力 t。这个纠错能力由最小距离 d 计算(10.7)：

$$t = \left\lfloor \frac{d-1}{2} \right\rfloor \tag{10.7}$$

这里的方括号代表着下取整函数。

编码可以根据应用进行操作或组合。增加一种码的最小距离的操作可以是扩展：码 $C[n,k]$

通过添加一个奇偶校验符号被扩展为码 $C'[n+1,k]$。通常对于二进制码，这个额外的奇偶校验位是全部消息的奇偶校验。它通过将消息的所有比特进行模 2 和 XOR 计算而得到。

当码的“自然”长度不符合应用的限制时（例如 NAND Flash 页），可以用缩短的操作：通过删除奇偶校验矩阵的 j 个列的数据，将 $C[n,k]$ 缩短为码 $C'[n-j,k-j]$。请注意，删除的列对应着用户数据的列。通过此操作，码率降低了。

一个类似的操作，是打孔操作，但是结果却非常不同。打孔是在编码之后去除一些奇偶校验位的过程。这与码率更高且具有一位错误的纠错码有着相同的编码效果。好的是，无论多少位被打孔了，可以使用同样的解码器；因此，打孔会大大增加系统的灵活性，而不会显著地增加其复杂性[6]。

10.2 BCH码

BCH码属于最重要的一类循环代数码。它是由Hocquenghem于1959年，Bose和Ray-Chauduri于1960年分别独立研究发明的。

在构造BCH码时就可以确定它的最小距离。该码本身的定义是基于距离的概念和伽罗瓦域[9,10]。

令β是伽罗瓦域$GF(q^m)$的元素。令b为非负整数。具有“设定”的距离d的BCH码由最小次数多项式$g(x)$生成，多项式的根为$d-1$个连续的β的幂：$\beta^b,\beta^{b+1},\cdots,\beta^{b+d-2}$。令$\Psi_i$是$\beta^{b+i}$的最小多项式，$0\leqslant i<d-1$，则$g(x)$按照下面计算，而且被保护的数据是$k=n-\deg(g(x))$。

$$g(x)=LCM\{\psi_0(x),\psi_1(x),\cdots,\psi_{d-2}(x)\} \tag{10.8}$$

可以表明设计的d至少是$2t+1$，因此该码可以纠正t个错误。

如果假设$b=1$，并且β是$GF(q^m)$的本原元，则该码成为狭义的本原BCH码，它的长度为q^m-1，且能纠正t个错误。现在将考虑狭义的本原BCH码。

一般来说，BCH码的解码复杂度是编码的10倍以上。本章处理二进制BCH码，其结构如图10.6所示。

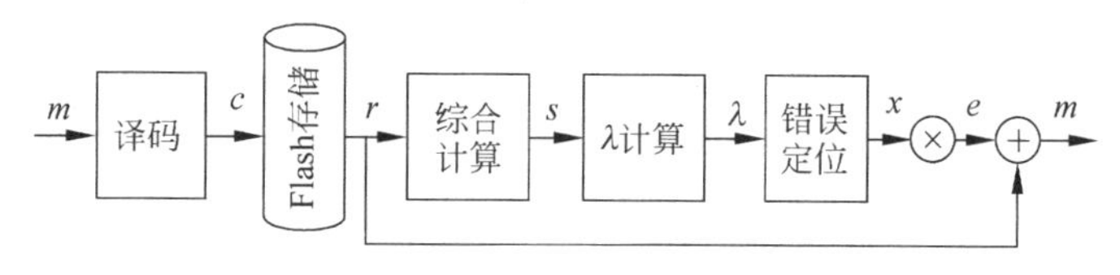

图10.6 二进制BCH码的通用结构

10.2.1 BCH编码

假设一个BCH码$[n,k]$具有生成多项式$g(x)$和一个要被编码的消息$m(x)$，该消息被写为$k-1$次的多项式。

首先，根据式(10.9)及式(10.10)，将消息$m(x)$乘以x^{n-k}，然后除以$g(x)$，从而获得商$q(x)$和余数$r(x)$。

$$\frac{m(x)\cdot x^{n-k}}{g(x)}=q(x)+\frac{r(x)}{g(x)} \tag{10.9}$$

$$m(x)\cdot x^{n-k}+r(x)=q(x)\cdot g(x) \tag{10.10}$$

消息$m(x)$乘以x^{n-k}的乘法结果产生了$n-1$次多项式，其中开头的$n-k$个系数(现在为零)将由奇偶校验位占用。

因此，编码码字$c(x)$如下计算：

$$c(x)=m(x)\cdot x^{n-k}+r(x) \tag{10.11}$$

式(10.11)的实际实现方式在图10.7中进行了描述。请注意，因为考虑的是二进制BCH码，所以这个求和实际上是一个XOR，而输出结果是一个AND。

BCH编码的“自然”结构是顺序的；这对于高速实现不是很好，因为它慢慢地以字节、字或双字的方式进行处理。图 10.7(b)显示了展开的实现,假设处理为 1 次 1 个字节[4]。在图中可以看到每个寄存器的内容不再依赖于单个输入,而是整个字节。

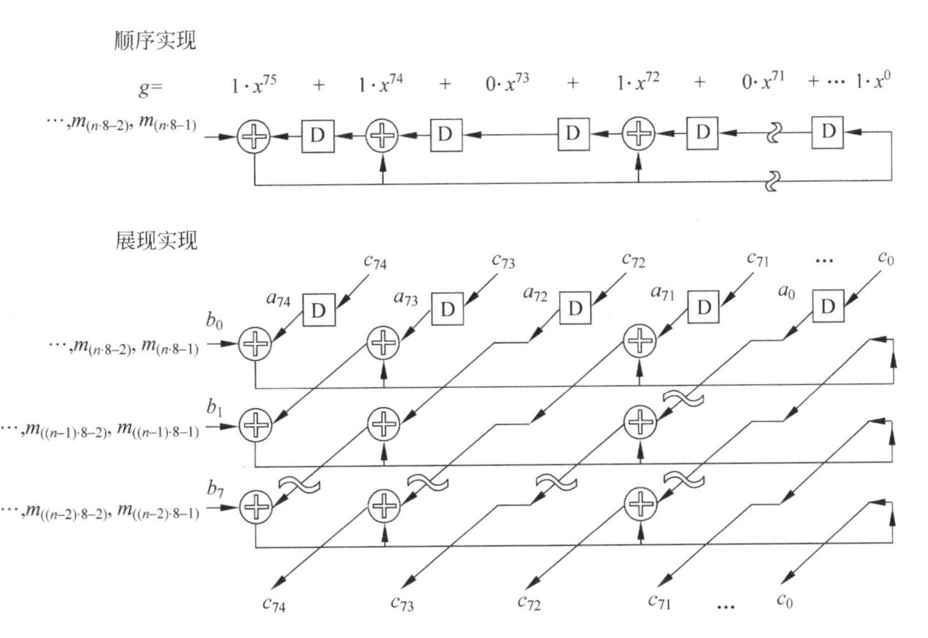

图 10.7　BCH 码除法器的顺序实现的描述:它可以展开进行并行实现

10.2.2 BCH 译码

解码操作遵循三个基本步骤,如图 10.6 所示:

(1) 计算校正子;

(2) 计算错误位置多项式的系数(通常采用 Berlekamp-Massey 算法[4,5]);

(3) 计算错误位置多项式的根(通常采用 Chien 算法[4,11])。

在传输(读取)编码消息的期间,可能会发生一些错误。可以通过在每个错误处具有系数“1”的多项式来表示错误位置:

$$E(x)=E_0+E_1x+\cdots+E_{n-1}x^{n-1} \tag{10.12}$$

如果 ECC 可以纠正 t 个错误,那么等式(10.12)中最多允许有 t 个非零系数。

因此接收(读到)的向量 $R(x)$是:

$$\boldsymbol{R}(x)=c(x)+E(x) \tag{10.13}$$

译码的第一步是为读到的消息计算 $2t$ 个校正子。

$$\frac{R(x)}{\psi_i(x)}=Q_i(x)+\frac{S_i(x)}{\psi_i(x)} \quad \text{with} \quad 1\leqslant i\leqslant 2t \tag{10.14}$$

$$S_i(x)=Q_i(x)\cdot\psi_i(x)+R(x) \quad \text{with} \quad 1\leqslant i\leqslant 2t \tag{10.15}$$

按照式(10.14)和式(10.15),接收向量除以形成生成多项式的每个最小多项式,从而得到一个商 $Q(x)$和称为校正子的余数 $S(x)$。

在这一点上，$2t$ 个校正子必须评估到 $\beta,\beta^2,\beta^3,\cdots,\beta^{2t}$，其中 Ψ_i 是最小多项式。根据式(10.16)，这个求值是根据接收到的消息在 $\beta,\beta^2,\beta^3,\cdots,\beta^{2t}$ 中进行的计算，因为根据最小多项式的定义，$\Psi_i(\beta_i)=0$(对于 $1\leqslant i\leqslant 2t$)。

$$S_i(\beta^i)=S_i=Q_i(\beta^i)\cdot\Psi_i(\beta_i)+R(\beta^i)=R(\beta^i) \tag{10.16}$$

因此，第 i 个校正子可以通过接收信息与最小多项式 Ψ_i 的除法得到的余数，再代入 β_i 计算出来。或者根据接收到的消息代入 β_i 计算。

如果没有任何错误，那么接收的多项式就是一个码字：因此，式(10.14)的除法的余数为零，所有的校正子为相同的零值。理解读取的消息是否是一个码字(或者如果有错误发生的话)，检验校正子是否都是零是必需且足够的条件。

对于二进制码，使用以下属性：

$$S_{2i}=S_i^2 \tag{10.17}$$

如此只能计算 t 个校正子。

由于校正子为伽罗瓦域中的两个多项式之间除法的余数，这可以直观地理解这在实现上与编码器的奇偶校验位计算是类似的。

错误定位多项式 $\Lambda(x)$被定义为根是错误位置的逆的多项式。

$$\Lambda(x)=\prod_{i=1}^{v}(1-xX_i) \tag{10.18}$$

错误定位多项式的次数给出了发生的错误数量。由于 $\Lambda(x)$的次数最多为 t，如果多于 t 个错误出现，$\Lambda(x)$会错误地识别出 t 个或更少的错误。

错误定位多项式的系数通过式(10.19)关联到校正子

$$\begin{pmatrix} S_{v-1} \\ S_{v-2} \\ S_{v-3} \\ \vdots \\ S_{2v-1} \end{pmatrix}=\begin{pmatrix} S_1 & S_2 & S_3 & \cdots & S_v \\ S_2 & S_3 & S_4 & \cdots & S_{v+1} \\ S_3 & S_4 & \cdots & \cdots & S_{v+2} \\ \vdots & \vdots & \vdots & & \vdots \\ S_v & S_{v+1} & S_{v+2} & \cdots & S_{2v-1} \end{pmatrix}\cdot\begin{pmatrix} \Lambda_v \\ \Lambda_{v-1} \\ \Lambda_{v-2} \\ \vdots \\ \Lambda_1 \end{pmatrix} \tag{10.19}$$

一般来说，计算错误定位多项系数的方法是 Berlekamp-Massey 算法[4,12]。Berlekamp 算法的哲学在于以连续逼近的迭代方式解决这一个公式(10.19)。

$2t$ 次迭代后，$\Lambda(x)$为错误定位多项式；在二进制的情况下它可以迭代 t 次执行 Berlekamp 算法。图 10.8 描述了无逆二进制 Berlekamp Massey 算法[13]的流程图。

首先，我们将校正子多项式定义为

$$1+S=1+S_1z+S_2z^2+\cdots+S_{2t-1}z^{2t-1} \tag{10.20}$$

初始条件设置如下：

$$v^{(0)}=1 \quad k^{(0)}=1 \quad \text{and} \quad \delta^{(2i)}=1 \quad \text{if} \quad i<0 \tag{10.21}$$

我们定义 d 是乘积$(1+S(z))v^{(2i)}(z)$中 z^{2i+1} 的系数。

如果 s_{2i+1} 是未知的，则算法完成。

否则

$$v^{(2i+2)}(z)=\delta^{(2i-2)}v^{(2i)}(z)+d^{(2i)}k^{(2i)}(z)\cdot z \tag{10.22}$$

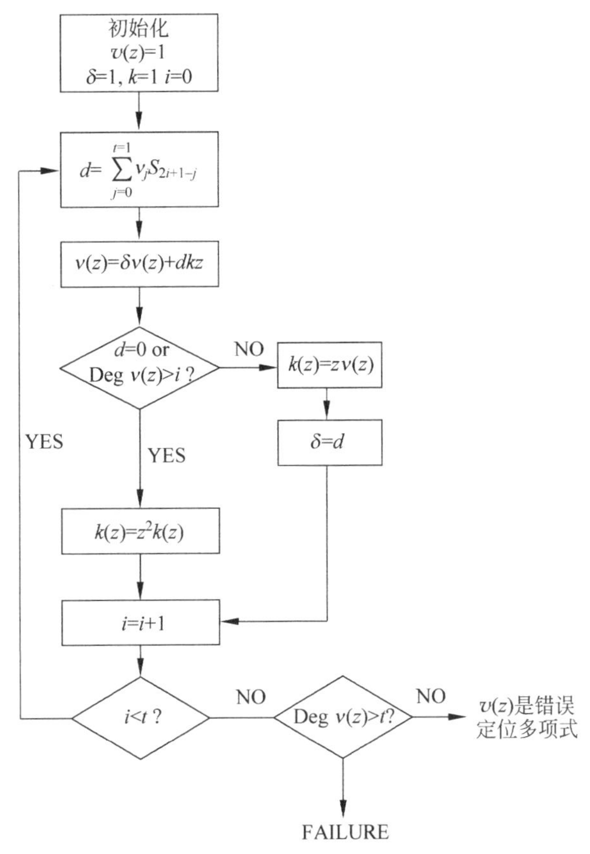

图 10.8 无反转 Berlekamp 算法的流程图

$$k^{(2i+2)}(z)=\begin{cases}z^2k^{(2i)}(z) & \text{if} \quad d^{(2i)}=0 \quad \text{or} \quad \text{if} \quad \deg v^{(2i)}(z)>i \\ zv^{(2i)}(z) & \text{if} \quad d^{(2i)}\neq 0 \quad \text{or} \quad \text{if} \quad \deg v^{(2i)}(z)\leqslant i\end{cases} \tag{10.23}$$

$$\delta^{(2i)}=\begin{cases}\delta^{(2i-2)} & \text{if} \quad d^{(2i)}=0 \quad \text{or} \quad \text{if} \quad \deg v^{(2i)}(z)>i \\ d^{(2i)} & \text{if} \quad d^{(2i)}\neq 0 \quad \text{or} \quad \text{if} \quad \deg v^{(2i)}(z)\leqslant i\end{cases} \tag{10.24}$$

$v^{2t}(z)$的根与$\Lambda^{2t}(z)$的根是一致的。

即使算法很复杂，通常也不需要并行实现，因为缓存的大小和执行的延迟在大多数情况下都是可接受的。

解码过程的最后一步是搜索错误定位多项式的根，按照式(10.25)。如果这些根不重合，且属于伽罗瓦域，这就足以计算他们的逆来获得错误位置。如果这些根有重合，或者它们不属于正确的域，这就意味着接收的信息与码字的差距大于t个符号。在这种情况下，就发生了不可纠正的错误模式，译码过程失败。

$$\Lambda(x)=1+\Lambda_1 x+\cdots+\Lambda_t x^t \tag{10.25}$$

为了确定多项式的根，Chien machine 灵活地评估了域α^0、α^1、α^2、α^3、$\cdots\alpha^n$里所有元素中的$\Lambda(x)$。对于域中的每个元素i，如果多项式为空，则相应的位置(2^m-1-i)就是一个错误位置。Chien machine 的一种可能实现方案在图 10.9 中表示。

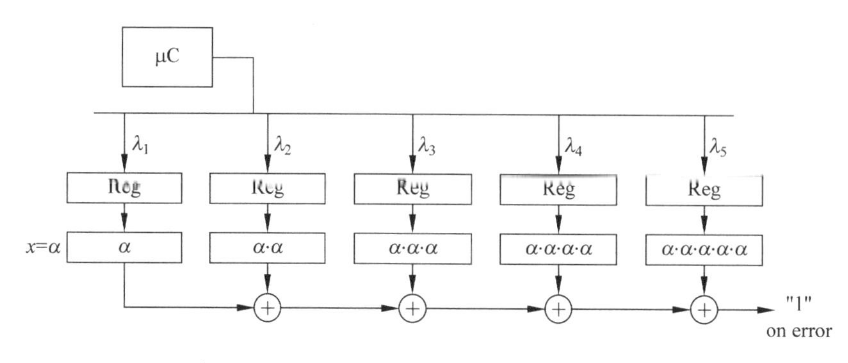

图 10.9　5 错 BCH 的 Chien machine：顺序实现

10.2.3　多通道 BCH

当基于 NAND 的系统(例如固态驱动器)使用 BCH 时，需要找出面积和带宽之间的平衡。实际上 SSDs 是并行地运行几个 NAND 器件，以达到带宽和 IOPS 性能的目标。通常，NAND 被划分成几组，称为“Flash 通道”：通道并行工作，读/写/擦除的操作可以在同一通道中交织(图 10.10)。在这个多通道的场景下，多个编码和解码模块是必要的，考虑到特别是超大规模尺寸和多级存储的情况，始终都需要纠错功能(第 3 章)。

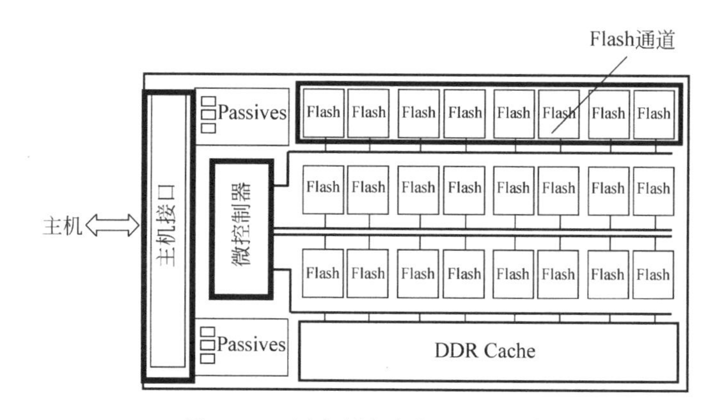

图 10.10　固态硬盘中的 Flash 通道

为了满足带宽需求，最直接的解决方案是每个通道有一个编码器和一个解码器。不过由于编码器，这个方法非常耗费面积。

就编码而言，来自主机(CPU 或操作系统)的数据没有延迟地被发送到各种通道是非常重要的。有三种可能的方法，可以减少面积消耗：

(1) 所有 Flash 通道共享单个编码器[14]；

(2) 编码器池；

(3) 每个通道一个编码器。

如上所述，正确的硬件选择来自于硅片面积和延迟之间的权衡。现在看一下解码阶段，整体结构如图 10.11 所示。在这种场景下，关于执行校正子计算的硬件资源数量，Berlekamp-Massey 算法和 Chien 计算会有所不同。

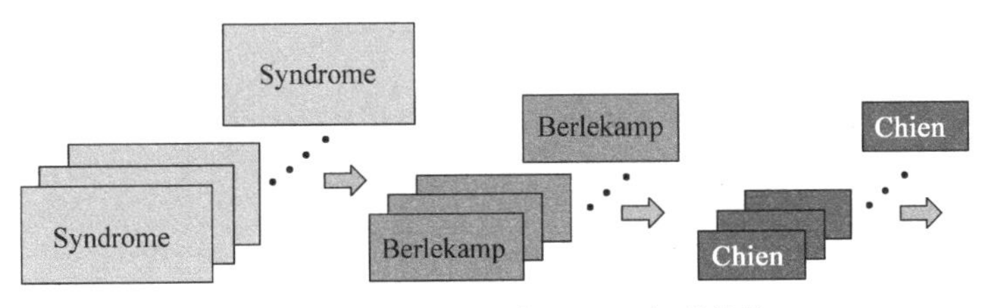

图 10.11　处理多通道的 ECC 解码结构

因为所有的读消息都需要这种计算，校正子计算可以像编码器一样处理。因为它只需要 t 次迭代，执行 Berlekamp-Massey 算法非常快。

如上一节所述，Chien machine 搜索根，一次一个。对于消息的所有位执行这种操作，导致的结果是非常耗时，解决方案当然是并行结构。Chien machine 不像奇偶校验位和校正子的计算（它们的操作并行度必须等于输入数据的并行度），除了复杂性，面积和功耗之外，没有什么特别的限制。在这种并行实现中，每个计算周期里可以计算出更多的错误位置。

Chien 算法的执行时间通常被系统看作是额外的延迟时间。如果发生一个或多个错误的概率是需要考虑的，这种延迟会显著地影响系统性能。如图 10.12 所示，Chian 并行度对硅面积有较大的影响。

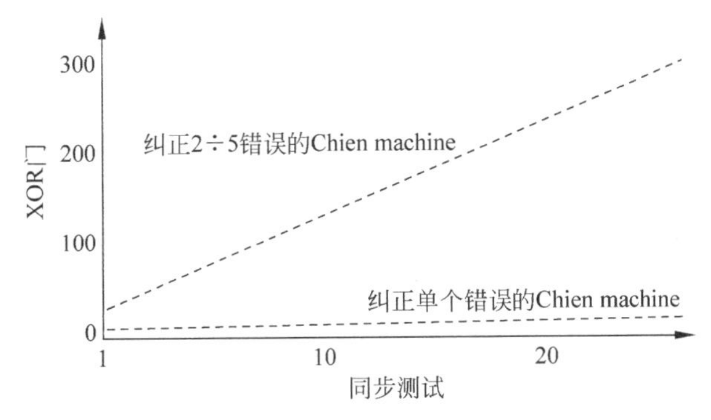

图 10.12　Chien 并行结构的面积影响

图 10.13 显示了对于 2112 字节的页，仅纠正一个错误的概率和纠正 2÷5 错误的概率。假设 BER 为 10^{-6}，具有单个误差的概率等于 1.7×10^{-3}，2÷5 误差的概率等于 1.5×10^{-4}。单个错误的概率肯定更重要，因为算法精确地表明了能纠正的错误的数量，可以有效地利用这些信息。

因此，一对并行性不同的 Chien machine 构成了最终的系统，一个用于纠正单个错误，另一个用于纠正 2÷5 个错误，如图 10.14 所示。

这个解决方案可以倍增硬件的数量，特别是在要实现的 BCH 码纠错能力 t 很高的情况。在这种情况下，我们可以计算更容易发生的错误 t' 的频率，根据估计的原始误码率，使用多个 chien machine，以高并行度搜索 t' 根。相反，去定位 $t*>t'$ 错误的根所用到的硬件资源，数量可以更少，并行性可以更小[3,4]。

当然，上面提到的数字只是一个例子，根据 NAND 技术节点和存储在同一物理单元（MLC 例如 TLC 或）中的位数不同，这些数字可能会有明显的变化。

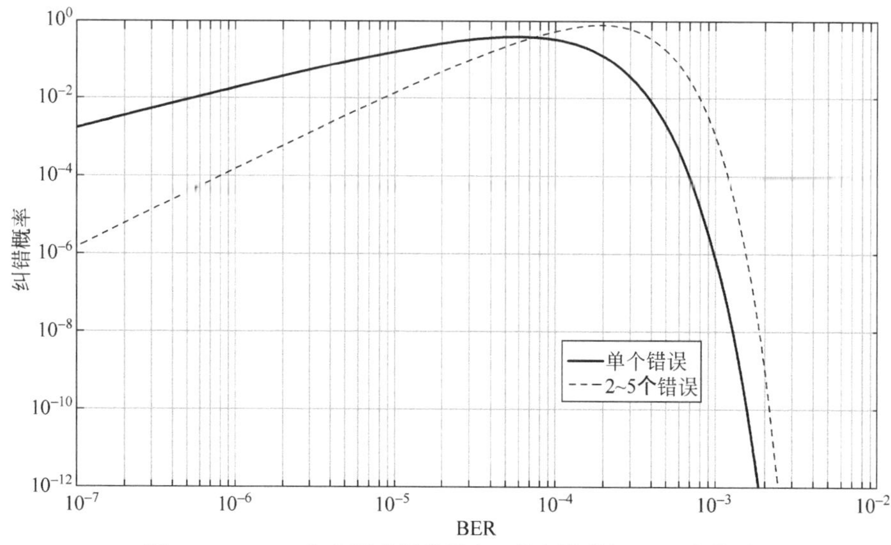

图 10.13　2112 字节页的纠错概率：单个错误与 2～5 个错误

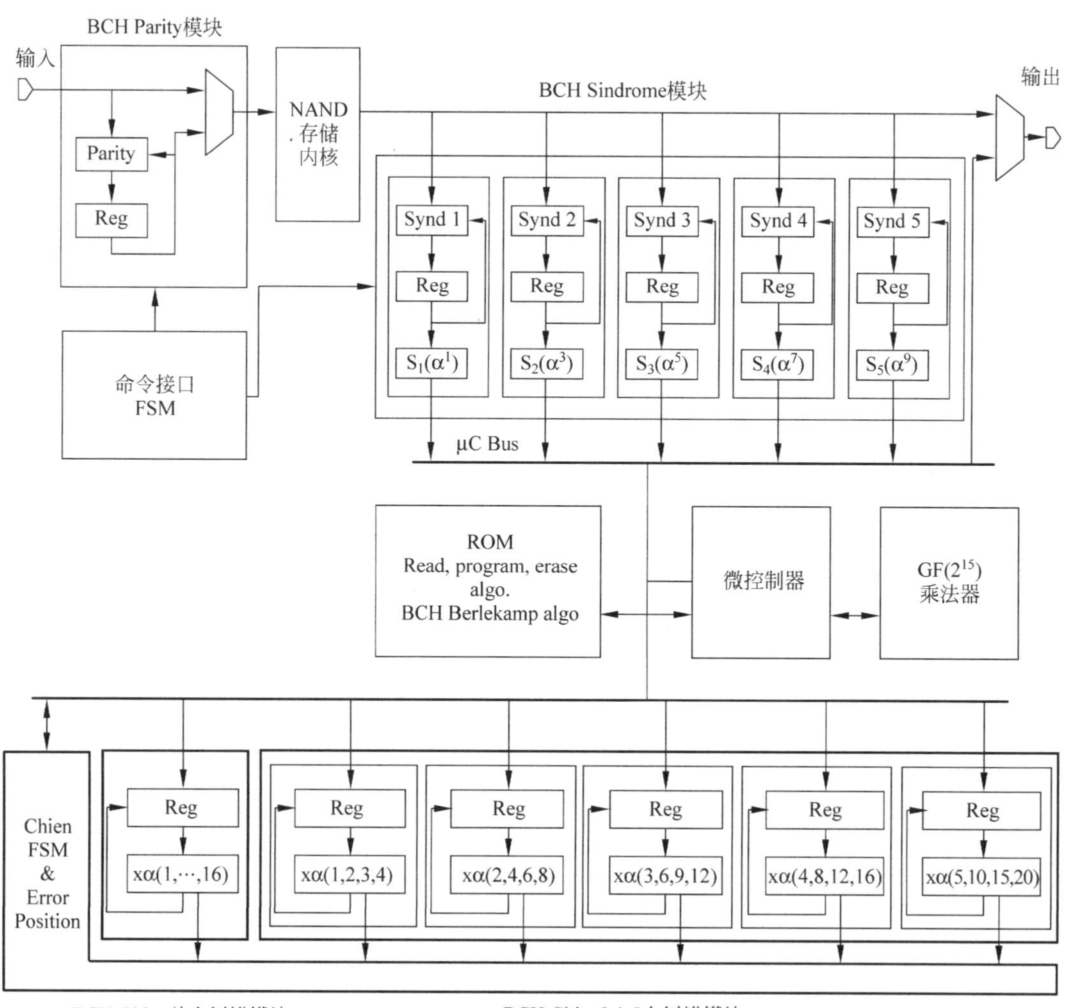

图 10.14　包含两个并行 Chien 硬件结构的 BCH 引擎

10.2.4 多种码率 BCH

正如本章介绍中所讨论的，对于 NAND，典型的操作是要处理不停变化的噪声源。当 NAND 比较新时(即经历较少的编程/擦除周期)，没有保留，RBER 可以很低；在使用寿命的末期，即设备已经读/擦/写多次，情况则完全不同。因此，NAND 中会提供 ECC 电路，确保在寿命周期内提高它的纠错能力。

有的纠错码可以很容易地改变码率，但是有的纠错码，如结构复杂的 BCH 码，却无法直接改变码率。在本节中，我们提出了一种构造具有最小面积开销的多码速率 BCH 的方法。

编码器是主要的问题。如上所述，奇偶校验位是根据数据和生成多项式之间的除法运算所得的余数而获得的，其中生成多项式是根据 t 个元素的最小多项式之间的乘积计算出来的。如果想让一个 BCH 码能自适应地从纠正 t 个错误调节到纠正 t' 个错误，其中 $t'<t$，最简单的方法是使用第二个编码器来计算用户数据和生成多项式之间的除法余数，其中后者是通过 t' 个元素的最小多项式的乘积计算出来。因为编码面积翻倍，这种方法具有很大的面积开销。

更聪明和更少消耗面积的方式是由 t 个码的奇偶校验位导出 t' 个码的奇偶校验位。实际上对于生成多项式，式(10.26)是成立的。

$$g(t,x)=g(t',x)\cdot h(x) \tag{10.26}$$

奇偶性校验位 $r(x)$ 是通过用户数据 $c(x)$ 和生成多项式 $g(t,x)$ 之间的除法的余数计算得到的。通过余数的定义可以得到：

$$c(x)=q(x)\cdot g(t,x)+r(x) \tag{10.27}$$

这里 $q(x)$ 是除法的商，而且 $\deg(r(x))<\deg(g(t,x))$。

$r(x)$ 除以 $g(t',x)$，会生成：

$$r(x)=q_1(x)\cdot g(t',x)+r'(x) \tag{10.28}$$

$q_1(x)$ 是除法的商，而且 $\deg(r'(x))<\deg(g(t',x))$。式(10.27)中用式(10.26)和式(10.28)替换后，得到：

$$\begin{aligned} c(x)&=q(x)\cdot g(t',x)\cdot h(x)+q_1(x)\cdot g(t',x)+r'(x)\\ &=[q(x)\cdot h(x)+q_1(x)]\cdot g(t',x)+r'(x) \end{aligned} \tag{10.29}$$

$r'(x)$ 是 $c(x)$ 和 $g(t',x)$ 的除法的余数。多码率 BCH 编码器的电路在图 10.15 中示出。

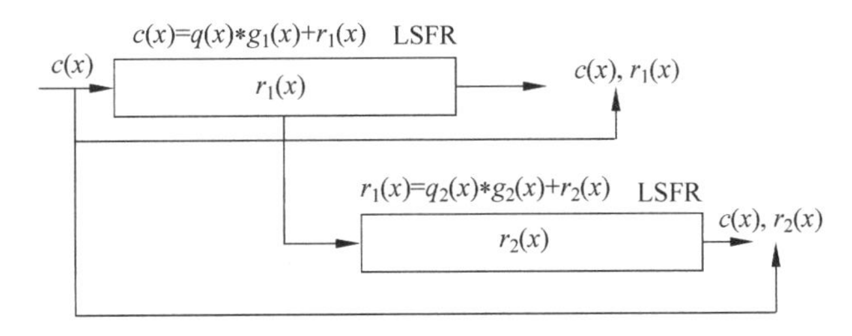

图 10.15 两个不同生成多项式的多码率 BCH 编码器

该实现的开销是一个可编程的线性反馈移位寄存器(LSFR),其将第一个除法的余数部分除以因子 $g(x)$。当然,会有超过 2 个编码器和多个可编程 LSFR。由于 LSFR 的可编程性,当 NAND 比较新时,可以选择具有较小纠错能力的 BCH 码,用户数据用两个后续的除法进行编码。当 NAND 变旧时,可以只执行一个单独的除法,因为后面那个除法不再需要了。

解码更容易一些。校正子用所有的因子 $g(t,x)$ 做不同的除法计算得到。如果想使用因子 $g(t',x)$ 来计算校正子,其中 $g(t',x)$ 是 $g(t,x)$ 的因子,这可以禁止电路计算最后 $t-t'$ 个校正子。

Berlekamp-Massey 算法不受多码率的影响:它在使用的初期使用系数 t' 而不是 t,以较少的迭代完成运算。

Chien 算法根本不受影响。另外当它找到 t' 根而不是 t 后,它就会停止。然而,为了保持 SSD 的带宽,在多码率环境中,可以使用多个 Chien 运算的方法(10.2.3 节)来实现。

10.2.5 BCH 检测性能

BCH 码不是完美的:因为这个原因,一个有多于 t 个错误的码字很难移动到另一个码字的纠错范围内。BCH 码的码字被很好地隔离开,只有一些远大于 t 个错误的码字可以部分地超出其校正范围[3]。因此,只有当接收到的消息位于不同于原始码字的校正范围时,才会做出错误的纠正。

给定一个能够校正 t 个错误的二进制线性码 C,错误纠正的概率 P_{ME} 被定义为一个理想有边界的解码器执行错误纠正的概率。加权概率 $P_E(w)$ 是当发生 w 个错误时,发生错误纠正的概率。

请注意,概率 P_{ME} 取决于码 C 和传输信道。

定理 1:加权概率 $P_E(w)$ 计算如下:

$$P_E(w)=\frac{D_w}{\binom{n}{w}} \tag{10.30}$$

其中,D_w 是可解码字的数量,w 的范围是 $[t+1,n]$。

可解码字的数量可以计算为

$$D_w=\sum_{i=0}^{n}a_i\sum_{s=0}^{t}N(i,w;s) \tag{10.31}$$

其中,$N(i,w;s)$ 是码字的数量,它的重量为 w,距离为 s,其来自于重量为 i 的一个码字的距离。这是由式(10.32)计算:

$$N(i,w;s)=\begin{cases}\binom{n-i}{\frac{s+w-i}{2}}\binom{i}{\frac{s-w+1}{2}} & |w-i|\leqslant s\\ 0 & |w-i|>s\end{cases} \tag{10.32}$$

把式(10.31)代入式(10.30)中,可以得到:

$$P_E(w)=\frac{\sum_{i=0}^{n}a_i\sum_{s=0}^{t}N(i,w;s)}{\binom{n}{w}} \tag{10.33}$$

P_{ME} 是基于 $P_E(w)$ 计算的，如式(10.34)所描述的：

$$P_{ME}=\sum_{w=t+1}^{n}P_E(w)\phi(w) \tag{10.34}$$

其中，$\phi(w)$ 是码字重量为 w 的概率。

对于二元对称信道 BSC

$$P_{ME}=\sum_{w=t+1}^{n}D_w p^w(1-p)^{n-w} \tag{10.35}$$

其中，p 是比特错误概率。

D_w 可以根据式(10.31)计算。不幸的是，重量 a_i 对于 BCH 码是未知的，所以必须估计。

许多不同的定理可以用于估计这些 BCH 码的重量。

定理 2：彼得森估计　长度为 n，纠错能力为 t 的原始 BCH 码的重量 a_i 可以近似为

$$a_i\approx\frac{\binom{n}{i}}{(n+1)^t} \tag{10.36}$$

为了具有上限，式(10.36)中添加了不同的修正项。图 10.16 和图 10.17 显示了 BCH [16383,15851,77]基于彼得森估计的 P_E 和 P_{ME}。P_E 和 P_{ME} 都表现出不变的特性。于是真实的 P_E 和 P_{ME} 的特性应该越来越单调，中间有一个很长的平层[11]。

当码的长度和码率都很高时，这个层可以近似于

$$Q=2^{-(n-k)}\sum_{s=0}^{t}\binom{n}{s} \tag{10.37}$$

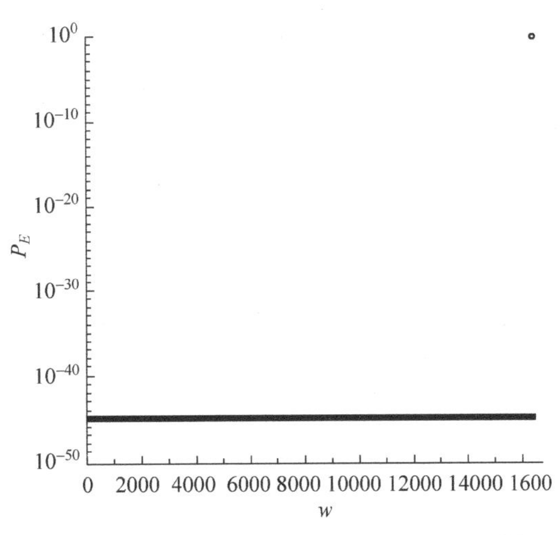

图 10.16　基于彼得森估计的 BCH[16383,15851,77]的 P_E 行为

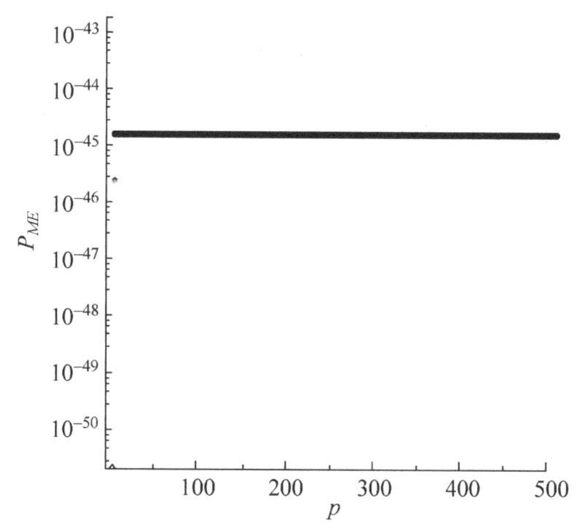

图 10.17　基于彼得森估计的 BCH[16383,15851,77]的P_{ME}

总而言之,我们可以说 BCH 码对于长码字具有非常好的检测属性;此功能非常适用于基于 NAND 的系统,如 SSD。事实上,当发生灾难性的错误时,或者当码的纠错能力被削弱时,在大多数情况下,BCH 会只发出解码失败的信号而不进行错误的修正。

当然,当 BCH 与另一个码级联时,这个行为就变得很关键。

10.3　低密度奇偶检查码

自 20 世纪 90 年代后期重新发现以来,由于出色的纠错能力,低密度奇偶检查码(Law-Density Parity-Check Code,LDPC)码已经获得了极大的关注,在现实生活中的数据通信和存储应用中得到了广泛的应用。20 世纪 60 年代,Gallager 博士发明了 LDPC 码[15],其中有两个创新点被利用:迭代译码和约束随机码结构。

LDPC 码被称为"容量接近码";换句话说,它们是帧误码率能够非常接近香农极限的一类码。主要原因是软解码很强大,如图 10.18 和图 10.19 所示。图 10.18 显示了 2 个 BCH 码和 2 个硬件解码 LDPC 码的香农极限。在这种情况下,LDPC 码没有显示出明显的优点,主要是由于两个原因:编码实现使用硬件而不是软件,以及采用的解码算法(即位翻转)[5]。图 10.19 中由于采用软件解码,LDPC 码明显地胜出。公平地说,事实是软件解码推迟了香农的限制;对图表仔细观察,软件解码 LDPC 码非常接近硬件解码香农极限,但仍远离软件解码香农极限。

LDPC 是用非常稀疏的奇偶校验矩阵 $\boldsymbol{H}$ 定义的线性分组码。每个矩阵可以被转换成其对应的 Tanner 图,其中存在许多奇偶检查,其等于称为"校验节点"的矩阵的行数。还有一些变量节点等于矩阵的列数。如果在矩阵 $\boldsymbol{H}$ 中的相应位置中存在"1",校验节点连接到变量节点。

$$\boldsymbol{H}=\begin{pmatrix} 0 & 1 & 0 & 1 & 1 & 0 & 0 & 1 \\ 1 & 1 & \textcircled{1} & 0 & 0 & \textcircled{1} & 0 & 0 \\ 0 & 0 & \textcircled{1} & 0 & 0 & \textcircled{1} & 1 & 1 \\ 1 & 0 & 0 & 1 & 1 & 0 & 1 & 0 \end{pmatrix} \tag{10.38}$$

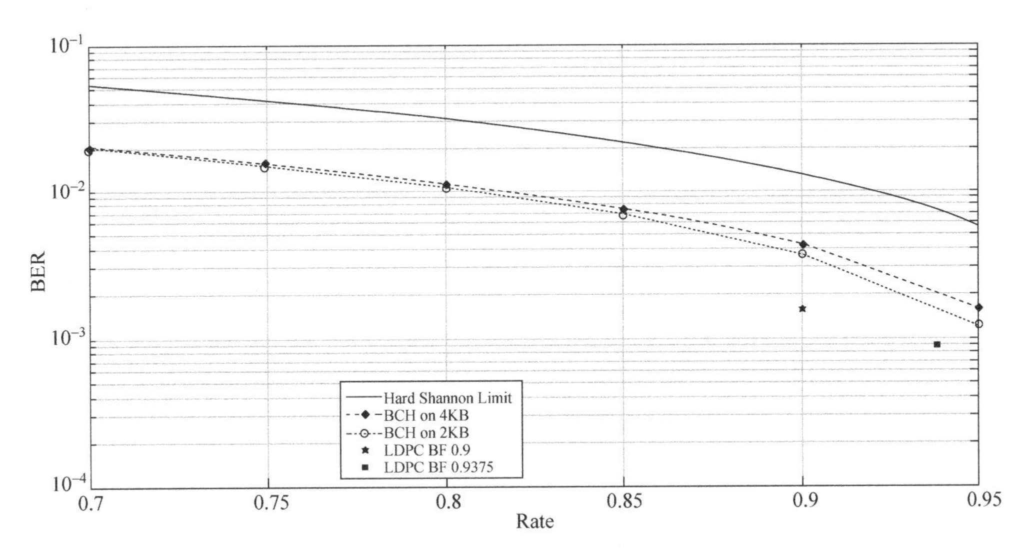

图 10.18　硬件解码 LDPC 对比硬件解码 BCH，及硬件解码香农极限

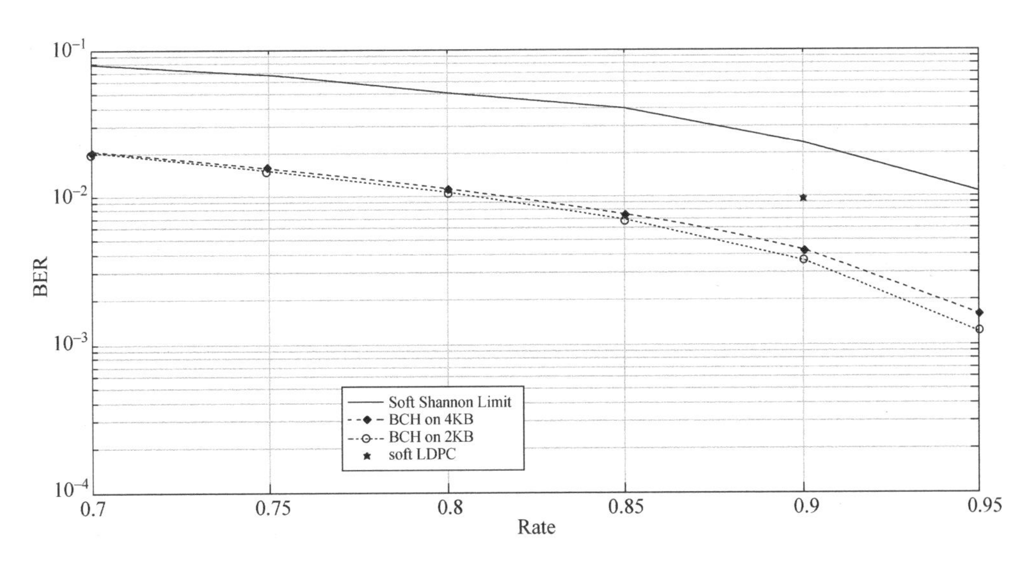

图 10.19　软件解码 LDPC 对比软件解码 BCH，及软件解码香农极限

图 10.20 显示了式(10.38)描述矩阵的 Tanner 图。

Tanner 图可以有循环；换句话说，可以从一个变量节点开始，并通过不同的路径回到它。最小循环的大小称为 LDPC 矩阵的周长。在图 10.18 中矩阵的周长为 4，循环显示为粗体路径；式(10.38)中的 1，用圆圈突出显示，它们是矩形的顶点。循环在 LDPC 解码中是非常危险的，因为在那里解码器会被"陷入"，无法找到解决方案。

虽然在概念上，编码器是发送数据和生成矩阵 $\boldsymbol{G}$ 之间的乘法，但是可以通过迭代置信传播(Belief Propagation，BP)算法(也称为和积或 SPA)来有效地解码 LDPC 码。BP 解码匹配底层码二分图：在每个变量节点和校验节点上计算解码消息，并通过相邻节点之间的边缘进行迭代交换(图 10.21)。在每次迭代结束时，产生一个估计的码字；通过将该临时

码字与 $\boldsymbol{H}$ 相乘，可以检查它是否是正确的。如果是正确的，则解码停止，否则开始新的迭代。众所周知，如果底层码二分图不包含太多的短循环，则 BP 解码算法运行良好。因此，通常需要该图是 4 次循环的，这是相对容易实现的。要构造更高阶循环的图绝对不简单。

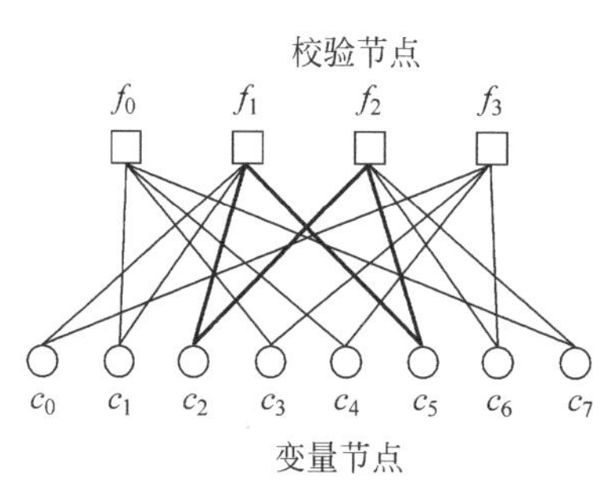

图 10.20　式(10.38)中矩阵 $\boldsymbol{H}$ 的 Tanner 图

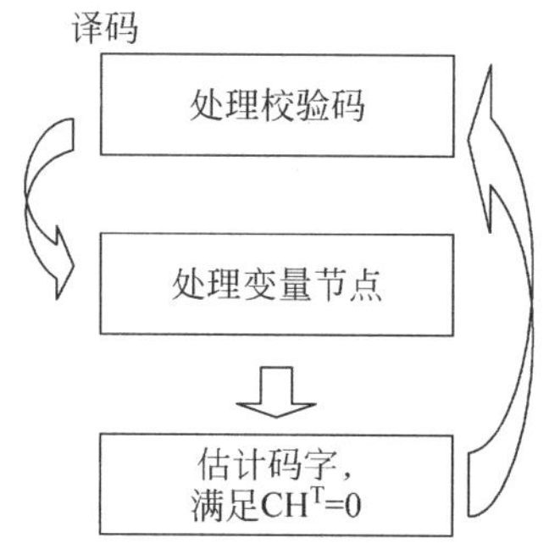

图 10.21　迭代 LDPC 码

LDPC 码有很多不同的系列。如果每个变量节点具有 j 阶，并且每个校验节点具有 k 阶，则 LDPC 码称为 (j,k) 规则的码。当然也有不规则的码。为了用于 Flash 存储器，LDPC 码不仅可以实现高码率下的较低解码错误率，还适用于高速 VLSI 实现，具有最小的面积和功耗成本。人们已经很好地证明了准循环(Quasi Cyclic，QC)LDPC 码是这种面向实现的 LDPC 码的一个系列。QC-LDPC 码的奇偶校验矩阵由循环阵列组成。循环阵列是一个方块矩阵，其中每行是其上方的行的循环移位，第一行是最后一行的循环移位。QC-LDPC 码的奇偶校验矩阵 $\boldsymbol{H}$ 可以被写为

$$\boldsymbol{H}=\begin{bmatrix}\boldsymbol{H}_{1,1} & \boldsymbol{H}_{1,2} & \cdots & \boldsymbol{H}_{1,H}\\ \boldsymbol{H}_{2,1} & \boldsymbol{H}_{2,2} & \cdots & \boldsymbol{H}_{2,n}\\ \vdots & \vdots & \ddots & \vdots\\ \boldsymbol{H}_{m,1} & \boldsymbol{H}_{m,2} & \cdots & \boldsymbol{H}_{m,n}\end{bmatrix} \tag{10.39}$$

其中每个子矩阵 $\boldsymbol{H}_{i,j}$ 是二进制循环阵列。Flash 等数据存储系统需要非常高的码率(例如 8/9 及更高)。已经证明，具有最佳性能的 LDPC 是不规则的[16-18]。然而，在高码率的情况下，通常使用规则 QC-LDPC 码，因为它们更容易在硬件中实现。在这种情况下，所有的行都具有相同数量的 1，所有的列都具有相同数量的 1，所有的子矩阵 $\boldsymbol{H}_{i,j}$ 都具有相同的 1 或 2 的列重量。LDPC 码受错误平层限制，LDPC 码的奇偶校验矩阵的列重量通常为 4 或甚至更高，以确保足够低的错误层次(例如，错误平层仅发生在解码失败率 10^{-12} 以下)[5]。下面将会描述，可以利用 QC-LDPC 码奇偶校验矩阵的规则和循环结构大大提高其编码器和解码器的实现效率。

10.3.1　LDPC 码和 NAND Flash 存储器

LDPC 码已应用到了平面 TLC NAND，主要是因为 NAND 的原始误码率非常高。将

LDPC 码应用到 NAND,复杂度非常高。好消息是业界已致力于此方面的研发,今天可以利用 LDPC 来促进 3D 演化(收缩)。

NAND 环境中的读操作按其本质来说硬件行为类型。灵敏放大器要将单元阈值电压转换为数字值“0”或“1”(第 3 章)。这就是为什么提取软信息不容易的原因。

图 10.22 中,两个 V_{TH} 分布表示两个可能的单元状态:“0”和“1”(假定为 SLC NAND)。当分布重叠时,错误出现。硬判决解码器将所有正值读取为“0”,负值读取为“1”,使得图中的重叠区域表示为 NAND 原始误码率。然而,A 和 B 是非常不同的错误,因为 A 是个小正数,而 B 离 0 很远。这就像说 B 比 A 更有可能是错误。通过利用 A 和 B 的确切值,解码器可以具有更好的起始点。这就是所谓的软信息,它由对数似然比(Log Likelihood Ratio,LLR)测量。

特定值 x 的 LLR 是在给定读取值 y 时,位 x 为 0 的概率与位 x 为 1 的概率之间的对数比。根据这个定义,LLR 可以写成:

$$L(u_i)=\log\left[\frac{P(u_i=0\mid y)}{P(u_i=1\mid y)}\right] \tag{10.40}$$

使用 NAND,无法确定阈值电压 V_{TH} 的确切值。作为近似,通过移动参考电压,每个重叠区域被分割成多个片段。图 10.23 显示了一个 MLC NAND,其中每个重叠区域分为 4 个片段,因此每个位(LSB 和 MSB)都以 3 个软位读取。软位数越高,信息越准确。这个技术有一个代价,因为每个位必须被读取 3 次(在这个例子中)。基本上,软信息需要过采样读取。

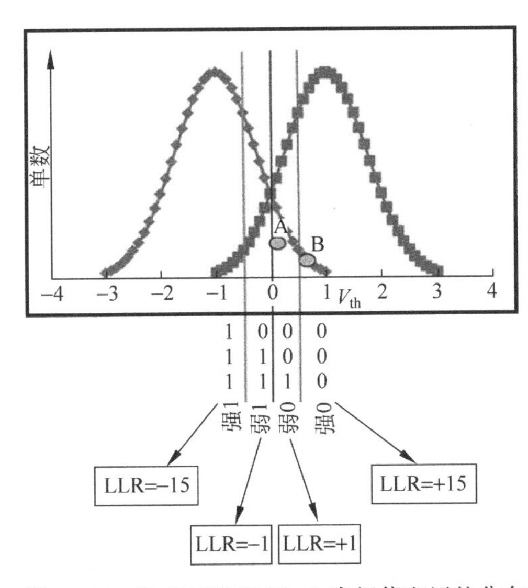

图 10.22 SLC NAND Flash 中阈值电压的分布

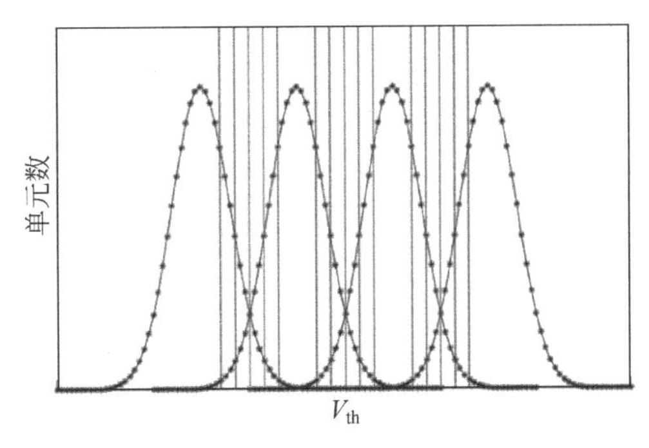

图 10.23 MLC NAND Flash 的软读取

为了最大化软信息的反馈,有必要仔细了解如何移动每个读取参考电压,以及需要多少次,因为每次额外的读取都会增加延迟。

图 10.24 中展示了 LDPC 与 NAND Flash 之间的交互。

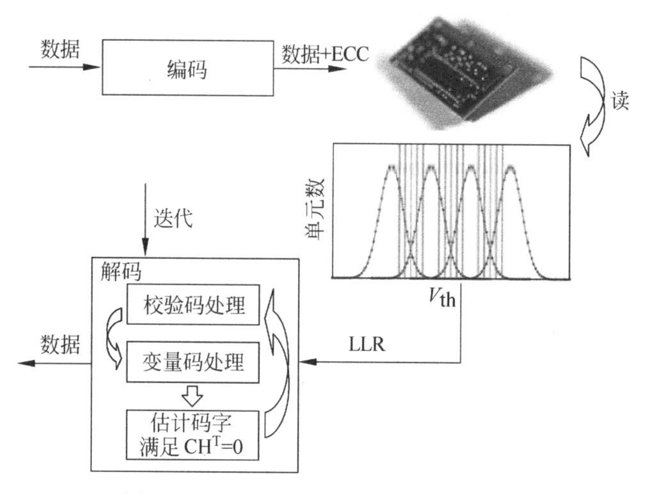

图 10.24　NAND 环境中的软 LDPC 码

10.3.2　LDPC 码的编码

在 LDPC 编码器设计的环境中，最直接的方法是将信息位与从稀疏奇偶校验矩阵导出的密集生成矩阵相乘。码长较大的生成矩阵的密度使得生成矩阵向量乘法的并行实现由于非常高的实现复杂度而变得不切实际[19]。因此，必须进行部分并行编码器实现。然而，对于随机构造的一般非 QC LDPC 码，其密集生成矩阵可能没有任何结构规律性，可用于开发高效的部分并行编码器架构。对于 QC-LDPC 码，部分并行编码器的设计变得更加实惠。假设 QC-LDPC 码奇偶校验矩阵是 $m \times n$ 个循环阵列，每个循环阵列是 $p \times p$。在最简单的情况下，矩阵的满秩为 $m \cdot p$，我们假设码的奇偶校验矩阵可以按列排列，使得下面的子阵列拥有满秩 $m \cdot p$：

$$\begin{bmatrix} \boldsymbol{H}_{1,n-m+1} & \boldsymbol{H}_{1,n-m+2} & \cdots & \boldsymbol{H}_{1,n} \\ \boldsymbol{H}_{2,n-m+1} & \boldsymbol{H}_{2,n-m+2} & \cdots & \boldsymbol{H}_{2,n} \\ \vdots & \vdots & \ddots & \vdots \\ \boldsymbol{H}_{m,n-m+1} & \boldsymbol{H}_{m,n-m+2} & \cdots & \boldsymbol{H}_{m,n} \end{bmatrix} \tag{10.41}$$

我们还要考虑系统编码，即每个码字中的开始 $(n-m) \cdot p$ 位是信息位，并且奇偶校验矩阵的开始 $(n-m) \cdot p$ 列对应于 $(n-m) \cdot p$ 个信息位。因此相应的生成矩阵有下面的形式：

$$\boldsymbol{G} = \begin{bmatrix} \boldsymbol{I} & \boldsymbol{O} & \cdots & \boldsymbol{O} & \boldsymbol{G}_{1,1} & \boldsymbol{G}_{1,2} & \cdots & \boldsymbol{G}_{1,m} \\ \boldsymbol{O} & \boldsymbol{I} & \cdots & \boldsymbol{O} & \boldsymbol{G}_{2,1} & \boldsymbol{G}_{2,2} & \cdots & \boldsymbol{G}_{2,m} \\ \vdots & \vdots & \ddots & \vdots & \vdots & \vdots & \ddots & \vdots \\ \boldsymbol{O} & \boldsymbol{O} & \cdots & \boldsymbol{I} & \boldsymbol{G}_{n-m,1} & \boldsymbol{G}_{n-m,2} & \cdots & \boldsymbol{G}_{n-m,m} \end{bmatrix} \tag{10.42}$$

其中，$\boldsymbol{I}$ 和 $\boldsymbol{O}$ 分别表示 $p \times p$ 单位矩阵和 $p \times p$ 零矩阵。由于 $\boldsymbol{G}$ 是生成矩阵，它必须满足 $\boldsymbol{H} \cdot \boldsymbol{G}^{\mathrm{T}} = 0$，这清楚地表明每个 $\boldsymbol{G}_{i,j}$ 也应该是 $p \times p$ 循环阵列。

用于 QC-LDPC 编码的生成矩阵向量乘法可以通过生成矩阵的固有循环结构以部分并行的方式进行(图 10.25)。

如果矩阵 $\boldsymbol{H}$ 不是满秩，则码是半系统的。换句话说，矩阵 $\boldsymbol{G}$ 如式(10.43)所示：

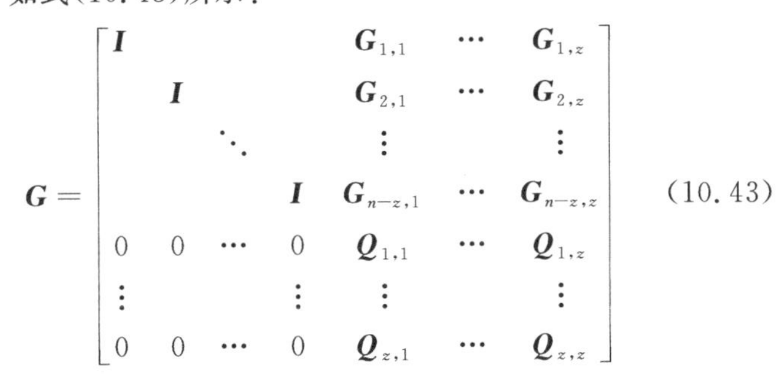

$$\boldsymbol{G}=\begin{bmatrix} \boldsymbol{I} & & & & \boldsymbol{G}_{1,1} & \cdots & \boldsymbol{G}_{1,z} \\ & \boldsymbol{I} & & & \boldsymbol{G}_{2,1} & \cdots & \boldsymbol{G}_{2,z} \\ & & \ddots & & \vdots & & \vdots \\ & & & \boldsymbol{I} & \boldsymbol{G}_{n-z,1} & \cdots & \boldsymbol{G}_{n-z,z} \\ 0 & 0 & \cdots & 0 & \boldsymbol{Q}_{1,1} & \cdots & \boldsymbol{Q}_{1,z} \\ \vdots & & & \vdots & \vdots & & \vdots \\ 0 & 0 & \cdots & 0 & \boldsymbol{Q}_{z,1} & \cdots & \boldsymbol{Q}_{z,z} \end{bmatrix} \tag{10.43}$$

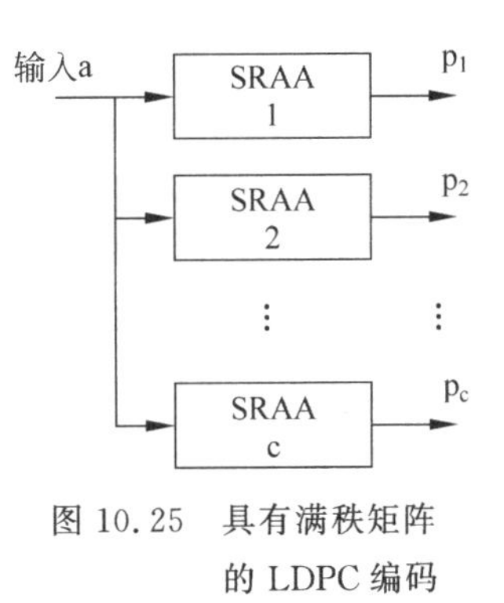

图 10.25　具有满秩矩阵的 LDPC 编码

其中，由 Q 表示的部分既不是系统的也不是规则的(大小)。

硬件结构如图 10.26 所示。系统的部分相当于满秩 $\boldsymbol{H}$ 矩阵之一。灰色部分是非系统的，并且不规则，因为 $\boldsymbol{Q}_s$ 循环阵列的尺寸不固定。除此之外，由于其不规则性，很难并行实现。

在读取期间，一旦解码停止，有必要将非系统部分乘以 $\boldsymbol{Q}^{-1}$，以恢复原始数据[20]。

正如讨论的，半系统的实现比系统化的实现复杂得多。当 $\boldsymbol{H}$ 不是满秩，可能的解决办法是修改奇偶校验部分。奇偶校验部分的奇偶校验矩阵 $\boldsymbol{H}$ 由特定的循环阵列组成。那些循环阵列可以是全零的循环阵列，这样矩阵 $\boldsymbol{H}$ 就不再是常规的了。关于 QC-LDPC 码编码器设计得更详细的讨论，读者可以参考[19,21,22]。

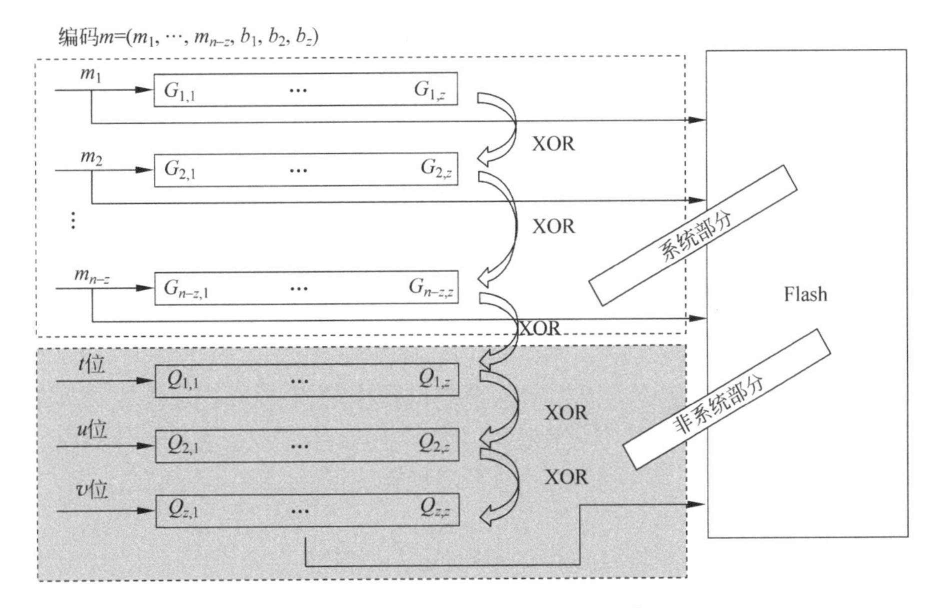

图 10.26　没有满秩矩阵的 LDPC 编码

10.3.3　LDPC 码解码

为了理解 LDPC 码解码，关键的一个概念是非本征信息。这里通过一个例子来解释[5]。

我们有6名士兵,每名士兵都想知道部队士兵总数。在图10.27中有一个直线型的部队。在这种情况下,每个士兵都会拿到后面相邻人提供的号码,他加上1,然后他把结果传给他前面的相邻人。在边缘的士兵从没有相邻人的一侧接收到0。对于每个士兵来说,收到和传送的数字的总和等于士兵总数。

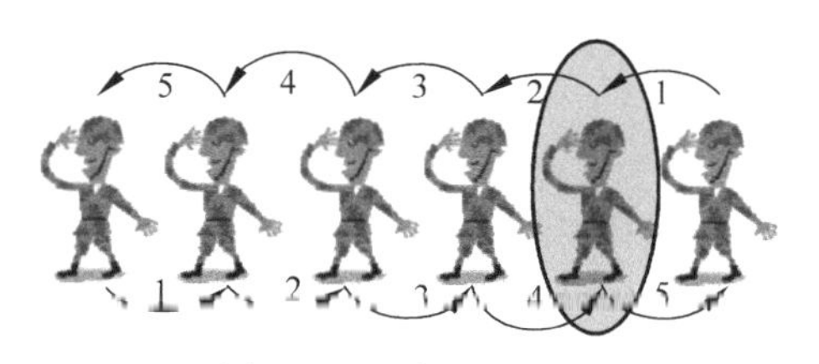

图10.27 直线型部队

第二支部队(图10.28)更复杂一些,需要不同的规则来传递信息。每个士兵从他的所有相临人拿到所有的数字,他加上1,然后他减去他将要发送消息的相临人传递来的数字。例如,黄色士兵向绿色士兵发送2+3+2+1−2=6。在边缘的士兵从没有相临人的一侧接收到0。一名士兵从相邻人获得的数字加上他传递给相邻人的数字之和等于士兵的总数。这里介绍了非本征信息的概念。这个想法是,一名士兵不会传递给邻近士兵任何他已经有的信息,换句话说,只有非本征的信息被传递了。

最后一个部队(图10.29)包含一个循环。这种情况是无解的:无论计数规则如何,顺时针方向和逆时针方向的循环都是一种正反馈,使得循环内传递的消息将无限制地增加。这表明如果图表包含一个或多个循环,则传递的消息不能认为是最佳的。然而,虽然大多数实际的码包含循环,但众所周知,假设设计了适当的码,传递的消息进行解码会执行得很好。

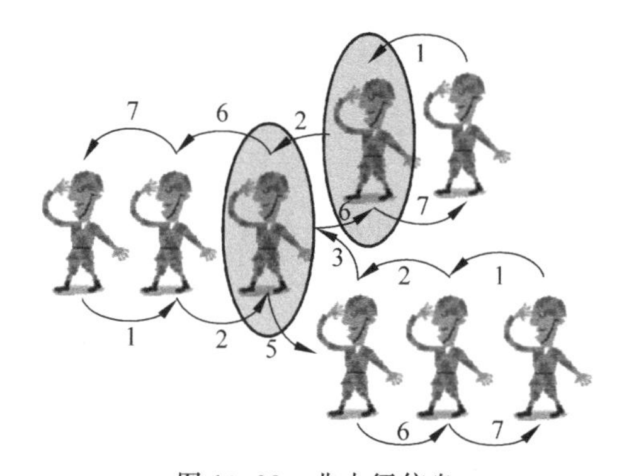

图10.28 非本征信息

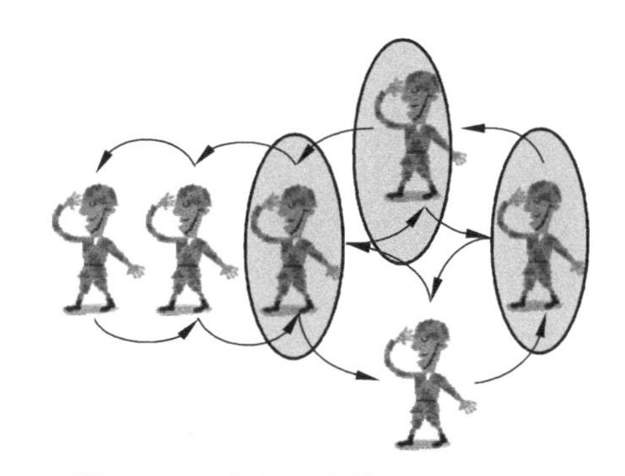
图10.29 含有一个循环的士兵队形

LDPC码背后的关键创新是奇偶校验矩阵的低密度性质,有利于迭代解码。传递消息的解码是指以分布式工作的低复杂度解码器的集合,以级联编码方案对接收的码字进行解码。我们可以通过使用填字游戏的类比来更好地理解这句话(图10.30)。

解决填字游戏难题如下:

(1) 从知道的所有水平方向的词开始→圆圈①;

(2) 继续所知道的所有垂直方向的词语→圆圈②;

(3) 重新开始,看看是否能够完成更多的水平方向的词,因为添加了上一步的垂直方向的词→圆圈③;

(4) 重新开始看看是否能够完成更多的垂直方向的词→圆圈④;

(5) 保持循环,直到填字游戏完成(或者找到码字)。

当无法解决它(落在错误平层)或者太累了(达到了最大迭代次数),就停止。

置信传播算法是LDPC的最佳迭代解码方法。为了理解它,考虑一下奇偶校验矩阵的

图 10.30　字谜游戏

Tanner Graph 可能是有用的(图 10.31)。

在校验节点处理阶段(图 10.32),每个校验节点必须计算它发送到连接的变量节点的值 m。这个值根据式(10.44)计算:

$$m_j^i = \prod_{K \in N(j) \setminus \{i\}} sign(r_k^j) \cdot \phi\left(\sum_{K \in N(j) \setminus \{i\}} \phi(\mid r_k^j \mid) \right) \tag{10.44}$$

$$\phi(x) = -\log\left(\tanh\left(\frac{x}{2}\right)\right) \tag{10.45}$$

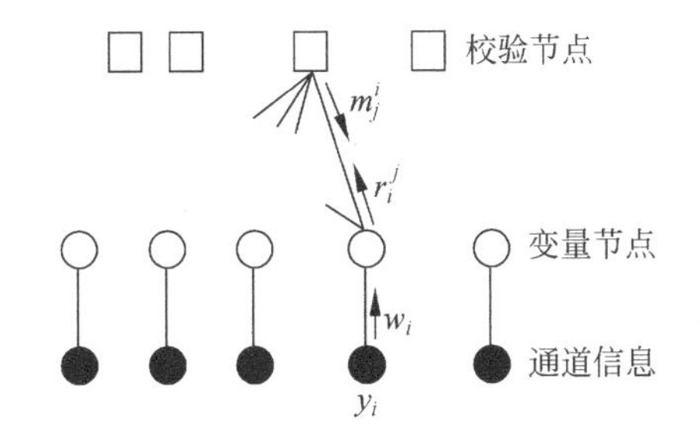

图 10.31　LDPC 奇偶校验矩阵的 Tanner 图

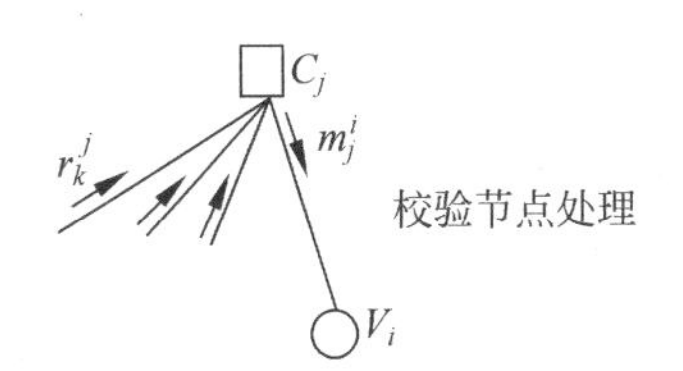

图 10.32　LDPC 置信解码的校验节点的处理

回忆一下战士的例子,请注意,只考虑外部信息:实际上,通过使用连接到该特定校验节点的变量节点发送的所有值来计算值 m_i,除了变量节点 i。

同样的想法适用于变量节点处理(图 10.33),其中值 r_j 通过使用连接到变量节点的校验节点发送的所有值来计算,除了校验节点 j。式(10.46)如下:

$$r_i^j = w_i + \sum_{k \in N(i) \setminus \{j\}} m_k^i \tag{10.46}$$

这里,w 是输入的 LLR。值 r 表示估计的码字。在每次迭代结束时,这个码字乘以 $\boldsymbol{H}$ 的转置,以检查它是否是真正的码字。如果结果为空,则 r 为码字,解码结束,否则开始新的迭代。

用于校验节点处理的公式是非常复杂的，它涉及函数 tanh，如图 10.34 所示。

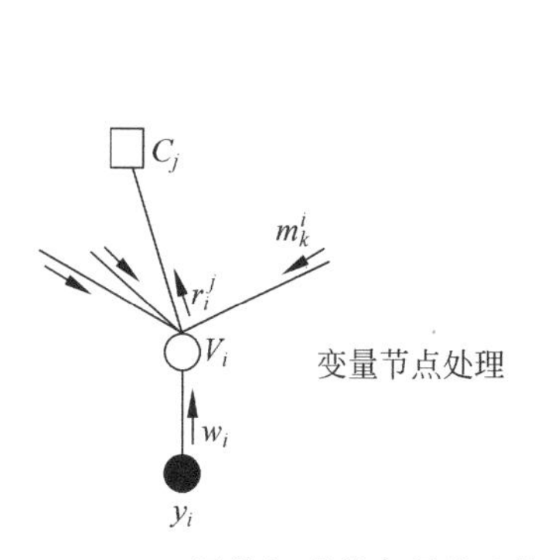

图 10.33　LDPC 置信解码的变量节点的处理

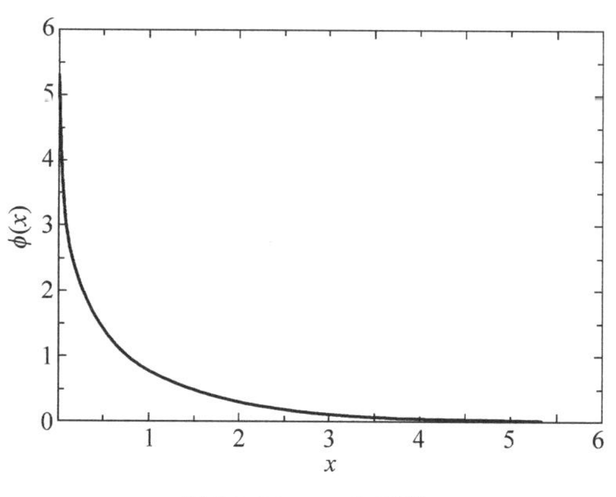

图 10.34　tanh 函数

BP 可以用所谓的最小和解码算法近似：通过小程度地降低解码性能可以大大减少计算复杂度。BP 和最小和之间的主要区别在于校验节点：式(10.44)适用于 BP，而最小和的校验节点处理由式(10.47)来描述：

$$m_j^i = \prod_{k \in N(j) \backslash \{i\}} sign(r_k^j) \cdot \min_{k \in N(j) \backslash \{i\}} | r_k^j | \tag{10.47}$$

因此，在最小和解码算法中消除了通常按查找表来实现的函数 $\Phi(x)$（即 tanh）。最小和可以进一步优化，如下所述。

图 10.35(a)显示了通过和积(SPA)计算的值与通过最小和计算的值之间的比较。平分线上的点意味着最小和是对和积的极大近似，但情况并非如此；即便是平均值也有不同的斜率。通过引入衰减因子 α，可以更好地实现近似，如图 10.35(b)所示。

换句话说，式(10.47)可以计算为：

$$m_j^i = x \cdot \prod_{k \in N(j) \backslash \{i\}} sign(r_k^j) \cdot \min_{k \in N(j) \backslash \{i\}} | r_k^j | \tag{10.48}$$

衰减因子可能会在每次迭代中发生变化，这需要正确地进行研究。

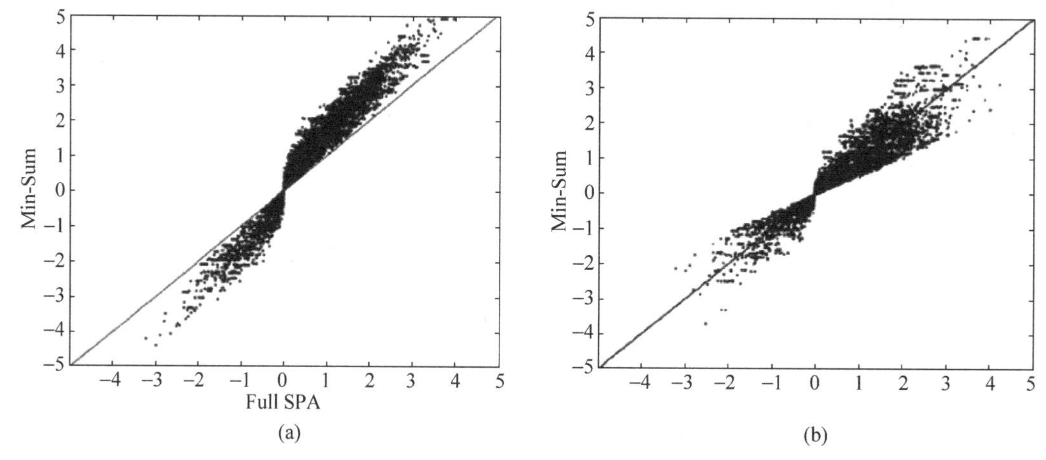

图 10.35　(a) 使用 SAP 和最小和来计算校验节点变量的对比；
(b) 使用 SAP 和标准化的最小和来计算校验节点变量的对比

不管具体的解码算法如何，硬件实现可以通过拆分循环阵列来处理(对于可变节点和校验节点)进行并行化，如图10.36描述。该解决方案被称为“分层解码”。

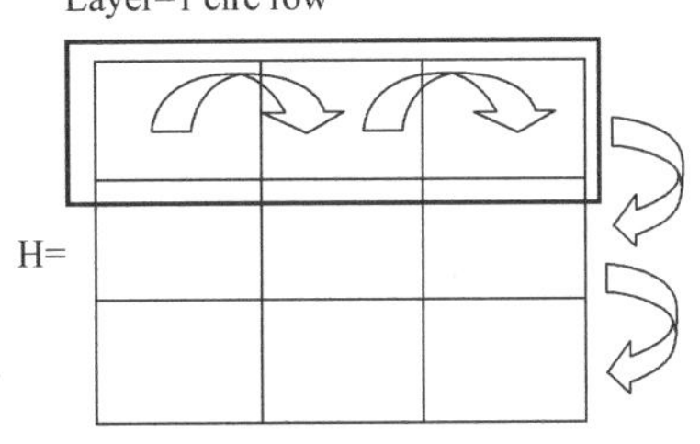

图10.36 LDPC分层解码

再次采用填字游戏来类比，在最小和的情况下，首先处理所有水平方向的词(校验节点)，然后切换到垂直方向的词(变量节点)。在分层情况中，一旦有了足够的水平方向的词(循环阵列一行的校验节点)，立即切换到垂直方向的词(变量节点)。以这种方式，在第二层(循环阵列的第二行)的校验节点上的计算具有更干净的输入(因为它不使用初始变量节点值，而是使用已经由第一层计算的值)。实际上，分层解码比标准最小和要求的迭代要少得多。

10.3.4 应用于NAND Flash存储器的QC-LDPC

对于企业级的固态硬盘，目标UBER为10^{-16}(式10.3)。不幸的是，不通过模拟仿真就无法评估LDPC性能，因为它没有任何像BCH码那样的封闭公式。

除此之外，LDPC解码算法由于其迭代性质，具有被称为错误平层的大缺陷[23,24,27]。

图10.37显示了错误平层是如何表现的：它在低BER时基本上是斜率的变化。使用BCH时，可以准确预测到UBER为10^{-16}时的BER；使用LDPC，不知道在哪个BER上会出现错误平层以及它的斜率。唯一能确定的是它会出现。

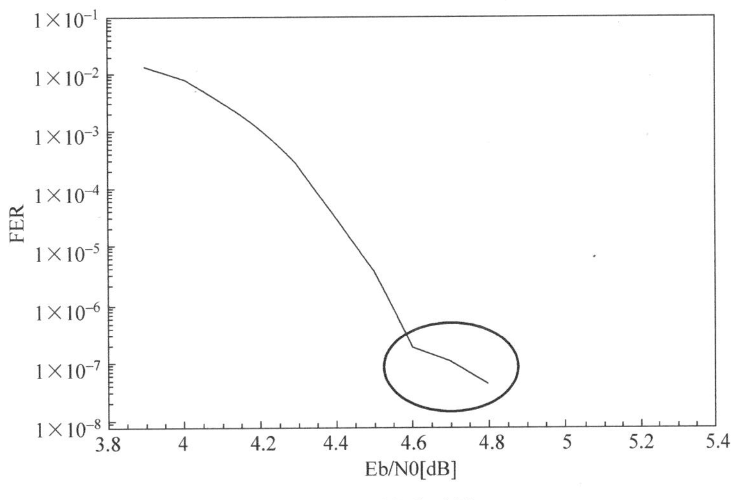

图10.37 错误平层

为什么错误平层会突然出现仍是一个谜。如今，数学家认为这是由于陷阱集合。一旦解码器陷入陷阱集合中，随着解码的进行，相对应的一些错误位的变量节点的值会变得越来越大；换句话说，在某些时候，解码器几乎不可能恢复其判决。解码将达到最大允许迭代次数，而不会找到码字。

因为有3种不同类型的陷阱集合(图10.38)，解码器的输出可能是：

(1) 一个包含少量恒定错误的码字；

（2）包含随机数量错误的码字；

（3）包含周期性错误数量的码字。

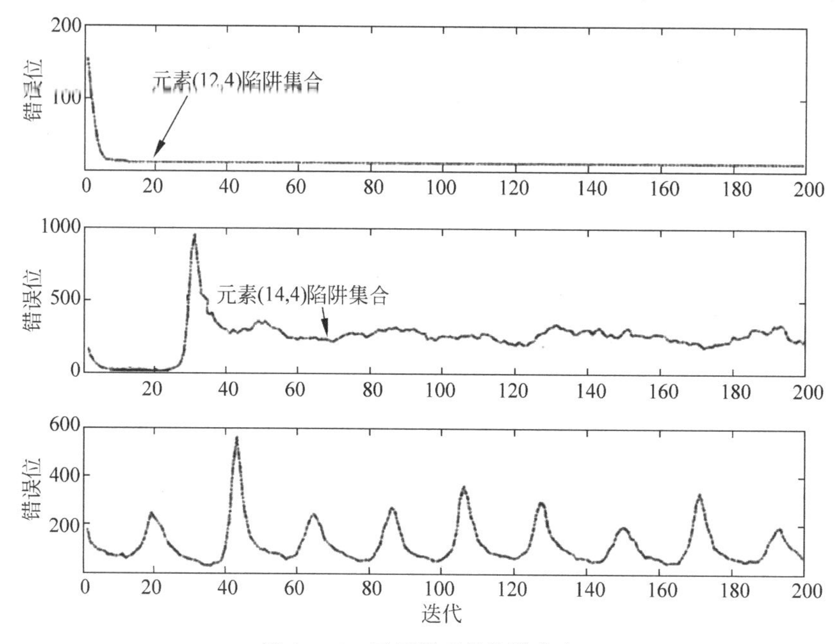

图 10.38　不同类型的陷阱集合

最后一个是非常危险的，因为具有 6 位错误的码字在解码之后会有 200 个错误！

回到仿真的话题，要达到 10^{-16} 的 UBER 值，软件仿真不是一个可行的解决方案；必须使用硬件协同仿真。单个 FPGA 每天可以运行几亿个码字，只有当目标 FER 在 10^{-6} 的范围内时才可以使用。

另一方面，由于错误平层，不可能以简单的直线来近似 FER 为 10^{-6} 以下的图形。企业级应用的底线是要求不少于 10^{13} 个码字的仿真。一个 FPGA 将需要 100 000 天的仿真！这就是为什么 FPGA 网络是这个问题的唯一实际的解决方案[24]。

值得强调的是，运行“正确”的仿真很重要。实际上，每个参数变化都需要不同的仿真。例如，不可能从硬错误平层提取软错误平层。出于同样的原因，最小和解码错误层不能用于推导归一化最小和的错误层。

图 10.39 显示了在高斯白噪声(AWGN)信道上 LDPC 和 BCH 之间的比较。将 NAND 的 V_{TH} 分布建模为两个对称的高斯分布，其平均值分别为 $V_{TH}=-1$ 和 $V_{TH}=+1$。在该模型中，NAND 的原始误码率由分布的方差 σ 表示。

为了了解特定 LDPC 码的实际性能，基于从硅提取的数据进行仿真是基本要求。

从 NAND Flash 读取的数据始终为 0 或 1，如第 10.3.2 节所述。所以总是从硬解码开始；如果失败了，由软解码接管，然后需要：

（1）重新读取以获得每个位的可靠性信息；

（2）将每个位映射到一个对数似然比的值；

（3）运行软件仿真。

重读策略在 10.3.2 章有描述：基本上，读取参考电压被移位，并且执行一个或多个附

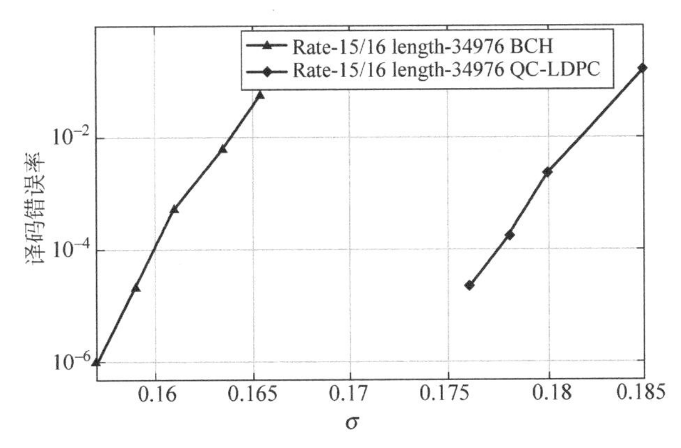

图 10.39 2位/单元 NAND Flash 存储器中的 QC-LDPC 与 BCH

加的读操作以理解每一位在电压分布内的位置。

每个重读操作返回一个 0 和 1 的序列，它们可以耦合到先前读取的序列，如表 10.1 所示。LLR 符号表示第一次读取的位更可能为 0 还是 1；幅度表示第一次读取的置信水平。来看几个例子："+1"表示已经读了 0，但是不太确信；而"+7"表示已经读出来 0，而且很确定这一点是正确的。

表 10.1 软解码的 LLR 值

由 NAND Flash 读出的值		
第 1 次读	第 2 次读(重读)	LLR
0	0	+7
0	1	+1
1	0	−1
1	1	−7

一旦传输的消息的每一位被映射到 LLR 值，该值就是软解码仿真的输入，用于构造如图 10.19 所示的曲线。

总而言之，尽管有着与错误平层和软信息相关的各种挑战，可以成功地利用 LDPC 码来提升 ECC 性能，但这绝对是 3D NAND Flash 存储器中最有希望的解决方案。

第11章

用于现代NVM的基于代数和图论的高级ECC方案

本章将讨论高级纠错码技术，尤其关注两种互补策略：非对称代数码和非二进制LDPC码。这两种技术的灵感都来源于传统的编码理论，但是这两种技术都偏离了传统的方法，开发设计出针对非易失性存储器(NVM)固有信道特性的概念。

本章特别关注现代Flash设备，包括多层(multi-level)和3D Flash技术。Flash是一项非常受欢迎的技术，对它的关注导致了许多工艺的创新。因此，目前Flash的实现，如3D Flash，包含大量紧密排布的晶体管。Flash单元遇到各种物理问题，包括干扰/串扰(由于3D Flash排布设计参数的不同，在某些方向上比其他方向更强)、读写扰动、电荷泄漏等。用传统信道模式模拟这些复杂的效应效果会很差，随之产生的错误也不能用传统编码方案解决；因此必须寻找新的解决方案。选择两种不同的，着眼点相反的方法来解决这些问题。第一种是改进经典的代数码，这种码可以提供高效的编解码算法，适用于容错要求不高、价格便宜且高效的设备。第二种是改进处于前沿的非二进制LDPC码，这种码是所有已知码里纠错能力最好的编解码方案，其代价是更复杂的编码和解码电路。另外，新的代数码特别适合于硬读(hard read)信道，而LDPC码对于软读(soft read)信道最有利。因此两个编码方法的目标分别处于Flash质量和成本权衡曲线的相反两端。

在代数码的情况下，讨论一组依赖于传统的对称码的构造，如BCH码，并将其作为构造块。最终获得一系列专门针对不对称信道的码，如可应用于2D和3D Flash的TLC Flash数据存储信道。引入一些适用于处理Flash特定类型错误的变种码以及对非易失性存储器有效的基于动态阈值的码。作为技术的一部分，用真正Flash设备的数据量化了性能提升的程度。

基于LDPC码，利用设计和优化技术，从而实现具有更低错误平层的非二进制LDPC码。错误平层是在输入SNR增大的情况下，由于LDPC码采用迭代解码的方式而导致输出误码率的改善被减弱的效应。这种效应发生在高SNR的情况，限制LDPC码用于高可靠性应用场景(如Flash的应用)的可能性。为了解决这个问题，将出现在LDPC码的

Tanner图形结构中并对错误平层有所贡献的子图对象定义为吸收集。提取非二进制LDPC码里的这些对象的特征，提出了一种去除最小吸收集的算法。最后码的构造是针对非对称信道量身打造的。该技术通过一系列非二进制LDPC码，包括实用的QC-LPDC码来阐述其能力。

11.1 不对称代数 ECC

现实生活中存储信道最有趣的特征之一是它们的不对称性；也就是说，信道中的错误并不以相等的概率发生。例如，多层Flash存储设备的信道在擦除状态和非擦除状态之间出现错误的概率比两个未擦除状态之间出现错误的概率要高。

传统的编码理论在很大程度上不涉及这些不对称性。二进制对称信道(Binary Symmetric Channel,BSC)和二进制擦除信道(Binary Erasure Channel,BEC)是研究较多的离散信道，而加性白高斯噪声(Additive White Gaussian Noise,AWGN)信道是最常用的连续信道。这些信道都无法模拟不对称行为，调整特定信道参数也不可能实现。因此，为了能将传统编码理论的工具应用到现实生活中，会选择能覆盖出错最坏情况的某种对称信道。这种保守的做法提供了一定的安全边际。

在另一方面，因为大部分信道码的力量都用于校正罕见的错误，上述方法对非对称信道而言是浪费的。这种不必要的浪费导致码速，浪费能量或存储容量。相反，如果码率保持不变，将信道码用于有效纠正频繁出现的错误，从而提升系统的整体差错概率。这个不对称码的概念如图11.1所示。

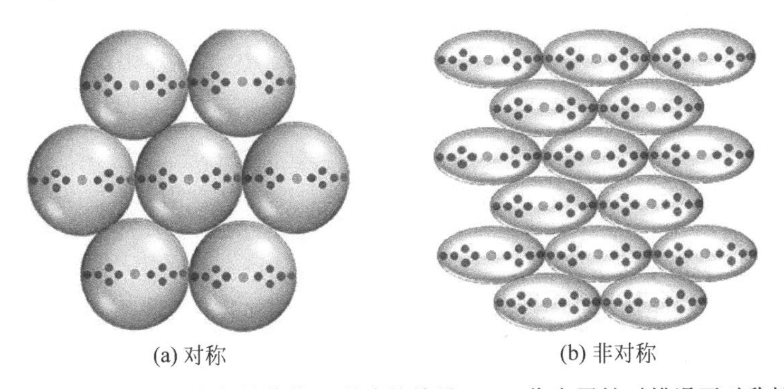

图11.1　(a) 代表了未知错误分布的传统汉明球的堆叠；(b) 代表了针对错误不对称性设计的球体的堆叠。每个球体中心的灰点代表码字，黑点表示最有可能被接收到的错误信息字。通过针对特定的错误分布，可以堆叠比对称球更多的非对称球，也就是获取更高的码率。注意，这是简化的 n 维球的示意

本节的其余部分将讨论非对称纠错码。把前面讨论中提出的直觉正式化，并特别着眼于Flash中数据存储的情况。实际上，从量产Flash设备收集的数据集是能找到的。由于代数码的编码和解码易于说明和实现，可以用实际数据直接测试提出的编码方案(而不是使用合成数据进行仿真)。

11.1.1 分级位纠错码(Graded-Bit-Error Correcting Codes)

首先考虑 TLC Flash 信道,它是目前最先进和最密集的 Flash 技术。不管这些器件是怎么称呼的,每个单元具有 8 种可能的电荷水平,因此代表 3 位的信息。在 Flash 设备的组织结构里这 3 个位放置于不同的页;多个页形成块,多个块进一步组织成片[1]。

该组织结构允许以两种自然的方式对 TLC Flash 信道进行建模。首先,单独查看每个单元,因为每个单元有 8 种可能的状态,可以将每个单元视为八进制信道。其次,因为这些比特被放置在不同的页上,我们可以单独查看每一位。在这种情况下,单元可以被建模为 3 个独立的二进制信道。

八进制信道可以采用非二进制码,可以用八进制信道的统计来估计块中预期的错误数。使用此信息和目标错误率,可以选择合适的码,例如,来自八进制 BCH 码家族的码。同样,如果将单元视为 3 个独立的二进制信道,可以选择 3 个二进制代码,例如 3 个基于每个信道错误率的二进制 BCH 码。

但事实证明,这两种方法都不合适。一个$[n,k,t]_8$ BCH 码(纠正 t 个错误的长度为 n 和维度为 k 的八进制码,也就是包含 8^k 个码字)可以校正任何 t 个八进制错误。例如,状态 2 和 6 之间的错误(2→6 错误)可以修正,如同 1→2 错误可以被修正。但是,信道产生了更多的 1→2 错误。特别是大多数错误仅发生在二进制表示的可表达八进制状态的 3 位中的某一位中。

表 11.1 给出了在 TLC Flash 芯片上超过 5000 个 P/E 操作周期后发生的最常见的错误。通过比较编程的值和错误的值,最常见的错误状态确实证实了大多数错误只发生在 3 位的三元组中的单位这一点。

表 11.1 在 TLC 设备测试中最常见的错误。第一列为写入值,中间列为实际值,都含有 1 位错,最右边一列为出现该错误的比例。请注意这十个常见的错误都是 1 位的错。

表 11.1 TLC 设备测试常见错误

写入状态	错误状态	错误比
000	010	0.2467
000	001	0.2444
111	101	0.0820
111	110	0.0807
000	100	0.0669
011	001	0.0556
100	110	0.0550
011	010	0.0547
100	101	0.0540
111	011	0.0217

出现这种现象的原因可以在图 11.2 中找到答案。用二进制的 3 位来代表的层级是基于格雷码的,从而从一个连续的状态到另一个状态只会改变 1 位。因此得出如下结论:格雷码中纠正许多诸如 2→6 错误的效率较低。

在二进制的情况下,也有类似的问题。从事实可以预见对 3 个二进制信道操作实际上

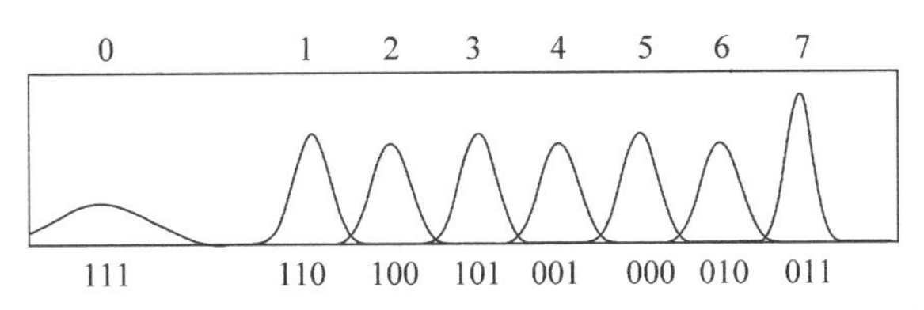

图 11.2 TLC(3 位/8 状态)中不同状态电压分布。3 位的表达依赖于格雷码

都是在单一的单元中进行,因此这 3 个信道不是独立信道。在这种情况下,独立性的假设低估了发生多位错误的数量。也就是说无法体现如 $e=(1,1,0)$ 和 $e'=(1,0,1)$(这里三元组中的每个非零值都代表 3 位中的错误位)。事实上,在 TLC 器件中,测试结果显示 2 位错误的比例为 0.0314,3 位错误的比例为 0.0069。如果每个页出错的概率是独立,上述测试结果里的错误概率太大了。然而,跟八进制信道比,单独的二进制码方法是更准确的模型。

如何设计专门处理这种错误模式的码?首先,如表 11.1 所示,对信道进行剖析可以发现多少错误是单位错误,多少错误是多位错误。然后我们寻求引入一个码来按同样的比例来纠正错误。详细的概念说明如下。

定义 1:令 $t,v>0$。在 $(\mathrm{GF}(2)^m)^n$ 上的向量 $\boldsymbol{e}=(\boldsymbol{e}_1,\boldsymbol{e}_2,\cdots,\boldsymbol{e}_n)$ 被称为 $[t;v]$ 位差错向量,如果它满足以下两个属性:

(1) $\mathrm{wt}(\boldsymbol{e})=|\{i: \boldsymbol{e}_i\neq 0\}|\leqslant t$,

(2) 对于所有 i,$\mathrm{wt}(\boldsymbol{e}_i)\leqslant v$。

定义 2:令 $0<v_1<v_2\leqslant m$ 和 $t_1,t_2>0$。在 $(\mathrm{GF}(2)^m)^n$ 上的向量 $\boldsymbol{e}=(\boldsymbol{e}_1,\boldsymbol{e}_2,\cdots,\boldsymbol{e}_n)$ 是 $[t_1,t_2;v_1,v_2]$ 分级位差错向量,如果它满足以下条件特性:

(1) $\mathrm{wt}(\boldsymbol{e})=|\{i: \boldsymbol{e}_i\neq 0\}|\leqslant t_1+t_2$,

(2) 对于所有 i,$\mathrm{wt}(\boldsymbol{e}_i)\leqslant v_2$,

(3) $|\{i: \mathrm{wt}(\boldsymbol{e}_i)>v_1\}|\leqslant t_2$。

在以前的定义中,wt()是指向量的汉明权重(该向量中非零分量的数量)。基本思路是对普通差错向量引进更细致的定义。我们对它们的分类不再简单地计数非零分量的数量,而是根据有多少位出现错误。第一个定义特别适合所有的错误情况只涉及少量位。第二个定义更灵活:它能够将错误归因于发生在很少位的一些错误和发生在很多位的一定量(通常数量较小)的错误。接下来,定义能够纠正这种错误模式的码:

定义 3:令 $v,t>0$. 码 C 是 $[t;v]$ 位纠错码,如果它能够校正所有的 $[t;v]$ 分级位差错向量。

定义 4:令 $0<v_1<v_2\leqslant m,t_1,t_2>0$。码 C 是 $[t_1,t_2;v_1,v_2]$ 分级位纠错码,如果它能够校正所有的 $[t_1,t_2;v_1,v_2]$ 分级位差错向量。

想知道这些定义如何工作的(以及它们如何应用于非对称 TLC Flash 信道),请参考以下示例。存储长度为 n 的向量,其中向量中的每个元素是一个 3 位向量。在这个例子中 $n=7$。存储向量为

$$\boldsymbol{x}=(000\ 110\ 010\ 101\ 000\ 111\ 000)$$

一段时间后,将存储的数据读回

$$\boldsymbol{y}=(111\ 110\ 110\ 101\ 010\ 111\ 010)$$

可以得出结论,差错向量是

$$e=(111\ 000\ 100\ 000\ 010\ 000\ 010)$$

将这个差错向量分类为[3,1; 1,3]分级位差错向量。有总共 $3+1=4$ 个单元发生错误(有 4 个三元组非全零)。其中,3 个只有 1 位错误,而剩下的一个有 3 位错误。基于此,我们可以取 $v_1=1, v_2=3, t_1=3, t_2=1$。

观察这种分类与 BCH 码中使用的粗略错误定义的区别。在八进制 BCH 码的情况下,简单地记录有 4 个错误,不区分单位和多位错误。

接下来的目标是引入分级位纠错码的构造。线性代数中称为张量积的运算是这些构造的关键成分。张量积是一种对矩阵的运算,定义如下。$\boldsymbol{A}$ 是 $\boldsymbol{R}^{m\times n}$ 的矩阵,$\boldsymbol{B}$ 是 $\boldsymbol{R}^{p\times q}$ 的矩阵。张量积 $\boldsymbol{A}\otimes\boldsymbol{B}$ 被定义为

$$\boldsymbol{A}\otimes\boldsymbol{B}=\begin{bmatrix} a_{11}\boldsymbol{B} & \cdots & a_{1n}\boldsymbol{B} \\ \vdots & \ddots & \vdots \\ a_{m1}\boldsymbol{B} & \cdots & a_{mn}\boldsymbol{B} \end{bmatrix}$$

换句话说,$\boldsymbol{A}\otimes\boldsymbol{B}$ 是一个 $mp\times nq$ 块矩阵,$\boldsymbol{A}$ 矩阵中的每个数(标量)乘以矩阵 $\boldsymbol{B}$。这个运算有很多重要数学和物理学的属性。在编码理论中,它首先被 Wolf 使用来构造[t; v]位纠错码[2]。

构造 1:让 C_A 成为一个由 $H_A=\boldsymbol{H}_2\otimes\boldsymbol{H}_1$ 生成的带有奇偶校验矩阵的码,其中 $\boldsymbol{H}_1$ 是二进制$[m,k_1,v]_2$ 码 C_1 的奇偶校验矩阵,而 $\boldsymbol{H}_2$ 是$[n,k_2,t]_d$ 码 $\boldsymbol{C}_2$ 的奇偶校验矩阵,其中 $d=2^{m-k1}$。因此,C_A 是一个[t; v]位纠错码。

提供一个这样的码构造的简单示例。对于 C_1,使用汉明码$[3,1,1]_2$,它的奇偶校验矩阵为

$$\boldsymbol{H}_1=\begin{bmatrix} 1 & 0 & 1 \\ 0 & 1 & 1 \end{bmatrix}$$

换句话说,可以把它用作两个成之一,从而把二进制的 3 位数据编为码字{000,111}的重复码。接下来,为 C_2 选择不同的码。请注意,在此例子中,根据对 TLC Flash 单元的要求,这个码必须在 GF(4)上,因为最终输出必须在 GF(8)上。既然要求在 GF(4)上的码,让 α 是这个有限域的一个基本元素。然后可以使 C_2 成为$[4,2,1]_4$ 码,其可以纠正一个错:

$$\boldsymbol{H}_2=\begin{bmatrix} 1 & 0 & 1 & 1 \\ 0 & 1 & 1 & \alpha \end{bmatrix}$$

那么,不难看出结果矩阵是

$$\boldsymbol{H}_A=\begin{bmatrix} 1 & \alpha & \alpha^2 & 0 & 0 & 0 & 1 & \alpha & \alpha^2 & 1 & \alpha & \alpha^2 \\ 0 & 0 & 0 & 1 & \alpha & \alpha^2 & 1 & \alpha & \alpha^2 & \alpha & \alpha^2 & 1 \end{bmatrix}$$

当然,可以取这个 GF(4)矩阵的二进制表达:

$$\boldsymbol{H}_A=\begin{bmatrix} 1 & 0 & 1 & 0 & 0 & 0 & 1 & 0 & 1 & 1 & 0 & 1 \\ 0 & 1 & 1 & 0 & 0 & 0 & 0 & 1 & 1 & 0 & 1 & 1 \\ 0 & 0 & 1 & 1 & 0 & 1 & 1 & 0 & 1 & 0 & 1 & 1 \\ 0 & 0 & 1 & 0 & 1 & 1 & 0 & 1 & 1 & 1 & 1 & 0 \end{bmatrix}$$

由于 $\boldsymbol{H}_1$ 和 $\boldsymbol{H}_2$ 是具有期望属性的纠 1 位错的码的奇偶校验矩阵,期望 C_A(其奇偶校验矩阵为 $\boldsymbol{H}_A$)为[1; 1]位纠错码。事实确实如此:我们观察到 $\boldsymbol{H}_A$ 的列都是不同的,因此,差

错向量可以纠正1位的错。此外，如果我们将 C_A 中的12位长码字组分成4组，每组3位，从而获得GF(8)的码的表述。

最近提出了一个更精细的分级位纠错码的构造[3]。这种构造也是依赖于张量积的运算；然而，这个构造比较复杂：

构造2：让 C_B 为带有奇偶校验矩阵的码

$$\boldsymbol{H}_B=\begin{bmatrix}\boldsymbol{H}_2\otimes\boldsymbol{H}_3\\\boldsymbol{H}_4\otimes\boldsymbol{H}_5\end{bmatrix}$$

这里有一个具有奇偶校验矩阵 $\boldsymbol{H}_1$ 的 $C_1[m,k,v_2]_2$ 二进制码。令 $r=m-k$。构造 $\boldsymbol{H}_1$ 让 $\boldsymbol{H}_1$ 的顶部 r_3 行是一个对于 $r_3<r$ 的 $[m,m-r_3,v_1]_2$ 码的奇偶校验矩阵。这个码被称为 C_3（其奇偶校验矩阵为 $\boldsymbol{H}_3$）。让 $\boldsymbol{H}_5$ 成为 $\boldsymbol{H}_1$ 的子矩阵，包括 $\boldsymbol{H}_1$ 底部的 $r_5=r-r_3$ 行。最后，让 $\boldsymbol{H}_2$ 为 $2^{r3}-\text{ary}$ 的 $[n,k_2,t_1+t_2]_d$ 码 C_2（$d=2^{r3}$）的奇偶校验矩阵，$\boldsymbol{H}_4$ 为 $2^{r5}-\text{ary}[n,k_4,t_2]_f$ 码 C_4（$f=2^{r5}$）的奇偶校验矩阵。

这样，C_B 是长度为 n 的 $[t_1,t_2;v_1,v_2]$ 分级位纠错码。

此码的解码过程如下所述。对于码 C_B，引入解码器 D_B，该解码器 D_B 的输入为向量 $\boldsymbol{y}=\boldsymbol{c}+\boldsymbol{e}$，其中 $\boldsymbol{c}$ 是 C_B 中的码字，$\boldsymbol{e}$ 是 $[t_1,t_2;v_1,v_2]_{2m}$ 位差错向量。输出 $\boldsymbol{e}'$ 是差错向量的估计（注意使用一个稍有异常的约定，其中输出是差错估计，而不是传输的码字估计。码字估计可以计算为 $\boldsymbol{c}'=\boldsymbol{y}-\boldsymbol{e}'$）。然后，解码器 D_B 以以下方式操作。其中 D_i 是码 C_i 相应的解码器。

(1) 从解码器 $D_2(\boldsymbol{H}_2\cdot(\boldsymbol{H}_1'\cdot\boldsymbol{y}_1^{\mathrm{T}},\cdots,\boldsymbol{H}_1'\cdot\boldsymbol{y}_n^{\mathrm{T}})^{\mathrm{T}})$ 形成向量 $(s_1^0,\cdots,s_n^0)$。

(2) 将错误 $\boldsymbol{e}^*$ 设置为 $(D1'(\boldsymbol{s}_1^0),\cdots,D1'(\boldsymbol{s}_n^0))$。

(3) 将码字 $\boldsymbol{y}'$ 设置为 $\boldsymbol{y}+\boldsymbol{e}^*$。

(4) 从 $D_2(\boldsymbol{H}_2\cdot(\boldsymbol{H}_1'\cdot\boldsymbol{y}_1'^{\mathrm{T}},\cdots,\boldsymbol{H}_1'\cdot\boldsymbol{y}_n'^{\mathrm{T}})^{\mathrm{T}})$ 计算 $(\boldsymbol{s}_1',\cdots,\boldsymbol{s}_n')$。

(5) 将 $(\boldsymbol{s}_1'',\cdots,\boldsymbol{s}_n'')$ 设为 $D_3(\boldsymbol{H}_3\cdot(\boldsymbol{H}_1''\cdot\boldsymbol{y}_1'^{\mathrm{T}},\cdots,\boldsymbol{H}_1''\cdot\boldsymbol{y}_n'^{\mathrm{T}})^{\mathrm{T}})$。

(6) 将 I 设为 $\{i:(\boldsymbol{s}_i',\boldsymbol{s}_i'')\neq(0,0)\}$。

(7) 如果 i 在 I 中，则让 $\boldsymbol{y}_i''=\boldsymbol{y}_i$，如果 i 不在 I 中，则 $\boldsymbol{y}_i''=y_i'$。

(8) 将 $(\boldsymbol{s}_1^1,\cdots,\boldsymbol{s}_n^1)$ 设为 $D_3(\boldsymbol{H}_3\cdot(\boldsymbol{H}_1'\cdot\boldsymbol{y}_1''^{\mathrm{T}},\cdots,\boldsymbol{H}_1''\cdot\boldsymbol{y}_n''^{\mathrm{T}})^{\mathrm{T}})$。

(9) $\boldsymbol{e}=(\boldsymbol{e}_1,\cdots,\boldsymbol{e}_n)$ 其中 $\boldsymbol{e}_i=\boldsymbol{e}_i^*$ 如果 i 不在 I 中，否则为 $\boldsymbol{e}_i=D_1(\boldsymbol{s}_i^0,\boldsymbol{s}_i^1)$。

这里的基本思想是首先纠正错误位少的错误。当然，对于有很多位出错的错误，它们将被错误地纠正（最坏权重情况为 v_1+v_2）。接下来，检测哪些错误被错误纠正，并把它们正确纠正。

另外，解码过程中的所有复杂操作都是使用了解码函数 D_1、D_2、D_3。此外，这些操作中的每一个最多执行两次。因此，整体解码复杂度是一个小的常数因子乘以组成码里的最大（在复杂性方面）复杂度。因此，如果使用BCH码作为组成码，整体解码算法的复杂度大约是最复杂的BCH码复杂度的两倍。

如上所述，可以在TLC Flash设备收集的实际数据上测试所提出的等级错误纠正码。数据收集如下：将随机数据写入设备，填充每个块。这个程序重复5000个P/E循环；每100个循环，读回数据并检查错误[1]。

测试的结果跟具有相同速率和长度的其他BCH码进行比较。在图11.3中，码长度分别为 4096、8192 和 16384。例如，底部图中的曲线①表示分级位纠错码，参数$[t_1, t_2;\ v_1, v_2] = [242,8;\ 1,3]$。曲线②表示八进制 BCH 码。曲线③表示(相同的)二进制 BCH 码，其用于保护单元中 3 位中的任一位。曲线④表示选择用于优化每位的错误率的 3 个二进制 BCH 码(具有不同的参数)。对于分级位纠错码，也选择 BCH 码作为其基本的组成码，所以最后的奇偶校验矩阵 $\boldsymbol{H}_B$ 是通过堆叠 BCH 码的奇偶校验矩阵的张量积来产生的。

可以看出，使用分级位纠错码前期没有测出错误数据，直到器件寿命的晚期(3000 多 P/E 循环)才测出错误。在测出错误点之后的 P/E 循环里，这些码纠错的结果都比单独的二进制 BCH 码好。同时，八进制对称方案是里面表现最差的。

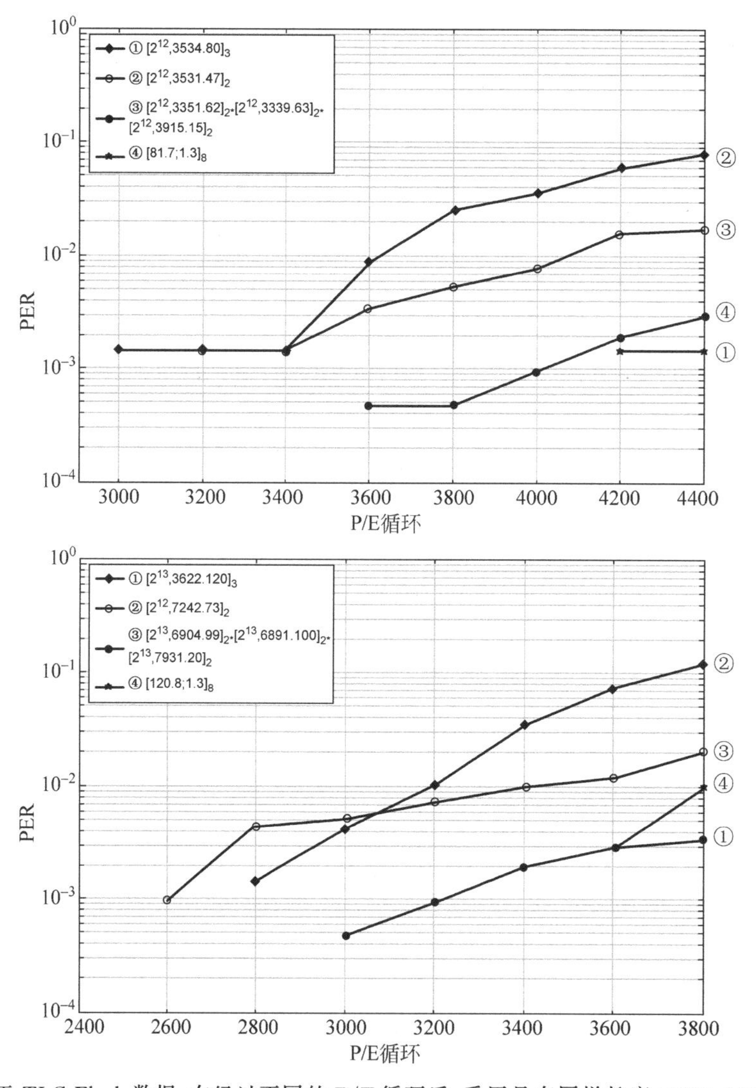

图 11.3 基于 TLC Flash 数据，在经过不同的 P/E 循环后，采用具有同样长度(4096，8192，16 384)和速率的码的页错误率(Page Error Rate，PER)。曲线②③④使用的是 BCH 码(分别为非二元码，不同页上同样二元码以及不同页上不同二元码)。曲线①展现了分级位纠错码的构造结果。可以看出，跟传统码比，非对称构造在早期没有错误发生，直到器件寿命后半部分才发生错误

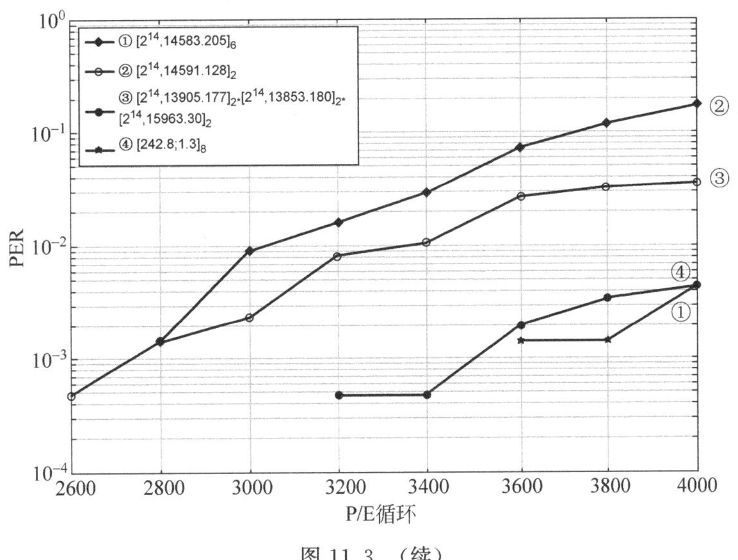

图 11.3 （续）

必须指出，这不是针对特定的错误模式的非对称码纠错能力的极限。同时也观察到其他类型的错误[4]。在 TLC Flash 的情况下，仔细的错误模式研究表明，单元可以大致分为可靠和不可靠单元，其中不可靠单元极有可能发生错误。在测试的数据集中，可以注意到一个大约有 65 000 个单元的特定的一组（约占单元总数 0.05%），其在 5000 个 P/E 循环测试中发生了超过 50 个错误。换一种说法，约 10^{-4} 个单元发生的错占总错误数的 10%以上。

这些不可靠的单元的行为会是什么样的？可以观察到单元特别会在被编程到更高的电压电平时产生这些错误。TLC 单元有 8 个可能的电压电平；频繁的错误发生在当不可靠的单元编程为 4-7 级时。因此，希望引入的码具有与前面所说的分级位纠错码相同特征，同时不会将不可靠的单元编程到危险的高电平。

幸运的是，事实证明这是可能的。具体到 TLC Flash 的情况，就是在 GF(8)中创建一个码，或者，等价地，长度为 $3n$ 的二进制代码。当然，类似的构造也可以用于更一般情况。

在此，还需要引入一个辅助码构造，称为 stuck-at 纠错码。首先，操作符"∘"定义为：$GF(2)^m \times GF(3)^m$ 到 $GF(2)^m$ 定义为 $b = a \circ s$，其中如果 $s_i < 2$ 则 $b_i = s_i$，否则 $b_i = a_i$。P_j 定义为 P_j 中的所有向量 $\boldsymbol{s} = (s_1, \cdots, s_m)$ 的集合满足 $|\{i: s_i < 2\}| \leqslant j$。然后，stuck-at 纠错码的定义如下。

定义 5：对于正整数 m,k,t,j，$[m,k,t,j]_2$ 二进制码 C 是具有长度为 m 和维度为 k 的在 GF(2)上的线性码，具有编码和解码映射 E_C 和 D_C，因而

(1) 对于 P_j 中的所有 $\boldsymbol{s}$ 和任意的信息 h，$E_C(h,\boldsymbol{s}) \circ \boldsymbol{s} = E_C(h,\boldsymbol{s})$；

(2) 对于 $\mathrm{wt}(e) \leqslant t$ 的 GF(2)m 中的任何差错向量 $\boldsymbol{e}$，$D_C(E_C(h,\boldsymbol{s}) + \boldsymbol{e}) = \boldsymbol{h}$。

定义 5 背后的想法是，即使特定的单元集合发生了 stuck 错误（该集合的大小最大为 j），stuck-at 纠错码 C 仍然可以正确纠错。可以使用这种类型的码作为码构造的基础块；调整 stuck-at 错误的行为来限制目标单元的发生错误的电平。

定义 6：令 n,k,t_1,t_2,j 为正整数，其中 $j,t_1,t_2 < n$。然后，$[3n,k,t_1,t_2,j]$ 动态位纠错码 C 是长度为 $3n$ 和维数为 k 的二进制线性码，其能够校正任何 $[t_1,t_2]$ 位差错向量。还

有一个附加的约束：如果在 C 中写一个码字为 $c=(c_1,c_2,\cdots,c_n)$，其中每个 c_i 是 GF(8)中的一个元素，那么给定一个大小为 j 的集合 I，对于 I 中的所有 i 和 C 中的所有码字 c，$c_i\leqslant 3$。

定义 6 与之前的讨论中的定义 4 相匹配，但是增加了将特定单元子集编程为低电平的要求。因此，介绍一个居于构造 2 上的构造，并增加了相应约束。使用简单映射把 GF(4)中的元素映射到长度为 2 的二进制向量(α 是 GF(4)中的原始元素)：

$$\boldsymbol{\Gamma}(\alpha)=(0,1)^{\mathrm{T}},\quad \boldsymbol{\Gamma}(\alpha^2)=(1,1)^{\mathrm{T}},\quad \boldsymbol{\Gamma}(\alpha^3)=(1,0)^{\mathrm{T}},\quad \boldsymbol{\Gamma}(0)=(0,0)^{\mathrm{T}}$$

构造 3：使 $\boldsymbol{H}_1=(\alpha\quad \alpha^2\quad \alpha^3)$和 $H_2=(1\quad 1\quad 1)$，其中 $\boldsymbol{H}_1$ 是 GF$(4)^{1\times 3}$ 中的矩阵，$\boldsymbol{H}_2$ 是 GF$(2)^{1\times 3}$ 中的矩阵。令 $\boldsymbol{H}_3$ 为$[n,k_3,t_1+t_2]_4$ 码 C_3。此外，令 $\boldsymbol{H}_4$ 为$[n,k_4,t_2,j]_2$ 为 stuck-at 纠错码(如定义 5 所介绍)的奇偶校验矩阵。然后，长度为 $3n$ 的$[3n,2k_3+k_4,t_1,t_2,j]_2$ 动态位纠错码的奇偶校验矩阵由下面给出

$$\boldsymbol{H}=\begin{bmatrix}\boldsymbol{\Gamma}(\boldsymbol{H}_3\otimes\boldsymbol{H}_1)\\ \boldsymbol{H}_4\otimes\boldsymbol{H}_2\end{bmatrix}$$

这里的基本思想是通过强制使用 stuck-at 纠错码构造方法稍微修改以前的等级位纠错构造(构造 2)。该构造允许将信息映射到几个可能的码字之一，以便处理 stuck-at 的行为，利用这个特性选择那些具有不可靠单元处于较低电平的码字。

对于动态位纠错码的情况，也可以用仿真来显示这些码的优点。把它跟分级位纠错码(对高电平的不可靠的单元缺少特定的约束条件)以及其他包括 BCH 的码做比较。

图 11.4 显示了对于长度为 4096、8192 和 16 384 的码的页错误率。如前所述，码的长度和速率与之前相比大致相等。相同的码构造如前所示；曲线①显示了新的动态位错误码构造。在顶部两个图中，正好有 2 个不可靠的单元被强制到低电平，而在底部图中为 4 个不可靠的单元。曲线②显示分级位纠错码。其他的比较曲线是使用跟前面所述相同类型的码。

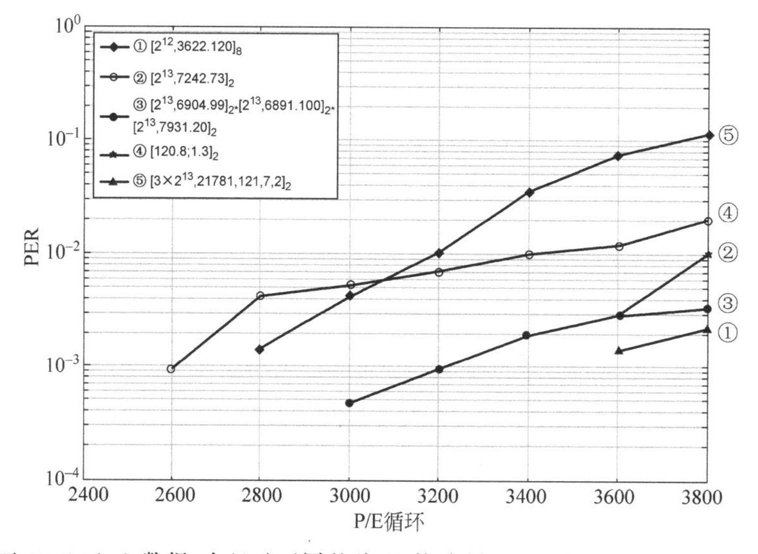

图 11.4 基于 TLC Flash 数据，在经过不同的编程/擦除循环后，采用具有同样长度(4096，8192，16 384)和速率的码的页错误率。曲线③④⑤使用的是不同的 BCH 码构建。曲线②为构造的分级位纠错码。曲线①是新的动态位纠错码，它不仅早期没有错误发生，而且性能比分级码提升了半个数量级

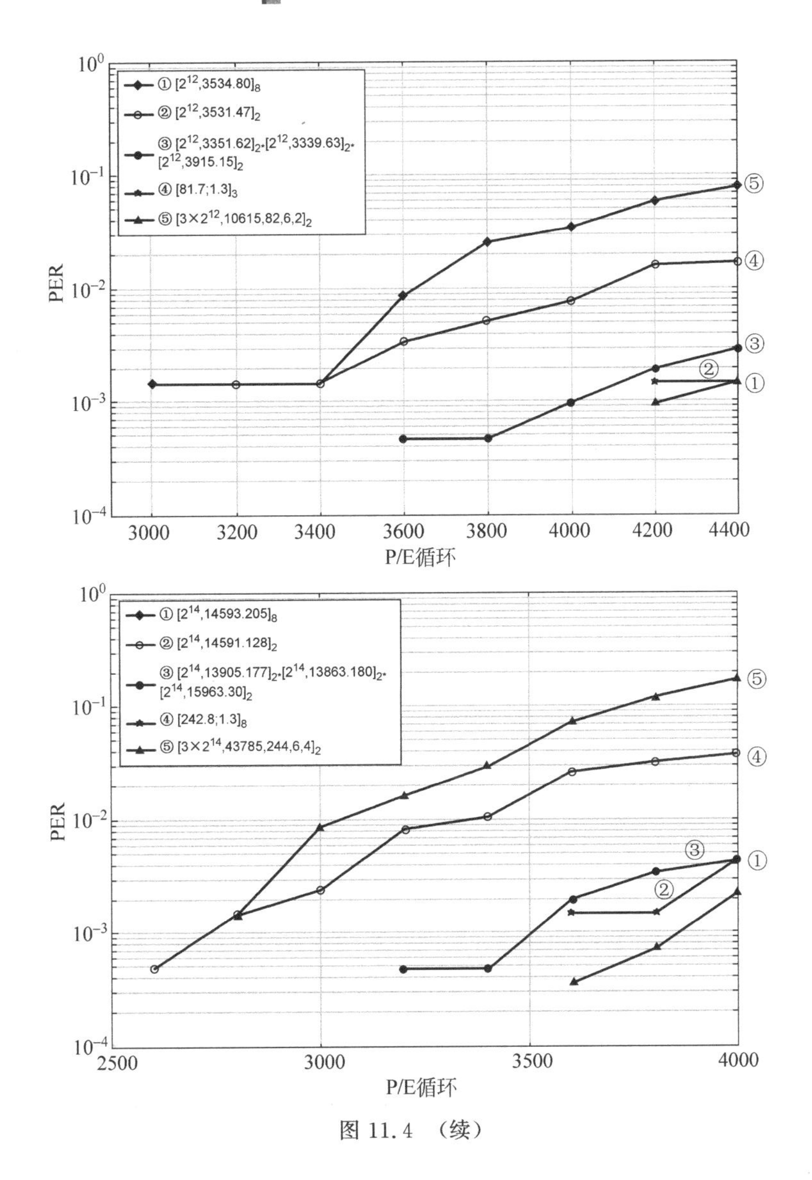

图 11.4 （续）

请注意，动态比特纠错码具有最佳的总体 PER，在设备的前面很长的使用寿命期间仍然没有出现任何错误。这些代码的不对称性(与分级比特纠错码相比较)已经给 PER 半个数量级性能的提高。因此，拥有两种性能都好的码：具有非常好的 PER 和直到 Flash 设备的使用寿命的晚期才出现错误的码。表明已经成功地利用了不对称性来生成相对于传统的对称码而言有显著改善的码。

11.1.2　动态阈值

Flash 信道的另一个特别有趣的特征就是随时间变化的。数据写入和数据访问之间的间隔时间越长，读错误的概率越高。由于确定的物理效应作用于 Flash 晶体管造成了这个属性。例如，随着时间的推移，被困在 Flash 单元浮栅上的电子会泄漏出去，从而逃离了浮栅。由此产生的错误本质上是不对称的。

除了这些不对称之外，传统的编码技术没有考虑或利用信道的时变特性。回想一下Flash器件工作原理：测量浮栅上的电荷并与一组阈值进行比较。这个比较的结果决定了从设备读出的离散值。使用的阈值传统上是固定和永久不变的，忽视了信道随着时间的变化而退化。尽管这些固定阈值可能适合于处于一定时期的信道，但是在保留期(retention)里不同时间里使用固定阈值被证明是无效的。

这个问题的一个解决方案是引入随着时间改变的动态阈值。虽然有很多方法来完成这个任务，但是有一种特别简单的做法。以这样的方式设置阈值：假如读写一样的话，其在一个块单元里的分布是相同的[5,6]。换句话说，把这种阈值的分布作为辅助信息。

假设有 n 个单元的块 $\boldsymbol{x}=(x_1,x_2,\cdots,x_n)$，可以取任何 q 值 $(0,1,\cdots,q-1)$。在TLC Flash里，如前面的讨论，$q=8$。一段时间过去后写入值变为真实值 $\boldsymbol{v}=(v_1,v_2,\cdots,v_n)$。通过阈值 $\boldsymbol{t}=(t_1,t_2,\cdots,t_{q-1})$，用以下方式读取 $\boldsymbol{v}$，输出 $\boldsymbol{y}=\boldsymbol{t}(\boldsymbol{v})$ 为：

$$y_i=a,\quad 如果\ t_a\leqslant v_i\leqslant t_{a+1}$$

其中，t_0 为负无穷大，t_q 为正无穷大。

现在，令 $\boldsymbol{k}=(k_0,k_1,\cdots,k_{q-1})$ 表示 $\boldsymbol{x}$ 中的值的分布。也就是，$k_a=|\{i\mid x_i=a,1\leqslant i\leqslant n\}|$。因此，$\boldsymbol{x}=(1,0,0,3,1,1,1,2)$ 具有 $\boldsymbol{k}(\boldsymbol{x})=(2,4,1,1)$，因为 $\boldsymbol{x}$ 具有2个0，4个1，等等。

然后，可以通过以下方式定义动态阈值。

定义7：阈值向量 t 是一个动态阈值，如果：

$$k(y)=k(t(v))=k(x)$$

例如，向量 $\boldsymbol{x}$ 是上面提到的写入的值，实际的电荷值为：

$$\boldsymbol{v}=(1.2;\ 0.2;\ 0.6;\ 2.3;\ 1.1;\ 1.0;\ 1.3;\ 2.2)$$

然后，如果我们使用固定阈值 $\boldsymbol{t}^1=(0.5,1.5,2.5)$，读取值如下

$$\boldsymbol{y}^1=\boldsymbol{t}^1(\boldsymbol{v})=(1,0,1,2,1,1,1,2)$$

可以发现在第三和第四的位置有错误。由于 $\boldsymbol{t}^1$ 不是动态阈值，$\boldsymbol{y}^1$ 的分布是 $\boldsymbol{k}(\boldsymbol{y}^1)=(1,5,2,0)$，不等于 $\boldsymbol{k}(\boldsymbol{x})=(2,4,1,1)$。如果选择动态阈值 $\boldsymbol{t}^d=(0.7,2,2.25)$，将读到正确的值

$$\boldsymbol{y}^d=\boldsymbol{t}^d(\boldsymbol{v})=(1,0,0,3,1,1,1,2)$$

当然，动态阈值不能保证读取的值是没有错误的。但是，它们会降低错误率，因为要产生错误，两个组成部分(具有不同的初始值)必须将它们的值相互之间发生切换。例如，如果有 $x_i<x_j$，必须有 $v_i>v_j$ 导致错误。这个事件发生的概率与简单地要求 $x_i<t_{xi}$ 相比还要低，而在 $x_i<t_{xi}$ 下采用固定阈值依然会发生错误。

该申明的描述在图11.5中。通过把Flash单元建模为标准差随时间增加的高斯模型，从而模拟时间变化导致的信道的退化。然后模拟了一个有 10^5 个单元的Flash块，写入随机值并使用动态阈值和固定阈值的方法读取并判断错误。随着采用高斯建模的Flash信道的标准差的增加，动态阈值方案错误概率的增长速度要慢得多。

这种模拟为动态阈值优于固定阈值提供了实验支持，同时也添加了一个理论的比较。让 $\mathrm{N}(\boldsymbol{x},\boldsymbol{y})$ 是向量 $\boldsymbol{x}$ 和 $\boldsymbol{y}$ 之间的汉明(Hamming)距离。如果 $\boldsymbol{y}$ 通过读取 $\boldsymbol{x}$ 生成，也就是说，$\boldsymbol{y}=\boldsymbol{t}(\boldsymbol{v}(\boldsymbol{x}))$ 是使用阈值 $\boldsymbol{t}$ 从 $\boldsymbol{v}$(本身由写入值 $\boldsymbol{x}$ 形成)读取的值，那么我们把 $N(\boldsymbol{x},\boldsymbol{y})$ 写为 $N(\boldsymbol{t})$。在这个意义上，假如对于一些固定的 $\boldsymbol{x},\boldsymbol{y}$ 来说，有 $\boldsymbol{t}^*=\min_t \mathrm{N}(\boldsymbol{x},\boldsymbol{y})$，$\boldsymbol{t}^*$ 是最佳的阈值。

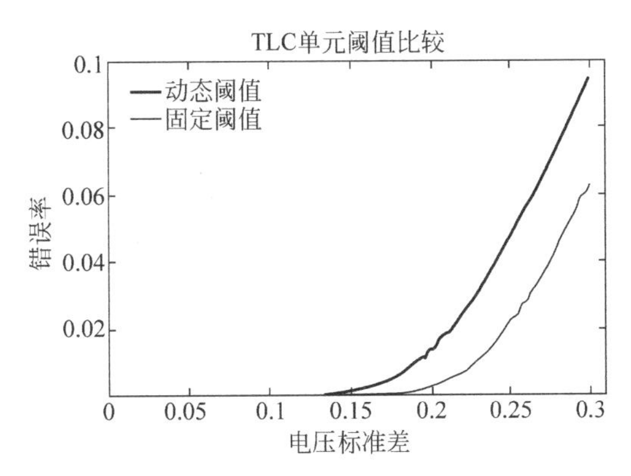

图 11.5 标准差随时间增加的高斯模型建模的多级 Flash 的 BER 曲线。块里有个 10^5 单元。比较了动态阈值和固定阈值。可以看出动态阈值的性能要比固定阈值的性能要好

还假设,对于$\{0,1,\cdots,q-1\}$中的某些最大可能的错误幅值是由 r 给出。对于 Flash 而言这个是合理的假设:预计大多数错误幅值可能是很小的,最多可能是 1。因此可以说任何动态阈值 $\boldsymbol{t}^d$ 都非常接近最优阈值 $\boldsymbol{t}^*$:

$$\mathrm{N}(\boldsymbol{t}^d) \Leftarrow (r+1)\,\mathrm{N}(\boldsymbol{t}^*)$$

换句话说,任何动态阈值最多是从最佳阈值而来的一个常数因子(取决于最大错误幅值)。当然这个最佳阈值需要知道 $\boldsymbol{x}$ 本身来计算。但是读取时 $\boldsymbol{x}$ 是不可知的:$\boldsymbol{x}$ 的可靠估计是读取操作的目标。换句话说,动态阈值提供了一个非常接近无法获得的最佳值的实用解决方案。

到目前为止,还没有讨论如何生成一组阈值。当然这是一个重要的实际问题。有两种可能的方法(和基于这两种方法的各种组合)可用[6]。第一个是使用块里值的分布信息作为辅助信息。然后将这些辅助信息存储在别处。例如,可以存储在具有非常强大,高度可靠的单元里,这些单元由强大的码来保护,可以通过固定阈值来读取。

另一种方法是将数据存储在恒权重码字中。这些码字具有固定的值分布。由于分布是固定的,它可以在生产阶段被硬编码进系统中,不需要再读取这些辅助信息。当然这里的权衡就是恒权码消除了某些被使用的码字,会导致稍小的纠错率。

有了这两种方法,必须进一步用纠错码来保护的系统。动态阈值本身不足以减少系统的错误率以达到目标错误率。这带来了选择纠错码的问题。当然,可以使用现有现成的码,如 BCH 码。然而,这些方案忽略了动态阈值产生不对称错误的事实,跟 3 位 TLC 差错向量中的不对称性被忽视一样(导致提出改进的张量积构造)。例如,向量中的单个组件不会发生错误,因为这会改变读取码字的分布,根据动态阈值的定义,这种情况是不可能发生的。然而,传统的码不能利用这个想法。

相反,可以提出专门操作于动态阈值的专门的非对称码。

定义 8:将向量 $\boldsymbol{x}$ 存储在具有动态阈值的系统中。在动态阈值下 $\boldsymbol{x}$ 上发生的错误 $\boldsymbol{e}$ 称为$[t,v]$-DT 错误,如果 $\boldsymbol{e}$ 最多有 t 个非零分量并且每个分量幅值不超过 v。能够校正任何$[t,v]$-DT 错误的码称为$[t,v]$-动态阈值纠错(DTEC)码。

请注意,并不是所有$[t,v]$-差错向量都是$[t,v]$-DT 差错向量。例如$(1,0,0,0)$是长度为 1 的$[1,1]$差错向量,但不是 DT 差错向量,因为使用动态阈值的情况下,差错要求至少两

位位置为非零，以便保留 $\boldsymbol{x}$ 和 $\boldsymbol{x}+\boldsymbol{e}$ 之间值的分布。换句话说，DT 差错向量比一般的差错向量要少。虽然传统的纠错码可以纠正 DT 错误，但是也会纠正不发生 DT 错误的差错向量，由于牺牲一部分性能在无用的纠正能力上，从而降低了整体的纠错性能。

我们介绍一种非对称构造可以专门纠正任何幅值大小的 2DT 错误，下面的 $[2,q-1]$-DTEC 码的构造是其示例。

构造 4：令 C 为在场 F_q 里的 $[n,n-2]_q$ 线性块码（长度为 n 和维数为 $n-2$），它的奇偶校验矩阵为：

$$\boldsymbol{H}=\begin{bmatrix} a_1 & a_2 & \cdots & a_n \\ a_1^2 & a_2^2 & \cdots & a_n^2 \end{bmatrix}$$

其中，$S=\{a_1,a_2,\cdots,a_n\}$ 是 F_q 的不同元素的子集。那么，C 是一个 $[2,q-1]$-DTEC 代码，如果 S 是 Sidon 集合（对于集合 S 中的四个不同的元素 a、b、c、d，满足 $a+b\neq c+d$ 的属性）。请注意，这样的码纠正动态阈值中的任何 2 个错误，而一般纠正 2 个错的纠错码需要更大的冗余。这是其对于定制的非对称纠错码的优点。可以修改前面的码产生对于有限幅值 $r<q-1$ 的码。

由此，为了介绍优越的代数纠错码，我们看到了利用不对称性的另一个纠错码的例子。

11.2 非二进制 LDPC 码

接下来，将焦点从代数码转换为基于图论的码。基于图论的码比代数码有优势，因为它可以使用软信息来解码。换句话说，基于图论的码解码器输入可以是小数（而不是整数）值。然而，代数码缺乏这种能力。对于诸如 Flash 的存储设备而言使用软信息尤其重要，因为可以执行多次数据读取，以便给解码器提取更准确的输入。因此软信息具有出色的纠错性能。本章稍后将提供有关此概念的更多细节。

我们特别关注于基于图论的最重要的一类码，也就是非二进制低密度奇偶校验（NB-LDPC）码。LDPC 码是在 20 世纪 60 年代 Gallager 的开创性博士论文首次提到，并在 20 世纪 90 年代重换新颜。二进制 LDPC 码已经被广泛研究并应用于众多场景。

然而，NB-LDPC 码仍然没有被深入理解。Davey 和 MacKay 早期的研究[7]表明，NB-LDPC 码比对应的二进制 LDPC 码具有更好的性能。这个性能随着字段长度参数的增加而增加。但是，这个性能的提升是以解码器的增加的复杂度为代价的。把 LDPC 用于非二进制码的置信传播解码器具有 $O(q^2)$ 的复杂度，其中 q 为字段长度。然而，通过采用基于 FFT 的解码器可以把复杂度减少到更易于实现的 $O(q\log q)$。其他基于低复杂度解码的技术已经被提出，包括基于线性规划的技术。

在过去十年中，除了解码器复杂度的改进外，也提出了大量的 NB-LDPC 码构造方案。构造实现的方案千差万别；例如，构造方案包括准循环代码（基于几何方法），基于原型的码，量子 LDPC 码等[8-10]。在 NB-LDPC 领域的不断增加的研究表明，这样的码跟常见的实际应用非常接近。一般来说，增加 LDPC 码的长度可以提高其性能，同时也存在着收益递减的效应。例如，将码长从 1000 位加倍到 2000 位通常对性能的积极影响远远大于把码长度从 100 000 位翻倍到 200 000 位。

然而，在把 NB-LDPC 码用于通常的应用之前还需要解决一个拦路虎。这就是所谓的 LDPC“错误平层”。这个术语反映出 LDPC 码的 BER 或 FER 与 SNR 的关系。开始的时候，当 SNR 增加时，BER/FER 相应地大幅改善，这就是“瀑布区域”。但是，在 SNR 大到一定程度上，这些曲线变得越来越平坦，进入错误平层区域。这个错误平层是一个特别重要的问题，因为很多采样用 LDPC 码的应用，如数据存储设备，在非常高的 SNR 下工作。例如，对于 Flash 而言，期望的输出 FER 的 SNR 通常超过 10^{-15}；这点正好位于许多 LDPC 码的错误平层区域。错误平层的描述如图 11.6 所示。

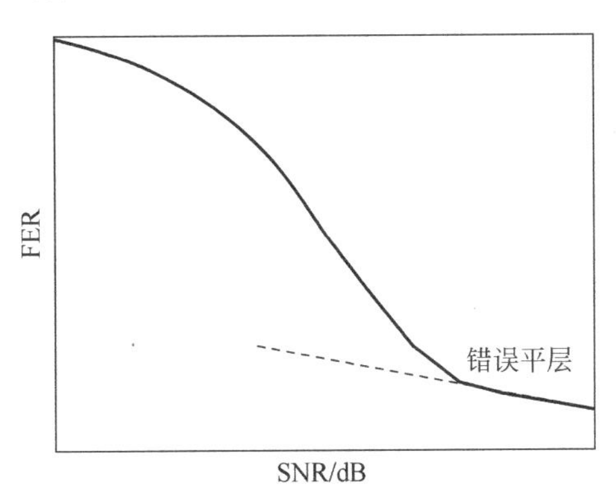

图 11.6 LDPC 码错误平层的描述。开始时，当 SNR 增加的时候，FER 以陡坡形式下降。最后这个斜坡变平缓，在高 SNR 的时候 FER 的提高很小

什么原因导致错误平层的行为？基于二进制 LDPC 码，这个重要的问题得到了深入研究[11,12]。对于存储器件，例如，允许对底层器件进行少量探测。如果只允许这样的探测方式，则将该系统称为硬判决。如果允许多次读，系统称为软判决，如图 11.7(b)所示。然而，由于延迟问题，只允许少量的探测。值得注意的一个问题是设置参考阈值（单读模式下为 V_{R1}、V_{R2}、V_{R3}，双读模式下为 $V_{R1}, \cdots, V_{R6}$）。为了解决该问题，在文献[13]中提出了基于互信息优化的一种方法。

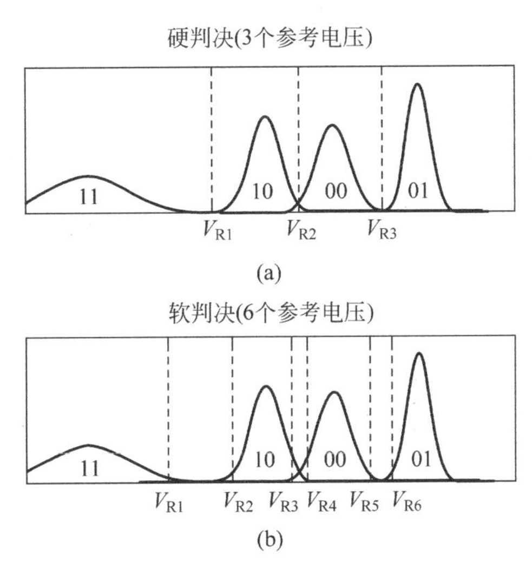

图 11.7 在 MLC(4 层)Flash 中读的例子。(a)硬判决只允许一次读，因此只有一个输出态。在这种情况下只有一个单独的阈值来区分每个状态。(b)软判决允许多次读；显示了两次读的情况，有很多策略去确定阈值 V_{Ri}

在少量读取的情况下，存储器件的连续信道变为离散信道。类似地，在数字系统中，信息被量化为有限精度的变量。因此，在实际系统中解码器行为最终类似于在更简单的信道上操作的解码器，例如离散的无记忆信道。基于这种信道的 LDPC 码已经得到非常好的研究。

现有大部分研究都集中于二进制码的错误平层。事实上错误平层与 LDPC 码的图形结构中的某些对象是密切相关的。该图形结构是 Tanner 图；LDPC 码里的 Tanner 图是二分图，它的两类节点为变量节点（对应于 LDPC 码字向量中的分量）和检查节点（对应于奇偶校验方程）。如果对应的分量有对应的检验方程的话，校验节点和变量节点通过边连接。Hamming [7,4]二进制码的 Tanner 图的例子如图 11.8 所示。当然这个码不是低密度的；然而，简单的奇偶校验矩阵有助于说明了 Tanner 图的定义背后的理念。

由于置信传播解码器作用于该图形结构，因此节点的某些特定配置会导致解码问题。陷阱集和吸收集就是这样的子图对象例子，当在特定码的 Tanner 图形中出现时会导致错误。这些对象已经在二进制 LDPC 码的情况下进行了广泛的研究。许多论文都针对 LDPC 码设计算法，以避免陷阱集和吸收集从而消除错误平层的行为[14,15]。

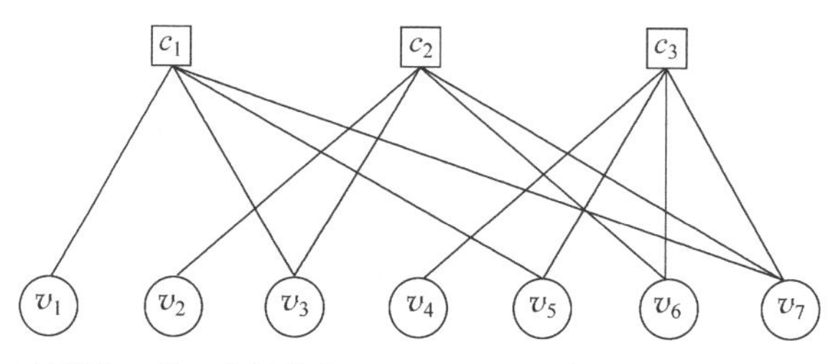

图 11.8 (非 LDPC)汉明[4,7]二进制码的 Tanner 图的示例。圆圈表示对应于码字中每个比特的 7 个变量节点。方块代表码的奇偶校验矩阵中的三个校验方程。如果在奇偶校验方程中使用对应的比特，变量节点和校验节点之间有一个边连接

然而，在非二进制 LDPC 情况下，这个问题更具挑战性。下面将探讨如何识别、枚举和去除非二进制 LDPC 码里的吸收集，此讨论基于总结传统的二进制 LDPC 里的吸收集。

11.2.1 二进制陷阱/吸收集

从二进制 LDPC 码的 Tanner 图的子图开始。该子图包含具有变量节点集 V 且 $|V| = a$。V 中的变量节点设置为 1，而其他非 V 中的变量节点设置为 0。校验节点连接到 V 中的顶点，分为集合 E 和 O，E 中校验节点到 V 中的顶点为偶数边数，O 中校验节点到 V 中的顶点为奇数边数。当然，在这种配置中，E 包含满足的(satisfied)校验节点而 O 包含不满足(unsatisfied)的校验节点。现在可以介绍陷阱集和吸收集。

定义 9：V 是(a,b)陷阱集如果$|O| = b$。

定义 10：V 是(a,b)吸收集如果$|O| = b$，且 V 中的每个变量节点（严格上）在 E 中比在 O 中有更多的相邻节点。

定义 11：基本吸收集/陷阱集是一种满足如下附加条件的吸收集/陷阱集，每个相邻的满足校验节点有两个边连接到集合，而每个相邻的不满足校验节点正好有一个边连接到该集合。

图 11.9 中展现这样一个集合的图示。

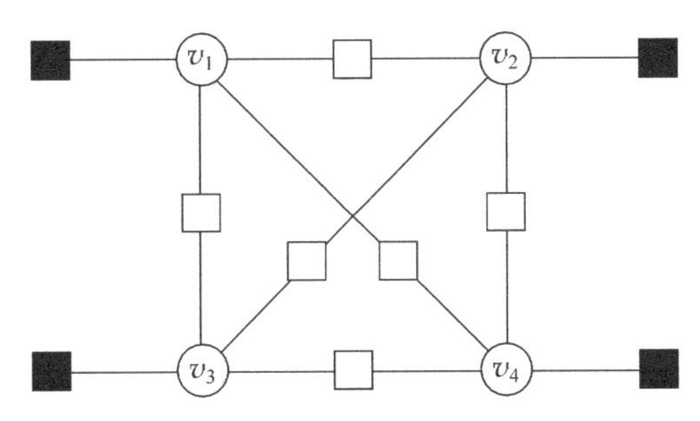

图 11.9 (4,4)二进制吸收集的图示。白色圆圈表示四个变量吸收集中的变量节点。灰色方块为不满足校验节点,白色方块为满足校验节点。由于每个不满足的校验节点都具有正好一个边到变量节点集,这是一个基本(4,4)吸收集

图 11.9 所示的配置为(4,4)吸收组。其中 4 个变量节点连接到 4 个不满足校验节点。不满足校验节点为灰色方块,而满足校验节点为白色方块。另外,这是一个基本(4,4)吸收组,因为每个不满足校验节点正好有一个边连接到 4 个变量节点,而每一个满足校验节点到变量节点正好有两个边。

请注意吸收集的基本概念:它是这样变量节点的一种配置,在这种配置中多数逻辑比特翻转解码器会产生错误(这里假设发送的是全零码字),且将无法从此种错误中恢复。这种行为事实上恰恰是因为大多数相邻的校验节点为满足节点而造成的。

还需要一些额外的图论理论。以定义在一个无向图的所有回路(cycle)集合上的向量空间。对于这样的图 G,满足 $G=(V,E)$,E 的幂集 2^E 是向量空间,该向量空间采用对称差集(symmetric set difference)作为加法运算,采用恒等函数(identity function)作为否定运算,并且用空集合作为加性单位元素(additive identity element)。然后,图 G 里的回路空间是 2^E 的子空间,它具有 G 中的回路作为其元素。现在我们应用线性代数的基本原理。

定义 12:在 $G=(V,E)$中回路(cycle)的集合 F 是 G 中回路的生成(*span*)如果它形成回路空间的基础。回路生成中的回路称为基本回路。

还可以引入一个相关的图形结构,称为变量节点(Variable Node,VN)图。该图的定义基于基本吸收集的二分图。变量节点图只包含变量节点;如果两个变量节点与同一个二度(degree-two)校验节点相邻,它们之间则由边连接。

11.2.2 非二元吸收组

现在准备好解决非二元吸收集的问题。既然是在非二进制系统中工作,这种码的 Tanner 图中连接变量和校验节点的边具有权重。这个权重是等于 LDPC 码的非二进制奇偶校验矩阵中相应的非零值。这为图形结构增加了一个细节:它依然是一个拓扑结构(就像二进制码一样),但是是带着权重的结构。因此,非二元吸收集也必须满足带有权重的情况。

如前所述,我们寻求一个配置,每个变量节点相邻的校验节点满足的节点比不满足的节点要多;不过,要形成满足/不满足的情况,将需要一定的权重关系。图 11.10 展示了这种吸收集的一个例子。

请注意,这里边权重是在码的有限域 GF(q)里的非零元素。该吸收集具有与之前二进制吸收集示例相同的拓扑结构。

然而,在一般情况下,为了使二度校验节点成为满足的,需要以下关系来保证在 GF(q)成立。请注意权重在图 11.10 上标注。

$$v_1w_1 = v_2w_2,\quad v_2w_3 = v_4w_4,\quad v_4w_5 = v_3w_6,$$
$$v_3w_7 = v_1w_8,\quad v_2w_{11} = v_3w_{12},\quad v_1w_9 = v_4w_{10}$$

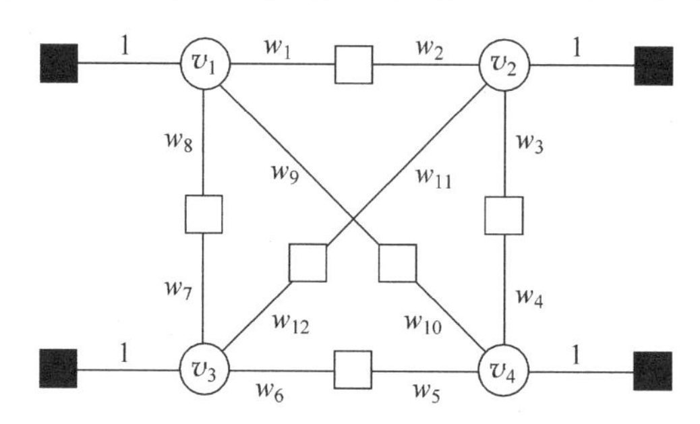

图 11.10 非二进制(4,4)吸收装置的图示。和以前一样,这是一个基本吸收套。请注意,每个边现在有一个权重;这些权重必须满足一定条件使得子图成为吸收集。然而,未标记权重版本的图形形成一个二进制吸收集

这些公式直接来源于 Tanner 图的定义。例如,如果相应的检验方程为 0: $v_1w_1 + v_2w_2 = 0$,v_1 和 v_2 之间的校验节点是满足的(记住所有除 $v_1,\cdots,v_4$ 之外的变量节点设置为 0,而 $v_1,\cdots,v_4$ 设置为 1)。

如果字段长度是 2 的幂,也即 $q = 2^p$,可以消除这些方程中的变量节点从而写出一系列独特的权重条件:

$$w_1w_7w_{11} = w_2w_8w_{12},\quad w_3w_5w_{12} = w_4w_6w_{11},\quad w_2w_4w_9 = w_1w_3w_{10}$$

其中,如前所述,方程式在 GF(2^p)域内。

为了定义非二进制吸收集,基本概念可以写成一般形式:

定义 13:集合 V 是 GF(q)上的(a,b)吸收集,如果在 $\boldsymbol{A}$ 矩阵中存在($1-b$)个秩为 r_B 的子矩阵 $\boldsymbol{B}$,矩阵的元素为 $b_{j,i}$,其中 $1\leqslant j\leqslant 1-b$,$1\leqslant i\leqslant a$ 并满足如下条件:

(1) 如果 $N(\boldsymbol{B})$是 $\boldsymbol{B}$ 的零空间,$\boldsymbol{d}_i$ 是 $\boldsymbol{D}$ 的第 i 行,$1\leqslant i\leqslant b$,其中 $\boldsymbol{D}$ 是通过从 $\boldsymbol{A}$ 矩阵中去 $\boldsymbol{B}$ 给出,则 $N(\boldsymbol{B})$中存在 $x = [x_1\ x_2 \cdots\ x_a]^{\mathrm{T}}$,使得对于$\{1,\cdots,a\}$中的所有 i 而言 x_i 不为零,并且没有 i 使得 $\boldsymbol{d}_i x = 0$。

(2) 如果 $\boldsymbol{D}$ 包含元素 $d_{j,i}$,其中 $1\leqslant j\leqslant b$,$1\leqslant i\leqslant a$,则对于$\{1,2,\cdots,a\}$中的所有 i,有

$$\sum_{j-1}^{l-b} S(b_{j,i}) > \sum_{j-1}^{b} S(d_{j,i})$$

这里,函数 S 是一个指示函数,当 x 非零时 $S(x) = 1$,当 $x = 0$ 时为 0。

我们观察到这种针对非二进制情况的调整同样也可适用于陷阱集。就像我们从二进制吸收集定义给出基本二进制吸收集一样,也可以通过添加相同的条件来定义非二进制基本吸收集。在这个基本的吸收集中,可以进一步控制上面的条件使它具有下面的形式,类似于在示例里做的一样。令 C_p 是由(a,b)非二进制吸收集形成的包含 p 个不同变量节点和 p 个不同的校验节点的图形成的回路。令 $C_p = c_1 - v_1 - c_2 - v_2 - \cdots - c_P - v_P - c_1$。权重

$w2_{i-1}$ 是连接 c_i 和 v_i 边上的标签。类似地，$w2_i$ 是连接 v_i 和 c_{i+1} 的边上的标签。则得到以下的引理。

引理 1：如果场大小参数 $q=2^p$，则每个回路 C_p 满足以下关系：

$$\prod_{k=1}^{p} w_{2k-1} = \prod_{k=1}^{p} w_{2k}$$

基于基本非二元吸收集，现在有一个简单的定义分解：（未加权）拓扑结构必须是二进制吸收集，另外，权重必须满足引理 1 中给出的方程式。

现在已给出定义并明确非二进制吸收集的概念，接下来将考察如何提高非二进制码的性能。

11.2.3 性能分析及其含义(implications)

首先要确定权重条件满足的发生频率。如果条件不满足，就没有吸收集。这个概念在下面的定理中描述。

定理 1：有一个 (a,b) 未标记（二进制）基本吸收集，其含有 e 个满足的校验节点。然后，

(1) 1. $(q-1)^{a-e-1}$ 的一部分边权重分配（在 $GF(q)$ 上）产生非二进制基本吸收集。

(2) $e(q-1)^{a-e-1}(q-2)$ 的一部分边权重分配（也在 $GF(q)$ 上）产生 $(a,b+1)$ 非二进制陷阱集。

定理的证明基于前面介绍的图论理论中的简单计数参数。

假设码及其权重随机生成，因子为 $e(q-2)$，定理意味着非二进制陷阱集数目比非二进制吸收集数目要大。然而在实践中，仿真结果显示错误形态不涉及陷阱集的任何错误。另一方面，错误形态确实显示了吸收集的错误。如何解释这个行为？其原因是解码算法中的量化导致了置信度传播解码器的行为跟多数逻辑翻转解码器的行为类似。这样的解码器在遇到陷阱集时不会发生错误，但是，从吸收集的定义看，这些解码器在遇到吸收集时会产生错误。

因此，更希望找到能从非二进制 LDPC 码的 Tanner 图中去除或减少吸收集的方法。首先要注意到某些吸收集参数的重要性超过其他参数。在错误平层中，在高 SNR 情况下，错误通常只包括少量的变量节点，因此先关注小的吸收集。其实，LDPC 解码器的性能由最小的吸收集主导，这也是典型的基本吸收集。此时，目标变为最大化最小吸收集的规模。

现在，介绍一种移除有问题的非二进制 LDPC 码 Tanner 图的吸收集的算法。如上所述，关键的思路是控制边权重，使所涉及的子图不再存在吸收集，其算法如下。此处使用一个额外的术语：如果 A 是 B 的子图，则吸收集 A 是吸收集 B 的子集，称 B 为 A 的母集。

算法 1

(1) 输入：Tanner 图 G，在 $GF(q)$ 上的边的权重。

(2) 找到 U_j，所有二进制的 (a_j,b_j) 吸收集的集合以及非标注权重版本的 G（对于一般的情况用文献[16]里的技术，对于特殊情况，采用更复杂的技术方案，如文献[14]里包含伪循环的基于循环的码）。

(3) 选择 W，也就是需要移除的非二进制吸收集。
(4) X 是不能被移除的非二进制吸收集。
(5) X 开始为空。
(6) A 是 W 中正在被处理的吸收集(或者从 G 中删除，或者放到 X 中)。
(7) A 开始为空。
(8) 对于 T 中的每个边 j，C_j 定义为包含边 j 的重新分配权重的回路的集合。
(9) 对于 T 中的所有 j，C_j 开始为空。
(10) 找到(a_j, b_j)，也就是 $W\backslash A$ 中最小的的非二进制吸收集。
(11) 如果这个集合已经是在 A 中的吸收集的子集，跳到(31)。
(12) 对于 U_j 中的所有 u(循环开始)。
(13) 　找到 F_u，其为 u 的基本回路的集合。
(14) 　E_u 为 u 中边的集合。
(15) 　对于 E_u 中的边 k，M_k 是包含 k 的 F_u 的回路的集合。
(16) 　如果对于 F_u 中的所有回路，(5)是满足的，然后
(17) 　　在 E_u 中找到权重为 w_i 一个边 i，使得$|C_i|$最小化
(18) 　　如果存在非零的 w_i'(不等于 w_i)，因而包含 I 的所有回路不满足(5)，然后
(19) 　　　用 w_i 替代 w_i'
(20) 　　否则
(21) 　　　E_u 等于 $E_u\backslash i$
(22) 　　　如果 E_u 为空，然后
(23) 　　　　X 等于 X 和 U_j 的并集(Union)，跳到(31)
(24) 　　　否则
(25) 　　　　跳到(17)
(26) 　　　如果(22)结束
(27) 　　如果(18)结束
(28) 　　对于 M_i 回路中的每一个边 e，C_e 等于 C_e 和 M_e 的并集
(29) 　如果(16)结束
(30) 循环(12)结束
(31) 添加(a, b)吸收集到 A
(32) 如果 A 不等于 W，跳到(9)
(33) 如果 X 为空，所有的吸收集被移除。否则，不可能再从 X 中移除吸收集

算法 1 中的基本概念如下。首先选择希望移除的基本的吸收集。这些集合必须根据码的参数(例如，列权重、最小循环长度(girth)等)来选择。接下来，对于这组集合，先关注其最小的吸收集。在未标记的 Tanner 图(即二进制版本)中寻找这个集合的二进制版本。如果这些吸收集的基本回路满足引理 1 中的公式，将其中一个边的权重修改为 GF(q)中的其他非零元素，这样的选择可以确保以前移除的吸收集不会再恢复。这个过程一直进行到当前的吸收集被移除。

特定码选择下，由于各种吸收集而导致的错误形态（见表 11.2）。表 11.2 展示了以前的算法对这些错误的影响。

表 11.2　GF(4)上非二进制 LDPC 码的错误形态

错误类型	(4,4)	(5,0)	(5,2)	(6,2)	(6,4)	(6,6)	(7,4)	(8,2)	其他
初始	35	7	9	11	17	21	8	10	10
After Alg.	0	0	0	0	0	0	0	0	9

每种错误类型是指引起错误的(a,b)吸收集。该算法能移除所有这些吸收集（直到(8,2)集），大大减少了错误的数量。这里采用的是 GF(4)上的非二进制 LDPC 码。表中数据码长度为 2904 位，SNR 为 5.1dB，码率为 0.878，列权重为 4。表中显示为对于各种吸收集，未经过和经过去除吸收集算法的错误形态。

接下来，图 11.11 展示了使用该算法（标记为 A 方法）的效果性能曲线。也和其他几个试图通过修改吸收/陷阱集来解决错误平层的算法做比较。特别与文献[17]中提出的“P 方法”进行比较。“P 方法”试图去掉在 Tanner 图中所有长度为 l 的回路，其中 1 在最小循环长度 g 和 l_{max} 之间，这种方法也具有移除某些吸收集的作用（特别是非常小的吸收集）。我们比较的另一种方法是文献[18]中提出的“N 方法”。

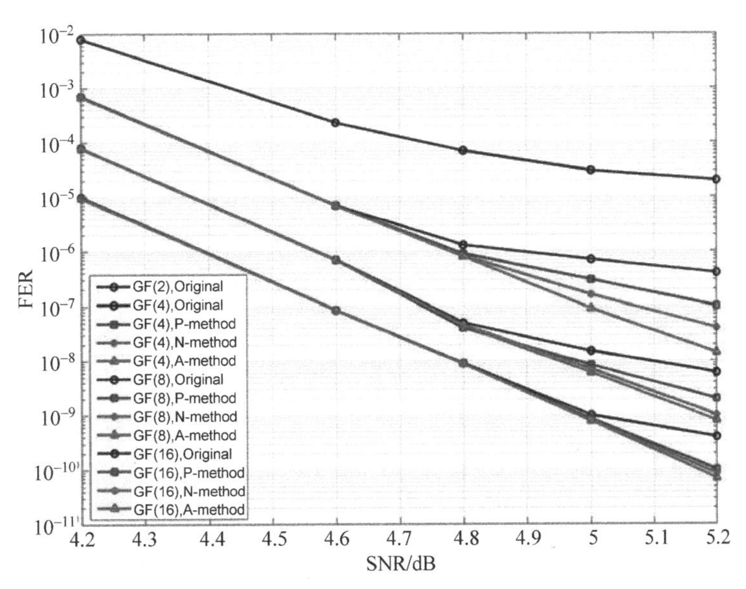

图 11.11　几种场域下二进制和非二进制 LDPC 码的 SNR 与 FER 曲线。曲线包括原有的，未修改的代码以及由几种方法旨在改进非二进制 LDPC 产生的码。在算法 1 中描述的方法被标记为 A 方法；这种方法里 FER 的改进最显著

图 11.11 中显示了原始码以及前面讨论的三种码的帧错误率与 SNR 的关系。注意前面介绍的算法在 FER 中得到最好的整体改进。码长度约为 2930 位，速率为 0.88，列权重为 4，QSPA-FFT 解码器用于解码。

在采用非常实用的非二进制准循环（NB-QC LDPC）码的情况下，我们的结果如图 11.12 所示。这里码长度大约为 1400 位，速率约为 0.81，列权重为 4，使用的还是 QSPA-FFT 解码器。

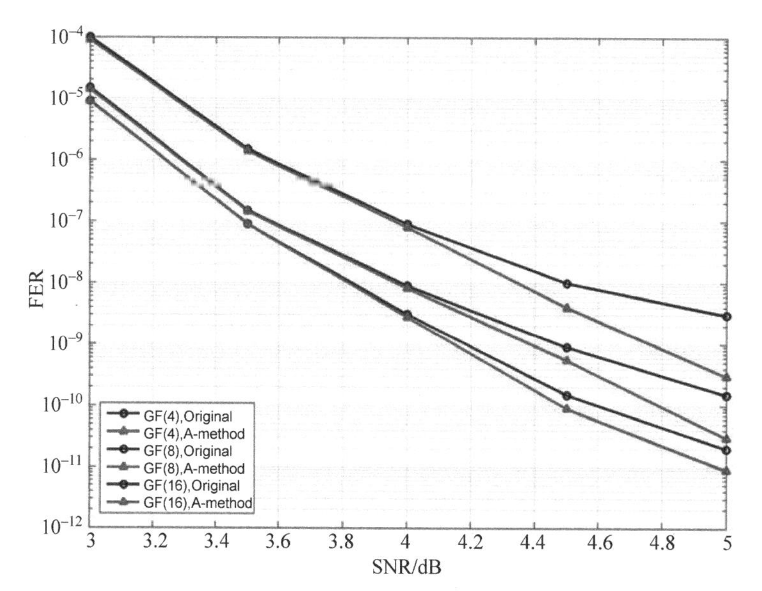

图 11.12 具有不同场尺寸的非二进制 QC-LPDC 的 SNR 与 FER 曲线。比较了原有算法以及使用算法 1 的改进的 A 方法，注意：在小尺寸场的情况下，改进是最强的

注意，事实上，随着场大小 q 的增长，基准的改善就会减少。其原因在于，对于较大的场尺寸，由于还有更多的边权重选择，吸收集自然产生的概率较小，因此只需要移除很少的吸收集。

11.3 总结

在本章中，研究了两类非标准码。第一类由代数码组成，它只依赖于硬信息并且适合于仅需简单有效的解码且容错要求不高的应用场景，比如便宜的数据存储设备。第二类是由 LDPC 码组成，它们具有更复杂的解码，但提供非常好的性能。因此，LDPC 码更适合于需要极端可靠性的应用。Flash 设备占据这两者之间的所有应用。这两类高级码比传统对应的码都有重大的改善，但同时在构造、设计选择和分析方面面临更多的挑战。

非对称代数码的研究基于采用不对称信道对数据存储设备的物理信道进行建模的方式。无论是码率还是在纠错能力方面传统的对称码都是浪费的。本章讨论了两种不对称码：基于张量积运算的分级纠错码和基于动态阈值副信息技术的依赖于动态阈值的码。

与经常研究的二进制 LPDC 码相比，非二进制 LDPC 码提供了更好的性能。通过研究在非二进制的情况下错误平层问题，定义了导致错误平层的非二进制的吸收集对象。同时引入了可以从 Tanner 图中有效地移除有问题的吸收集的非二进制 LDPC 码算法。仿真结果显示，与基准的非二进制 LDPC 码相比，这种算法的性能有显著改善。

第12章

3D NAND Flash设计的系统级思考

本章介绍了 3D NAND Flash 的设计，并从系统的角度进行相关说明。传统的 2D 缩放方法面临着各种各样的限制，比如光刻成本提高和单元之间的耦合干扰。为了在 10nm 技术节点之后保持单字节成本降低的趋势，人们认为 3D NAND 将成为下一代的技术。此外，被称为存储级内存(SCM)的存储器，如电阻式存储器(ReRAM)、相变存储器(PRAM)和磁阻存储器(MRAM)将对存储系统的设计产生革命性的影响。由于 SCM 的运行速度更快，不论是混合的 SCM/3D NAND 固态硬盘，还是仅包含 SCM 的固态硬盘，其写入性能都要比 3D NAND 固态硬盘高得多。此外，固态硬盘的性能还依赖于工作负载。因此，从现实工作负载量出发，获得 3D NAND 固态硬盘的设计准则是很有意义的，这适用于 3D NAND 固态硬盘和混合的 SCM/3D NAND 固态硬盘。

12.1 引言

由于 Flash 的速度快、功率低、可靠性高，市场对 NAND Flash 的需求不断增长。基于 NAND Flash 的存储系统广泛应用于诸如 SD 卡之类的消费电子产品，以及在服务器和数据中心等企业应用中，例如 SSD。本章将讨论为企业应用程序设计的 SSD。正如在 12.2 节所述，Flash 的固有特性导致基于 Flash 的 SSD 的瓶颈在于写入性能，而不是读取性能。因此，在大数据时代，人们应该改进 SSD 的写入性能，以满足对高性能存储的日益增长的需求。

另一方面，存储级内存，如电阻式存储器、相变存储器和磁阻存储器，由于其相对于 Flash 速度更快、耐力更高、功耗更低，近年引起越来越多的关注。SCM 架设起了 DRAM 和 NAND Flash 之间的桥梁。根据速度和容量，SCM 器件可分为两种类型：DRAM 类型和 NAND 类型。DRAM 类型的 SCM 被称为内存型 SCM(M-SCM)，例如 MRAM；而 NAND 类型的 SCM 被命名为存储类 SCM(S-SCM)，例如 ReRAM 和 PRAM。混合的 M-SCM/3D NAND Flash SSD 和仅包含 S-SCM 的 SSD 都被认为是为下一代的 SSD 可选结构。

本章中将介绍提高 SSD 写入性能的技术，并对三种 SSD 进行讨论，包括 3D NAND

Flash SSD,混合 M-SCM/3D NAND Flash SSD 和仅包含 S-SCM 的 SSD。通过使用具有代表性的实际工作负载对其进行评估,可以发现,基于 3D NAND Flash 的 SSD 的编写性能是依赖于工作负载量的。根据系统级评估结果,本章将给出用于 SSD 的 3D NAND Flash 的设计准则。

12.2 固态硬盘的背景知识

图 12.1 是计算机系统的内存层次结构。位于顶层的存储器速度更快,但容量更小(较高的位成本)。相反,位于底层的存储器速度较慢,但容量更大(较低的位成本)。SCM、NAND Flash 和 HDD 是非易失性的。在内存层次结构中,NAND Flash 位于 SCM 和 HDD 之间。由于 NAND Flash 的位成本是通过比例缩小和多位技术来持续减少的,所以 SSD 作为 HDD 的替代选择是具有成本效益的。

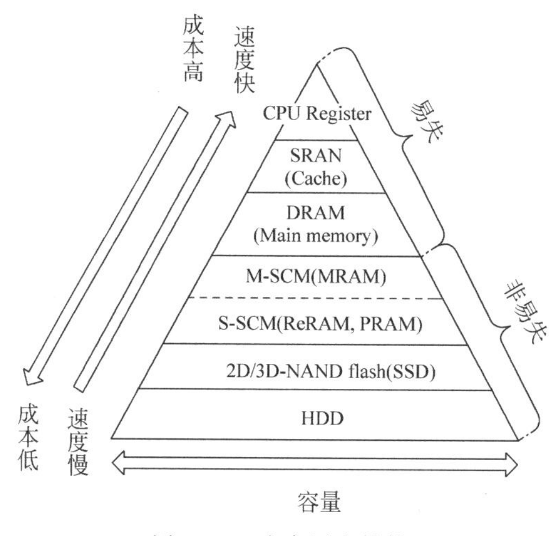

图 12.1 内存层次结构

图 12.2 是 NAND Flash 的构成[1]。与同一个 WL 连接的所有存储单元构成一页,这是 NAND Flash 的读写单元。擦除单元是一个块。在一个典型的 MLC NAND Flash 中有 128～256 页。

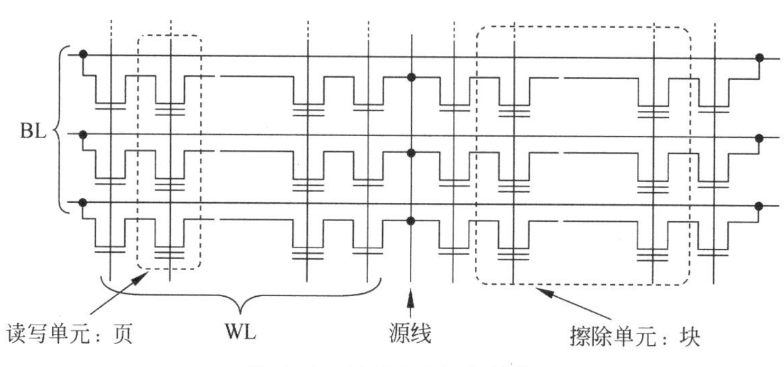

图 12.2 NAND Flash 结构

所有的3D NAND Flash固态硬盘、混合M-SCM/3D NAND Flash SSD和仅包含的S-SCM SSD的架构如图12.3所示。SSD的关键组件是SSD控制器，它集成了Flash转换层(Flash Thansition Level, FTL)，使SSD可以作为块设备工作。如图12.4所示，由于NAND Flash无法原位写覆盖，FTL中最基本也最关键的功能是逻辑地址到物理地址的转换。根据映射粒度，可以将地址转换分为页级映射、块级映射和混合映射。当一个页面数据被覆盖时，旧的数据从旧页面中读取，合并新的数据，写入一个新页面。在此之后，旧页面将失效。因此，在SSD中有三种页面状态：空闲页面，带有有效数据的页面以及无效数据的页面。频繁访问的数据(热数据)将产生大量无效的页面。当SSD的空闲空间减少到低于某一阈值时(在一个存储阵列中只有几个空闲块)，FTL中的垃圾回收(Garbage Collect, GC)操作就会被触发，它可以是立即响应或者在后台响应，回收一个或多个旧的块。在删除旧块之前，块中的所有有效页面都必须复制到另一个块中的空闲空间，如图12.5所示[2]。因此，GC的延迟时间随回收块中有效页面的数量增加而增加。当这样的页面复制的时间开销很大时，GC将成为SSD写性能的瓶颈。此外，FTL的耗损平衡机制可以保证NAND Flash损耗是均匀的，从而使SSD的寿命最大化。根据NAND Flash中的静态数据是否被周期性地移动，耗损平衡可以划分为静态耗损平衡和动态耗损平衡。其他功能如ECC和坏块管理(Bad Block Management, BBM)也是必不可少的。

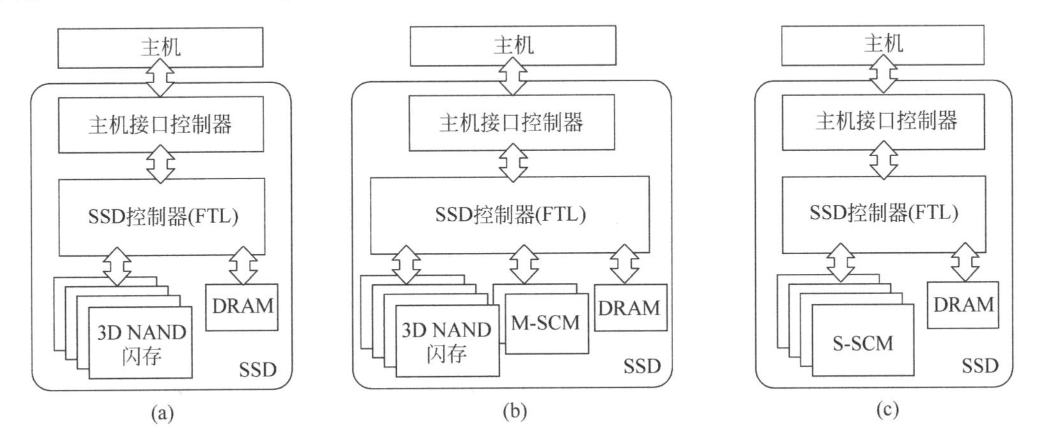

图12.3 SSD架构。(a) 仅包含3D NAND的SSD；(b) 混合M-SCM/3D NANA的SSD；(c) 仅包含S-SCM的SSD

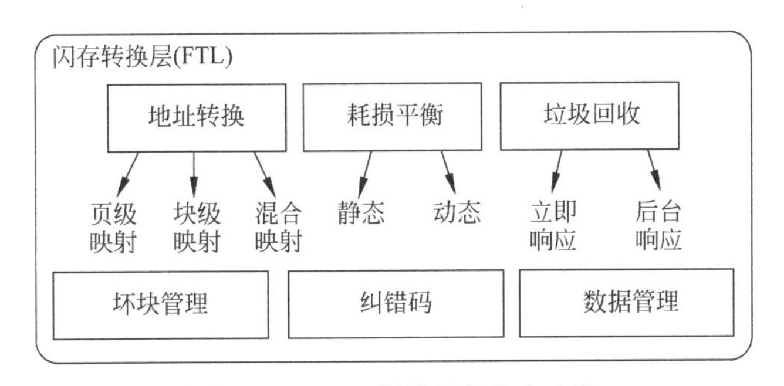

图12.4 Flash转换层的基本功能

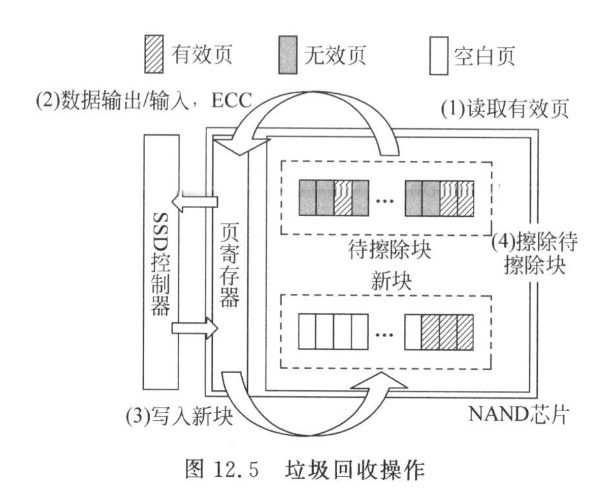

图 12.5 垃圾回收操作

12.3 SSD 性能提升技术

这一章节介绍了提升基于 3D NAND 的 SSD 写性能的三个技术：存储引擎协助(Storage Engine Assisted SSD,SEA-SSD),逻辑地址(Logical Block Address,LBA)乱序 SSD 和 M-SCM/3D-NAND 混杂 SSD。前面两个技术基于 SSD 控制器和固件协同设计。最后这项技术将 M-SCM 引入到 SSD 系统中。最后还介绍了未来终极解决方案全 S-SCM SSD。

12.3.1 存储引擎协助的 SSD

数据中心是企业级服务器最广泛的应用之一。数据中心的存储引擎这个中间件控制着数据的存储时点和地址。因此,在数据中心,SEA-SSD 通过协同设计存储引擎和 SSD 控制器来改善 SSD 的写性能。SEA-SSD 基于的观点是存储系统的上层应该比底层掌握更丰富的信息。目前的 SSD 仅仅接受操作系统设备驱动层的信息,包括数据、数据大小和数据地址。这个信息是非常有限的。

图 12.6 展示了传统计算系统和使用 SEA-SSD 计算系统的比较。由于下面的两个原因,SEA-SSD 中取消了操作系统层：①文件系统、块设备层等是基于传统的 HDD 优化的,因此,传统的 OS 层对于 SSD 来说效率比较低；②如果 SEA-SSD 也采用 OS 层,Hint 信息在穿过这些层时需要很多的工程努力。取消 OS 层后,Hint 直接从存储引擎传到 SSD 控制器,这样存储数据的效率更高。

图 12.7 展示了 SEA-SSD 的架构。每个 3D NAND Flash 芯片被分成了两个逻辑块,Seg-Hot 用来存储热数据(经常访问的数据)；Seg-Cold 用来存储冷数据(很少访问的数据)。通过对同一个块中具有相同活性的数据进行分类,GC 的开销能够减小。为了决定两个块的大小,第一类的 Hint 需要提供给 SSD 控制器,它是基于存储引擎(Storage Engine,SE)设置和热数据大小的强关系。对于 Innodb 存储引擎来说,SE 设置包括缓冲池和日志文件的大小。缓冲池存储着经常访问的数据,而日志文件可以通过断电恢复来保证 Innodb

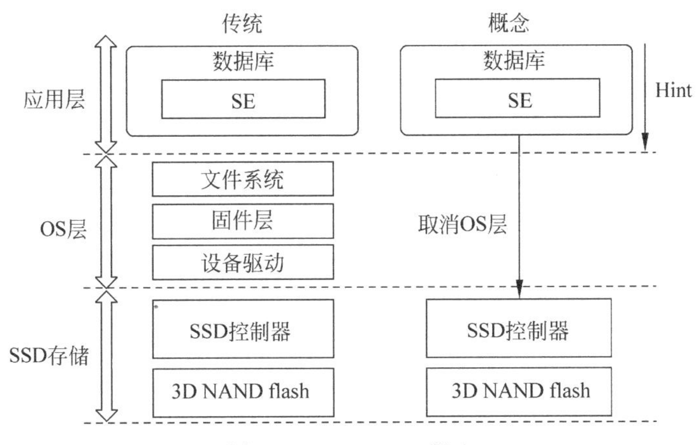

图 12.6 SEA-SSD 概念

存储引擎的一致性。第二类 Hint 使用动态的数据模型来给数据初步的分类。当数据写入 SSD 时，如果存储引擎判断其为热数据，逻辑“1”被发送给 SSD 控制器意味着数据是热数据，应该存在 Seg-Hot，如图 12.8 所示。否则，数据就被存在 Seg-Cold。存储在 3D NAND 里数据的活性随着时间改变，当触发 GC 后，使用第三种 Hint 来预测数据的活性。第三类 Hint 是页数据的逻辑地址（这些数据首次进入刷新列表），因为这些数据将很快被送到 SSD。如图 12.8 所示，这些数据将被存到 Seg-Hot，其他的数据在 GC 后存到 Seg-Cold。

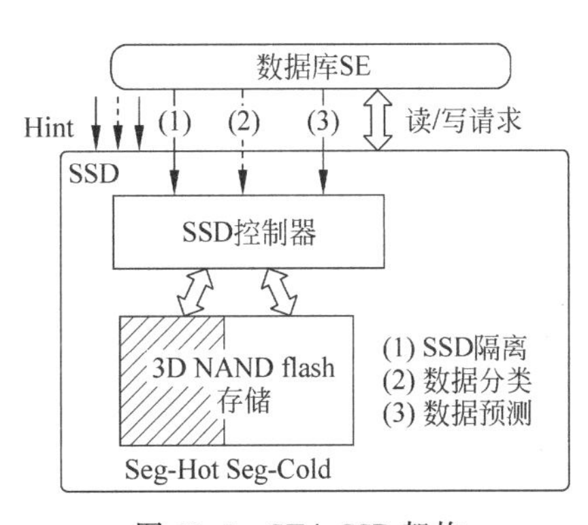

图 12.7 SEA-SSD 架构

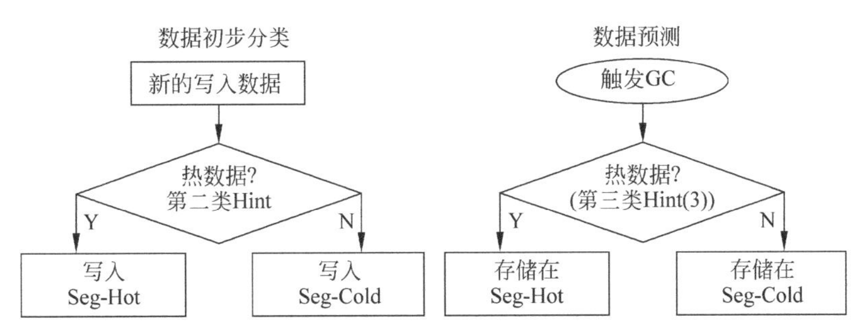

图 12.8 SEA-SSD 数据管理算法

为了评估 SEA-SSD，开发了数据中心和 SSD 耦合的模拟器。这个模拟器是基于 Synopsys Platform Architect，它比实际的平台快 20 多倍。从评估的结果来看，SEA-SSD 的写性能最大可以提升 24%，而且最大节省 16%的能量和 19%的生命周期延长。

12.3.2 逻辑块地址 scrambled SSD

SEA-SSD 是专门为数据中心的应用而优化设计的。对于其他应用来说，为了提高 3D

NAND 的写性能，通用的解决办法是用逻辑地址块(Logical Block Address，LBA)加扰的 SSD。一个基于地址映射技术的中间件 LBA 扰流器被应用到现有的 SSD 系统中。

LBA 扰流器的目的是为了减少 GC 时页复制的开销，正如图 12.9 解释的那样。在 SSD 中，有三种类型页：有效页、空白页和无效页。在有效页中，拥有空白空间的页被称为碎片页。正如在第 12.2 节中提到的，所有即将擦除块中的有效页必须被复制到另一个块的空白空间中，这导致了 SSD 写性能的退化。LBA 扰流器可以把小的数据写入即将被擦除块的、碎片页的剩余空间里。由于覆盖写，这些即将擦除块里的碎片页变得无效，SSD 里的数据变得不那么零碎。

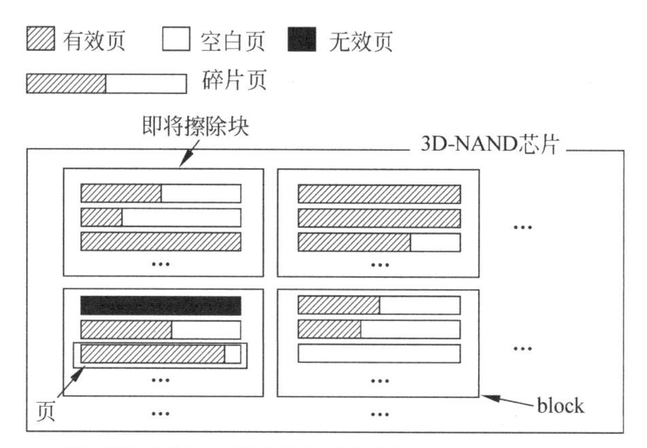

图 12.9　LBA 扰流器概念

图 12.10 说明了基于 LBA 加扰的 SSD 的计算系统。为了获得地址的重映射，LBA 扰流器引入了另外的逻辑地址，被称作扰流器 LBA(Scrambled LAB，SLBA)。在 LBA 加扰后，数据地址 SLBA 送到 SSD 控制器。SSD 控制器通过逻辑地址到物理地址转换表把数据写入 3D NAND 的物理页中。为了通知 LBA 扰流器关于碎片页地址的信息，即将擦除 block 中碎片页的加扰的逻辑页地址被 SSD 控制器发送到 LBA 扰流器。为了记录 LBA 和 SLBA 之间的地址映射，LBA-to-SLBA 和未用的 SLBA 保存在 DRAM 中。如图 12.10 所示，LBA 扰流器可以被放在 SSD 中，也可以放在主机中。当它放在 SSD 中时，SSD 需要大容量的 DRAM，但是不需要修改接口。相反地，当它放在主机中时，SSD 只需要小容量的 SSD。然而，由于 LBA 扰流器和 SSD 控制器之间的通信，SSD 的接口需要升级。LBA 扰流器的算法流程图展示在图 12.11。每经过 N 个写请求，借助 FTL 传到 LBA 扰流器的信息，可以更新优先覆盖写列表。参考优先覆盖写列表，新的写命令将写数据到即将擦除 block 的碎片页。没有对准的写将产生碎片页。图 12.12 展示了借助 LBA 扰流器的地址映射，可以消除 NAND Flash 没有对准写的问题。

从评估结果来看，和没有使用 LBA 扰流器的 SSD 系统相比，LBA 扰流器获得了最大 394％的写性能提高，56％的能耗减少，55％的耐擦写性增强。

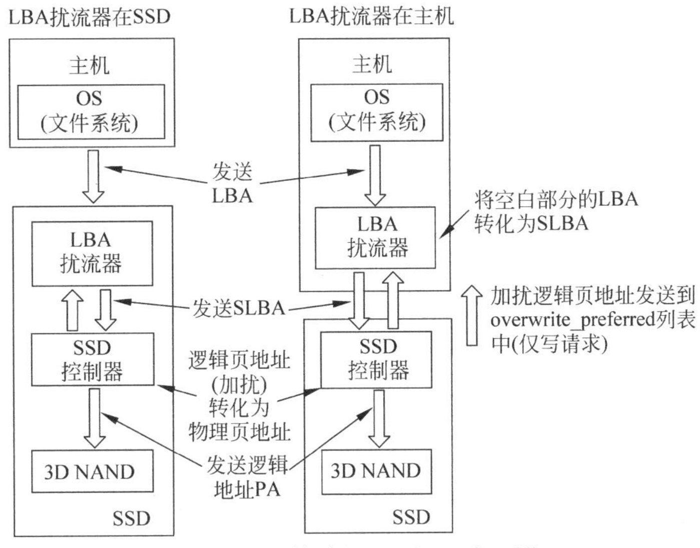

图 12.10 LBA 加扰的 SSD

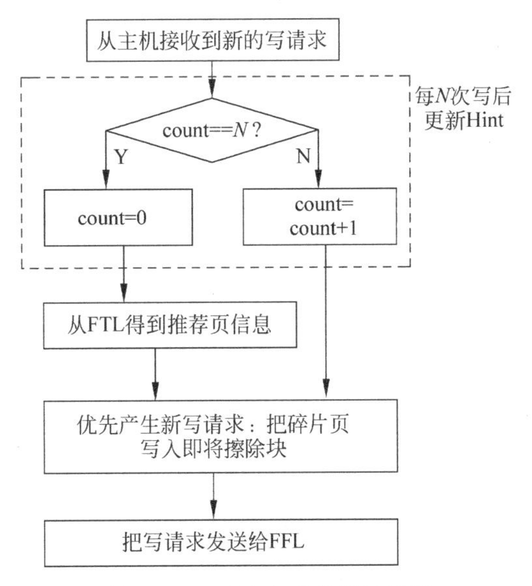

图 12.11 LBA 加扰的算法流程

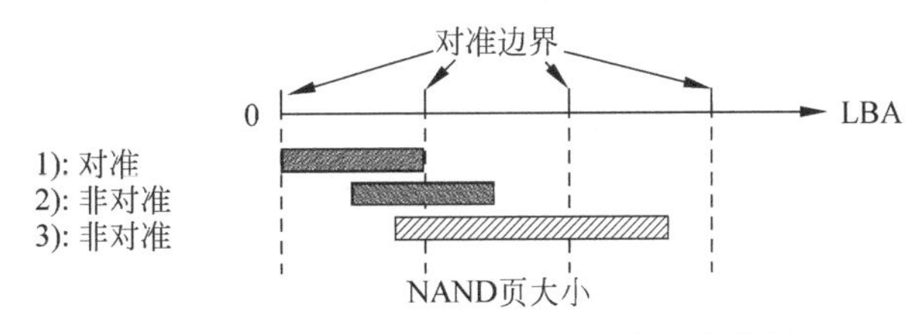

图 12.12 NAND Flash 对准和非对准的写

12.3.3 M-SCM/3D NAND 混合的 SSD

SEA-SSD 和 LBA 加扰的 SSD 都采用了中间件和 SSD 控制器协同设计的方法来提升 3D NAND 的写性能。这两种方案都能减少 GC 的开销。然而，SSD 写性能的改善依然受制于 3D NAND 的读写性能。

另一方面，SCM 相比于 3D NAND 速度更快，更节能，寿命更长。SCM 是非挥发存储器，支持原位的覆盖重写。正是由于 SCM，存储器和存储系统都处在不断地进化之中，如图 12.13 所示。M-SCM 在存储芯片和存储系统中都有采用。而 S-SCM 仅仅用在存储系统中。通过把 SCM 引入 SSD 系统中，M-SCM/3D NAND 混合 SSD 被提出来改善 3D NAND 的写性能。从 SCM(ReRAM)的测试结果来看，其写成功所需的脉冲数随着擦写次数的不同而不同。所以，具备 ready/busy 状态的类似于 NAND 的接口被 SCM 所采用。如图 12.3 所示，M-SCM 在 SSD 中被用作存储器件而不仅仅是一个简单的缓存。基于数据的活性和大小，M-SCM/3D-NAND 混合 SSD 发展出了数据碎片压制算法和冷数据剔除算法。在 SSD 控制器中，采用一个最近最少使用(Least Currently Used，LRU)表记录数据的访问历史。如 12.14 所示，当某个页面数据的逻辑页地址(Logical Page Address，LPA)命中 LRU，这个页面数据就被认为是热数据(经常访问)。否则，这个页数据就被认为是冷数据(很少访问)。另外，根据每个页的使用率(数据大小除以页面大小)，一个页面的数据被划分为两种：随机(碎片)数据和连续数据。当一个页数据的大小超过某个阈值，就被认为是连续数据。混合 SSD 的数据存储策略是把热数据和随机数据存储在 M-SCM，而把冷数据和连续数据存储在 3D NAND。热数据能够原位更新而随机数据能够积累变成连续数据。混合 SSD 的数据管理算法的流程图见图 12.15。当 M-SCM 已经写满时，冷数据和零碎程度较小的数据就被移到 3D NAND。对于移除过程来说，判断数据是连续数据还是随机数据的标准是一个动态值，这个值的增加和减少需要根据 M-SCM 的存储状态来决定。当很难找到需要被踢出的候选者时，就需要减小这个阈值来放松限制。

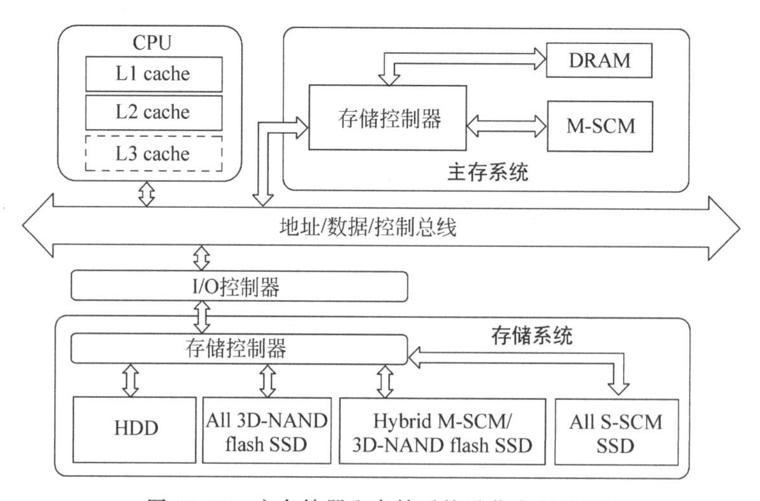

图 12.13 主存储器和存储系统进化由于 SCM

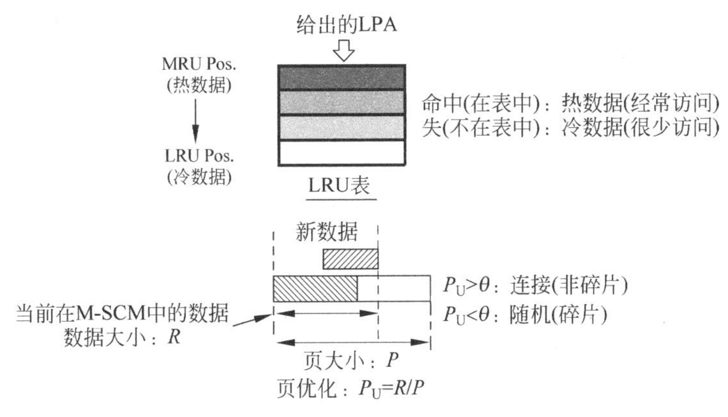

图 12.14 数据分类的判据

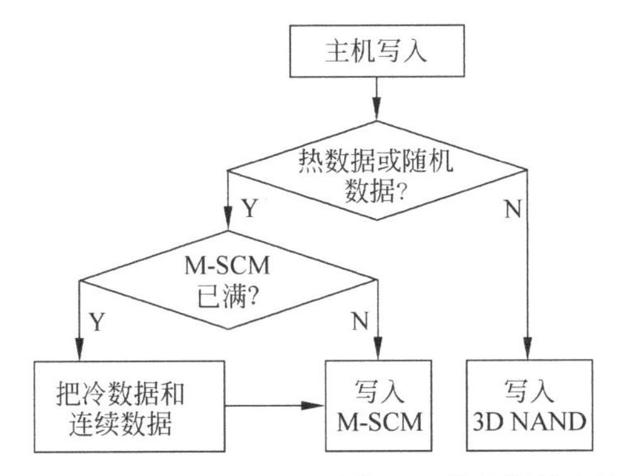

图 12.15 M-SCM/NAND 混合 SSD 的数据管理算法

对于 M-SCM/3D NAND 混合的 SSD 来说，有两个重要的设计考虑。第一，理解代表性应用中 M-SCM 的容量和延迟要求。第二，理解 3D NAND 的组织方式对 SSD 写性能的影响。在分析之前，SSD 的工作负载可以被划分成四类：热随机数据、热连续数据、冷随机数据和冷连续数据，如图 12.16 所示。平均覆盖重写的值较大(所有写数据的和除以用户的数据大小)意味着工作负载是热数据。另外，随机写请求的比例决定了工作负载是随机的还是连续的。这里用 NAND 页面大小的一半来评判数据是随机和连续的标准。

从评估结果来看，对于热随机的负载，为了提高 SSD 的写性能，增加 M-SCM 的容量要比增加 3D NAND 的预留空间(OP：用户能用存储空间外的容量)更加有效。增加 M-SCM 的容量和 3D NAND 的预留空间都能提高 SSD 的写性能。但是，对于冷连续的负载来说，这两种方法都无效。因此，引入 M-SCM 到 SSD 对于热随机负载来说是合适的，对于冷连续负载来说并不经济。一般来说，以延迟为 100ns/sector 的 M-SCM 为例，10%以内的 M-SCM/3D NAND 容量比对于典型的工作负载就足够了。另一方面，通过增加芯片的面积也能获得更快的速度。例如，增加芯片内部写单元的大小能够增加写速度，增加选择器件也能提高读速度(减小了位线之间的电容)。当 M-SCM 的速度增加，M-SCM/3D NAND 混合 SSD 的最大吞吐量也能得提高。然而，如图 12.17 所示，对于代理服务器应用(热随机负载)Prxy-0，当 M-SCM 的容量超过某个阈值后，混合 SSD 的写性能饱和。对于其他的负载，例如 Financial1(来自金融服务器)，增加 M-SCM/3D NAND 的容量比率，没有饱和的趋势。

从不同工作负载的评估结果来看，M-SCM/3D NAND 混合 SSD 的写性能依靠于工作负载和应用。而且，为了达到目标的应用吞吐量，采用更快的 M-SCM 将需要更小的 M-SCM 容量。从系统的观点，可以在 M-SCM 的容量和速度之间折中。因此，对于特定的应用来说，将会有更经济的 M-SCM 芯片设计，这一点在文献[11]中通过建立优化和保守的 SCM 面积花费模型来讨论！

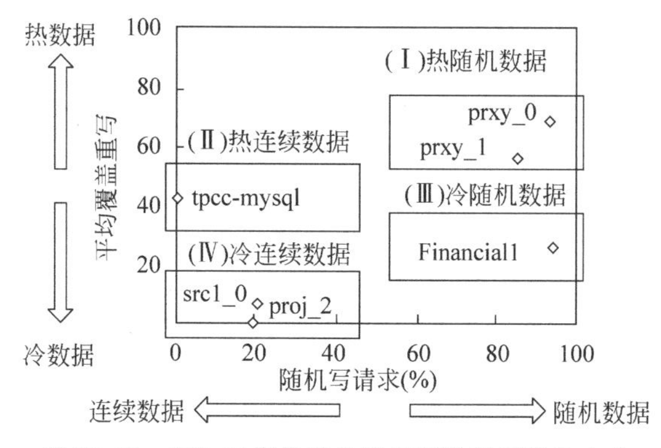

图 12.16　SSD 工作负载分类根据数据活性和大小

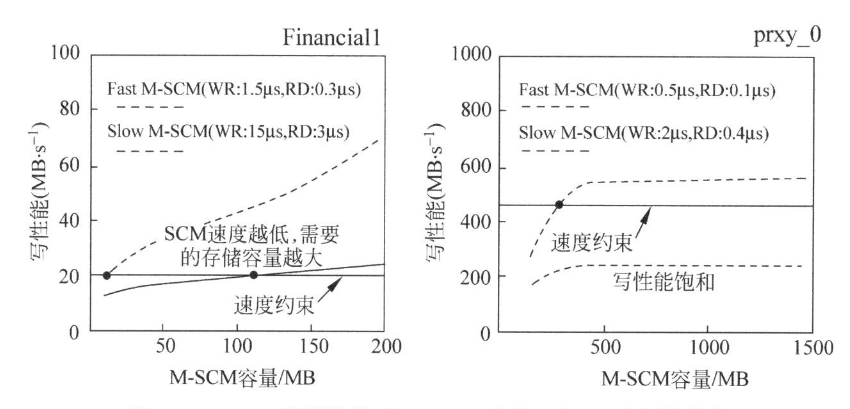

图 12.17　SSD 的写性能对 M-SCM 容量、延迟和应用的依靠

通过分析 SSD 的工作负载，混合 SSD 需要的最小 M-SCM 容量如图 12.18 所示。它说明了累计的 sector 访问频率与用户数据地址范围的关系。例如，25%的访问频率发生在 20%的用户数据地址范围意味着 25%的访问集中在 20%的数据地址内。曲线的拐点就是经常访问数据的结束，这些数据通常是随机数据，要求高的吞吐率。曲线的高斜率部分是最关键的数据，决定了混合 SSD 的最小 M-SCM 容量。对于金融负载来说，M-SCM 的大小应该能够容纳 40%的用户数据来覆盖 75%的 sector 访问。如果考虑到时间和空间的局域性，实际需要用来作为写缓存的 SCM 容量可能远小于 40%。曲线的上升趋势与图 12.17 的结果是一致的。对于金融负载来说，增加 M-SCM 的容量对于提高混合 SSD 的吞吐率是有效的。prxy_0 和 prxy_1 的斜率大于 Financial1 的斜率，因此增加 SCM 的容量对这两种负载来说会更有效。从图 12.18 看，小于用户数据 20%的 M-SCM 容量对于代理服务器是足够的。

由于 NAND Flash 传统的平面微缩面临许多限制，使得降低制造成本和保障可靠性变

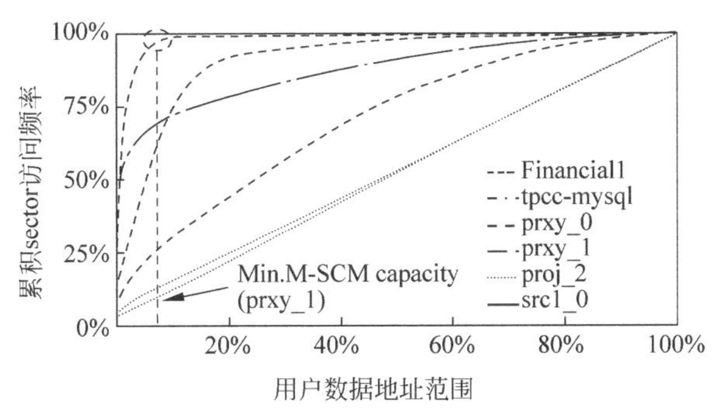

图 12.18 最小的 M-SCM 容量要求

得越来越难，因此为了降低每位的成本，3D 技术就变得不可避免。已经有多种 3D NAND 架构被提出，例如，TCAT、P-BiCS、VSAT 和 DC-SF。目前有两种类型的 3D 阵列：垂直沟道和垂直栅。对于垂直沟道类的阵列来说，电流是垂直流动的；而对于垂直栅来说，电流是水平流动的。3D NAND 增加垂直方向的位密度。以 P-BiCS 为例，3D NAND 通过增加堆叠的层数来增加容量，这补偿了 X-Y 维度上单元密度的减小(由于不能微缩的 BiCS 空的直径)。

对于 3D-NAND 的设计来说，NAND 的组织方式对于性能和电路成本是至关重要的。一组串行连接的单元形成了 NAND 的存储串，共享衬底的多个存储串组成了一个 NAND 块(NAND 的擦除单元)。NAND 的擦除操作是在衬底上加一个高电压，从而把电子派出浮栅。在块中，连接在同一根字线上的单元组成了一个页，页是读写的基本单元。随着微缩，NAND 的页和块的容量都在增加，如图 12.19 所示。NAND 典型的页容量是 8KB，典型的块容量是 2MB(一个块有 256 个页)。随着 3D NAND 的进步，更大的页和块会很容易被采用。以 P-BiCS 为例，堆叠层数增加一倍，那么 NAND 的块容量也会增加一倍。另一方面，如图 12.20 所示，相比采用较小的页，采用更大的页字线解码的面积花费会减小。然而，更大的页和块容量对于现实的应用来说，性能不一定更好。

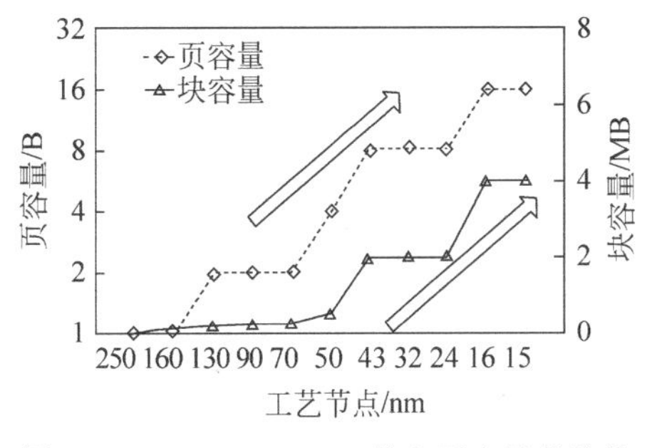

图 12.19 NAND Flash 块和页容量的趋势

图 12.21 展示了 3D NAND 块容量的敏感度分析结果。页大小固定在 16KB，以 prxy_0(firewall/web)代理服务器负载为例，对于 3D NAND SSD 来说，写性能在某个特定容量的块下存在最大值。太小或太大的块容量大小可能减低写性能。大的块容量可能导致长的 GC 延迟，而小的块容量将减少擦除的吞吐率。假设 10%的写性能对于 3D NAND SSD 是可以容忍的，在 25%、50%和 100%预留空间的情况下，可接受的块容量是 2MB、4MB 和 8MB。更大的 3D NAND SSD 容量可以接受更大的块容量。对于 proj_2(工程索引服务器负载)，这种负载是冷连续数据，当块容量超过某个阈值后，写性能饱和。即使块容量大到 16MB，依然没有写性能的退化，非常适合 3D NAND 的应用。因为这种工作负载很少触发 GC，冷连续数据仅仅填在块里。

3D NAND SSD 页大小的敏感度分析如图 12.22 所示。块容量固定在 4MB。与块容量

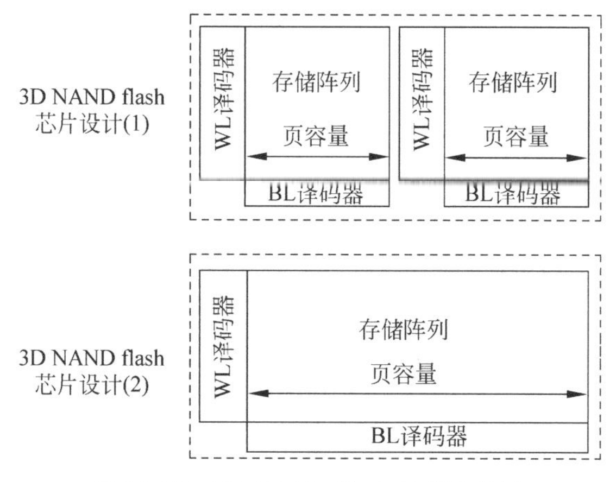

图 12.20 3D NAND Flash 的芯片设计

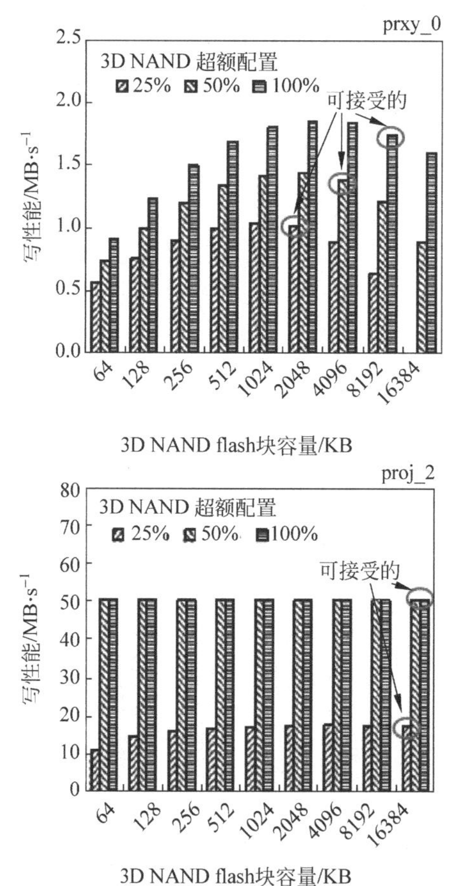

图 12.21 全 3D NAND 块容量的评估。2MB 是典型的容量

的敏感度分析相似，过大或过小的页容量将退化 3D NAND SSD 的写性能。大的页容量利于连续写但是页覆盖写的数量也会变大(造成更多的页覆盖写开销)。另外，页容量越大，页的数量就会减少，这样会频繁触发 GC。反过来，小的页容量导致更少的页覆盖写开销但是

却对连续写不利。进一步的，GC 时需要复制更多的页。从实验结果来看，对于像 Financial1(一个金融的线上交易程序)服务器负载，在 SSD 的预留空间为 25%、50%、100% 的情况下，可接受的页容量是一样的。对于 proj_2(冷连续负载)，在更大的 SSD 预留空间容量时，更大的页容量是可接受的。

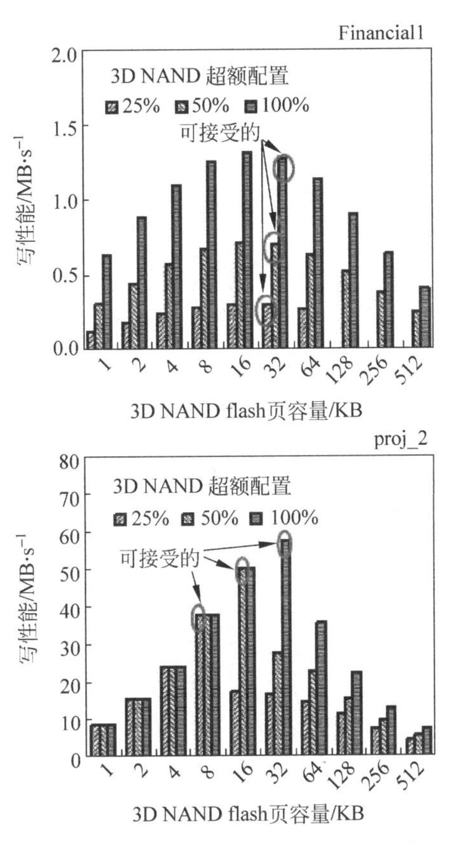

图 12.22 全 3D-NAND 页容量的评估。8KB 是典型的页容量

但是，M-SCM/3D-NAND 混合的 SSD 可以接受更大的块和页容量，如图 12.23 和图 12.24 所示。对于 prxy_0 负载，固定页的大小为 16KB，3D-NAND 的预留空间是 25%。在全 3D-NAND SSD 的情况下，可接受的块容量为 2MB，目前典型的 NAND 的块容量就是 2MB。在 M-SCM/3D-NAND 混合的 SSD 中，设定 M-SCM/3D-NAND 的容量比率是 8.5%。假设混合 SSD 的设计底线是其写性能必须大于全 3D-NAND 的 SSD，混合 SSD 可接受的块大小是 4MB，是全 3D NAND 可接受块容量的两倍。这一点暗示着，混入 M-SCM 后，3D NAND 可堆叠的层数对于 prxy_0 负载是可以翻倍的。如图 12.24 所示，NAND 典型的页大小是 8KB。对于 tpcc-mysql(关系数据库负载)来说，全 3D NAND 和 M-SCM/3D-NAND 混合 SSD 可接受的页大小分别是 128KB 和 512KB。

对 3D NAND 设计来说，在全 3D NAND 和 M-SCM/3D NAND 混合 SSD 情况下的比较结果总结见图 12.25。加入 M-SCM，可接受的块和页容量分别被放大了 4 倍和 64 倍。相比于全 3D NAND SSD，混合 SSD 的 3D NAND 的堆叠层数可以翻 4 倍，而且没有任何写性能的退化。

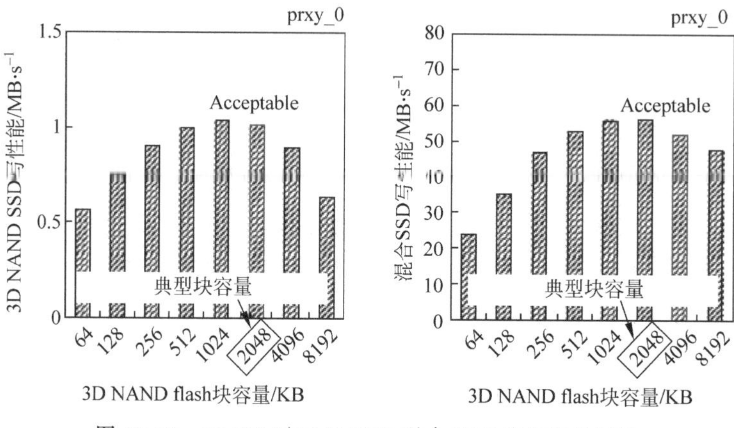

图 12.23 M-SCM/3D NAND 混合 SSD 块容量的评估

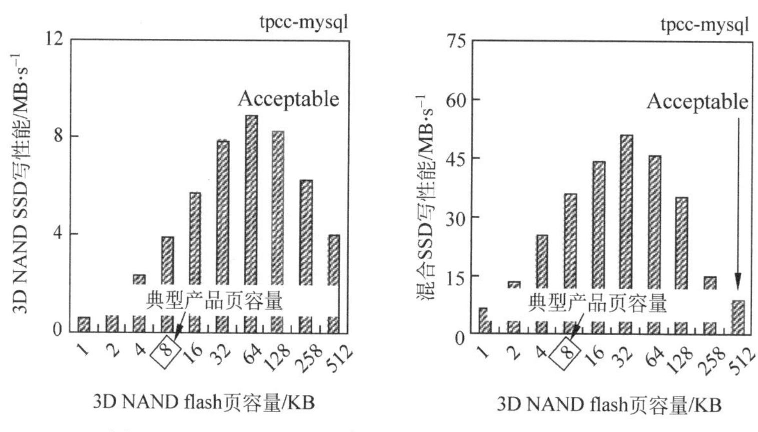

图 12.24 M-SCM/3D NAND 混合 SSD 页容量的评估

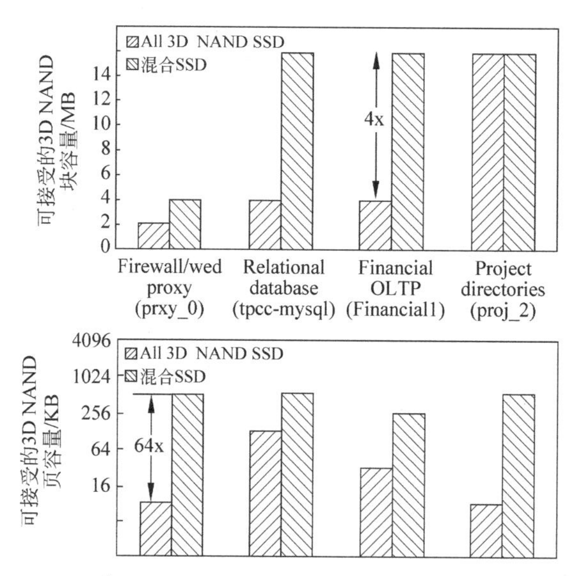

图 12.25 全 3D NAND 和 M-SCM/3D NAND 混合 SSD 可接受块容量和页容量的比较

12.3.4 All S-SCM SSD

随着 SCM 技术的成熟和成本降低到可以与 NAND 相竞争，全 S-SCM SSD 将会替代目前基于 NAND 的 SSD。这一节将介绍全 S-SCM SSD 的磨损均衡，S-SCM I/O 的数据翻转频率以及 S-SCM 的延时设计。

对于 S-SCM 的候选者如 ReRAM，其器件的耐擦写性是有限的（50nm HfO_2 ReRAM 可以承受 10^7），尽管相比于 NAND Flash 这个数值已经很高了。因此，磨损均衡也同样是 S-SCM 所要求的。图 12.26 给出了一个简单的磨损均衡算法，这是基于 Page-level 的操作。对于 S-SCM 的每个页，一个磨损均衡诱发的阈值 δ 被保持。进一步地，为了监测每个扇区（最小的访问单元）的耐擦写性，每个扇区的擦写（W/E）次数也被保持。当页 i 中的扇区的最大 W/E 次数小于 $\delta_{page(i)}$，原位的覆盖写可以被执行。否则，磨损均衡就被触发。在磨损均衡时，旧页 i 中的数据被读出并和新的数据融合后写入页 j。之后，页 i 的磨损均衡诱发阈值被更新（被加上一个固定的窗口阈值 σ），来提高磨损均衡的诱发门槛。实际上，工作负载中存在很多的热区域，这些区域的地址被频繁地写。通过磨损均衡，S-SCM 的耐擦写性能被大大地加强。例如，设置 $\sigma=5$，在 S-SCM 中，没有磨损均衡的扇区最大的 W/E 次数要比有磨损均衡的次数高 3000 倍。

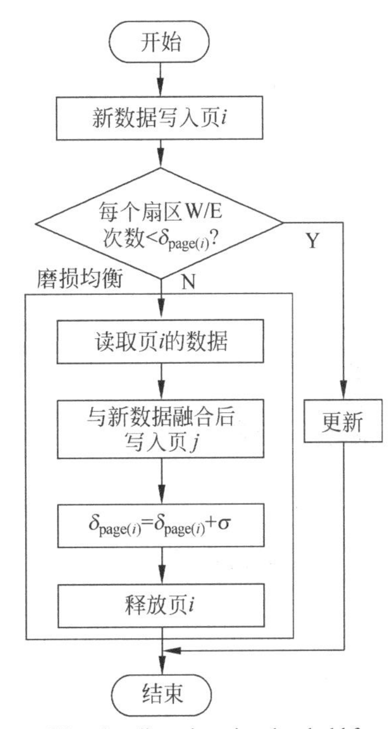

图 12.26 S-SCM SSD 的磨损均衡算法流程图

通过调整 σ 的值，磨损均衡诱发的间隔就能被控制。小的 σ 很容易触发磨损均衡从而使得所有的页都均匀被磨损。然而，这样的配置将退化 S-SCM SSD 的性能，这是因为额外的页复制操作。因此可以调整 σ 去平衡 SSD 的性能和耐擦写性。

图 12.27 展示了全 S-SCM SSD 的写性能对 I/O 数据的翻转频率、S-SCM 的延迟（假设同样的读和写延迟）以及应用的依靠。M-SCM 的延迟被设定为 100ns/sector。不同于基于 3D NAND 的 SSD，写性能对不同应用的依靠较少。它们的趋势是相同的。其中轻微的不同是由于 S-SCM 的磨损均衡和总共的写数据的大小。当 S-SCM 的速度更快时，更高数据翻转频率应该被采用来完全开发 S-SCM SSD 的写性能。通过设置 S-SCM 的延迟为 1μs，全 S-SCM SSD 的速度和 M-SCM/3D-NAND 混合 SSD 的速度在图 12.28(a)被比较，混合 SSD 中 M-SCM 占容量的比例为 25%，这幅图反映了 I/O 数据翻转频率的 breakpoint。以 tpcc-mysql 工作负载为例，超过 500MHZ 的 I/O 数据翻转频率使得纯 S-SCM 比混合 M-SCM/3D-NAND SSD 更快。另一方面，在固定的 I/O 数据翻转频率 1066MHz 下，S-SCM 延迟 breakpoint 分析见图 12.28(b)。更快的 S-SCM 器件创造更快的全 S-SCM SSD。以 Financial1 工作负载为例，假如 S-SCM 的延迟是 5μs，混合 M-SCM/3D-NAND 比

全 S-SCM 拥有更快的速度。

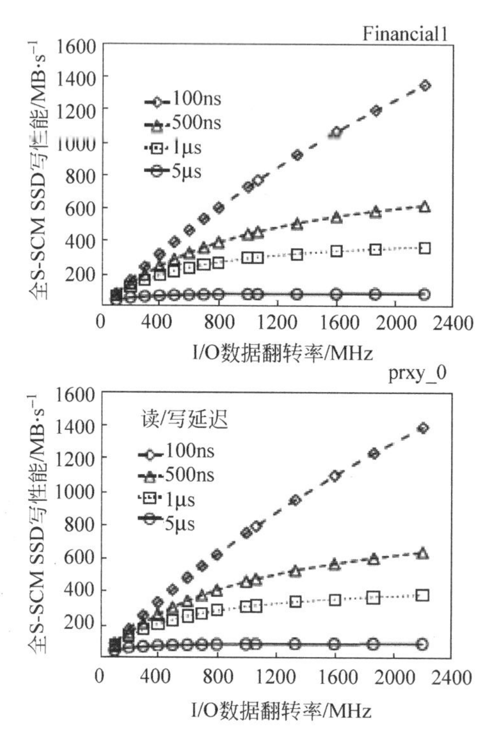

图 12.27　S-SCM SSD 写性能对 I/O 翻转频率，S-SCM 延迟和应用的依靠

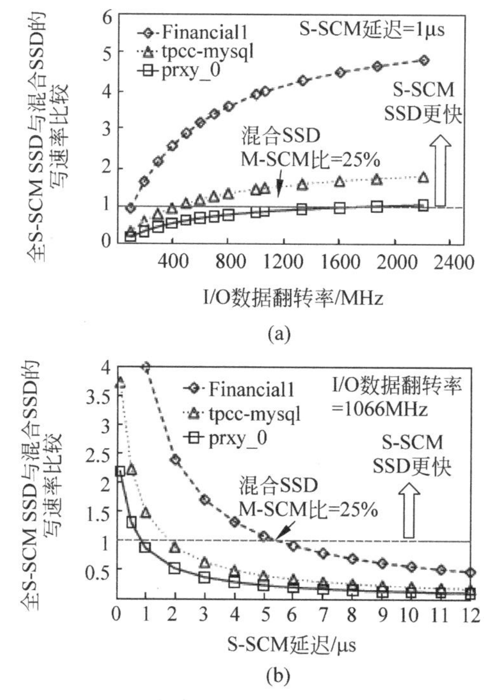

图 12.28　全 S-SCM 和 M-SCM/3D-NAND 混合 SSD 写速度的比较

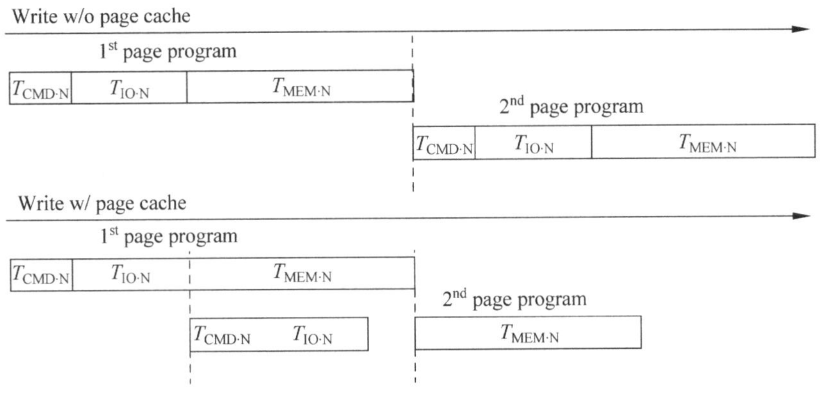

图 12.29 NAND Flash 的 page cache 操作

而且，通过假定每种存储器件的每位成本，根据 SSD 内每种存储器件的容量配置，很容易比较每种 SSD 的成本。

相比于 NAND，SCM 能为存储系统带来多快的速度？式(12.1)展示了页写操作延迟 T_{NAND} 的计算。

$$T_{\mathrm{NAND}} = T_{\mathrm{CMD\cdot N}} + T_{\mathrm{IO\cdot N}} + T_{\mathrm{MEM\cdot N}} \tag{12.1}$$

其中 $T_{\mathrm{CMD.N}}$ 是发送写命令和写地址的延迟，$T_{\mathrm{IO.N}}$ 是把数据加载到 NAND 数据寄存器的时间，$T_{\mathrm{MEM.N}}$ 是把数据从数据寄存器存到存储阵列的时间(阵列编程时间)。

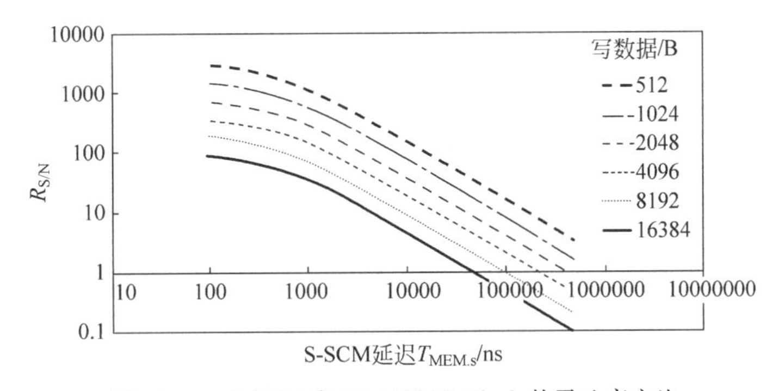

图 12.30 S-SCM 和 3D NAND Flash 的吞吐率之比

$T_{\mathrm{CMD.N}}$ 仅仅有几个时钟的长度。相比于 $T_{\mathrm{IO.N}}$ 和 $T_{\mathrm{MEM.N}}$，这个时间小到可以忽略。$T_{\mathrm{IO.N}}$ 反比于数据的翻转频率 $P_{\mathrm{Toggle.N}}$：

$$T_{\mathrm{IO\cdot N}} = \frac{L_{\mathrm{NAND}}}{W_{\mathrm{DAT\cdot N}}} \times \frac{1}{P_{\mathrm{Toggle\cdot N}}} \tag{12.2}$$

其中 L_{NAND} 是 NAND 的页大小，$W_{\mathrm{DAT.N}}$ 是数据总线的宽度。当数据的翻转频率升高，$T_{\mathrm{IO.N}}$ 减小。通常，$T_{\mathrm{IO.N}}$ 应该远远小于 $T_{\mathrm{MEM.N}}$。假如 $T_{\mathrm{IO.N}}$ 与 $T_{\mathrm{MEM.N}}$ 相当甚至更高，接口将变成存储器件性能的瓶颈。另一方面，页高速缓存(page cache)编程可能被 NAND 所支持，它采用内部缓存寄存器来改善 NAND 的编程吞吐率，如图 12.29 所示。在第一批的编程数据从数据寄存器存到存储阵列的时间内，第二批的编程数据能被加载到 page cache。通过 page cache，$T_{\mathrm{CMD.N}}$和 $T_{\mathrm{IO.N}}$ 被隐藏了起来。结果，写 N 个 NAND 页的延迟 T_{N} 为：

$$T_{\mathrm{N}} = T_{\mathrm{CMD\cdot N}} + T_{\mathrm{IO\cdot N}} + N \times T_{\mathrm{MEN\cdot N}} \tag{12.3}$$

$$T_{N}=T_{CMD\cdot N}+T_{IO\cdot N}+\left\lceil\frac{L_{DAT}}{L_{NAND}}\right\rceil\times T_{MEM\cdot N} \tag{12.4}$$

需要注意到式(12.4)仅仅在 $T_{MEM.N}$ 远远长于 $T_{CMD.N}$ 和 $T_{IO.N}$ 时是正确的。当 $T_{IO.N}$ 变大时，page cache 不能被完全隐藏。而且，在随机写的情况下，page cache 不起作用。如果没有 page cache 效应，NAND 的连续写延迟为：

$$T_{N}=\left\lceil\frac{L_{DAT}}{L_{NAND}}\right\rceil\times(T_{CMD\cdot N}+T_{IO\cdot N}+T_{MEM\cdot N}) \tag{12.5}$$

另外，SCM 的连续写吞吐率为：

$$T_{S}=\left\lceil\frac{L_{DAT}}{L_{SCM}}\right\rceil\times(T_{CMD\cdot S}+T_{IO\cdot S}+T_{MEM\cdot S}) \tag{12.6}$$

其中，SCM 的写单元为 L_{SCM}。$T_{CMD.S}$ 是发送写命令和写地址的时间，$T_{IO.S}$ 是加载数据到 SCM 寄存器的时间，$T_{MEM.S}$ 是把数据从数据寄存器存到存储阵列的时间(阵列编程时间)。由于 SCM 编程时间很快，所以一般不设计 page cache。

根据式(12.2)、式(12.4)和式(12.6)，SCM 和 NAND 的写性能比值 RS/N 可以见式(12.7)，不考虑 GC 和 NAND SSD 的覆盖写，也不考虑 SCM SSD 的磨损均衡。$W_{DAT.S}$ 是 SCM 的总线宽度。$P_{Toggle.s}$ 是 SCM 的数据翻转频率。

$$\begin{aligned}R_{S/N}&=\frac{T_{CMD\cdot N}+T_{IO\cdot N}+\left\lceil\frac{L_{DAT}}{L_{NAND}}\right\rceil\times T_{MEM\cdot N}}{\left\lceil\frac{L_{DAT}}{L_{SCM}}\right\rceil\times(T_{CMD\cdot S}+T_{IO\cdot S}+T_{MEM\cdot S})}\\&\approx\frac{\frac{L_{NAND}}{W_{DAT\cdot N}}\times\frac{1}{P_{T_{rggle\cdot N}}}+\left\lceil\frac{L_{DAT}}{L_{NAND}}\right\rceil\times T_{MEM\cdot N}}{\left\lceil\frac{L_{DAT}}{L_{SCM}}\right\rceil\times\left(\frac{L_{SCM}}{W_{DATS}}\times\frac{1}{P_{Toggk\cdot s}}+T_{MEM\cdot S}\right)}\end{aligned} \tag{12.7}$$

假设 $T_{MEM.N}=1.6\text{ms}$，$L_{NAND}=16\ 384\text{B}(32\text{sectors})$，$L_{SCM}=512\text{B}(1\text{sector})$，$P_{Toggle.N}=400\text{Mbps/pin}$，$P_{Toggle.S}=1066\text{Mbps/pin}$，$W_{DAT.N}=1\text{B}$ 和 $W_{DAT.S}=1\text{B}$。$R_{S/N}$ 和 $T_{MEM.S}$ 的关系见图 12.30。从图 12.30 看，假如 SCM 的写延迟低于 1μs，单个 SCM 芯片能获得超过 1000 倍的性能增益。对于随机的写($L_{DAT}<L_{NAND}$)，$R_{S/N}$ 等于 SCM 和 NAND 的 IOPS 比率。IOPS 被用来度量随机写的性能。假如 SCM 延迟为 100μs，RS/N 在任何 L_{DAT} 都小于 100。而且，当 $L_{DAT}>L_{NAND}$，$R_{S/N}$ 变得小于 1。所以，这样长延迟的 SCM 是不经济的。图 12.30 中，当 $L_{DAT}>L_{NAND}$ 时，曲线基本重叠，这表明 SCM 此时得到最低的 RS/N。延迟低于 50μs，SCM 仍然比 NAND 有更高的性能。然而，如果延迟高于 50μs，SCM 比 NAND 更慢。这表明，NAND 更擅长连续写，这是由于每个单元低的写功耗。换句话说，SCM 要获得 1000 倍于 NAND 的连续写性能是非常困难的。

ISSCC 2014 展示了最新的 ReRAM 和 MLC NAND 的写延迟分别为 10μs/2048B 和 1185μs/16KB。比较由两种器件组成的 SSD，在 512B 的随机数据模式下，纯 ReRAM SSD 的性能增益超过了 100 倍；在 4KB 的随机数据模式下，性能增益超过 50 倍。为了提高系统的性能增益，必须进一步减少 SCM 的芯片延迟或者减小器件的编程电流来增加平行编程的单元数量(相应于 LSCM)。

对于企业级的应用，随机数据的访问是个瓶颈。因为真实的工作负载是随机和连续数据的混合，在整个章节中，MB/S 被用来度量整体的性能。平均的 IOPS $IOPS_{AVG}$ 可以用等式(12.8)计算：

$$IOPS_{AVG} = \frac{Throughput_{AVG} \times 1024}{RS_{AVG}} \tag{12.8}$$

其中 RS_{AVG} 是平均的请求大小，$Throughput_{AVG}$ 是平均的 SSD 写性能(MB/S)。假如 SSD 平均的写性能是 20MB/s，随机写数据的大小是 512B，那么平均的 IOPS 等于 40 960。当用 4KB 的随机写数据大小时，SSD 的平均 IOPS 是 5120。

12.4 总结与结论

本章介绍了 3 种技术来改进基于 3D NAND Flash 的 SSD 的写性能。表 12.1 总结了几种技术的优点和缺点。SEA-SSD 和 LBA 扰流 SSD 是短期解决方案，它们都是设计了中间件和 SSD 控制器。为了克服 NAND Flash 写入性能的缺陷，混合 M-SCM/3D NAND FlashSSD 是折中的解决方案，它能够将传统的仅包含 3D NAND Flash 的 SSD 的写性能提高超过 10 倍。从长远来看，仅包含的 S-SCM 的 SSD 是很有潜力的。通过 SEA-SSD 和 LBA 扰流这样的系统方案，3D NAND Flash 的延迟参数设计的困难得到了缓解。另一方面，通过在 SSD 中引入 M-SCM，可以实现更大容量的页面和块，这对于 3D NAND Flash 的设计很有帮助。由于 3D NAND Flash 的写性能依赖于具体的应用程序，自定义的 3D NAND Flash 设计可以使每个应用程序的性能都达到最优。

表 12.1 3 种技术优缺点比较

解决方案	优点	缺点	对 3D NAND Flash 设计的影响
SEA-SSD[3]（短期）	• 成本低 • 使用上层信息 • 数据管理的复杂性低	• 仅用于数据库	• 通过综合这些技术，对基于 3D NAND Flash 的 SSD 在延迟和耐擦写力设计上放宽了限制 • 相对于仅包含 3D NAND 的 SSD，混合 M-SCM/3D NAND 的 SSD 可以接受更大容量的页和块 • 定制的 3D NANDFlash 设计为每个应用程序提供了性能优化
LBA 扰码[10]（短期）	• 成本低 • 没有未对齐而导致的页面碎片 • 典型的 SSD 工作负载下提高写入速度	• 需要更多的 DRAM 容量用来存储表 • 接口可能需要修改	
混合 M-SCM/3D NAND Flash 的 SSD[13]（中期）	• 成本效益(相对于仅包含 M-SCM 的 SSD) • 大幅提高 SSD 的写速度、功耗和可靠性	• 需要复杂的分层存储/缓存算法	
仅包含 S-SCM 的 SSD[27]（长期）	• 写性能基本不依赖于具体应用 • 直接写覆盖 • 不需要垃圾回收 • 可以将 SSD 写入速度提高 100 倍以上	• 成本高 • S-SCM 式的 ReRAM 目前还处于早期发展阶段